산부인과·소아과 전문의가 꼼꼼히 알려주는

똑똑하고 건강한
첫 임신 출산 육아

"

행복한 임신은
엄마의 노력에서
시작됩니다

"

요즘 임신부들은 모두 똑똑합니다. 과거 임신부와 달리 임신부 교실이나 요가, 수영 등을 부지런히 다니며 좋다고 소문난 태교도 열심히 하지요. 인터넷이나 책을 통해 임신과 출산에 관한 각종 지식도 수집합니다. 하지만 비전문가가 쓴 책에 의존하다 보니 잘못된 지식이나 오해하고 있는 부분이 많은 게 사실입니다. 지나치게 과장된 태교법도 적지 않고, 번역서의 경우는 우리나라 임신부 실정과 차이가 있어 공감대 형성이 쉽지 않습니다.

행복한 임신 기간을 보내고 건강하게 아이를 낳는 것은 모든 임신부의 바람입니다. 그러면 열 달동안 무엇을 해야 할까요? 알고 보면 참 쉽습니다.

첫째, 자신의 건강을 위해 노력해야 합니다. 잘 먹고, 잘 쉬고, 열심히 운동하면 배 속 아기는 당연히 건강해집니다. 더불어 좋은 생활습관이 출산 후에도 유지된다면 앞으로의 삶이 더욱 여유로워질 것입니다.

둘째, 출산에 대해 정확한 지식을 가져야 합니다. 모르면 두려울 수밖에 없습니다. 요즘에는 무통분만으로 고통 없이 안전하게 아이를 낳을 수 있으며, 가족분만실에서 사랑하는 남편의 응원을 받을 수도 있습니다. 이런 사실을 알면 출산에 대한 두려움보다는 예쁜 아기를 만나고 싶은 기대감으로 열 달이 즐거워집니다.

셋째, 제대로 된 산후조리를 해야 합니다. 비만한 산모들이 흔히 하는 말이 "애 낳고 살이 안 빠졌다"는 것입니다. 출산 후 달라진 몸매 때문에 우울하면 육아도 재미가 없어집니다. 모유수유를 하면서 똑똑하게 산후조리를 한다면 출산 전보다 날씬해질 수 있고, 아이를 키우는 재미도 훨씬 커질 겁니다.

육아도 마찬가지로 정확한 지식과 기술이 있어야 합니다. 갓 출산을 한 초보 엄마는 모유수유에서부터 안아주고 놀아주고 목욕시키는 등의 일상적인 육아가 어렵게 느껴집니다. 하지만 임신 기간 열 달 동안 신생아 돌보기의 기본 지식과 기술을 잘 익혀두면 아기와 함께하는 시간이 즐겁고 행복합니다. 아기를 돌보는 기술은 타고나는 것이 아니라 사랑과 노력으로 얻어지는 것이란 점을 잊지 마시기 바랍니다.

열 달이라는 임신 기간은 엄마와 아기에게 중요한 시간입니다. 이 시기에 대부분 태아의 건강만을 중요하게 생각하지만, 임신 기간 중 가장 중요한 것은 임신부의 신체적·정신적 건강 상태입니다. 임신부의 건강 상태에 따라 자신은 물론 아이의 평생이 좌우되기 때문입니다.

이런 이유로 현대를 살아가는 임신부들을 위한 똑똑한 임신·출산·육아 교과서를 만들고 싶었습니다.

그동안 산부인과 진료와 인터넷 상담, 방송 출연 등을 통해 현장에서 느꼈던 부분까지 포함하여 임신부들이 가장 궁금해하는 것과 꼭 알아야 하는 것을 모두 담았습니다. 특히 인터넷에 넘쳐나는 잘못된 지식들을 바로 잡으려고 노력했습니다. 중요한 부분은 몇 번씩 강조하고, 필요 없는 부분은 과감히 배제했습니다.

많은 임신부들이 이 책을 보면서 임신을 즐거워하고 출산을 두려워하지 않으며 육아를 부담으로 느끼지 않았으면 합니다. 더불어 아기와 함께 행복한 시간을 보냈으면 합니다.

여자로 태어나 처음으로 겪는 이 신비로운 열 달을 행복한 시간으로 기억하시길 바랍니다.

산부인과 전문의, 로즈마리 병원장 김건오

• contents •

엄마의 노력

Chapter 04 임신 중 식사와 영양 관리

Chapter 05 꼭 필요한 보약, 운동

미리 준비하는 출산용품 리스트

첫째 아이를 임신하면 아이를 위해 무엇을 준비해야 할지 막막하기만 하다. 주위에서 물려받아 쓰거나 잠깐 대여해서 쓸 수 있다면 굳이 구입할 필요는 없다. 다음 리스트를 꼼꼼하게 점검해 무엇이 필요한지 체크해보자.

★꼭 필요해요　☆선물로 많이 받아요　●다른 것으로 대체해서 쓸 수 있어요　○대여해서 쓸 수 있어요

종류	개수	구입여부	체크하기	참고
				신생아 용품
배냇저고리	2~3벌	★☆		출산한 병원이나 산후조리원에서 한 벌씩 받을 수 있고, 주위에서 선물로 많이 들어온다.
신생아 내의	3~4벌	★☆		신생아는 금방 자라기 때문에 생후 1개월 이후에 80~90사이즈로 구입하는 것이 좋다.
신생아 모자	1개	☆●		외출할 때 신생아의 체온 유지를 위해 필요하다.
우주복	1벌	☆●		예방접종을 하기 위해 첫 외출을 할 때 많이 입는다. 기저귀를 갈 때 불편하다는 단점이 있다.
손싸개	1개	☆●		아이가 얼굴을 긁지 않도록 손에 씌워 놓는다. 주로 배냇저고리를 벗고 난 뒤에 사용한다. 발싸개나 양말을 씌워도 괜찮다.
발싸개	1개	☆●		양말을 신겨도 되므로 꼭 필요하지 않다.
턱받이	1개	☆●		턱받이 대신 가제수건을 사용해도 된다.
가제수건	30장	★		하루에도 여러 장 사용하므로 넉넉하게 준비하는 것이 좋다.
천기저귀	20~30장	★●		자주 갈아줘야 하므로 넉넉하게 구입한다.
기저귀밴드	1~2개	★●		천기저귀를 사용할 경우에만 필요하다.
일회용기저귀	200~300장	★●		신생아 때는 한 달에 200~300장 정도 사용한다. 병원용 신생아 기저귀나 저렴한 일자형 기저귀로 구입하는 것이 좋다.
				침구류
속싸개	1개	★		생후 1개월 동안은 속싸개로 엄마품처럼 잘 감싸야 한다. 속싸개가 필요 없어지면 무릎담요나 여름 담요로 요긴하게 활용할 수 있다.
겉싸개	1개	★		외출할 때 겉싸개로 한 번 더 아이를 감싼다. 평상시 이불대용으로 사용한다.
이불·요 세트	1개	☆●		아이가 어느 정도 자란 후에도 사용할 수 있도록 어린이용으로 준비한다.
방수요	1개	★		기저귀를 갈 때부터 대·소변을 가릴 수 있는 시기까지 사용한다.
무릎담요	1개	★		겨울철 차 안에서, 외출할 때 유모차에서 이불 대용으로 사용한다.
베개	1개	★		머리 모양을 예쁘게 만들기 위해 사용한다. 짱구베개와 좁쌀베개를 1개씩 준비한다.
				수유 용품
젖병(소·대)	3~4개	★		모유수유를 하더라도 보리차를 먹일 때 필요하다.
유축기	1개	★○		남은 젖을 유축기로 짜내면 젖몸살이 예방되고 젖이 더 잘 돈다. 수동식보다 전동식이 편리. 대여를 하거나 중고제품을 구입해도 괜찮다.
소독기 세트	1개	☆●		소독만 되는 제품과 건조가 같이 되는 제품이 있으므로 장·단점을 따져 고른다.
젖병·젖꼭지 브러시	1개	★		스펀지 재질로 된 제품이 부드럽게 잘 닦인다.
젖병 집게	1개	★		소독 된 뜨거운 젖병을 만질 때 사용한다.
분유 케이스	1개	★●		외출할 때 분유를 담기 위해 필요하지만 요즘은 커피믹스 같은 스틱형 분유가 판매돼 많이 쓰이지 않는다.
보온병	1개	★		분유수유를 하는 경우 필수품으로 1L 이상 되는 제품으로 구입하면 편하다.
수유쿠션	1개	★●		윗면이 둥근 제품보다는 편평한 제품이 아이를 잘 받쳐준다.
노리개 젖꼭지	1~2개	★		아이가 잠투정을 할 때 유용하게 쓸 수 있다.
유두보호기	1개	★		유두가 편평해서 아기가 젖을 잘 빨지 못할 때 사용. 산부인과 또는 산후조리원에서 편평유두 확인 후 구입한다.

욕조	1개	★●	크기가 넉넉한 것이 좋다. 신생아 지지대가 있는 것으로 구입하면 목욕시키기가 한결 수월하다.
목욕그네	1개	●	지지대가 없는 욕조를 사용할 때 다른 사람의 도움 없이 엄마 혼자 목욕시키기 편하다.
목욕타월	1개	●	부드럽고 흡수가 잘 되는 소재로 선택한다. 가제수건을 사용하거나 맨손을 사용해도 된다.
샴푸·보디클렌저	1개	★●	눈이 맵지 않고 자극이 없는 것으로 구입한다. 비누를 대신 사용해도 괜찮다.
유아비누	3개	★	자극이 없으면서 보습 효과가 있는 제품으로 구입한다.
로션·크림	1개	★	유아 전용으로 구입해 피부가 건조해지지 않도록 자주 발라준다.
물티슈	6~8개	★	기저귀 갈 때뿐 아니라 다양한 용도로 많이 사용한다. 박스로 넉넉히 구입하고, 외출할 때 필요한 휴대용도 몇 개 준비한다. 물티슈를 고를 때는 형광물질이 없는 제품인지 유아 전용인지 꼼꼼히 살핀다.
면봉	1통	★	성인용 면봉보다 가늘고 부드러운 신생아용으로 준비한다.
체온계	1개	★	귓속 체온을 측정하는 고막체온계, 적외선을 통해 체온을 측정하는 비접촉식 체온계, 구강·항문·겨드랑이 등을 측정하는 전자체온계가 있다. 정확한 체온측정을 위해 종류별로 구비해두면 좋다.
코흡입기	1개	★●	코가 막혔을 때 코를 흡입해서 빼내는 도구. 면봉이나 가제수건에 따뜻한 물을 묻혀 사용할 수도 있다.
손톱가위·손톱깎이	1개	★●	아기용 손톱깎이를 따로 준비한다. 신생아 때는 손톱깎이보다는 손톱가위가 사용하기 더 편리하다.
유아용 세탁비누	1개	★	신생아 옷을 손빨래할 때 일반 세탁비누 대신 자극이 적은 유아용 세탁비누를 사용한다.
섬유유연제·세제	1통	★	유아 전용으로 가루보다는 액체로 된 제품을 구입한다.
온·습도계	1개	★	신생아는 체온조절능력이 약하므로 적절한 온도와 습도 관리가 필요하다. 온도 24~26℃, 습도 50~60%를 유지한다.
구강 청결 티슈	1통	★●	입안에 남아있는 모유나 분유 찌꺼기를 닦아준다. 가제 수건을 삶아서 사용할 수 있다. 신생아부터 2살까지 사용.

수유패드	여러 개	★	모유가 흘러 옷을 적시는 것을 예방하기 위해 브래지어 안쪽에 착용한다. 집에 있을 때는 천으로 된 제품을 세탁해서 재사용하고, 외출할 때는 1회용 제품을 이용하면 편리하다.
수유복	2~3벌	★●	젖을 물릴 때 가슴부분만 노출시킬 수 있게 만들어진 옷. 모유수유를 할 때 편하다.
좌욕대야	1개	★	자연분만 후 좌욕을 하면 오로가 잘 나오고 상처가 빨리 아문다. 플라스틱이나 스테인리스 제품으로 선택할 수 있다. 변기에 끼워서 사용하면 편리하다.
산모패드	여러 개	★	오로가 나오지 않을 때까지 사용. 오로의 양이 많은 경우 신생아 일자형 기저귀를 같이 사용하기도 한다. 양이 적어지면 생리대를 사용한다.
철분제	1개	★	출산 후 빈혈을 예방하기 위해 당분간은 챙겨 먹는다.
복대	1개	★●	복대를 하면 오로 배출이 잘 되며 출산 후 늘어난 배가 처지지 않게 해준다.
손목보호대	1세트	★●	모유수유를 위해 아이를 안으면 팔목에 무리가 많이 간다. 이를 예방하기 위해 보호대를 착용하면 좋다.

아기 띠·포대기	1개	★●	아기 띠나 포대기 중 하나만 있으면 된다. 자신에게 더 편한 것으로 직접 착용해보고 고른다.
유아침대	1개	○	재질이나 디자인, 가격대가 다양한 제품이 나와있다. 중고제품을 구입하거나 대여해서 사용하는 방법도 있다.
흔들침대	1개	○	신생아가 잠투정할 때 유용하게 쓸 수 있다. 잠깐 쓰는 용품이므로 대여하거나 중고제품을 구입하면 경제적이다.
모빌·딸랑이	1개	★☆	신생아를 재울 때 유용하다. 임신 중 태교를 위해 직접 만드는 임신부도 많다.
기저귀가방	1개	●	외출할 때 기저귀, 가제수건, 수유용품 등을 담기 위해 필요하다. 큼직하면서 가벼운 제품이 좋지만 굳이 구입할 필요는 없고 다른 가방으로 대체해도 좋다.
카시트	1개	★○	아이가 어렸을 때부터 사용하는 것이 좋다. 새로 구입하기 부담스럽다면 대여하거나 중고제품을 구입하는 것도 괜찮다. 단, 5년 이하로 사용한 제품을 골라야 안전하다.
유모차	1개	★☆	신생아 때부터 4~5세가 될 때까지 사용한다. 종류가 많기 때문에 아이 키우는 노하우가 생긴 뒤 천천히 구입해도 된다. 선물로 받기도 한다.
보행기	1대	●○	아이가 혼자 허리를 가눌 수 있을 때부터 태워야 하므로 천천히 구입한다. 사용하는 기간도 짧고 보행기를 타지 않으려는 아이도 있으므로 대여해서 쓰거나 구입하지 않아도 된다.
이유식기	1세트	★●	이유식을 시작하는 5~6개월에 구입한다.
빨대컵	2~3개	★●	이유식을 할 때 구입해도 되며 젖병을 뗄 때도 요긴하게 사용한다.

미리 준비하는
계획임신

임신 전 몸과 마음을 준비해 가장 적합한 시기에 아이를 갖는 것을 계획임신이라 한다. 대부분의 여성은 임신을 한 후 몸에 좋은 음식을 먹고 태교를 시작한다. 하지만 임신 전 건강한 아이를 낳을 수 있는 환경을 만드는 것이 더 중요하다. '작은 차이가 명품을 만든다'는 말처럼 예비엄마·아빠가 조금만 노력하면 얼마든지 가능하다. 왜 계획임신을 해야 하는지, 아이를 갖기 전준비해야 할 것은 무엇인지, 임신을 확인한 후에는 무엇을 해야 할지 하나하나 짚어보자.

얼마나 알고 있을까?

건강하고 똑똑한 아기를 원한다면 반드시 계획임신을 해야 할까?

01 임신을 계획 중인 여성이 고쳐야 할 생활습관이 아닌 것은?
① 음주
② 흡연
③ 매일 커피를 2잔씩 마시는 습관
④ 약을 함부로 먹는 것

02 태아에게 심각한 기형과 유산 등을 일으키기 때문에 임신 전에 반드시 필요한 예방접종은?
① 풍진
② A형 간염
③ B형 간염
④ 자궁암

03 임신 전에 배워 두면 좋은 운동은?
① 수영
② 골프
③ 테니스
④ 승마

04 임신 전부터 지키면 좋은 식습관은?
① 쇠고기와 돼지고기 등 육류를 즐긴다.
② 패스트푸드를 즐긴다.
③ 등 푸른 생선을 일주일에 2회 먹는다.
④ 아침식사를 거른다.

05 비만인 상태로 임신을 했을 때 생기지 않은 것은?
① 난산
② 제왕절개술
③ 임신성 당뇨
④ 빈혈

06 태아의 신경관 결손을 예방하기 위해 임신 전부터 챙겨 먹어야 할 것은?
① 오메가 3
② 엽산제
③ 철분제
④ 칼슘제

07 임신을 확인할 수 있는 가장 정확한 방법은?
① 임신 반응 소변 검사
② 초음파 검사
③ 혈액 검사
④ 있어야 할 날짜에 생리가 없다.

08 보통의 부부가 아기를 가지려면 언제부터 임신을 준비하면 될까?
① 곧바로 임신해도 된다.
② 최소 1개월 전부터
③ 최소 3개월 전부터
④ 최소 1년 전부터

09 예방접종에 대한 설명 중 옳지 않은 것은?

① 풍진 예방접종을 한 뒤 4주가 지나야 임신을 시도할 수 있다.

② B형 간염 예방접종은 임신 전에 한다.

③ 인플루엔자 예방접종은 임신 중에 하면 안 된다.

④ 인플루엔자 예방접종은 매년 한다.

10 임신 전 산부인과 상담 시 체크해야 할 사항이 아닌 것은?

① 현재 특정 질병으로 복용하는 약이 있는지 확인한다.

② 가족이나 친척 중에 유전적인 질병이 있는지 확인한다.

③ 현재 어떤 방법으로 피임을 하는지 확인한다.

④ 생활습관이나 식습관은 임신과 관련이 없으므로 확인하지 않아도 된다.

11 임신이 됐을 때 나타나는 증상이 아닌 것은?

① 있어야 할 생리가 없다.

② 현기증이 난다.

③ 유두와 유방을 만지면 아프다.

④ 근육통이 생긴다.

12 산부인과를 결정할 때 고려해야 할 요소로 적당하지 않은 것은?

① 집이나 회사에서 가까운 곳인지 확인한다.

② 분만이 가능한지 확인한다.

③ 남자 주치의는 왠지 껄끄러우므로 반드시 여자 주치의로 선택한다.

④ 무통분만을 원하는 경우 마취 전문의가 상주하는지 확인한다.

13 다음 중 풍진에 대한 올바른 설명은?

① 임신 초기 풍진에 감염돼도 태아 기형을 일으키지 않는다.

② 풍진에 걸리면 자각 증상이 있어 바로 알아차릴 수 있다.

③ 가임기 여성은 대부분 풍진 항체가 있다.

④ 풍진 예방접종 후 한 달이 지나야 임신을 시도할 수 있다.

14 분만 예정일을 정하는 방법으로 옳지 않은 것은?

① 마지막 생리가 끝난 날로부터 임신 주수를 계산한다.

② 생리주기가 규칙적인 사람은 생리 날짜로 계산하면 정확하다.

③ 임신 초기 태아의 길이를 초음파로 측정해 분만 예정일을 계산한다.

④ 28일을 한 달로 계산해 10달 만에 출산한다.

15 임신 후 받아야 할 초기 검사에 해당되지 않는 것은?

① 풍진 검사

② 갑상선 기능 검사

③ 골다공증 검사

④ 혈액형 검사

정답 1.③ 2.① 3.① 4.③ 5.④ 6.② 7.② 8.③ 9.③ 10.④ 11.④ 12.③ 13.④ 14.① 15.③

왜 계획임신을 해야 할까?

모든 예비 엄마들은 아이가 엄마 배 속에서 건강하게 지내다 순조롭게 태어나기를 바랄 것이다. 하지만 아이와 엄마의 평생 건강을 좌우하는 임신 전 계획이나 준비에 대해서는 대부분 소홀히 여긴다. 임신 합병증 없는 건강한 임신과 출산을 위해서는 계획임신이 꼭 필요하다. 계획임신의 중요성과 준비기간, 방법들에 대해 알아본다.

최상의 컨디션으로 준비하는 계획임신

건강한 아이를 낳으려면 부부가 경제적, 육체적, 정서적으로 모든 준비가 되어 있어야 한다. 임신 전에 엄마의 건강 상태를 체크하고 아이가 태어날 때 필요한 것을 모두 준비한 후 임신하는 것을 계획임신이라 한다.

특히 임신 전 엄마의 건강은 아이의 평생 건강에 영향을 끼치기 때문에 육체적인 면에서의 계획임신은 매우 중요하다. 예비 엄마들은 나쁜 습관을 버리고 바른 습관을 가져 임신 전부터 건강

한 아이 낳을 준비를 해야 한다.

임신하려면 몸에 이상은 없는지, 자신이 약물이나 술, 카페인 등에 얼마나 노출되어 있는지 등을 확인해 최상의 조건에서 임신하는 것이 좋다. 준비된 임신은 태아와 예비 엄마의 정서적인 스트레스까지 줄여 열 달 동안의 임신 기간을 행복하고 즐겁게 보낼 수 있도록 돕는다.

계획임신이 중요한 이유

병원에서 산전 진찰(임신 확인 후 하는 모든 의료행위)이 임신중독증, 빈혈, 태아 기형을 조기에 발견하기 위한 것이라면, 계획임신은 이를 애초에 줄일 수 있는 '예방'을 목적으로 한다.

산전 진찰의 효율보다 계획임신의 효율에 더욱 주목해야 하는 이유는 가임기의 여성들이 임신과 관련된 위험 요소에 많이 노출돼 있기 때문이다. 요즘은 대부분의 여성이 사회생활을 하기 때문에 약물 복용, 음주, 흡연 같은 기형 유발물질에 노출될 위험이 높을 수밖에 없다. 통계에 의하면 우리나라 성인 여성의 5%가 담배를 피울 뿐 아니라 상당수의 여성은 간접흡연에 노출되어 있다.

잘못 알고 있는 상식
몸에 특별한 병이 없다면 계획임신은 전혀 필요 없다.

임신한 후 태교를 하고 순산을 위해 노력하는 것도 중요하지만 임신 전부터 미리 준비하면 더 좋은 결과를 얻을 수 있다. 특히 계획임신은 임신 전부터 출산 후까지 좋은 습관을 유지하게 만들어 아이와 엄마의 건강을 평생 지켜준다. 특정한 시기에 엄마가 갖는 작은 습관의 차이가 아이의 일생을 달라지게 하는 것이다.

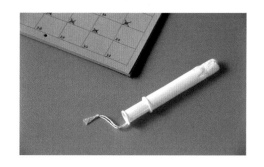

비 계획임신의 위험성

대부분의 임신부는 있어야 할 생리가 없고 1~2주 후에 산전 진찰을 통해 임신이라는 사실을 알게 된다. 이즈음이면 벌써 임신 5~6주(수정 3~4주)가 된다.

하지만 태아의 심장은 수정 후 22일 정도에 만들어지고, 신경관은 수정 후 28일 정도면 완성된다. 즉, 수정 3~4주가 되면 태아의 심장이

뛰고 중요한 신경관이 형성된다.

계획임신을 하지 않을 경우 놓치는 것들 중 대표적인 한 가지가 엽산제 복용이다. 엽산제는 태아의 신경관 결손, 심장기형 등을 예방하기 위해 복용하게 되는데, 임신을 확인하고 나서 엽산제를 먹는다 해도 그때는 이미 태아의 심장과 척추가 형성된 후라서 효과가 떨어질 수밖에 없는 것이다.

또 임신 사실을 모르고 먹은 약물은 아이에

계획임신 vs 비 계획임신

계획임신		비 계획임신
임신 전부터 먹는다.	엽산제	임신을 확인한 후에 먹어 효과가 떨어진다.
임신 중에 먹어도 되는 안전한 약을 선택한다.	약물	아무 생각 없이 약을 먹은 뒤 임신을 확인하고 불안해한다.
임신 전부터 금주한다.	술	모르고 마셨는데 임신이다.
임신 전부터 금연한다.	담배	임신을 했지만 쉽게 끊지 못한다.
임신부에게 도움이 되는 수영을 미리 배운다.	운동	운동을 전혀 하지 않는다.
정상체중을 만든 뒤 임신한다.	체중	과체중이나 저체중으로 임신해 임신 합병증이 생길 확률이 크다.
임신 전부터 올바른 식습관을 갖는다.	식습관	건강에 도움이 되지 않는 식습관을 유지한다.

있다. 예비 엄마와 아빠가 준비가 되어 있다면 바로 임신을 시도하면 된다.

계획임신에는 당연히 남편도 같이 참여해야 한다. 흡연과 술이라는 나쁜 습관을 가진 남편이라면 아빠가 될 준비가 필요하다. 여자는 태어날 때 이미 난소에 난자를 가진 채로 태어나지만 남자의 정자는 매일 새롭게 만들어진다. 정자가 만들어지는 시간은 90일 정도이므로 3개월 전부터 금연, 금주하는 것이 좋다.

체중이 많이 나가는 비만 여성은 식이요법과 운동을 병행하여 정상체중을 만든다. 정상 체중에 도달해도 요요현상이 생기지 않게 3~6개월간 체중을 유지한 뒤 임신하는 것이 좋다.

만약 풍진 항체가 없다면 풍진 예방접종을 1회 하고 4주 후에 임신을 시도해야 한다. B형 간염 예방접종을 한다면 3회 접종하는 데 6개월이 걸리고, 자궁경부암 예방 백신도 3회, 6개월이 걸린다. 따라서 준비되지 않은 예비 엄마들은 최소 6개월에서 1년이라는 시간을 기다려야 한다.

게 위험할 수 있으며, 술, 담배와 같은 기형 유발물질에 노출될 위험은 계획임신에 비해 두 배이상 높다.

계획임신은 최소한 3개월 전부터 준비한다

계획임신의 준비단계 기간을 정하는 것은 예비 엄마의 상태에 따라 다르다. 누구는 바로 임신이 가능하고 누구는 1년이라는 세월이 필요할 수도

임신 전 확인해야 할 위험 요인

술 평소에 술을 자주 마시다 보면 임신인 줄 알기도 전에 이미 술에 노출되어 태아에게 해가 될 수 있다. 임신 전에 술을 끊는 것이 좋다. 임신 중에는 한 모금이라도 술을 마시면 안된다.

TIP

계획임신을 하려면 시간이 얼마나 걸릴까?

B형 간염 항체가 없다면 → 3회 예방접종 후 임신(6개월 소요)
풍진 항체가 없다면 → 1회 예방접종을 하고 1개월 후 임신
자궁경부암 예방 백신을 맞으려면 → 3회 예방접종 후 임신(6개월 소요)
수영을 배우고 싶다면 → 6개월 전부터 강습을 받아야 임신 중 자유롭게 수영 가능
태아 기형을 예방하려면 → 임신 3개월 전부터 엽산제를 복용

흡연 조기 진통, 저체중아 출산, 태아 기형 등 태아나 임신부에게 나쁜 영향을 끼친다. 임신하면 금연할 수 있을 것 같지만 흡연 여성의 20%만이 임신 중 금연에 성공한다고 한다.

간질 간질약은 태아 기형 유발 물질이기 때문에 전문의와 상담하고 먹는다.

당뇨 당뇨가 조절되지 않는 상태로 임신을 하면 태아 기형률이 세 배나 증가한다. 당뇨가 있으면 혈당을 정상으로 만들어 놓은 후 임신을 계획한다.

성병 클라미디아와 임질은 자궁외임신, 불임의 원인이 된다. 임신 중 매독은 태아 기형을 일으키고 세균성 질염은 조산을 유발한다.

갑상선 이상 갑상선 기능 저하증, 갑상선 기능 항진증은 조기 진통과 임신중독증을 일으킨다. 임신 중이라도 갑상선 기능 저하증이나 항진증 약을 계속 복용할 수 있으므로 의사와 상의한다.

B형 간염 남성이든 여성이든 B형 간염 예방접종을 하는 것이 좋다. 임신부가 B형 간염 보균자인 경우에 태어난 아이도 B형 간염 바이러스를 갖게 돼 나중에 간경화, 간암으로 발전될 수 있다.

풍진 풍진 항체가 없는 여성은 풍진 예방접종을 반드시 해야 한다.

비만 비만은 신경관 결손과 같은 태아 기형, 조기 진통, 당뇨, 제왕절개, 임신중독증, 고혈압 등과 아주 밀접한 관계가 있다. 특히 임신 전 비만은 임신부에게 조기 진통, 임신중독증, 임신성 당뇨, 산후 비만, 제왕절개 같은 결과를 가져다주며, 아이에게도 비만, 소아당뇨와 같은 병을 물려줄 수 있다. 임신 전 식이요법, 운동요법으로 정상체중을 만든 뒤 임신하는 것이 좋다.

로아큐탄(여드름 약) 임신 중 로아큐탄을 사용하면 자연유산이나 태아 기형을 유발할 수도 있다. 혹시 여드름 치료제를 먹는다면 복용을 중단한 후 임신한다.

둘째 아이는 3, 4년 터울이 좋다

첫아이 출산 후 둘째 아이는 반드시 계획을 세워 임신해야 한다. 가장 이상적인 터울은 2년(24개월)이 지나서 임신하는 것이다. 임신 중에는 엄마의 몸에서 태아를 위한 영양분이 빠져나가게 된다. 출산 후 몸의 엽산이 다시 정상 수치로 돌아오는 데는 1년이 걸린다. 오메가 3도 태아에게 많이 건너가 버리면 산모는 오메가 3 결핍으로 우울증 등이 생기기 쉽다는 보고가 있다. 그래서 둘째 아이를 너무 빨리 임신하면 태아에게 줄 충분한 영양분을 엄마 몸에 보충할 시간이 없어서 아이가 조산되거나 저체중아가 될 확률도 있다고 한다.

첫째와 둘째의 터울을 두어야 하는 또 다른 이유는 엄마의 여유를 위해서다. 첫째 아이가 엄마의 말을 알아들을 수 있을 때 둘째를 임신해야 조금이라도 편하다. 배가 부른 상태에서 아이를 항상 안고 다녀야 하고 일일이 손이 가야 한다면 엄마가 많이 힘들 것이다. 아이가 스스로 걷고 스스로 소파에 앉을 수 있는 나이를 생각하면 3, 4년 터울이 적당하다.

임신 전에 해야 할 일

임신을 계획했다면 이제 무엇을 해야 할까? 검사할 것도 많고 예방주사도 맞아야 한다는데 조금 번거롭기도 하고 걱정만 앞선다. 그렇지만 건강한 예비 엄마로서의 몸과 마음을 준비하기 위해 조금의 수고로움은 감수하자. 태아 기형과 조산을 줄일 뿐 아니라 나와 내 아이의 평생 건강을 지켜줄 가장 쉬운 방법이기 때문이다.

임신 전 받는 상담·검사

임신을 원하는 시점으로부터 적어도 3개월 전에 산부인과를 방문한다. 전문의와의 상담과 진찰을 통해 건강 상태와 가족력을 체크하고 중요한 예방 접종을 함으로써 나만을 위한 맞춤형 임신 처방이 이뤄진다.

산부인과 상담에서는 이전의 임신 이력과 가족 력을 통해 유전적인 위험 요인이 있는지, 기형 유 발물질에 얼마나 노출돼 있는지, 내과적인 질환이 있는지, 현재 영양상태가 괜찮은지 등을 파악하게 된다. 임신에 필요한 기본 혈액 검사, 자궁경부암 검사, 질 초음파 검사, 자궁·난소 검사 등의 기본 검사도 이뤄진다.

예방접종도 할 수 있다. 임신을 계획하기 몇 달 전에 산부인과를 방문하는 이유가 바로 예방접종 후 안전한 기간을 확보하기 위해서이다. 그렇기 때 문에 계획임신 기간은 한두 달이 아니고 좀 더 여 유로우면 훨씬 좋다.

임신 전 어떤 상담을 할까?

나이 임신부의 나이가 35세가 넘으면 임신, 출산 시 다양한 문제가 생길 수 있다. 비만, 고혈압, 당

잘못 알고 있는 상식
독감 예방접종은 한 번 하면 평생 면역이 된다.

뇨 등으로 임신 중 여러 합병증을 일으킬 가능성이 많아지고, 태아가 염색체이상(다운증후군)이 될 가능성도 많기 때문이다. 임신이 되기까지도 젊은 여성보다 시간이 더 걸리고, 자연유산의 가능성도 다소 증가한다.

키·몸무게·비만도 키와 몸무게로 비만도를 측정한다. 저체중이거나 과체중은 임신하는 데도 위험요인이 될 수 있지만 임신 후에도 엄마와 태아의 건강에 중요한 영향을 미친다. 반드시 정상체중으로 만든 뒤 임신해야 건강한 아이를 출산할 수 있고 엄마의 건강도 챙길 수 있다.

혈압 평소에 고혈압이 있는지 체크하는 것이 쉽지 않기 때문에, 산부인과 진찰을 통해 자신도 모르는 고혈압이 발견될 수 있다.

생리 주기 생리 주기를 통해 배란일을 알 수 있고, 배란일을 잘 이용하면 임신에 성공할 확률이 높아진다.

과거력 과거에 어떤 질병을 앓았는지 확인한 후 전문의와 적절한 대처 방법을 찾을 수 있다.

가족력 친척 중 혈우병, 선천성 기형, 정신박약, 근이양증 등이 있는지 살펴보고 가족의 질병이 아이에게 영향을 끼칠 경우를 대비한다.

혈액형 대부분 자신의 혈액형을 알고 있겠지만 모르고 있거나 잘못 알고 있을 경우를 대비해 한 번 더 체크한다.

예방접종 B형 간염, 풍진 항체가 있는지 검사한 후 예방접종 계획을 세운다.

복용하고 있는 약 지금 먹고 있는 약이 있으면 건강보조식품이라도 전문의에게 이야기해야 한다. 그래야 아이에게 좋은 제품인지 아닌지를 판단하고, 복용해야 하는 약이 있다면 추천받을 수 있다.

식습관 현재의 식습관이 임신했을 때 도움이 되는 식습관인지 아닌지 판단하고 임신 중 좋은 식습관을 가질 수 있도록 도움을 받는다.

운동량 임신 전 규칙적으로 운동을 하고 있는지 체크하고 임신 중에도 꾸준히 할 수 있는 운동을 알아본다. 임신 중 운동을 통해 건강을 유지하면 진통과 분만에 많은 도움이 된다.

피임 지금 피임을 하는지, 한다면 어떤 방법으로 하고 있는지, 피임 방법에 대해 정확히 이해를 하고 있는지를 파악한다. 예방접종 기간에는 피임이 중요하기 때문이다.

나쁜 습관 담배, 술, 커피를 어느 정도 하는지 알아본다. 담배와 술은 태아 기형을 유발하므로 끊도록

임신 후 태교보다 임신 전 체중 관리가 중요하다

Doctor's Guide

임신 전 정상 체중의 여성이라면 정상체중의 건강한 아이를 낳을 가능성이 많다. 임신 전 과체중인 여성은 과체중아를 출산할 가능성이 크다. 또한 과체중으로 산도가 좁아져 난산이나 제왕절개를 할 가능성이 높아진다. 임신중독증이나 임신성 당뇨가 생길 가능성도 많고, 이런 임신부의 배 속에서 자란 아이도 성장하면서 소아비만이 될 가능성이 크다.

반면에 저체중인 여성은 저체중아를 낳을 가능성이 많다. 저체중아는 당장 질병과 관련된 증상이 보이지 않는다 하더라도 어른이 되어 동맥경화와 심장병이 발생할 가능성이 높다.

따라서 체중이 정상 범위에 속하지 않는 예비 엄마라면 임신을 보류하고 체중을 서서히 정상 범위에 들게 하는 것이 좋다. 그러면 자연유산, 조산, 임신중독증, 임신성 당뇨 등의 임신 합병증 발병 위험성이 낮아지고, 아이도 튼튼하게 자랄 가능성이 높다. 임신하고 나서 백 번 태교하는 것보다 임신 전 정상체중을 만들기 위해 노력하는 것이 훨씬 낫다.

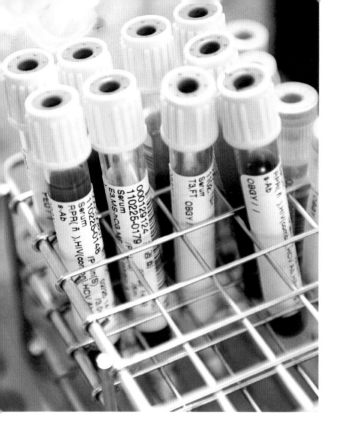

한다. 하루에 300mg 이상의 카페인, 예를 들면 커피 5잔 이상은 임신 초기에 자연유산을 일으키므로 하루에 1~2잔 정도로 줄인다.

임신 전 어떤 검사를 할까?

유방암 검사 만약 여성의 나이가 35세가 넘었고 최근 유방암 검사를 하지 않았다면 유방암 검사를 하는 것이 좋다. 임신하면 유방암 검사를 하기 힘들다.

질 초음파 검사 자궁근종, 난소종양, 난소물혹을 체크한다.

자궁암 검사 임신하면 자궁암 검사를 하기 힘들다. 임신 전에 미리 검사한다.

질염 검사 질염이 있으면 치료하고 임신해야 한다. 특히 임질, 클라미디어 감염은 불임, 나팔관 임신, 골반 내 감염을 일으키기 때문에 반드시 치료해야 한다. 세균성 질염 역시 그냥 두면 임신 중에 조기 진통, 양막 조기 파수의 가능성을 높이므로 미리 검사한다.

혈액 검사 빈혈, 성병 유무, 갑상선 기능을 알아본다.

톡소플라즈마 항체 검사 고양이를 키우는 경우에 혈액 검사로 톡소플라즈마 항체를 검사한다.

유전자 검사 유전자 질환과 관련된 검사로 아이를 가지기 전에 유전자 이상 여부를 미리 확인해보는 것이다. 머리카락이나 피 한 방울 뽑기로 검사가 가능하다.

잇몸질환 검사 임신부가 잇몸질환이 있으면 조기 진통 확률이 7배나 증가한다는 연구 결과가 있다. 원인은 정확하게 알 수 없지만 잇몸 내의 박테리아에서 자궁을 수축시키는 물질을 분비한다고 한다. 임신 전에 치과 진료를 받는 것이 좋다.

임신 전 필요한 예방접종

임신부가 풍진, 매독, 수두 등에 감염되면 자연유산, 조기 진통, 태아 기형이 생길 가능성이 높아진다. 임신을 계획 중인 예비 엄마에게 예방접종은 선택이 아닌 필수가 되어야 한다.

수두

우리나라 성인의 90%는 어릴 때 수두 예방접종을 했거나 수두에 걸린 경험이 있어 수두 항체를 가지고 있다. 혹시 수두 항체가 없는 성인이 수두에 노출될 가능성이 있다면 수두 예방접종을 권한다. 유치원이나 초등학교 선생님이라면 수두 항체 검사도 중요하다. 수두 백신은 풍진 백신과 마찬가지로 생백신이므로 임신 중에 예방접종을 해서는 안 되며, 접종 한 달 후에 임신을 시도해야 한다. 임신 중 수두에 걸리면 태아 기형과 합병증이 올 가능성이 증가한다.

풍진

어릴 때 예방접종을 했더라도 일부 여성은 청소

년기를 거치면서 면역력이 없어지는 경우가 있다. 임신을 계획했다면 항체가 있는지 다시 확인해야 한다. 풍진 항체가 없는 경우는 반드시 풍진 예방 접종을 하고 한 달 후에 임신을 한다. 풍진 백신은 생백신이므로 주사를 맞고 한 달간의 여유 기간을 둔 뒤 임신을 시도한다.

B형 간염

만약 엄마가 B형 간염 보균자라면 아기에게 B형 간염을 물려주게 된다. B형 간염이 태아 기형을 유발하지는 않지만 신생아가 B형 간염 보균자가 되면 간경화나 간암으로 빠르게 이행될 가능성이 굉장히 높아진다. 예비 엄마라면 B형 간염 항체가 있는지 검사하고 항체가 없으면 반드시 예방접종을 한다. 3회 접종 시 6개월이 걸리며 접종한 달 후에 임신을 시도한다. B형 간염은 성생활로도 옮길 수 있으므로 남편도 같이 검사해 항체

가 없으면 예방접종을 하도록 한다.

A형 간염

A형 간염 바이러스에 오염된 음식과 물을 먹거나 A형 간염 바이러스에 감염된 환자와 접촉한 경

TIP
임신 중 똑똑한 회사생활 노하우

대부분의 기혼여성들은 임신 중 회사 생활을 어떻게 해야 할지 고민한다. 임신을 하면 그 전처럼 일하기는 힘들겠지만 몇 가지 노하우만 알면 회사에서도 즐겁게 임신 기간을 보낼 수 있다.

임신 4개월쯤 임신 사실을 알린다

일반적으로 유산의 위험이 지나간 4개월쯤에 알리는 것이 좋지만 입덧이 너무 심하거나 유산기가 있어 안정이 필요하다면 미리 말하는 것도 괜찮다. 동료보다는 상사에게 먼저 알리는 것이 좋다. 특히 해외 출장이나 현장 외근이 잦은 경우에는 미리 자신의 상태를 알려야 업무 분담 등의 새로운 해결책을 제시해줄 수 있다. 회사에서 임신부에게 제공하는 복지 혜택이나 출산휴가 등의 정책도 인사부나 관리를 통해 알아본다.

스케줄을 조절한다

임신 중 컨디션이 오전에 더 좋다면 조금 일찍 출근해 오후에 빨리 퇴근하거나 조금 늦게 출근해 늦게 퇴근하는 등 일정을 조정한다. 직업의 특성상 불가능할 수도 있지만 회사 업무에 크게 지장을 주지 않는다면 회사에서도 이해해줄 것이다.

틈틈이 휴식한다

틈틈이 휴식을 취하고 수분을 충분히 섭취한다. 한 자세로 오래 앉아 있거나 서 있어야 하는 직업이라면 1시간에 10분 정도씩 몸을 움직인다. 회사 생활도 중요하지만 가장 중요한 것은 자신과 태아의 건강이다.

우에 감염되며, 직접적인 원인은 아니지만 A형 간염을 가지고 있는 임신부가 출산하는 과정에서 태아에게 전염될 수 있다.

만약 임신 초기에 항체가 없는 상태에서 A형 간염 환자와 접촉하게 되면 자연유산 가능성이 증가한다. 일반적으로 예방접종을 한 번 한 뒤 6개월 후에 추가 접종을 하면 95%는 평생 면역력을 갖게 된다.

독감(인플루엔자)

최근 한 연구에 의하면 임신부가 임신 5개월 내에 독감을 앓으면 아이는 태어난 후 정신분열증을 앓을 확률이 세 배나 증가한다고 한다. 우리나라는 10월에서 다음해 4월까지 인플루엔자가 유행하는데, 인플루엔자는 변종이 생기기 때문에 65세 이상의 노인이나 임신부는 매년 예방주사를 맞는 것이 좋다.

예방접종은 독감이 유행하기 한 달 전이나 임신하기 한 달 전에 한다. 임신 초기에 해도 괜찮지만, 보통은 12주가 넘은 뒤에 한다. 인플루엔자 예방접종은 1년이 지나면 효과가 없기 때문에 반드시 매년 가을, 독감이 유행하기 전에 예방접종을 해야 한다.

파상풍

어릴 적에 파상풍 접종을 했더라도 일반적으로 10년마다 추가 접종을 권장한다. 임신하기 한 달 전에 접종하는 것이 좋다. 임신 중에 파상풍에 걸리면 태아 사망률이 50% 이상이 되므로 주의한다.

자궁경부암

자궁경부암은 현재 유일하게 주사로 예방할 수 있는 암이다. 자궁경부암의 원인은 인유두종 바이러스로 알려져 있으며, 간염처럼 3회 접종으로 자궁암 발생의 70%까지 예방할 수 있다. 성생활을 하는 모든 여성들은 이런 자궁경부암을 일으키는 바이러스에 노출되어 있기 때문에 예방주사를 꼭 맞는 것이 좋다. 임신 전에 접종하는 것이 가장 좋고, 임신 중에는 접종하지 않는다. 만약 주사를 맞는 기간에 불가피하게 임신을 했다면 출산 후에 추가 접종을 하면 된다.

> **TIP**
>
> **계획임신을 위해 권장하는 예방접종**
>
> **반드시 접종해야 하는 것** → B형 간염, 풍진
> (항체 검사 후에 접종)
> **접종해두면 좋은 것** → 독감, 자궁경부암

임신 전 필요한 영양 관리

임신 전부터 영양 관리를 그토록 강조하는 이유가 무엇일까? 첫째로는 엄마의 영양이 곧 태아의 영양이기 때문이다. 둘째로는 임신 전 엄마의 습관을 바꿔 임신 중에 태아가 잘 자랄 수 있도록 준

비하기 위해서다. 셋째로는 영양 섭취에 대해 미리 알아두어야 아이를 위해 좋은 먹거리를 준비할 수 있기 때문이다.

임신을 준비 중인 여성이 영양 섭취에서 주의할 점은 양보다 질에 신경 써야 한다는 것이다. 질 좋은 음식이란 단백질이 풍부하고 혈당지수가 낮으며, 몸에 좋은 지방(오메가 3)은 많고 나쁜 지방(포화지방)은 적으며, 항산화 효과가 풍부한 음식을 말한다.

또한 어느 한쪽에도 치우치지 않고 다양한 영양소가 골고루 있는 균형 잡힌 식사를 해야 한다. 다시 말해 단백질(20%), 지방(30%), 탄수화물(50%)이 골고루 들어 있고 적당한 칼로리를 가진 음식을 먹어야 한다. 아침은 반드시 먹고, 칼로리는 적지만 영양소가 풍부한 식단 위주로 영양 섭취를 하는 것이 좋다.

예비 엄마는 임신 전부터 균형 있는 영양을 충분히 섭취해야 임신 중 자신의 건강은 물론 태아의 건강도 지킬 수 있다. 또 이를 계기로 출산 후에도 건강한 식습관을 가질 수 있다. 엄마에게 제대로 영양을 공급받은 아이는 정상체중으로 태어날 뿐 아니라 머리도 똑똑해지고 성인이 된 후에도 건강을 유지할 수 있다.

올바른 영양 관리의 필수 조건

- 칼로리가 높고, 염분이 많으며, 포화지방이 다량 포함된 음식을 피한다.
- 정크푸드, 패스트푸드를 되도록 삼간다.
- 저지방이나 무지방 유제품과 질 좋은 단백질을 섭취한다.
- 흰쌀, 흰빵, 파스타같이 정제된 탄수화물을 피하고 설탕이 들어간 음식도 삼간다.
- 임신 3개월 전부터 매일 엽산제 0.4mg이나 임신부용 종합비타민제를 먹는다.

- 과일과 채소는 항산화물질과 섬유질이 풍부하므로 몸에 이롭다.

임신 전 필요한 운동

흔히들 임신하면 조심스럽게 행동하고 운동도 천천히 걷는 정도만 해야 하는 줄 안다. 하지만 운동이 부족한 여성이 아무런 준비 없이 임신한다면 10개월 동안 무거워진 몸을 지탱하기 위해 만만찮은 체력이 필요할 것이다.

계획임신을 준비하는 여성이라면 운동으로 체력을 길러 순산을 준비해야 한다. 운동은 신체적, 정신적인 질병을 예방할 뿐만 아니라 더 나아가 신체의 밸런스를 맞추는 효과가 있다.

는 엔도르핀이 운동을 통해 우리 몸의 호르몬 밸런스를 맞춰 기분을 좋게 하고 통증을 감소시킨다.
- 임신을 위해서 시작한 운동이 출산 후에도 좋은 습관으로 이어져 평생 건강해질 수 있다.

임신 중 도움 되는 운동을 미리 해본다

임신 중에 하면 좋은 운동으로는 요가, 걷기, 수영 등이 있다. 요가와 걷기는 임신 중이라도 언제든지 시작할 수 있지만, 수영은 그렇지 않으므로 임신 전에 미리 배워두는 것이 좋다.

임신이 진행될수록 배가 불러와 임신 말기에는 거의 10kg 이상의 짐을 지고 24시간 지내야 한다. 이렇게 늘어난 체중을 지탱하는 근육이 우리 몸의 어느 부분인지 알고, 그 근육의 힘을 미리 키워놓으면 임신 기간이 한결 편해질 것이다.

부른 배가 앞뒤로 흔들리지 않게 지지해주는 근육은 바로 복부, 허리, 다리, 골반저근육이다. 골반저근육은 커진 자궁이 밑으로 쏠리지 않게 받쳐준다. 케겔운동은 골반저근육을 튼튼히 하고, 허리운동과 복근운동은 허리를 똑바로 잡아준다. 허벅지 근육은 늘어난 체중을 잘 지탱하는 데 도움을 준다.

임신 전 근력운동을 강조하는 이유는 근력운동이 임신 중 생기는 요통과 치골통을 예방하기 때문이다.

또한 임신 20주가 넘으면 허리선이 없어지게 되는데 그때는 복근운동을 시작하기가 어렵다. 배가 부른 상태에서 윗몸일으키기를 하는 임신부는 없을 것이다. 임신 중에 할 수 있는 복근운동은 기껏해야 복식호흡 정도다. 임신 전에 복근운동과 허리운동을 열심히 해두면 임신 중에는 물론 임신 후에도 몸이 건강해질 것이다.

운동으로 얻게 되는 긍정적인 효과
- 과체중인 여성을 정상체중으로 만들어 임신이 잘 되게 한다.
- 임신 중에 생기는 임신중독증과 임신성 당뇨 등 여러 가지 합병증을 예방할 수 있다.
- 근력운동으로 허리를 튼튼히 하고 복근운동으로 임신 중 요통과 치골통을 예방할 수 있다.
- 호흡 조절과 근력강화 운동으로 순산할 수 있다.
- 임신 전부터 운동을 꾸준히 하면 출산 후 원래 체중으로 빠르게 돌아간다.
- 스트레스를 감소시킨다. 뇌하수체에서 분비되

임신 후에 해야 할 일

Part 3

계획임신을 통해 임신에 성공했다면 임신 사실을 어떻게 알아차릴 수 있을까? 예민한 사람은 다음 생리가 시작되기 전에 미리 몸의 이상을 느끼기도 하고, 생리 예정일에 생리가 없어 임신 테스트를 해보기도 한다. 임신을 알리는 신호와 임신 확인법, 병원에서 처음 받게 되는 검사와 임신부가 해야 할 일 등을 알아본다.

임신 징후 알고 확인하기

정확한 임신 진단은 임신진단시약이나 산부인과 검사를 통해서 알 수 있지만, 평소 자신의 생리 날짜를 기록해두고 기초 체온 변화를 알아둔다면 임신의 징후를 빨리 알아낼 수 있다. 또 입덧 등 임신 초기에 나타나는 몸의 변화에 대해서도 알아둘 필요가 있다.

본인이 알 수 있는 증상

생리의 멈춤 정상적으로 생리를 했던 여성이 생리 예정일이 일주일 이상 지났는데도 생리를 하지 않는다면 임신을 알리는 첫 징후라 할 수 있다. 생리가 멈추는 것은 자신이 알 수 있는 중요한 증상이지만, 생리가 없는 상태에서 임신이 되거나 임신 중 생기는 자궁출혈을 생리로 오인할 수가 있으므로 반드시 산부인과 전문의를 찾아가 임신 여부를 확인해야 한다. 임신 초기의 자궁출혈은 흔히 있을 수 있으며, 생리보다 출혈이 단기간이며 양도 적다.

입덧 임신이 되면 소화기관에 장애가 생겨 메스껍고 토하고 싶어진다. 입덧이 일어나는 시기는 생리가 멈춘 후 1~2주 정도 지났을 때부터이며 이른 아침이나 공복 시에 더 심하다. 임신 12주 후에는 자연히 없어지지만 드물게는 임신 후기나 말기까지 계속되는 경우도 있다.

기타 증상 방광의 압박으로 소변이 자주 마렵고 변비가 생기기 쉽다. 하복부가 당기는 것과 같은 약한 통증이 오기도 하고 호르몬 분비의 변화로 신경질적이 되거나 초조함, 불안감을 느끼기도

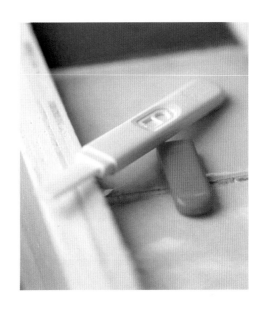

잘못 알고 있는 상식
생리 예정일에 생리를 하지 않는다면 임신이 확실하다.

한다. 또 쉽게 졸음이나 피로감을 느끼고 미열을 동반한 감기와 같은 몸살이 올 수도 있다.

자가 테스트로 확인하기

임신의 여러 징후들은 수정이 된 뒤 4주 전후로 나타나기 시작한다. 병원에 가지 않고도 임신이 되었는지 좀 더 빠르고 간단히 확인할 수 있는 방법이 바로 임신진단 시약이다. 임신진단 시약을 이용하면 수정 후 10일 정도부터 임신 여부를 알 수 있다. 이것은 병원에서 하는 소변 검사와 같은 원리로, 소변 속에 섞여 나오는 임신호르몬(HCG)의 유무를 검사하는 것이다.

임신호르몬은 밤사이에 많이 분비되므로 아침 첫 소변으로 검사하는 것이 좋다. 생리 예정일이 지나서 검사하면 훨씬 정확하다. 성관

계 후 2주 정도 지나 검사했을 때 임신이 아니라는 결과가 나올 수도 있다. 그 경우 1~2주 후에 다시 해보는 것이 좋다. 검사 전에 음주를 하거나 물을 많이 마시면 임신호르몬의 농도가 떨어지므로 주의한다.

병원 검사로 확인하기

임신 자각 증상이 느껴지면 산부인과 전문의를 찾아 정확한 진단을 받도록 한다. 생리나 입덧의 여부만으로는 임신인지 아닌지 정확한 판단이 힘들기 때문이다.

임신을 확인하는 방법으로는 초음파 검사, 혈액 검사, 소변 검사가 있다. 혈액 검사는 소변 검사보다 정교해서 몇 방울의 피만으로도 수정 후 일주일 만에 임신 여부를 거의 100% 알아낸다. 즉 혈액 검사를 하면 생리 예정일 전이라도 임신 여부를 확인할 수 있다.

초음파 검사를 통해 자궁 안에 임신낭이 있는 것을 확인해야 정상 임신이라고 말할 수 있는데, 복부 초음파를 통해 임신 5주 후부터 임신낭을 확인할 수 있고, 임신 6주부터는 태아 심장박동을 확인할 수 있다. 질식 초음파는 복부 초음파보다 더 빨리, 더 정확하게 임신을 확인할 수 있다. 초음파 검사로 정상 임신을 확인하는 동시에 임신 초기 태아의 크기를 측정해 출산 예정일도 알 수 있다. 그밖에 난소의 이상 여부와 자궁 근종의 유무를 확인하고, 비정상 임신인 자궁외임신과 포상

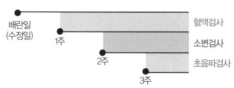

배란일 기준으로 임신을 확인하는 방법

배란일 (수정일)			
	1주		혈액검사
		2주	소변검사
			3주 초음파검사

기태도 조기 진단할 수 있어 임신 초기에 초음파 검사는 필수이다.

병원 선택 시 고려할 점

산전 진찰과 출산 문제를 상담하려면 병원과 주치의 선택이 필요하다. 첫 임신일 경우에는 주위의 권유에 따라 병원을 선택하는 경향이 강한데, 10개월 동안 꾸준히 다녀야 하고 만일의 경우 제왕절개를 받아야 하는 위험도 있으므로 신중하게 고를 필요가 있다.

접근의 용이성

산부인과는 한 달에 1~2회, 아기를 낳을 때까지 최소 10회 이상 방문해야 하기 때문에 만삭일 때도 혼자 다닐 수 있을 만큼 집에서 가까운 병원이 좋다. 한밤중에 진통이 오는 상황에 대비해야 하는 것도 이유 중 하나다.

직장에 다니는 임신부라면 직장 근처 산부인과도 괜찮다. 따로 시간을 내지 않아도 점심시간이나 일이 비교적 한가할 때 잠깐 외출해 검진을 받을 수 있어 편하다.

임신부의 건강 상태

쌍태아 임신, 고혈압, 35세 이상의 고령임신, 임신성 당뇨 등 고위험 임신부라면 일반 산부인과 의원보다 여성전문병원이나 종합병원을 선택하는 것이 좋다.

임신 기간은 물론 출산할 때 산모와 아기에게 생길 수 있는 만약의 위험에 대비할 수 있는 시설이 필요하기 때문이다.

분만 가능 여부

개인 산부인과 중에는 검진과 진찰은 받을 수

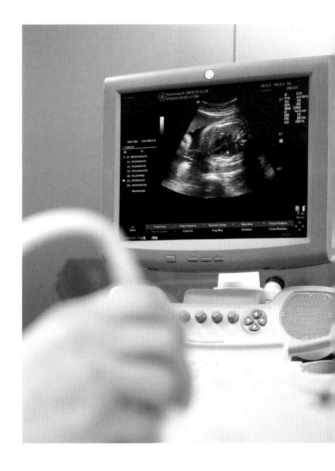

있지만 분만을 하지 않는 곳도 있다. 임신 기간 중에 병원을 바꾸지 않도록 분만 가능 여부를 미리 확인한다.

병원 시설과 분위기

대부분의 임신부들이 산부인과 의원, 여성전문병원, 대학병원 중 자신이 다닐 병원을 선택할 때 가장 큰 비중을 두는 부분이 시설과 분위기다. 건강한 임신부라면 산부인과 의원도 괜찮지만 응급상황시 대처 능력이 있는지도 고려해야 한다. 무통분만을 하려면 마취 전문의가 있는지 확인하는 것도 필수다.

또 얼마나 위생적이고 쾌적한 시설을 갖추고 있

는지, 소아청소년과가 있는지, 모자동실이 가능한지, 모유수유를 권장하는지, 남편이 분만에 참여할 수 있는지 등도 꼼꼼히 알아보는 것이 좋다. 르봐이예 분만, 젠틀버스 분만을 원한다면 가족분만실이 있는 병원을 선택한다.

비용

병원에 따라 각종 검사비, 수술비 등에 차이가 있다. 몇 군데 산부인과를 대상으로 검사 비용과 수술·입원비 등을 비교해보고 경제 사정에 맞춰 선택한다. 일반적으로 대학병원이나 여성전문병원에 비해 산부인과 의원이 저렴한 편이다.

분만 예정일 계산법

분만 예정일을 알게 되면 태아의 상태를 정확하게 체크할 수 있다. 분만 예정일을 알아보는 방법은 여러 가지가 있다.

초음파 검사로 알아보는 방법

마지막 생리일을 기억하지 못한다면 초음파 검사를 통해 임신 주수와 분만 예정일을 알아볼 수 있다. 임신 초기에는 태아의 길이가 거의 같기 때문에 임신 2~3개월 사이에 태아의 길이를 재서 정확한 임신 주수와 분만 예정일을 계산한다. 생리 주기가 불규칙적인 임신부도 초음파로 태아 크기를 재서 분만 예정일을 잡는 것이 정확하다.

생리 주기로 알아보는 방법

가장 흔하게 사용되는 방법이다. 마지막 생리 시작일로부터 28일간은 1개월, 생리를 한 번 거르면 2개월, 두 번 거르면 임신 3개월이 되며, 마지막 생리 첫날에서 280일(40주, 4주를 한 달로 계산하므로 10개월)이 되는 날이 분만 예정일이다. 생리 주기가 일정한 사람은 이 방법이 비교적 정확하지만 주기가 불규칙한 사람은 잘 맞지 않을 수도 있다.

간편하게 알아보는 방법

마지막 생리가 1~3월 사이일 때는 생리를 시작한 달에 9를 더하고, 마지막 생리가 4~12월 사이일 때는 3을 빼서 분만 예정월을 계산한다. 분만 예정일은 마지막 생리의 첫날에 7을 더하면

훌륭한 주치의란?

병원 선택만큼이나 중요한 일이 바로 임신부와 태아의 생명을 믿고 맡길 수 있는 주치의 선택이다. 훌륭한 주치의란 어떤 의사를 말하는가?

- 초음파를 보면서 아기의 모습을 정성스럽고 꼼꼼히 이야기해준다.
- 자연분만을 위해 정상적인 체중 증가의 중요성을 강조한다. 임신 초기에 체중 관리의 중요성을 이야기하지 않고, 나중에 임신부가 체중이 많이 불었다고 말하는 주치의는 곤란하다.
- 영양 관리와 운동의 중요성에 대해 이야기해준다.
- 진료가 끝나면 그냥 보내지 않고 궁금한 것을 물어보라고 한다.
- 진료차트에 '자연분만을 꼭 원함'이라고 적어두고 그렇게 되도록 도와준다.
- 제왕절개를 피하고 순산을 위해 진찰중에 항상 노력한다.
- 산전 진찰을 받고 싶게 만들 만큼 믿음을 준다.

결론적으로 궁금한 것 이외에도 필요한 것을 미리 말해주는 의사가 좋다. 물어보는 것만 대답하고, 초음파만 보고는 집으로 보내는 의사라면 나와 내 아기를 맡기는 주치의로는 곤란하다.

된다. 이 방법은 며칠의 오차가 난다는 단점이 있다.

예) 마지막 생리 시작일이 2월 5일이었다면
2+9=11월, 5+7=12월, 즉 11월 12일.
마지막 생리 시작일이 10월 25일이었다면
10-3=7월, 25+7=32일, 즉 다음해 8월 1일

임신 후 받는 초기 검사

빈혈 검사

임신 중에는 빈혈 예방이 굉장히 중요하기 때문에 임신 초기, 중기, 말기 총 세 번에 걸쳐서 빈혈 검사를 하게 된다.

빈혈이 있는 임신부는 출산 후 작은 출혈에도 생명이 위태로울 수 있다. 출산 후 태반이 자궁에서 떨어질 때 출혈이 생기는데, 자연분만일 경우는 평균 500cc, 제왕절개의 경우는 평균 1,000cc의 출혈이 일어난다. 임신부의 몸은 이런 출혈에 대비해 임신 중에 혈액량이 증가하는데, 증가한 혈액의 원료가 되는 철분제를 제때 충분히 보충하지 않으면 빈혈이 생긴다.

임신 기간 중 철분제를 꾸준히 먹으면 그렇지 않은 임신부에 비해 임신 말기에 평균 500cc 정도 혈액이 더 생성된다고 한다. 빈혈이 있으면 쉽게 피곤하고, 출산 후 회복도 느리며, 상처가 늦게 아물고 아이를 조금만 돌봐도 힘이 든다.

혈액형 검사

출산 후 갑자기 수도꼭지를 튼 것처럼 자궁에서 많은 출혈이 있을 수 있는데 이때 수혈을 하려면 정확한 혈액형을 알아야 한다. 간혹 자신의 혈액형을 잘못 알거나 과거의 검사가 잘못되었을 수도 있기 때문에 혈액형 검사를 실시한다.

혈액형 검사는 ABO형과 Rh형을 기본적으로

TIP

동네 보건소에서 알짜 혜택 이용하기

현재 자신이 거주하고 있는 동네의 가까운 보건소와 친해진다. 첫 등록 시 신분증, 분만 예정일이 기재된 산모수첩이나 임신확인서를 지참하고 보건소로 가서 임신부 건강카드를 작성하면 다양한 혜택을 받을 수 있다. 게다가 태교 교실이나 모유수유 교실에 참여해 필요한 정보도 얻을 수 있다. 단, 관할 보건소마다 혜택의 차이가 있으니 홈페이지를 방문하거나, 전화 문의 후 이용한다.

산전 관리
• 임신 진단 : 마지막 생리 예정일을 기준으로 10일 이상 경과 시 가능
• 기본 검사 : 기초혈액검사(에이즈, 매독, B형간염, 빈혈, 간기능, 혈당 등) 및 소변검사
• 엽산제 공급 : 임신 초기 ~ 12주까지(최대 3개월 분량 지급)
• 태아 검사 : 태아 심음, 기형아 검사, 당뇨 검사
• 철분제 공급 : 임신 16주 이후 총 5개월분 지급(쌍태아 이상, 빈혈 시 추가제공 가능)
• 임산부 건강 : 구강검진, 예방접종, 자동차 표지 발급, 교통비 바우처

산후 관리
• 신생아 관리 : 선천성 대사이상 검사
• 산모 관리 : 모유수유 지도, 육아 지도, 산후 건강 관리, 유축기 대여, 고위험 임산부 의료비 지원, 산후조리 경비 지원

※ 관할 보건소마다 차이가 있으므로 전화 문의 후 이용한다.

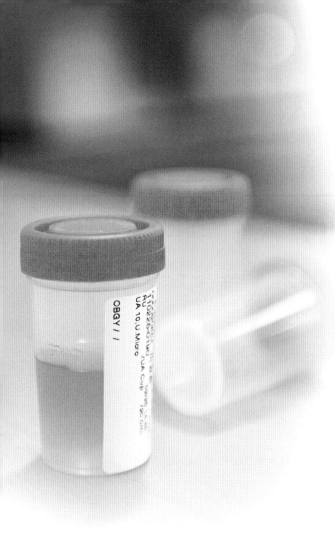

이러스를 통해 생기는 치명적인 전염병이다. 다행히 우리나라는 에이즈의 위험성이 낮은 편이지만, 만약 임신부에게 에이즈가 있다면 태어나는 아이에게는 치명적일 수 있다. 특히 분만 시간이 길면 진통 과정에서 태아가 엄마의 혈액을 먹을 가능성이 많아 태아에게 옮길 가능성이 높다. 그렇기 때문에 임신부가 에이즈에 걸린 경우는 제왕절개로 분만한다.

에이즈 균은 모유로도 감염되므로 출산 후 모유수유를 하지 않고, 아기는 출산 후 엄마와 같이 항바이러스 치료를 받는다.

매독 검사

매독은 병이 있는 부위와 직접 접촉해야만 옮겨지는 성병으로, 매독균은 임신 어느 시기에도 태반을 통과하여 태아까지 감염시킨다. 일찍 발견해 치료만 한다면 임신부와 태아 모두 완치가 가능하지만, 초기에 치료하지 못하면 40% 정도에서 자연 유산, 사산, 태아 기형 등이 발생할 수 있다. 매독은 임신 중 항생제로 치료가 가능하다.

검사한다. ABO형 혈액형 검사는 임신부의 건강과 연관이 있지만, Rh형 검사는 태아의 건강과 직결된다. 만약 임신부가 Rh⁻라면 임신 중과 출산 후에 Rh 면역글로불린 주사를 맞아야 임신 중에 생기는 태아의 치명적 질환인 용혈성 질환을 예방할 수 있다. 우리나라에서는 Rh⁻가 0.2% 정도로 희귀하기 때문에 수혈이 필요한 경우 혈액 공급이 쉽지 않다. Rh⁻인 임신부는 빈혈이 생기지 않도록 반드시 철분제를 잘 먹어야 한다.

에이즈 검사

에이즈는 사람의 면역 기능을 약화시키는 바

풍진 검사

임신 중 풍진 감염은 태아에게 아주 심각한 기형(선천성 심장기형, 백내장, 수두증, 청각장애, 실명, 정신지체, 저체중아 등)과 자연유산, 조산, 사산을 일으킨다. 특히 임신 초기에 감염될수록 태아 기형의 확률은 커진다. 임신 12주 내에 풍진에 감염되면 85%의 태아에서 기형이 나타나고, 13~16주 사이에 감염되면 50%에서 나타난다. 임신 20주 이후에는 기형이 나타날 가능성이 매우 낮다.

풍진은 걸려도 특징적인 증상이 없기 때문에 풍진에 걸렸는지 알기가 힘들다. 임신 초기에 검사해 풍진 항체가 있는지 확인해야 한다.

임신 중에는 풍진 예방접종을 할 수 없다. 풍진 예방주사는 생 바이러스이기 때문에 임신 중에는 태아의 기형을 유발할 가능성이 높다. 항체가 없는 임신부는 감염이 되지 않도록 주의하고, 출산 후에는 반드시 풍진 예방접종을 한다.

간염 검사

A형 간염은 임신부가 걸린다 하더라도 태아에게 해를 끼치지는 않기 때문에 일반적으로 검사를 하지 않는다. 임신 중 A형 간염 예방접종을 해도 태아에게는 무해하다.

그러나 B형 간염 검사는 반드시 해야 한다. B형 간염 바이러스를 가지고 있는 임신부는 임신 중이나 출산할 때 아기에게 바이러스 균을 옮기게 되는데, 만약 출산 직후 아기에게 예방조치를 하지 않으면 아기는 B형 간염 바이러스를 평생 가지고 있을 확률이 90%나 된다. 따라서 모든 임신부의 B형 간염 검사는 굉장히 중요하다.

C형 간염은 A, B형 간염과는 다르게 일단 걸리면 거의 만성화가 된다. 만성 간염환자의 20%에서 간경화가 일어나고, 1~5%는 간암으로 진행된다. C형 간염이 임신부에게서 태아로 수직 감염이 되는 경우는 5%이지만, 막을 수 있는 방법이 없기 때문에 병원에 따라 검사를 하는 곳도 있고 하지 않는 곳도 있다. 제왕절개를 해도 태아에게 전염되는 확률을 낮추지는 못한다. 그렇다고 모르고 있는 것보다는 출생 후 지속적인 관찰이 필요하므로 알아두는 것이 좋다.

소변 검사

소변 검사를 통해 콩팥이나 방광에 염증이 있는지 확인할 수 있다. 방광이나 콩팥에 염증이 있을 경우, 소변볼 때 아프거나 빈뇨 등의 증상이 있어 알게 되는 경우도 있지만 아무런 증상 없이 검사를 통해 발견되는 경우도 있다. 증상이 없더라도 그냥 두면 나중에 조기 진통을 일으킬 수 있으므로 이런 경우는 항생제를 3일간 처방받는다.

갑상선 기능 검사

갑상선 기능 항진증이나 저하증은 태아와 임신부에게 좋지 않은 영향을 미치기 때문에 반드시 치료가 필요하다. 갑상선 질환은 주로 젊은 여성에게 많으며 임신부의 갑상선 호르몬과 갑상선 약은 태아에게 그대로 영향이 간다.

갑상선 기능 항진증은 임신중독증이 생기게 할 수 있고, 이때 태아는 발육부진과 사산이 될 가능성도 높다. 갑상선 기능 저하증 역시 임신중독증이 생기게 할 수 있고, 태아의 두뇌 발달에도 영향을 미친다. 갑상선 기능 저하증을 치료하지 않은 상태에서 태어난 아이는 자라서 두뇌 발달이나 행동 발달에 장애를 일으킨다고 한다.

자궁경부암 검사

자궁경부암은 인유두종 바이러스가 원인이다. 임신을 하면 태아를 보호하기 위해 면역력이 약화돼 바이러스가 잘 퍼지는데, 임신 중에는 태아가 자라는 자궁을 치료하기 힘들기 때문에 암이 퍼질 수 있다. 그래서 임신 전이나 임신 초기 검사에 포함하기도 한다.

자궁경부암 예방접종은 접종 후 곧바로 임신이 가능하지만, 임신 중에는 접종하지 않는다. 세 번의 접종을 모두 끝내지 않은 상태에서 아이를 가졌다면 접종을 중단하고, 출산 후에 바로 다시 접종한다. 모유수유 중에도 자궁암 예방접종은 가능하다.

냉 검사

임신부라면 임신 내내 냉에서 냄새가 나는지 신경을 써야 한다. 부부관계 후에도 냄새가 많이 나는지 관심을 가져야 하며 출산 후에도 마찬가지다. 질 내 박테리아의 균형이 깨져서 생기는 세균성 질염에 걸리면 냉에서 악취가 나고 가렵고 따가운 증상이 나타난다. 임신부에게 세균성 질염이 생기면 조기 진통이 올 수 있으므로 반드시 치료해야 한다.

혈압과 체중 측정

병원에 가면 임신부의 몸무게와 혈압을 항상 체크하는데, 이 두 가지는 임신부에게 아주 중요하다. 임신 전에 있던 고혈압이 우연히 발견되는 경우도 있기 때문이다.

임신 기간 내내 혈압이 정상이다가 어느 순간에 올라가면 임신 중독증이 생긴 것이다. 임신중독증은 초기에는 본인이 느끼는 증상이 없기 때문에 혈압 체크가 중요하다.

체중 측정은 임신 중에 체중이 정상으로 늘고 있는지 알아보기 위해서다. 임신 말기 1주일에 1kg 이상 증가하면 임신중독증을 의심해볼 수 있다.

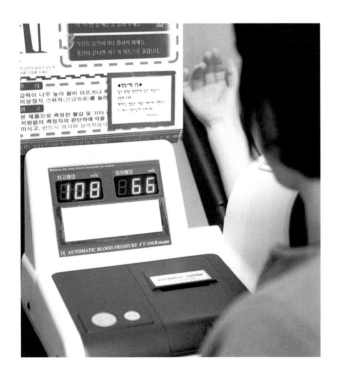

국민행복카드
발급하기

임산부의 건강관리와 건강한 태아분만
나 은행, 공단지사를 직접 방문해서 신
많이 받을 수 있는 카드로 선택하는 것

지원대상

임신·출산(유산·사산 포함)이
확인된 건강보험 가입자 또는
피부양자 중 임신·출산 진료비
지원 신청자

**건강
보험**

신청

병원에서 임신 진단을 받은 후
임신·출산 확인서를 발급받아
카드사, 은행 등에서 신청, 발급

STEP 1
병원에서
공단에 임신
정보 등록

STEP 2
카드사, 은
공단지사
통해 카드

국가에서 임신·출산·육아에 관련된 진료비를 지원해주는 서비스로 국민행복카드 바우처 제도가 있다. 임신을 진단받고 나면 병원을 통해 국민건강보험공단에 임신 정보가 등록된다. 임신부는 임신확인서와 신분증을 가지고 국민건강보험공단 지사 또는 카드사를 통해 신청할 수 있다.

출산 진료비 일부를 국가에서 지원하는 제도가 바로 국민행복카드다. 임신 진단을 받으면 바로 카드를 신청할 수 있다. 카드사 온라인으로도 신청 가능하다. 카드사별로 포인트 적립과 할인 혜택이 다르므로, 개인의 카드 소비 유형에 따라 혜택을 가장

임산부의 건강한 출산과 건강관리를 위해
진료비 일부를 국민행복카드로
국가에서 지원하는 제도

혜택

임신 1회당 100만 원 바우처 지원.
다태아 임산부는 140만 원 지원.
분만 취약자는 20만 원 추가

100만원

사용방법

국민행복카드를 이용하여
전국 요양기관에서 본인부담금 결제
※ 카드 수령 후 분만예정
(출산·유산진단)일로부터 2년까지

3
발급 후
서 등록

꼭 기억하세요
미리 준비하는 **계획임신 요약편**

건강한 아이를 낳으려면 계획임신을 한다

계획임신이란 아이를 갖기 전 엄마 아빠의 건강상태를 미리 확인하고 임신하는 것을 말한다. 준비된 임신은 엄마의 정신적인 스트레스를 줄여 임신 기간을 행복하고 즐겁게 한다. 육체적으로는 아이가 열 달 동안 잘 자랄 수 있는 최적의 환경을 만들어주기 때문에 건강하고 똑똑한 아이를 낳을 확률이 높다.

임신을 계획하면 산부인과 상담을 받는다

임신 전 산부인과 상담을 통해 임신에 필요한 여러 가지 검사를 받는 것이 좋다. 일반적으로 혈액 검사, 소변 검사, 자궁암 검사 등으로 현재의 건강상태를 체크한다. 풍진, B형 간염, 독감, 수두 등 임신 전 필요한 예방접종도 하게 된다. 산부인과 검진 외에 스케일링을 포함한 치과 진료도 미리 받는다.

올바른 식습관과 체중 관리를 위해 노력한다

임신한 뒤에만 몸에 좋은 음식을 챙겨 먹지 말고 임신 전부터 골라 먹자. 인스턴트식품이나 패스트푸드를 줄이고, 커피는 하루에 1~2잔 정도로 줄인다. 임신을 시도하기 3개월 전부터 엽산제 혹은 임신부용 종합 비타민제를 먹는다.

과체중이나 저체중이라면 정상체중을 만들고 임신한다. 과체중인 경우 무조건 굶거나 약물로 살을 빼는 것보다 자신에게 맞는 운동과 식이요법으로 정상체중을 만든다. 저체중인 경우 균형 잡힌 식단을 구성해 하루 세끼를 잘 챙겨 먹는다.

임신 중 필요한 운동을 미리 해본다

임신하면 무거워지는 몸을 감당하기 위해 든든한 체력이 필요하다. 임신 전부터 꾸준히 운동을 하면 체력이 향상돼 임신 기간을 건강하게 보낼 수 있고, 출산 후 원래 체중으로 빨리 돌아갈 수 있다.

허리운동, 복근운동, 케겔운동 등으로 임신 중 필요한 근육의 힘을 키워 놓자. 수영도 임신 중에는 배우기 힘들므로 미리 배워두는 것이 좋다.

이번 장에서 계획임신의 중요성과 준비 시기, 방법에 대해 자세히 알아봤다.
꼭 기억해야 할 것은 무엇인지 한 번 더 체크해보자.

따져보고 병원과 주의치를 선택한다

사람 성격이 모두 다르듯 병원과 주치의도 모두 각각이다. 출산할 때까지 산부인과를 꾸준히 다녀야 하므로 처음부터 신중히 생각하고 선택한다.

병원을 고를 때는 출산 환경이 좋은지, 무통분만이 되는지, 제왕절개율은 얼마나 되는지, 가족분만이 가능한지를 따져본다. 병원과의 거리는 1시간이 넘지 않는 것이 좋다. 병원에 소아청소년과가 갖추어져 있다면 더욱 좋다.

주치의를 선택할 때는 편하게 대할 수 있는 사람으로 선택한다. 말이 너무 없는 사람보다 묻지 않은 것까지 이것저것 세심하게 말해주는 주치의가 더 좋다.

임신을 확인한다

임신이 됐을 때 가장 먼저 알 수 있는 자각증상으로는 생리를 하지 않는 것이다. 그리고 속이 메슥거리면서 유방에 통증이 있고 현기증이 생긴다면 임신을 의심해본다. 임신을 기다려 왔다면 생리 예정일 즈음에 임신진단 시약으로 임신 여부를 확인한다. 임신 확인은 생리 예정일에서 일주일이 지난 뒤 병원에서 초음파 검사로 한다.

임신을 확인하면 병원에서 초기 검사를 받는다

임신을 확인하면 임신 초기 검사를 받는다. 임신 초기 검사로는 빈혈 검사, 간염 검사, 혈액형 검사, 에이즈 검사, 매독 검사, 풍진 검사, 갑상선 기능 검사, 소변 검사가 있다.

국민행복카드를 발급받는다

임신이 확인되면 임신·출산에 관련된 진료비를 지원받을 수 있는 국민행복카드를 발급받는다. 임신확인서와 신분증을 가지고 국민건강보험공단 지사 또는 카드사를 통해 신청할 수 있다.

열 달, 엄마와
아기의 변화

임신 열 달 동안 엄마와 태아에게는 많은 변화가 일어난다. 작은 점에서 시작한 태아는 시간이 갈수록 점점 사람 모습으로 변해간다. 배 속에서 손가락을 빨기도 하고 팔다리를 크게 움직여 엄마를 깜짝 놀라게 하기도 한다. 엄마 역시 열 달 동안 많은 변화를 겪는다. 물 한 모금 마시기 힘들 만큼 입덧을 하고, 허리가 끊어질 것 같은 통증에 시달리기도 한다. 아기가 세상에 나오는 열 달 동안 엄마와 태아에게 어떤 변화가 생기는지 살펴보자.

임신 1개월	1주 1일~ 4주
임신 2개월	4주 1일~ 8주
임신 3개월	8주 1일~ 12주
임신 4개월	12주 1일~ 16주
임신 5개월	16주 1일~ 20주
임신 6개월	20주 1일~ 24주
임신 7개월	24주 1일~ 28주
임신 8개월	28주 1일~ 32주
임신 9개월	32주 1일~ 36주
임신 10개월	36주 1일~ 40주

임신 10개월 동안 엄마와 아기에게 어떤 변화가 일어날까?

01 다음 중 배란에 관한 설명으로 맞는 것은?
 ① 생리 주기가 불규칙해도 배란일은 일정하다.
 ② 배란일이 지나면 점액의 양이 많아진다.
 ③ 생리 끝나는 날부터 14일째가 예상 배란일이다.
 ④ 배란기가 되면 체온이 상승한다.

02 임신이 되는 과정에 대한 설명 중 틀린 것은?
 ① 배란일에 성관계를 하면 무조건 임신이 된다.
 ② 정자의 생존 기간은 4일 정도이다.
 ③ 수정은 나팔관 끝부분에서 이루어진다.
 ④ 수정란이 착상되지 않으면 자궁내막이 떨어져 나온다.

03 여성의 점액에 관한 설명으로 맞는 것은?
 ① 배란 시기가 아니더라도 점액을 만들어낸다.
 ② 배란일이 다가올수록 분비물이 적어진다.
 ③ 점액관찰법으로 정확하게 배란일을 알 수 있다.
 ④ 점액은 정자가 자궁 안으로 쉽게 들어갈 수 있도록 도와준다.

04 임신 2개월에 나타나는 증상으로 틀린 것은?
 ① 자궁이 커지면서 아랫배가 아프다.
 ② 유두를 건드리면 아프다.
 ③ 약간의 질 출혈인 착상혈이 보이기도 한다.

 ④ 임신선이 생기기 시작한다.

05 임신 3개월에 태아에게 나타나는 변화로 틀린 것은?
 ① 태아의 주요 장기가 모두 형성된다.
 ② 손가락과 발가락이 완전히 분리된다.
 ③ 눈꺼풀이 분리되어 눈을 뜰 수 있다.
 ④ 얼굴에 눈, 코, 입이 생기기 시작한다.

06 임신 4개월에 엄마가 해야 하는 일로 맞는 것은?
 ① 철분제를 먹기 시작한다.
 ② 배탈이 났을 경우 약을 먹지 않고 참는다.
 ③ 안정기이므로 조금씩 운동을 시작한다.
 ④ 출산할 때까지 파마나 염색은 하지 않는다.

07 임신 4개월에 태아에게 어떤 변화가 일어날까?
 ① 귀가 발달돼 소리를 들을 수 있다.
 ② 갑상선이 기능을 발휘해 몸에서 호르몬이 분비된다.
 ③ 태지가 생기기 시작한다.
 ④ 태아의 장에서 태변이 만들어진다.

08 임신 5개월에 엄마에게 나타나는 변화로 맞는 것은?
 ① 태아의 움직임을 느낄 수 있다.
 ② 평소보다 혈압이 높아진다.

③ 코막힘, 코피, 잇몸 출혈 등의 증상이 더 이상 나타나지 않는다.

④ 발이 붓는다.

09 임신 5개월에 엄마가 해야 할 일로 맞지 않는 것은?

① 빈혈을 예방하기 위해 철분제를 먹는다.

② 태아를 키우기 위해 두 배로 많이 먹는다.

③ 다운증후군을 알아보기 위해 기형아 검사를 한다.

④ 임부용 속옷과 임부복을 입어 몸을 편안하게 한다.

10 임신 6개월에 태아에게 나타나는 변화로 틀린 것은?

① 하루에 1L 정도의 양수를 마시고 소변으로 배출한다.

② 태반을 통해 영양분을 공급받는다.

③ 태아가 남자아기일 경우 고환과 정자가 만들어진다.

④ 이 시기에 태어난다면 심각한 후유증이 생길 수 있다.

11 임신 7개월에 엄마에게 나타나는 변화로 틀린 것은?

① 가진통이 생긴다.

② 기립성 고혈압으로 심한 현기증이 생긴다.

③ 요통이 잘 생긴다.

④ 튼살이 생긴다.

12 임신 8개월에 엄마가 해야 할 일로 맞는 것은?

① 분만에 대비해 다양한 출산 강의를 듣는다.

② 모유수유는 아기를 낳은 후에 준비한다.

③ 건강에 이상이 없으면 한 달에 한 번 진료를 받는다.

④ 1시간에 4회 이상 배 뭉침 증상이 있으면 가진통으로 생각하고 참는다.

13 임신 8개월에 태아에게 나타나는 변화로 틀린 것은?

① 턱에서 치아가 생긴다.

② 빛에 대해 반응을 할 수 있다.

③ 횡격막으로 숨을 쉬는 연습을 하므로 딸꾹질을 한다.

④ 아직은 눈을 뜨고 감을 수 없다.

14 임신 9개월에 관련된 내용으로 맞는 것은?

① 태아의 머리가 아래쪽으로 향해 있지 않다면 제왕절개를 결심한다.

② 역류성 식도염을 예방하기 위해 음식을 조금씩 먹는다.

③ 튼살이 생기지 않았다면 이제 더 이상 튼살 크림을 바르지 않아도 된다.

④ 출산하려면 1개월이 남았으므로 아직 출산 준비는 하지 않아도 된다.

15 임신 10개월에 해야 할 일로 적당하지 않은 것은?

① 병원에 가야할 응급 상황에 대해 알아둔다.

② 무통분만에 대해 알아보고 시술 여부를 결정한다.

③ 곧 출산하므로 임신중독증에 대해서는 안심해도 된다.

④ 매주 진찰을 받는다.

정답 1.④ 2.① 3.④ 4.④ 5.③ 6.③ 7.② 8.① 9.② 10.③ 11.② 12.① 13.④ 14.② 15.③

분만 예정일 표

분만 예정일 표는 생리 주기가 규칙적일 경우에 사용한다. 마지막 생리가 시작된 달을 회색 줄에서 먼저 찾은 뒤, 시작일을 찾는다. 밑에 있는 분홍색 글씨로 된 날짜가 분만 예정일이 된다. 단, 생리주기가 불규칙할 경우에는 오차가 있으므로 다른 방법으로 분만 예정일을 알아보도록 한다.

● 마지막 생리시작일 ● 분만 예정일

1월	1	2	3	4	5	6	7	8	9	10	11	12	13	14	15	16	17	18	19	20	21	22	23	24	25	26	27	28	29	30	31	1월
10월	8	9	10	11	12	13	14	15	16	17	18	19	20	21	22	23	24	25	26	27	28	29	30	31	1	2	3	4	5	6	7	11월

2월	1	2	3	4	5	6	7	8	9	10	11	12	13	14	15	16	17	18	19	20	21	22	23	24	25	26	27	28				2월
11월	8	9	10	11	12	13	14	15	16	17	18	19	20	21	22	23	24	25	26	27	28	29	30	1	2	3	4	5				12월

3월	1	2	3	4	5	6	7	8	9	10	11	12	13	14	15	16	17	18	19	20	21	22	23	24	25	26	27	28	29	30	31	3월
12월	6	7	8	9	10	11	12	13	14	15	16	17	18	19	20	21	22	23	24	25	26	27	28	29	30	31	1	2	3	4	5	1월

4월	1	2	3	4	5	6	7	8	9	10	11	12	13	14	15	16	17	18	19	20	21	22	23	24	25	26	27	28	29	30		4월
1월	6	7	8	9	10	11	12	13	14	15	16	17	18	19	20	21	22	23	24	25	26	27	28	29	30	31	1	2	3	4		2월

5월	1	2	3	4	5	6	7	8	9	10	11	12	13	14	15	16	17	18	19	20	21	22	23	24	25	26	27	28	29	30	31	5월
2월	5	6	7	8	9	10	11	12	13	14	15	16	17	18	19	20	21	22	23	24	25	26	27	28	1	2	3	4	5	6	7	3월

6월	1	2	3	4	5	6	7	8	9	10	11	12	13	14	15	16	17	18	19	20	21	22	23	24	25	26	27	28	29	30		6월
3월	8	9	10	11	12	13	14	15	16	17	18	19	20	21	22	23	24	25	26	27	28	29	30	31	1	2	3	4	5	6		4월

7월	1	2	3	4	5	6	7	8	9	10	11	12	13	14	15	16	17	18	19	20	21	22	23	24	25	26	27	28	29	30	31	7월
4월	7	8	9	10	11	12	13	14	15	16	17	18	19	20	21	22	23	24	25	26	27	28	29	30	31	1	2	3	4	5	6	5월

8월	1	2	3	4	5	6	7	8	9	10	11	12	13	14	15	16	17	18	19	20	21	22	23	24	25	26	27	28	29	30	31	8월
5월	8	9	10	11	12	13	14	15	16	17	18	19	20	21	22	23	24	25	26	27	28	29	30	31	1	2	3	4	5	6	7	6월

9월	1	2	3	4	5	6	7	8	9	10	11	12	13	14	15	16	17	18	19	20	21	22	23	24	25	26	27	28	29	30		9월
6월	8	9	10	11	12	13	14	15	16	17	18	19	20	21	22	23	24	25	26	27	28	29	30	1	2	3	4	5	6	7		7월

10월	1	2	3	4	5	6	7	8	9	10	11	12	13	14	15	16	17	18	19	20	21	22	23	24	25	26	27	28	29	30	31	10월
7월	8	9	10	11	12	13	14	15	16	17	18	19	20	21	22	23	24	25	26	27	28	29	30	31	1	2	3	4	5	6	7	8월

11월	1	2	3	4	5	6	7	8	9	10	11	12	13	14	15	16	17	18	19	20	21	22	23	24	25	26	27	28	29	30		11월
8월	8	9	10	11	12	13	14	15	16	17	18	19	20	21	22	23	24	25	26	27	28	29	30	31	1	2	3	4	5	6		9월

12월	1	2	3	4	5	6	7	8	9	10	11	12	13	14	15	16	17	18	19	20	21	22	23	24	25	26	27	28	29	30	31	12월
9월	7	8	9	10	11	12	13	14	15	16	17	18	19	20	21	22	23	24	25	26	27	28	29	30	1	2	3	4	5	6	7	10월

산전관리 어드바이스 (산전검사로 알 수 있는 내용)

검사명	검사내용
자궁경부암 검사	자궁암 여부를 알 수 있는 검사. 임신 진단 후 첫 진찰 때 하게 되는데, 가능하면 빠른 시일 내에 받는 것이 좋다.
소변검사	요로감염, 당뇨, 단백뇨 등의 진단에 필요한 검사. 소변검사로 콩팥의 이상 여부도 확인할 수 있다.
혈액검사	혈액형, 빈혈 여부와 빈혈의 정도, 매독이나 간염 등을 미리 진단해 태아에 대한 영향을 최소화할 수 있다.
초음파검사	태아의 위치나 크기, 태반의 위치, 양수의 양, 분만예정일, 태아의 호흡운동과 같은 태아의 건강상태를 알 수 있다. 그밖에 태아의 여러 기형 여부를 진단하는 데도 필요하다.
태아심음	태아의 현재 상태 건강 여부를 알 수 있는 가장 기본적인 검사
풍진검사	풍진과 같은 태아 기형을 유발하는 바이러스 질환을 진단할 수 있다.
통합 기형아검사	태아의 척추 기형이나 다운증후군 등 몇 가지 선천성 기형 여부를 알 수 있다. 다운증후군과 같은 염색체 이상의 위험도가 높은 것으로 나타났다면 양수검사를 실시한다.
양수검사	통합 기형아검사에서 이상 소견이 있거나 기형의 위험도가 높은 35세 이상의 임산부일 경우 양수검사를 시행한다.
임신성 당뇨검사	설탕물 검사라고도 하며 임신성 당뇨를 사전에 알기 위한 검사다.
질 분비물 도말검사	캔디다 질염, 세균성 질염, 트리코모나스 질염 등을 진단할 수 있다.
내진	출산이 가까워지면 내진을 통해 자궁경부가 잘 열리는지의 여부, 자궁의 형태, 아기의 위치 이상, 골반의 크기 등을 진단한다.

• 임신 주수별 검사 내용

임신초기주 (5~10주)	빈혈, 혈액형, 소변(신장기능), 간기능검사, 매독, 자궁경부암검사, 에이즈, A형 간염, B형 간염, 풍진검사, 갑상선검사, 비타민 D검사
12주~13주 6일	입체초음파, 통합검사 1차 실시(기형아 검사)
15~18주	기형아 검사(Quad) 및 통합검사 2차 실시
22~26주	정밀초음파
24~28주	임신성 당뇨검사
28~30주	입체초음파
32~34주	태아안녕검사(NST)
34주~분만 전	빈혈, 혈액형, 소변검사, 간기능검사, 신장기능검사, 지혈검사, 매독, 에이즈, 심전도, B · C형 간염 항체검사, 지질검사 (콜레스테롤, 중성지방), 흉부 X-선 검사, 비타민 D검사
38주~분만 전	태아안녕검사(NST), 질내균검사(GBS & STD 12종), 내진

임신 1개월
1주 1일~4주

임신 1주는 생리를 하면서 시작된다. 이때는 아직 임신을 하지 않았지만 분만 예정일을 계산할 때 마지막 생리 시작일로부터 40주를 계산한다. 이 시기에 임신 성공률을 높이려면 배란일에 관계를 갖는다.

임신이 되는 과정

임신에 성공하려면 배란, 수정, 착상의 3단계를 거친다. 난소에서 배란이 될 때 성관계를 하면 정자가 자궁 안으로 들어가 수정이 이루어진다.

수정이 됐다고 해서 다 임신이 되는 것은 아니다. 배란이 되는 시기에 한 번의 성관계만으로도 임신이 될 것 같지만 실제로는 그렇지 않다. 난자와 정자가 만나지 못할 수도 있고, 만나서 성공적으로 수정이 되더라도 착상되지 않고 그대로 자궁 밖으로 빠져버리는 경우도 있기 때문이다. 그렇지만 임신 가능성을 높이려면 배란이 되는 시기에 성관계를 하는 것이 좋다.

여성은 태어날 때부터 평생 사용할 난자를 다 가지고 태어난다. 정자가 매일 새로 생산되는 것과는 반대이다. 난자는 양쪽 두 개의 나팔관 끝에 붙은 두 개의 난소에 나뉘어 보관된다.

태어날 때 200만 개이던 난자는 해가 거듭될수록 줄어들어 사춘기 때는 40만 개가량 존재한다. 사춘기가 되면 난자가 매달 한 개씩 방출되는데, 여성의 몸에서 평생 배란되는 난자의 개수는 400개 정도이다.

난소에서 성숙된 난자는 배란이 되어 난소 밖으로 나온 후 나팔관을 따라 내려온다. 이 난자는 나중에 성관계를 통해 나팔관으로 들어온 정자 중 가장 강하고 잘 달리는 한 마리와 만나 수정을 하게 된다.

정자, 난자를 만나다

정자는 머리와 꼬리로 이루어져 있으며, 정자의 머리에는 유전자 물질이 가득하다. 남성의 1회 사정량은 2~6cc 정도이고, 1cc의 사정액에는 평균 1억 마리의 정자가 들어 있다. 이 중 힘센 수백만 마리만이 나팔관으로 들어가 난자와 마지막으로 수정될 기회를 노리게 된다.

수정은 나팔관 끝부분에서 이루어진다. 난자의 생존 기간은 24시간, 정자는 4일 정도로 한 개의 정자가 난자 속으로 들어가면 다른 정자는 들어오지 못하게 하는 장치가 발동된다.

나팔관에서 수정이 된 수정체는 착상을 하기 위해 자궁을 향해 내려간다. 이때 자궁 내막은 수정란을 위해 자궁내막에 많은 영양분을 준비해놓고 기다리고 있다. 마치 신혼부부를 위해 방을 준비해 놓는 것과 같다. 난소를 떠난 난자가 자궁에 착상되려면 일주일 정도가 걸린다. 수정란이 자궁 안에 안착해 자궁 내막으로 뿌리를 내리게 되는 과정에서 약간의 출혈을 보이기도 하는데, 이를 착상혈이라고 한다.

그런데 수정됐다고 다 착상이 되지는 않는다. 수정란의 절반은 착상하지 못하고 죽거나, 수정이 되어도 다음번 생리 때 씻겨나가 버리기도 한다. 착상되지 못하고 죽은 수정란은 자궁내막과 함께 떨어져나오는데, 이것이 생리이다.

배란일 알아보기

생리주기법
생리주기로 배란일을 알아보는 방법. 가장 쉽

■ 생리일   ■ 가임기간   ■ 배란일

1 생리 시작일	2	3	4	5	6	7
8	9	10	11	12	13	14
15	16	17 배란일	18	19	20	21
22	23	24	25	26	27	28
29	30	1 생리 예정일	2	3	4	5

게 측정할 수 있는 방법이지만 스트레스가 있거나 과도한 운동을 했을 경우, 감기에 걸렸거나 생리가 불규칙한 경우라도 배란에 변수가 많다는 단점이 있다.

예를 들어 생리주기가 30일인 경우를 계산해 보다. 아래 표에서와 같이 이번 달 1일에 생리를 시작하면 다음 달 1일이 예상 생리 시작일이 된다. 배란이 되고 14일이 지나면 생리를 하게 되므로 배란일은 17일이 된다. 가임기간은 배란되기 4일 전부터 배란 후 1일 정도이므로 즉

가임기간은 13~18일 사이이다. 생리가 불규칙한 경우라도 예상 생리 시작일에서 14일 전이 예상 배란일이다.

점액관찰법

자궁경부의 점액 농도로 배란일을 알아보는 방법. 일반인들은 측정하기가 쉽지 않다.

배란기가 되면 여성은 자궁경부에서 묽은 농도의 분비물이 많이 나온다. 점액은 정자로 하여금 여성의 질 속에서 헤엄쳐 자궁 안으로 들어갈 수 있도록 도와준다. 남성의 몸을 떠난 정자가 생존하기 위해서는 정액과 비슷한 물질이 있어야 하는데, 배란기 며칠 동안에는 여성의 몸에서 점액이 나와 정액과 비슷한 환경을 만들어주는 것이다. 만약 배란기가 아닐 때 성관계를 한다면 정자는 끈적끈적하고 두꺼운 자궁경부의 점액에 갇혀 자궁 안까지 들어가지 못하게 된다.

한편, 배란기에 나오는 점액은 정자에게 영양분을 제공하는 역할을 하기도 한다. 여성의 질 내부는 약산성인 데 반해 자궁경부의 점액은 알칼리성을 띰으로써 정자를 보호해주고 정자에게 영양분을 공급해주는 역할을 한다.

자궁경부 점액관찰법
• 손을 깨끗이 씻고 말린다.

- 한 발을 변기에 올리고 중지를 질 안에 넣는다.
- 손가락을 빼고 묻어 나온 점액을 관찰한다.

생리 직후 양이 적고, 두터우며, 끈적거린다.
배란 직전 달걀흰자처럼 얇고 물기가 많아져서 정자가 잘 헤엄칠 수 있다.
배란 후 탁해지고 뻑뻑해져서 정자가 자궁으로 올라가지 못한다.

기초 체온법

기초 체온은 6~8시간 이상 숙면을 취한 후 실시한다. 아침에 잠자리에서 나오기 전 체온계를 혀 밑에 넣고 입을 다문 채 코로 숨을 쉬면서 약 5분 동안 체온을 잰다. 이때는 미묘한 체온의 차이를 측정하는 것이므로 부인용 체온계나 디지털 체온계를 사용해야 한다. 체온은 매일 같은 시간에 재는 것이 좋다.

감기 등으로 미열이 있을 경우 낮은 기초 체온과 높은 기초 체온의 차이는 불과 0.5~0.6℃ 정도로 차이가 아주 적다는 단점이 있다.

가임 기간

체온이 상승되기 3~4일 전부터 체온이 상승한 직후까지. 임신이 되면 한 달 정도 체온이 상승한다.

배란 키트

임신진단 시약과 비슷한 모양의 검사도구. 배란이 되기 전에 황체호르몬이 높은 농도로 분비되다가 떨어지면서 배란이 되는 원리를 이용한 것이다. 배란 직전 키트에서 양성 반응이 나오며, 양성이 나오면 48시간 내에 임신 시도를 하면 된다.

임신을 확인하는 방법

임신 1주는 생리를 하면서부터 시작된다. 사실 이때는 임신한 것이 아니지만, 보통 마지막 생리가 시작되는 첫날부터 계산해 40주를 분만 예정일로 잡는다. 가장 정확한 것은 초음파 검사를 통해 태아의 크기를 확인한 후 분만 예정일을 알아내는 것이다.

소변 검사

집에서 임신진단 시약으로 검사한다. 양성반응이 나오면 자궁 내에 착상이 잘 됐는지 병원에서 초음파로 확인을 하는 것이 좋다. 만약 음성반응이 나오더라도 임신 가능성이 있으므로 1~2주 후에 다시 검사를 한다.

검사 시기

생리 예정 2~3일 전 아침 첫 소변으로 확인한다.

혈액 검사

생리 예정 7일 전에는 수정란의 세포가 500개 정도로 불어나고 수정란이 자궁에 착상해 태반이 형성된다. 이때는 혈액 검사를 통해 임신 유무를 알 수 있다. 혈액 검사는 가장 빨리 임신 여부를 알 수 있는 방법이지만 번거롭기 때문에 임신을 꼭 확인하고 싶은 경우에 한다.

초음파 검사

생리 예정일에서 5일 정도가 지나면 자궁 내 태낭이 보인다. 임신 6주부터는 태아도 보이고 태아 심장 뛰는 소리도 들을 수 있다. 소변 검사나 혈액 검사보다는 늦게 나타나지만 임신을 진단하는 가장 정확한 방법이다.

임신 2개월
4주 1일~8주

예정일에 생리가 없다면 임신을 의심해본다. 임신이 되었다면 벌써 2개월에 접어든 것이다. 산전 진찰을 통해 임신 초기 검사를 받는 것이 중요하다. 자연유산이 될 수도 있는 시기이므로 특별히 조심해야 한다.

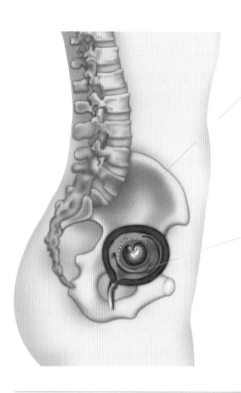

- 착상혈이 나타난다.
- 아랫배가 콕콕 쑤시며 아프다. 임신하면 자궁이 커지기 때문에 생기는 증상이다.
- 어지럼증, 현기증이 생긴다.
- 메스꺼움, 구토, 소화불량, 변비가 생긴다.
- 식성이 변해서 평소에 좋아하던 음식이 싫어지거나 안 먹던 음식이 먹고 싶어지기도 한다.
- 심한 두통을 호소하기도 한다.

엄마의 변화

- 있어야 할 생리가 없다.
- 젖가슴에 변화가 생긴다. 가슴이 부풀어서 만지면 아프고 유두가 검어진다. 가슴이 아픈 것으로 임신이 된 것을 확인하는 여성이 있을 정도로 젖가슴의 변화가 가장 빨리 나타난다. 임신한 여성 중 90%가 임신 5, 6주경에 유두를 건드리면 아프다고 한다.

태아의 변화

태아를 초음파로 확인할 수 있다. 요즘 왠만한 병원에서는 태아 초음파 동영상을 CD로 녹화해주거나 인터넷으로 보여주기도 한다. 원한다면 초음파를 보기 전에 간호사에게 미리 말한다.

- 5주 : 초음파로 임신이 확인된다. 이때는 태낭이 보인다.

- 6주 : 태아가 보이고 심장박동 소리도 들을 수 있다. 심장은 이때 벌써 100회 이상 뛴다.
- 7주 : 태아의 크기는 1cm 정도. 팔과 다리가 생긴다. 모양은 태아 머리가 신체의 반을 차지한다.

무엇을 해야 할까?

임신 초기 검사를 받는다

혈색소·간염·소변·혈액형·매독·성병 검사 등을 한다. 임신 4주에 임신 검사를 하면 양성으로 나온다. 임신 5주부터는 초음파로 태낭을 볼 수 있다. 임신 초기에 복부 초음파로 자궁이 잘 안 보이는 경우가 있는데 이때는 질 초음파를 한다. 질 초음파는 자궁에 바로 붙어서 보기 때문에 배로 보는 것보다 훨씬 잘 보인다. 간단하고 정확한 검사이므로 너무 겁먹을 필요는 없다.

분만 예정일을 잡는다

예정일이 지났는데 생리를 하지 않으면 임신 4주, 즉 임신 2개월이 시작되었다고 보면 된다. 임신된 날로부터 계산해 벌써 임신 2개월이냐며 의아해 하는 임신부들이 많지만, 임신 주수는 마지막 생리 첫날부터 계산한다. 이것은 생리가 규칙적인 경우에 해당한다. 생리가 불규칙한 경우에 마지막 생리 첫날로 계산하면 오차가 크다. 이때는 초음파로 태아의 크기를 측정해 분만 예정일을 잡는다.

입에 당기는 것을 먹는다

임신 초기, 입덧 때문에 한 달 내내 우동 국물만 먹는 사람도 있다. 임신 초기에는 태아의 영양에 대해 걱정하지 말고 먹고 싶은 음식을 먹도록 한다. 이 시기는 태아의 성장이 엄마가 매일 먹는 음식에 의해 좌우되지 않는다. 태아의 크기가 땅콩 정도로 아주 작아 태아가 필요로 하는 영양도

미미하기 때문이다. 몸에 좋지 않다고 생각해서 평소 잘 먹지 않았던 인스턴트식품이라도 입에 맞는다면 먹는다. 어떤 음식이든 먹는 것이 굶으면서 괴로워하는 것보다 낫다. 임신 4개월까지는 임신부가 잘 먹지 못해도 태아는 아무 문제 없이 건강하다.

- 엽산제 0.4mg을 12주까지 먹거나 임신부용 종합비타민제를 먹는다.
- 변비가 잘 생기므로 섬유질이 풍부한 음식과 물을 많이 먹는다.
- 갑자기 어지럼증이 생기더라도 철분제는 먹지 않는다. 정상적인 임신 증상이지 빈혈 때문은 아니다.

적당하게 활동한다

임신 초기, 안정을 취한다고 여행을 자제하거나 집에만 가만히 있을 필요는 없다. 건강한 사람이라면 임신 전 활동의 70~80% 정도는 해도 괜찮다. 예를 들어 임신 전 1시간 정도 쇼핑을 했다면 임신 후에는 40분 정도만 쇼핑을 한다. 임신 전에 30분 정도 걸었다면 걷는 시간을 20분으로 줄인다. 그러나 입덧이나 현기증 등으로 고생한다면 억지로 활동할 필요는 없다.

주의하세요

임신 초기 자연유산을 피하려면 안정이 최고라고 생각하는 사람들이 많지만, 활동량이 많다고 자연유산이 되는 것은 아니다. 임신 초기라도 꼼짝 않고 있는 것보다 적당한 육체적 활동은 하는 것이 좋다. 대신 임신 2개월에는 진찰을 좀 더 자주 받는다. 자신도 모르게 자연유산이 될 수 있으므로 정기검진은 꼭 받는다. 핏물이 보이면 반드시 병원 진찰을 받아본다.

임신 3개월
8주 1일~12주

많은 임신부들이 입덧으로 힘들어하는 시기이다. 아직 배가 불러오지 않아 임신했다는 것이 표가 나지 않지만 태아는 눈, 코, 입이 생겨나고 주요 장기들도 형성되는 등 부지런히 성장하고 있다.

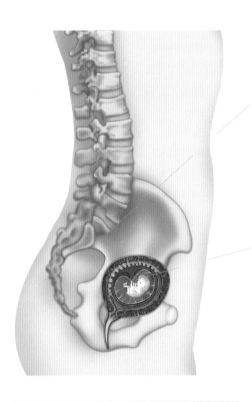

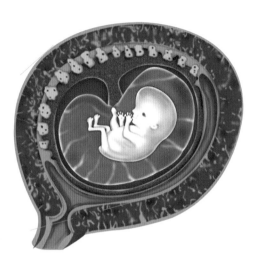

태아의 변화

- 8주 : 임신 8주가 넘으면 태아가 자궁 안에서 가끔씩 움직이기 시작한다. 크기는 2cm 정도이며 얼굴에 눈, 코, 입이 생겨나기 시작한다.
- 9주 : 손가락이 생기기 시작한다. 길이는 아직 짧고 손가락 사이는 물갈퀴처럼 되어 있다. 태아의 심장박동 수는 1분에 160회 정도 된다. 어른보다 2~3배나 빠른 이유는 빨리 자라야 하기 때문이다.
- 10주 : 주요 장기들이 모두 형성된다.

엄마의 변화

- 아침이면 입덧이 더 심해지고 소변이 자주 마렵다.
- 혈액량과 HCG 호르몬 분비가 증가해 피부에 약간 붉은 기운이 돌고 통통해보인다. 생식선 자극 호르몬인 HCG 호르몬은 피지의 양을 증가시키므로 생리 때 여드름이 잘 났던 임신부라면 여드름이 더욱 심해질 수 있다.

- 11주 : 태아의 크기는 3.5cm, 무게는 5g 정도
  된다. 물갈퀴 같던 손가락과 발가락은 완전히
  분리된다. 눈꺼풀은 붙어 있는데 7개월에 분리
  된다.

무엇을 해야 할까?

태아 목 투명대 검사를 받는다

임신 11~14주 사이에 초음파로 태아의 목덜미
두께를 측정한다. 이것은 다운증후군과 같은 염
색체 이상을 조기에 예측할 수 있게 한다.

주변에 임신 소식을 알린다

임신 소식을 미리 알렸다가 혹시라도 자연유산
이 된다면 나쁜 소식을 전해야 하는 부담감이 있
다. 게다가 자연유산의 원인이 마치 자신에게 있
는 것처럼 죄책감이 들 수도 있다. 임신 소식은
자연유산의 위험이 사라지는 8주 후나 10주 이후
에 전하는 것이 좋다.

주의하세요

- 아직 안정기가 아니므로 매사에 조심하며 주의
  를 기울인다.
- 태아의 중요한 장기가 모두 만들어지는 시기이
  므로 술, 담배, 약은 절대로 금한다.
- 불가피하게 약을 복용해야 할 경우 반드시 담당
  의사와 상담을 한다.
- 뜨거운 탕이나 사우나에 들어가지 않는다. 2~3
  분 정도 들어가는 것은 괜찮다.
- 평소 하던 운동이 있으면 조금씩 한다. 걷기, 수
  영, 요가는 임신 초기에도 가능하다.
- 궁금한 것이 있으면 임신부 수첩에 틈틈이 적어
  두었다가 병원에 갈 때 물어보자.

- 임신 12주까지는 태아 기형 예방을 위해 엽산제
  를 계속 먹는다.

병원에 가야 하는 경우

피가 비치는 경우 병원 진찰을 받는다. 간혹 밤
에 핏물이 보이는 경우가 있는데 핏물이 보이더라
도 대개는 문제가 없으므로 다음날 진찰을 받으
면 된다.

임신 초기의 성관계

임신 중 성생활은 초기부터 말기까지 다 가능
하다. 그렇지만 임신 초기에는 여성의 기분에 맞
추도록 해야 한다.

임신 초기에는 입덧으로 괴로울 뿐만 아니라
잘못 하면 핏물이 보이지 않을까 하는 걱정 때문
에 섹스가 불편하게 느껴질 수 있다. 유방의 통증
역시 성생활을 불편하게 만드는 요인이 된다. 이
런 여러 가지 이유로 임신을 하면 성생활을 기피
하는 경우가 많다.

반대로 피임을 할 필요가 없기 때문에 섹스를
더 즐기는 여성도 있다. 남편의 입장에서는 임신
초기에 아내의 가슴이 커져서 성적 매력이 최고
조에 달할 수 있다.

임신 4개월
12주 1일~16주

임신 4개월이면 안정기에 접어 들어 입덧이나 임신 초기의 피로 감, 두통이 사라지게 된다. 태아가 자연유산될 가능성도 거의 없으므로 평소에 하던 운동을 조금씩 시작하도록 한다.

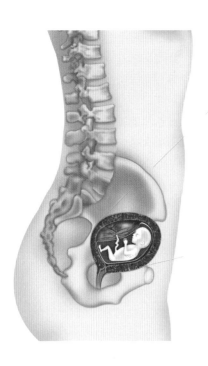

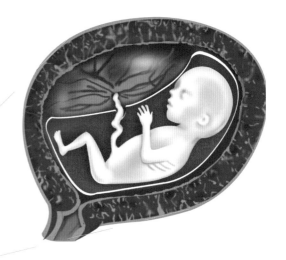

눌러 소변을 자주 보게 되는데, 이러한 현상은 임신 4개월이 지나면서 없어진다. 자궁이 커지면서 위로 이동하기 때문이다.

- 젖 분비를 준비하기 위해 유륜이 검게 되고 돌출되기 시작한다.

- 아랫배가 조금씩 불러오기 시작한다. 12주면 자궁이 성인 주먹만해지는데, 외관상으로는 아직 표시가 나지 않는다.

- 호르몬의 영향으로 피부 변화가 일어난다. 유두 주변, 겨드랑이, 허벅지 안쪽 등의 피부 색이 검어진다. 얼굴에도 임신성 기미가 나타나는데, 이런 현상은 출산 후 거의 정상으로 돌아오므로 크게 걱정하지 않아도 된다.

- 임신 4개월이 되면 엄마는 배 속에 아기가 자

엄마의 변화

- 안정기에 접어들어 입덧도 거의 가라앉고 피로 감도 줄어든다.

- 두통과 현기증이 생긴다. 두통이 심하면 의사와 상담한 후 태아에게 안전한 두통약을 먹도록 한다.

- 임신 2~3개월에는 자궁이 커지면서 방광을

라고 있다는 사실을 실감하게 된다. 임신 전에 입었던 팬티나 브래지어가 답답해지고, 몸에 꼭 맞았던 바지나 스커트 역시 불편하게 느껴진다. 사람에 따라서는 입덧이 끝나서 식욕이 왕성해지기도 한다.

태아의 변화

- 12주 : 12주가 넘어가면 태아는 안정기에 들어가 자연유산의 가능성도 거의 사라진다. 눈, 손가락, 발가락이 형성돼 사람과 거의 비슷한 형태를 갖춘다. 태아의 성기가 구분되는 것도 이 시기이다. 초음파 상으로 위치가 좋으면 성별을 알 수 있다.
- 13주 : 태아의 뼈가 만들어지기 시작한다. 팔이나 다리를 조금씩 움직일 수 있으며 자신의 손가락을 입으로 가져가기도 한다. 태아가 양수를 들이마시고 콩팥에서 소변을 만들어내서 소변을 보면 다시 양수가 된다.
- 14주 : 대부분의 생식기관이 제 기능을 한다. 갑상선도 기능을 발휘하기 시작해 태아의 몸에서 다양한 호르몬이 분비된다. 이 시기 태아의 크기는 10cm이고 무게는 30g 정도 된다.
- 15주 : 머리카락과 눈썹이 자라며 피부가 발달한다. 근육도 발달해 주먹을 쥘 수 있다.

무엇을 해야 할까?

- 임신 중기로 안정기에 접어들었으므로, 평소에 했던 운동들을 조금씩 시작한다.
- 이제부터 대중목욕탕을 이용해도 된다. 사우나실이나 탕 안에 5분 정도 있는 것은 태아에게 아무런 해가 되지 않는다.
- 파마와 염색은 출산할 때까지 해도 된다.

- 철분제는 아직 먹지 않는다.
- 감기에 걸리거나 몸이 아프면 약을 먹어도 된다.
- 한 달에 한 번씩 산전 진찰을 받는다.
- 하루에 1~2잔의 커피는 마셔도 괜찮다.

주의하세요

이때부터 체중이 늘기 시작한다. 그렇더라도 체중이 급격히 늘지 않도록 신경 쓴다. 정상적인 체중 증가는 엄마와 태아를 위해 굉장히 중요하다. 체중계를 구입해 매일 같은 시간에 잰다.

임신 16~40주까지 적정 체중 증가량

비만인 경우 일주일에 0.3kg 증가
정상체중인 경우 일주일에 0.4kg 증가
저체중인 경우 일주일에 0.5kg 증가

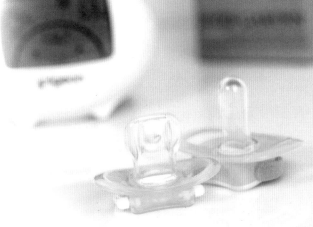

임신 5개월
16주 1일~20주

임신했다는 사실을 숨기지 못할 정도로 배가 불러온다. 이때부터 태아의 움직임이 처음으로 느껴지게 된다. 하지만 임신부에 따라서는 태아의 움직임인지 장의 움직임인지 구분이 잘 안 될 수도 있다.

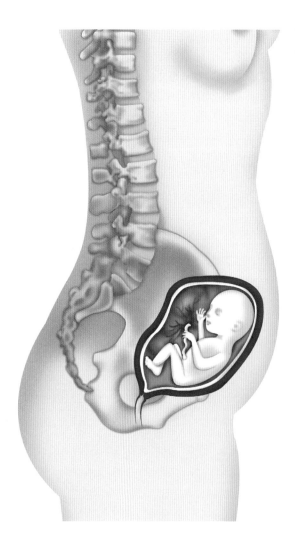

엄마의 변화

- 배가 많이 불러서 누가 봐도 임신인 줄 알게 된다.
- 20주면 자궁 높이가 배꼽까지 올라온다.
- 태아의 움직임이 나타난다. 태동 시기는 사람마다 달라서 첫 태동을 16주 때 느꼈다는 임신부도 있지만 첫 아이일 경우 대부분 20주에 느낀다.
- 임신부의 혈압이 평소보다 10mmHg 정도 낮게 측정된다. 혈액량 증가로 혈관이 이완되기 때문에 생긴 변화이니 걱정하지 않아도 된다. 임신 말기가 되면 혈압은 다시 원래대로 돌아간다.
- 혈액량이 계속 증가해 코막힘, 코피, 잇몸 출혈 등이 생긴다.

태아의 변화

- 16주 : 태아의 크기는 머리에서 엉덩이까지 12cm 정도이다. 곧게 편 상태라면 20cm 정도 되며 무게는 100g 정도이다.
- 17주 : 태아의 머리카락과 눈썹이 보이기 시작한다. 피부 밑에 지방이 축적되기 시작하는데, 피하지방은 출생 시 태아를 따뜻하게 보호하는

역할을 한다. 태아의 장에서는 태변이 만들어
지기 시작한다.

- 18주 : 초음파 검사로 태아의 성별을 확실히 구
  분할 수 있다. 딸이라면 자궁, 질, 나팔관이 발
  달하기 시작한다. 태아가 소리를 듣는 것도 이
  시기이다. 가장 많이 듣는 소리는 엄마의 심장
  뛰는 소리, 장이 움직이는 소리, 탯줄로 피가 흐
  르는 소리 등이다. 엄마가 말을 건네면 들을 수
  있다. 갑작스러운 소리에 놀라기도 하므로 주의
  해야 한다.
- 19주 : 피부 바깥에 흰 치즈 같은 지방층인 태
  지가 생긴다. 태지는 수개월 동안 물에 있어야
  하는 태아의 피부를 보호하는 역할을 한다. 예
  를 들어 목욕탕에 오래 있으면 피부가 쪼글쪼글
  해지는데, 이를 방지해주는 것이 바로 태지이다.

무엇을 해야 할까?

기형아 검사를 한다

- 다운증후군 여부를 판별하기 위해 기형아 검사
  를 한다. 혈액 검사, 양수 검사가 있다.
- 임신부의 나이가 35세를 넘지 않으면 혈액 검사
  로 기형아 확인을 할 수 있다. 35세가 넘어가면
  양수 검사를 실시한다.

영양에 신경을 쓴다

- 음식의 양보다는 음식의 질에 집중한다.
- 두뇌 발달이 빠른 시기이므로 오메가 3를 복
  용하거나 일주일에 2회 생선을 먹는 것이
  좋다.
- 빈혈 예방을 위해 철분제를 매일 먹는다.
- 칼슘 섭취를 위해 매일 우유 한 잔씩 먹는다.
  되도록 저지방 우유나 무지방 우유를 먹는다.
- 음식은 임신 전보다 300kcal 정도만 더 먹는다.

이제 본격적으로 운동을 한다

- 수영이나 아쿠아로빅을 한다.
- 매일 30~40분간 조금 빠른 속도로 걷는다.
- 요가, 기체조, 고정식 자전거 타기도 좋다.

임부용 속옷을 준비한다

몸을 편안하게 해주는 임부용 속옷을 구입한다.
브래지어는 출산 후까지 입을 수 있는 수유용 제품
이 좋다. 착용했을 때 가슴을 잘 받쳐주고 모아주
는지 확인한다. 팬티는 배를 완전히 덮거나 배 밑
으로 내려가는 제품을 고른다. 배 중간에 걸쳐지는
것은 좋지 않다.

주의하세요

16주에 접어들면 임신 전에 비해 체중이 2kg 정
도 증가한다. 이보다 많이 늘어난다면 체중에 대해
특별히 관심을 가져야 한다.

임신 6개월
20주 1일~24주

태아가 커지면서 본격적으로 태동을 느끼게 된다. 임신부의 몸에서는 계속 혈액이 생성되어야 하므로 철분제를 복용하지 않으면 빈혈에 걸릴 위험이 높아진다. 하루 권장량인 30mg의 철분제를 반드시 먹는다.

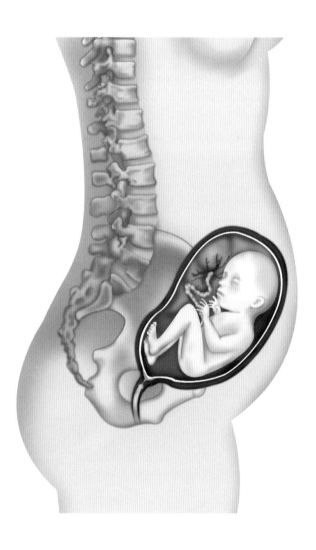

엄마의 변화

- 20주가 넘어가면 태아의 움직임을 느낄 수 있다. 하지만 태아는 작은데 양수가 많기 때문에 태동을 며칠간 못 느낄 수도 있다. 태아가 팔다리를 조금 움직이면 느끼지 못하지만 태아가 온몸으로 자궁벽에 크게 부딪힌다면 태동을 느낄 수 있다.
이 시기가 지나고 태아가 커지면 팔다리를 조금만 움직여도 임신부는 태동을 느낀다.
- 체중은 3~4kg 정도 증가해야 정상이다. 임신 6개월이라고 6kg 늘어나는 것이 절대 아니다.
- 아직 모유 만들 준비가 안 됐지만 유두 주변에 노란 액체나 물방울 같은 초유가 나올 수 있다.
- 폐활량이 증가해 출산할 때까지 흉곽이 5cm 이상 넓어진다. 호흡도 가빠져 숨을 쉬기가 힘들 수 있지만 출산 후에는 임신 전의 흉곽 크기로 돌아간다. 임신 후기가 되어 태아가 골반 쪽으로 내려가면 호흡하기도 훨씬 쉬워진다.

- 요로 감염의 위험이 있다. 소변을 볼 때 따끔거리거나, 복부와 옆구리에 통증이 있거나, 소변 횟수가 평소보다 갑자기 많아진다면 요로 감염을 확인해본다.
- 일반적으로 이 시기에는 임신부의 성적 욕구가 증가할 수 있다. 태아에게 무리가 가지 않은 체위라면 얼마든 부부관계를 즐겨도 된다.

태아의 변화

- 20주 : 몸무게는 300g, 키는 25cm 정도가 된다. 손톱과 발톱이 자라기 시작한다. 이전에는 간과 비장에서 혈액 세포가 만들어졌는데, 이제 골수에서 혈액 세포가 만들어진다. 태아는 자궁 내에서 잠을 자고 깨어있는 패턴을 갖게 된다. 태아는 하루에 1L 정도의 양수를 삼키고 소변으로 다시 배출한다. 양수에는 태아로부터 떨어져 나온 피부 세포 등이 떠다니는데, 태아가 이것을 먹고 장에서 태변을 만든다. 출생 후 아이가 태변을 보는 것은 정상이다.
- 21주 : 태아는 여전히 태반을 통해 영양분을 공급받는다. 자신이 삼킨 양수에서 적은 양의 당을 흡수하기 시작하고 흡수한 당은 소화기관으로 이동한다.
- 22주 : 몸무게는 450g, 키는 28cm 정도가 된다. 여아라면 평생 가임기 동안 배란이 될 난자를 이미 자궁 내에 가지고 있다. 이 시기에 난소에는 600만 개의 난자가 있다. 남아라면 고환이 복부에서 만들어져서 음낭으로 내려온다. 하지만 사춘기가 되기 전까지 정자는 만들어지지 않는다.
- 23주 : 점점 아이의 모습처럼 변해가고 있지만 피부는 쭈글쭈글하고 주름이 많다.

무엇을 해야 할까

정밀 초음파를 본다

이 시기에 정밀 초음파를 보면 태아 심장을 포함해서 태아의 기형 유무를 판별할 수 있다. 병원에 따라 모든 임신부들에게 정밀 초음파 검사를 실시하는 병원도 있고, 이상이 있는 경우 정밀 초음파를 권하는 병원도 있다.

여행을 간다

임신 초기에는 입덧으로 힘들어서 여행을 못 가고 임신 말기에는 배가 무거워져서 여행을 가지 못한다. 아이를 출산하면 당분간은 여행하기 힘들므로 이때가 가장 좋은 시기이다.

주의하세요

냉이 많아지지만 냄새가 없거나 약하게 나면 정상이다. 냄새가 심하고 초록빛이나 노란빛을 띠면서 외음부가 가려우면 병원 진료를 받는다.

임신 7개월
24주 1일~28주

이 시기가 되면 태아의 체중으로 인해 임신부의 무게중심이 아래로 내려가 그동안 없었던 요통이 생기기도 한다. 태아는 아직 온몸이 빨갛고 주름도 많지만 피부 밑으로 점점 지방이 쌓여 탄력적인 피부를 갖게 된다.

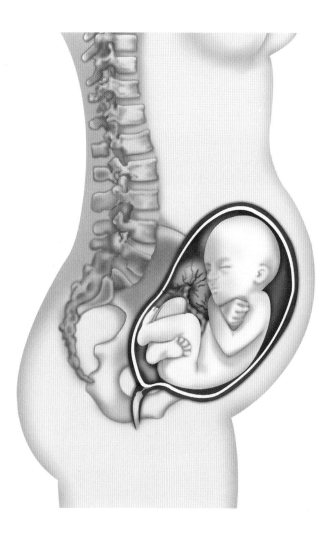

엄마의 변화

- 이제 배가 많이 불러오기 시작한다. 그에 따라 골반과 허리를 압박해 허리가 아프기 시작한다.
- 가진통이 생긴다. 임신 6개월이 지나면서 자궁 근육은 출산에 대비해 근육 수축을 하게 된다. 이때의 수축은 출산의 진통과는 다른데, 수축 시간이 불규칙하고 다양하며 가만히 있으면 사라진다. 배가 아프기보다는 단단해지는 느낌이 든다.
- 코막힘이 있고 코피가 나며, 잇몸이 붓고 잇몸에서 피가 나는 증상이 나타난다.
- 냉이 많아지는데 냄새는 약하거나 거의 없다.
- 신물이 잘 넘어오고 심하면 가슴 뒤가 타는 듯한 느낌이 든다.
- 피부가 검어지고 임신선이 생긴다.
- 튼살이 생긴다.
- 밤에 자다가 종아리에 쥐가 나기도 한다.
- 변비와 치질이 생긴다.
- 요통이 잘 생긴다.
- 어지럼증과 현기증이 잘 생긴다.
- 저녁에 발과 발목이 자주 붓는다.

태아의 변화

- 24주 : 몸의 균형을 맞춰주는 내이가 발달해 태아는 자신이 양수 안에서 어떤 상태로 있는지 알 수 있다.
- 25주 : 손가락으로 주먹을 쥐거나 자신의 다른 신체 부위를 만질 수 있을 정도로 손이 완전히 발달된다.
- 26주 : 두뇌가 폭발적으로 자란다. 눈썹도 생기고 양수 속에서 눈을 뜨기도 한다. 머리카락도 자란다. 태아가 엄마, 아빠의 목소리를 들을 수 있으므로 배 속 아기에게 말을 걸어본다.
- 27주 : 이 시기에 출산을 한다면 태아의 생존 확률은 85% 정도이다. 엄마 아빠의 말을 알아듣기는 하지만 귀에 태지가 덮여 있어 정확하게 듣지는 못한다.

무엇을 해야 할까?

출산 준비를 시작한다

앞으로 3개월만 있으면 드디어 아기를 만날 수 있다. 남은 시간 동안에 신생아 용품을 마련하고, 아기 방을 꾸미면서 서서히 출산 준비를 시작한다.

출산 준비를 너무 일찍 하면 아기를 기다리는 임신 기간이 너무 길게 느껴질 수 있고, 너무 늦게 준비하면 마음이 조급해져서 필요 없는 용품까지 구입하거나 정작 필요한 용품은 빠뜨릴 수 있으므로 7개월쯤부터 서서히 준비하는 것이 좋다.

임신성 당뇨 검사를 한다

포도당 한 컵을 마시고 1시간 뒤에 정맥에서 피를 뽑아 혈당 수치를 본다. 수치가 140mg/dl 이하로 나오면 정상이고, 140mg/dl 이상으로 나오면 한 번 더 정밀 검사를 하게 된다. 임신성 당뇨로 진단을 받는다면 남은 기간 동안 각별히 주의를 기울인다. 집에서 정기적으로 혈당 수치를 체크하고, 태아가 너무 자라지 않게 혈당을 잘 조절한다.

빈혈 검사를 한다

혈액 검사를 통해 빈혈이 있는지 알아본다. 혈색소 수치가 10.5g/dl 이상이면 정상이다.

초음파 검사를 한다

초음파로 태아의 위치, 체중, 기형 유무를 판단한다. 이 시기에 초음파 상으로 태아의 머리가 아래쪽을 향해 있지 않고, 다리나 엉덩이가 아래쪽으로 향해 있다고 해도 너무 걱정하지 말자. 분만 예정일까지는 태아가 정상적인 위치로 돌아갈 시간이 충분하므로 성급히 제왕절개를 생각하지 않는다.

주의하세요

- 임신 중·후기라도 평소보다 300kcal 정도만 더 먹는다.
- 한 달에 한 번 산전 진찰을 받는다.

임신 말기에 접어들어 임신부의 자궁은 갈비뼈 바로 아래까지 확장된다. 그 때문에 호흡이 가빠지고 속이 쓰리거나 변비 등의 증상이 한꺼번에 나타날 수 있다. 혈액량도 증가해 매일 아침마다 얼굴이 붓기도 한다.

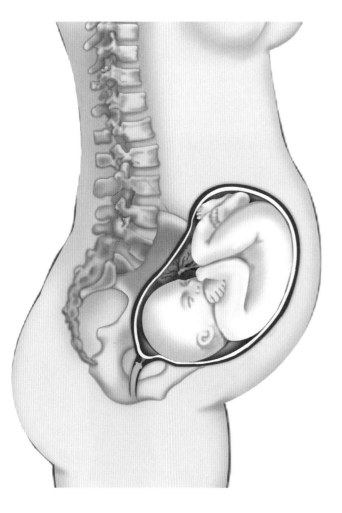

엄마의 변화

- 이 시기에는 배가 자주 당긴다고 흔히들 이야기한다. 이런 현상은 가진통이 오기 때문인데, 가진통은 조기 진통으로 인한 수축과는 구분이 된다. 가진통은 조기 진통과 달리 자궁 수축 강도가 항상 그대로이고, 아프지도 않으며, 횟수도 증가하지 않는다.
- 자궁이 갈비뼈 아래까지 확장된다. 확장된 자궁은 횡격막을 밀어내 호흡이 짧아진다. 이로 인해 임신부는 산소를 충분히 들이마시지 못한다는 느낌을 받을 수 있다.
- 커진 자궁으로 인해 갈비뼈가 아프다.
- 태아가 점점 커져서 임신부는 태아에게 더 많은 혈액을 공급하기 위해 혈관이 확장된다. 그래서 종아리에 혈관이 튀어나오는 정맥류가 생기기도 한다.

태아의 변화

태아의 키는 40cm, 몸무게는 1.2~1.9kg 정도가 된다. 턱에서 치아가 생기고, 배 속에서 젖을 빠는 흉내를 낸다. 하품을 하고 빛에 대해서 반응하고, 냄새를 맡을 수 있다. 몸에 지방이 쌓이기 시작한다.

- 28주 : 한 번에 20~30분씩 규칙적으로 잠을 자고 일어난다. 눈을 뜨고 감을 수 있으며 피부 아래 지방층이 축적된다.
- 29주 : 움직임이 커져 임신부가 쉽게 그 움직임을 느낄 수 있다.
- 30주 : 횡격막으로 숨을 쉬는 연습을 하므로 딸꾹질을 한다.
- 31주 : 생식기관이 계속 발달해 여자 아기는 초음파로 음핵을 확인할 수 있고 남자 아기는 고환이 음낭 가까이 자리잡게 된다.

무엇을 해야 할까?

- 각종 출산 강좌(무통분만, 출산 교실, 가족분만, 르봐이예 분만 알기 등)를 듣는다.
- 모유수유를 할 것인지 결정한다. 대부분의 임신부는 모유수유를 해야겠다고 다짐을 하지만 실상은 대부분 실패한다. 아기를 출산하면 뜻대로 되지 않는 것이 모유수유이므로 미리 강의를 듣고 공부한다.
- 체중 증가에 신경 쓴다. 막달까지 체중은 매주 0.4kg씩 한 달에 1.5kg 증가하면 적당하다.

주의하세요

- 28~36주 사이에는 2주에 한 번씩 진찰을 받는다.
- 임신 8개월이 되면 조산의 가능성을 염두에 두어야 한다. 조산(조기 진통)의 증상을 알고 혹시 이상이 있으면 빨리 병원 진찰을 받는다.

조산 증상

- 1시간에 4회 이상의 배뭉침 혹은 10분에 1회 이상의 배뭉침이 있으면 병원 진찰을 받는다. 그러나 하루 7, 8회 정도의 배뭉침은 정상이다.
- 마치 아이가 내려오는 것처럼 골반 안이 꽉 차는 느낌이 들 때
- 냉이 갑자기 많이 나오는 경우
- 양수가 흐르는 느낌이 들 때
- 배가 심하게 아플 때
- 핏물이 보일 때

임신 9개월
32주 1일~36주

태아가 많이 커져서 편안하게 잠자기가 힘들지만 자궁 쪽으로 내려가 속쓰림 증상은 없어진다. 태아가 방광을 자극해 화장실에 자주 가게 되며, 요실금이 생기기도 한다. 출산을 하게 되면 이런 증상은 싹 사라진다.

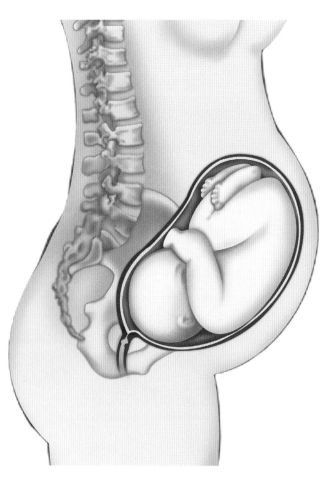

엄마의 변화

- 숨이 찬다.
- 냉이 많아진다.
- 가슴 통증이 나타난다.
- 피부가 늘어나 가슴과 배가 가렵다.
- 변비가 생긴다.
- 다리에 쥐가 나서 새벽에 깨기도 한다.
- 코가 막힌다.
- 잠자리가 불편해서 밤에 자주 깨기 때문에 피곤하다.
- 요통, 골반통, 치골통이 나타난다.
- 다리 부종이 생긴다.
- 손목터널증후군이 생긴다. 임신부 4명 중 1명은 아침에 일어나면 손가락이 붓고 아프다고 한다.
- 추위를 타지 않는다. 몸의 혈액량이 증가해 더위를 잘 타고 땀을 잘 흘린다.
- 모유가 나온다.
- 자궁 수축이 있다.
- 요실금이 생긴다.

태아의 변화

다른 신체 기능은 이제 자궁 밖에서 살아도 될 만큼 제 기능을 한다. 하지만 태아의 폐가 미성숙해 출산하면 안 된다. 양수량은 최대가 된다. 태아는 더 건강해지고 자궁 안을 꽉 채울 만큼 많이 자라 발길질을 할 공간이 부족하다.

- 32주 : 태아가 자궁에 꽉 찰 만큼 성장해서 임신부는 태동을 잘 느낄 수 있다. 그러나 2시간에 10회 이상 태동이 없으면 병원으로 간다.
- 33주 : 빛을 감지할 수 있을 정도로 동공이 충분히 발달한다.
- 34주 : 태아의 피부를 보호해주는 태지가 더 두꺼워진다.
- 35주 : 태아의 체중이 일주일에 약 0.2kg씩 빠르게 증가한다.

무엇을 해야 할까?

- 초음파로 태동 검사를 한다.
- 분만을 준비한다. 출산 과정을 리허설해보고, 여러 가지 분만법 중 자신이 할 분만법을 이해하도록 한다. 분만할 때 필요한 준비물을 체크해 병원에 갈 가방을 미리 챙겨놓는다. 병원 투어를 통해 출산에 대해 두려움을 없앤다.
- 임신 36주까지는 비행기 여행을 해도 된다.

주의하세요

- 역류성 식도염을 예방하기 위해 음식을 조금씩 자주 먹고 식사 후 2시간 동안 눕지 않는다.
- 변비와 치질을 예방하기 위해 물과 섬유질이 많은 음식을 먹는다.
- 파마나 염색을 해도 태아에게 아무런 해가 없지만 배가 부르기 때문에 오래 앉아서 하는 파마나 염색은 임신부의 허리를 불편하게 만들 수 있다.
- 피부가 늘어나면서 살이 틀 수 있다. 그 동안 튼살이 생기지 않았다고 안심하다가 갑자기 생길 수 있으므로 튼살 크림을 매일 꾸준히 바른다.
- 태아의 머리가 아래쪽으로 향해 있으면 자연분만이 가능하다. 만약 그렇지 않은 경우 마지막까지 태아의 위치가 바뀌기를 기다려본다. 위치를 바꾸지 않을 경우를 대비해 제왕절개에 대해 미리 알아둔다.

임신 10개월
36주 1일~40주

분만 예정일을 40주로 보지만 언제 아기가 태어날지는 알 수 없다. 인내심을 갖고 아기가 나올 신호를 기다려야 한다. 분만 예정일에서 한두 주 빨리, 혹은 늦게 출산한다고 해도 걱정할 필요 없다.

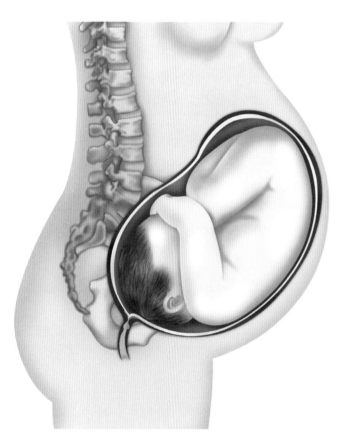

엄마의 변화

* 이제부터는 매주 진찰을 받는다. 양수과소증이나 임신중독증은 임신 말기에 갑자기 생기므로 진찰에 신경 쓴다.
* 막달에 접어들면 자궁경부가 얇아지고 벌어져 출산할 준비를 시작한다.
* 38주가 지나면 내진을 한다. 내진으로 골반의 크기를 알아보고 자궁이 분만할 준비가 되어 있는지 확인한다. 자연분만은 골반 크기 이외에도 많은 변수가 작용하기 때문에 내진으로 자연분만이 가능한지는 알 수 없다. 마찬가지로 출산일도 정확히 알 수 없다.
* 가진통이 잦아진다.

태아의 변화

40주가 되면 우리나라 태아는 평균적으로 키 50cm, 몸무게 3.3kg 정도가 된다. 폐가 완전하게 성숙해 예정일보다 몇 주 빠르게 출산한다 해도 인큐베이터의 도움 없이 건강하게 자란다. 태아를 덮고 있던 피지 성분은 거의 없어진다. 태아의 장에는 푸르고 검은 변이 만들어진다. 태아의 변은 자신이 삼키는 양수 안의 태아 피부 세포, 태아 몸을 감싸는 태지 등으로 만들어진다.

- 36주 : 태아가 거의 성장해 얼굴이 둥글고 토실토실해진다.
- 37주 : 체중 증가가 줄어든다. 남자 아이라면 비슷한 임신 기간을 보낸 여자 아이보다 몸무게가 더 많이 나간다.
- 38주 : 뇌와 신경계가 계속 발달하고 있다.
- 39주 : 태지가 거의 사라진다. 아직도 태아의 머리가 몸의 큰 부분을 차지하고 있다.
- 40주 : 세상에 나오기 위한 준비가 다 끝났다.

무엇을 해야 할까?

- 병원 가는 시기를 알아둔다. 병원에 가야 할 때는 다음과 같다.

  - 소변처럼 뜨뜻한 양수가 흐를 때. 양수인지 의심스러우면 병원 진찰을 받아본다.
  - 진통이 10분 이하 간격으로 규칙적으로 올 때

- 임신 말기 검사를 받는다. 대부분 자연분만을 예상하지만 예기치 못하게 응급 제왕절개를 할 가능성이 있기 때문에 미리 검사해놓는 것이다.
- 가진통과 진진통의 구분을 할 수 있어야 한다.
- 무통분만이 어떤 것인지 알고, 할 것인지 말 것인지 결정한다.
- 가족분만이 어떤 것인지 알아본다.
- 회사에 다니는 경우 출산 휴가를 언제 낼 것인지 결정한다. 회사는 임신부가 견딜 수 있는 한 다녀도 된다. 회사에 다니다가 진통이 오면 휴가를 내도 늦지 않다. 괜히 일찍 휴가를 신청했다가 진통은 오지 않는데 집에서 마음을 졸이며

있지 말고, 진통이 올 때까지 회사에 다니는 것도 괜찮다.
- 스스로가 편안한 자세로 눕되 되도록 옆으로 눕는다. 왼쪽 옆으로 누워 있으면 자궁으로 많은 피가 흐르게 돼 태아에게 좋다.
- 남편도 분만에 대비한다.

  - 휴대폰을 항상 켜놓는다.
  - 퇴원할 때 필요한 유아용 카시트를 준비한다.
  - 카메라, 여분의 베개, 녹차음료 등을 준비한다.
  - 비상 연락망을 작성한다.
  - 탯줄을 직접 자를 것인지 결정한다.

주의하세요

- 임신 37주를 넘어서게 되면 1시간 이상 걸리는 장거리 여행은 주치의와 상의한 후에 한다.
- 임신 마지막 달까지 성관계를 하는 것도 나쁘지는 않다. 성행위나 오르가슴이 조기 진통을 일으키지는 않는다. 의사에 따라서 임신 막달은 주의하라고 이야기할 수도 있겠지만 임신 막달의 성생활은 자연스러운 것이다. 출산하고 나서는 6주간 금욕해야 하므로 부부관계를 즐기는 것도 괜찮다.
- 목욕은 평상시와 같이 해도 되지만, 배가 불러 바닥이 잘 보이지 않기 때문에 욕실 바닥에 넘어지지 않도록 조심한다.

꼭 기억하세요
열 달, 엄마와 아기의 변화 요약편

가임 기간을 알자

임신이 가능한 기간을 알려면 먼저 배란일을 알아야 한다. 배란일은 생리 예정일 14일 전이다. 30일이 생리 예정일이라면 배란일은 30일−14일=16일이 된다. 가임 기간은 배란일 4일 전부터 배란 후 1일이다. 따라서 가임 날짜는 12일(16일−4일)에서 17일(16일+1일)까지이다.

임신 2개월에 기억해야 할 것

태아 기형을 예방하는 엽산제는 임신 전부터 임신 12주까지 하루에 0.4mg을 먹는다. 임신 12주까지는 탕 목욕을 5분 이상 하지 않고 12주가 넘으면 대중목욕탕을 자유롭게 이용할 수 있다. 부부관계는 임신 기간 내내 가능하다.

임신 3개월에 기억해야 할 것

임신 초기 태아는 많은 영양분이 필요하지 않다. 입덧으로 잘 먹지 못해도 태아는 잘 자라고 있으므로 음식의 양보다는 질에 신경을 쓴다.

임신 4개월에 기억해야 할 것

이제부터는 안정기다. 임신부는 입덧이 줄어들고 태아는 자연유산 될 위험이 거의 없다. 건강한 10개월을 보내기 위해 걷기, 요가, 수영 등 본격적으로 운동을 시작한다. 매일 체중을 재서 한 달에 평균 1.5kg씩 증가할 수 있게 한다. 임신 전보다 300kcal를 더 먹는데 견과류, 연어, 콩 종류, 무지방 우유 등 태아에게 좋은 음식을 골라 먹는다. 11~13주 사이에는 태아 목덜미 두께 검사를 한다.

임신 5개월에 기억해야 할 것

철분제를 먹기 시작한다. 철분은 음식물 섭취로는 부족하므로 반드시 약으로 보충한다. 철분제는 공복일 때, 특히 자기 전에 먹으면 흡수가 잘 된다. 태아 두뇌 발달에 도움이 되는 오메가 3도 챙겨 먹자. 오메가 3는 임신부의 심혈관 건강에도 좋으므로 임신 5개월부터 출산할 때까지 매일 먹는 것이 좋다. 오메가 3가 풍부한 생선을 1주일에 2회 정도 먹는 것도 좋은 방법이다. 임신 5개월에는 태아 기형 검사를 한다. 출산 후 산후조리원을 이용하려면 미리 예약한다.

이번 장에서 임신 열 달 동안 엄마와 태아에게 어떤 변화가 일어나는지 알아봤다.
꼭 기억해야 할 것은 무엇인지 한 번 더 체크해보자.

임신 6개월에 기억해야 할 것

임신 중에 파마나 염색은 자유롭게 해도 된다. 여행을 가기 좋은 시기이므로 출산 전에 부지런히 여행을 다니자.
이 시기에 태아의 장기를 세밀하게 관찰할 수 있는 정밀 초음파 검사를 한다.

임신 7개월에 기억해야 할 것

출산 준비를 시작한다. 이 시기부터는 배가 자주 뭉치므로 조산의 증상을 잘 알아둔다. 배가 뭉쳤다 풀리는 증상
이 1시간에 4회 이상 나타난다면 조기진통을 의심한다. 이 시기에 임신성 당뇨 검사를 한다.

임신 8개월에 기억해야 할 것

임신 8~9개월이 되면 이제부터 2주마다 산전진찰을 받는다.
모유수유에 관한 준비가 없으면 출산 후 바로 모유수유를 하기가 쉽지 않으므로 임신 중에 준비한다. 모유수유
강의를 듣거나 모유수유에 대한 책을 구입해 공부하자. 임신 중 유방 마사지는 굳이 하지 않아도 된다. 이 시기에
입체 초음파 검사를 통해 태아의 얼굴을 볼 수도 있다.

임신 9개월에 기억해야 할 것

진통·출산 과정을 임신부 강좌를 통해 이해한다. 여러 가지 분만법(무통분만, 가족 분만, 르봐이예 분만 등)에 대
해서도 알아본다.

임신 10개월에 기억해야 할 것

10개월이 되면 매주 산전진찰을 받는다. 갑자기 다리가 많이 부으면 임신중독증에 대해 문의한다. 병원에서 막달
검사를 하고 빈혈이 있을 경우 출산 전에 대책을 마련한다. 가진통과 진진통을 구분하고 어떤 증상이 있을 때 분
만실에 가야하는지 미리 알아둔다.

엄마의 노력과
아빠의 관심

엄마가 노력하는 만큼 아기는 건강해진다. 임신 기간 동안 엄마가 어떻게 생활하는지에 따라 결과가 달라진다는 것이다. 엄마의 질병이 태아에게 어떤 영향을 끼치는지, 그로 인해 생길 수 있는 태아의 기형과 질병은 무엇이며, 어떻게 해야 미리 알아낼 수 있는지를 짚어본다. 더불어 건강한 임신기간을 보내기 위해 아빠가 어떻게 노력하고 관심을 가져야 하는지, 출산 중 아내를 위해 할 수 있는 일은 무엇인지 꼼꼼하게 살펴보자.

엄마의 노력

아빠의 관심

예비 엄마
Pretest

배 속 아기를 위해 엄마와 아빠가 어떤 노력을 해야 할까?

01 정상적인 임신부가 기형아를 출산할 확률은?

① 0.1%

② 1%

③ 3%

④ 10%

02 출생 1주 내에 신생아가 받는 기형 검사는?

① 신생아 난청 검사

② 선천성 대사이상 검사

③ 신생아 갑상선 기능 검사

④ 모두 다

03 나이가 들면 염색체 이상으로 질병이 증가한다. 평생 동안 염색체 이상으로 질병을 앓을 확률은 어느 정도일까?

① 5%

② 10%

③ 30%

④ 90%

04 기형아에 대한 설명 중 옳은 것은?

① 가장 흔한 태아 기형은 선천성 심장병이다.

② 언청이의 원인은 임신 중 부엌 창틀을 뜯어 고쳐서이다.

③ 임신 중 닭고기를 먹으면 태아의 피부도 닭살처럼 된다.

④ 임신 중 파마나 염색을 하면 안 된다.

05 임신 중 먹거나 바르면 안 되는 약은?

① 몸살, 콧물, 코막힘 증상에 먹는 감기약

② 구토, 설사 증상이 있을 때 먹는 장염약

③ 피부 상처에 바르는 연고

④ 먹는 여드름 치료제인 로아큐탄

06 태아 기형을 일으키는 엄마의 병은?

① 고혈압

② 당뇨

③ 피부염

④ 천식

07 임신 중 목욕에 대한 설명 중 맞는 것은?

① 임신 초기에 고온(38.3℃)의 물에 10분 이상 몸을 담그면 태아 기형이 생길 수 있다.

② 임신부는 사우나나 찜질방에 가면 안 된다.

③ 임신부는 온천욕이나 해수욕을 하면 안 된다.

④ 샤워만 해야 한다.

08 임신 중 독감 예방접종에 대한 설명으로 맞지 않는 것은?

① 임신 중 독감 예방접종은 필요하다.

② 엄마의 면역 성분을 태아에게 물려주어서 태어난 아이가 독감에 걸리지 않게 한다.

③ 임신부가 독감에 걸리면 합병증이 잘 생긴다.

④ 평생 한 번만 접종하면 된다.

09 임신 중의 치과 치료에 대한 설명 중 틀린 것은?

① 치아 엑스레이는 찍어도 된다.

② 임신 중이라도 치아 국소마취와 발치는 가능하다.

③ 임신 중 스케일링은 상관없다.

④ 임신 중 충치 치료는 되도록 삼간다.

10 임신 중 음주에 대한 설명으로 틀린 것은?

① 태아 기형을 일으킬 수 있다.

② 정신지체를 일으킬 수 있다.

③ 임신 초기에는 절대 마시면 안 된다.

④ 임신 중기 이후에는 약간 마셔도 된다.

11 임신 중 흡연에 대한 설명으로 틀린 것은?

① 임신 초기의 흡연은 자연유산과 태아 기형의 가능성을 높인다.

② 임신 말기의 지속적인 흡연은 저체중아 출산이나 조산을 야기한다.

③ 금연이 가장 좋지만 금연이 힘들면 니코틴 패치라도 한다.

④ 담배의 니코틴은 발암 물질로 태아에게 암을 유발시킨다.

12 카페인에 대한 설명으로 맞는 것은?

① 카페인이 태아 기형을 일으킨다.

② 임신 중에는 커피를 한 잔이라도 마시면 안 된다.

③ 콜라, 초콜릿, 진통제, 이온음료 등에도 함유돼 있다.

④ 매일 커피를 한두 잔씩 마시면 자연유산이 될 수 있다.

13 양수 검사와 관련해 가장 올바른 설명은?

① 임신부가 35세 이상이면 양수 검사를 받는 것이 좋다.

② 양수 검사로 거의 모든 태아 기형을 알 수 있다.

③ 피부 국소 마취가 필요하다.

④ 양수 검사를 하면 태아가 스트레스를 받는다.

14 다음 중 초음파로 알 수 없는 태아 기형은?

① 언청이

② 선천성 심장병

③ 자폐아

④ 난쟁이 기형

15 임신부가 스트레스를 심하게 받으면 태아에게 어떤 영향을 미칠까?

① 조산이 된다.

② 선천성 심장병이 생긴다.

③ 언청이가 된다.

④ 다운증후군이 된다.

정답 1.③   2.④   3.④   4.①   5.④   6.②   7.①   8.④   9.④   10.④   11.④   12.③   13.①   14.③   15.①

엄마의 노력

배 속에 아기가 있는 열 달 동안 엄마의 생활은 달라진다. 작은 행동 하나도 조심스러워지고 행여나 태아에게 해가 될까 신경이 쓰인다. 엄마의 이런 노력은 태아의 건강에 큰 영향을 끼친다. 임신 기간 동안 엄마가 어떤 노력을 해야 하는지 알아보자.

태아 기형을 일으키는 엄마의 병

태아 기형을 발견하는 것보다 중요한 것은 태아 기형이 생기지 않도록 노력하는 것이다. 엄마가 되기 위해 건강한 몸을 만드는 것부터 시작해야 한다. 특정 질병이 있거나 체중이 많이 나가는 등의 문제가 있다면 엄마의 건강 상태가 태아에게 영향을 미치지 않도록 특히 주의하자. 엄마가 얼마나 노력하느냐에 따라 아이의 건강은 물론 미래까지 달라질 수 있다.

당뇨

우리가 매일 먹는 음식물 중 탄수화물은 포도당의 형태로 혈액 속에 녹아 있다가 에너지로 쓰인다. 혈액 속의 포도당이 세포로 이동해 에너지를 내기 위해서는 인슐린의 도움이 필요한데, 인슐린이 제 기능을 못하는 경우 세포로 가야 할 포도당이 혈액 속에 그대로 쌓이게 된다. 이렇게 축적된 포도당이 신장을 통해 소변으로 빠져나가는 병을 당뇨라고 한다.

당뇨는 태아 기형을 유발할 수 있으므로 임신을 계획하고 있다면 먼저 당뇨를 치료하는 것이 바람직하다.

당뇨 조절 후 임신한다

당뇨가 있다면 임신 전 반드시 의사와 상담하고 계획임신을 해야 한다. 당뇨 환자의 90~100%는 비만이 원인이므로 식이요법과 운동을 병행해 체중을 줄여야 한다. 무엇보다 혈당과 당화혈색소가 정상임을 확인하고 임신해야 한다. 당화혈색소는 2~3개월 전의 혈당 컨트롤 정도를 나타낸다.

당뇨는 태아기형을 유발한다

임신 직전과 임신 중 혈당이 정상이 돼야 태아 기형이 생기지 않는다. 고혈당은 태아 기형을 유발한다. 특히 임신 초기의 혈당 수치가 중요하다. 태아의 평균 기형률은 3%지만, 임신 초기에 혈당이 조절되지 않으면 기형률이 20%까지 높아진다. 임신부의 당뇨는 태아의 심장·뇌·척추·팔다리·신장·위장·귀 기형과 언청이 같은 다양한 선천적 질병을 유발한다. 비록 당뇨가 있더라도 혈당 조절만 잘 되면 기형아 출산 가능성은 일반 임신부와 같다.

임신 중 당뇨가 잘 조절되지 않으면 양수과다증, 조기 진통 등의 임신 합병증이 생기기 쉽다. 태아가 커지기 때문에 제왕절개의 가능성도 높아진다.

엄마, 아빠의 당뇨는 대물림된다

엄마가 당뇨일 경우 자녀에게 발생할 수 있는 여러 선천성 질병 가운데서 가장 흔한 것이 바로 비만이다. 비만은 엄연한 질병이며 자녀의 비만은 더 많은 질병을 일으킨다. 아이가 자라면서 살이 찌고 당뇨병에 걸릴 가능성도 높아진다. 즉, 엄마의 병을 대물림하게 되는 것이다.

그렇다면 아빠의 당뇨는 아이에게 어떤 영향을 미칠까? 아빠에게 당뇨가 있을 경우 아이가 자라서 아빠와 같이 당뇨가 생길 확률이 높다.

당뇨인 임신부가 꼭 지켜야 할 것

당뇨가 있는 임신부라면 혈당 체크는 필수이다. 임신 전보다 더 자주, 하루에 6~8번 정도 혈당을 체크해야 한다. 산전 진찰도 일반 임신부보다 더 자주 받아야 한다.

혈당을 정상으로 유지하기 위해 약물요법과 식이요법, 규칙적인 운동을 병행해야 한다. 임신 중에 인슐린 주사를 맞아도 태아의 안전에는 이상이 없다. 임신부의 이런 노력은 자신을 위해서뿐 아니라 배 속의 아기와 그 아이가 자라 성인이 된 후의 건강까지 영향을 미치는 굉장히 중요한 일이다.

수두

수두는 공기나 피부 접촉으로 옮는 전염병이다. 재채기나 기침을 할 때 공기를 통해서, 혹은 피부 발진이 있을 때 접촉으로 감염된다. 가족 중 한 명이 수두에 걸리면 다른 가족에게 감염될 가능성은 90%이다.

수두는 피부에 발진이 나타나기 전부터 전염력이 있다. 전염은 발진이 생기기 이틀 전부터 수포에 딱지가 앉을 때까지 지속되므로, 수두에 걸린 사람과 접촉했다면 수두 바이러스에 이미 노출되었다고 봐야 한다. 그러나 추가적인 노출을 막기 위해서는 수두에 걸린 환자와 당분간 떨어져 지낼 필요가 있다.

수두에 감염된 경우 2~3주 정도 지난 후에 피부 발진이 나타난다. 그 기간이 지났는데 아무 이상이 없다면 수두에 걸리지 않은 것이다.

잘못 알고 있는 상식
엄마의 당뇨가 태아 기형을 일으키지는 않는다.

감염 시기에 따라 기형률이 높아진다

임신 중 수두에 걸리면 폐렴 같은 합병증이 나타나기 쉽고, 심한 경우 생명이 위독할 수 있다.

태아 기형의 가능성도 증가한다. 임신 20주 이전에 수두에 걸리면 태아에게 기형이 생길 확률이 1~2%, 20주 이후에 걸리면 기형이 생길 위험이 아주 낮다. 하지만 출산 5일 전에서 출산 후 이틀 사이에 수두에 걸린다면 아기에게 감염될 가능성은 50%이고 사망률도 높다.

면역력이 없으면 주사로 예방한다

우리나라 성인들은 어릴 때 수두 예방접종을 받아 항체를 갖고 있는 경우가 많다. 그래서 수두 환자와 접촉했더라도 태아와 임신부는 대개의 경우 안전하다. 만약 임신 중 수두가 의심되면 병원에서 수두 항체 검사를 받아본다. 항체가 없다면 즉시 면역 글로불린 주사를 맞으면 된다.

간질

간질은 전 국민의 1%가 앓고 있을 정도로 흔한 질병이다. 간질을 앓고 있는 임신부는 기형아 출산 가능성이 2~3배 정도 증가한다. 임신 중 간질 발작으로 경련이 있게 되면 태아가 다칠 수도 있으므로 임신 중이라도 반드시 약은 잘 챙겨 먹어야 한다.

그렇다면 엄마가 간질이 있는 경우 태어난 아이도 간질을 앓게 될까? 일반적으로 간질의 유전 가능성은 2~4% 정도로 알려져 있다. 정상적인 소아보다 경련을 일으킬 확률이 조금 더 높다고 보면 된다.

기형 예방을 위해 안전한 약으로 바꾼다

간질을 앓고 있는 임신부가 기형아 출산 확률이 높은 것은 간질 자체가 원인이 아니라 복용하는 간질약 때문이다. 하지만 간질약을 복용하더라도 90% 이상은 정상아를 출산한다.

그렇다고 간질약을 의사와 상의 없이 마음대로 중단하면 안 된다. 임신 중 간질약을 먹지 않으면 기형은 예방할 수 있지만 더 위험해지기도 한다.

자궁 환경이 자폐아를 만들 수 있다

Doctor's Guide

아쉽게도 임신 중에 자폐아를 확인할 방법이 없다. 일반적으로는 생후 한두 살이 됐을 때 아이의 행동을 보고 자폐아 진단을 내린다. 자폐아는 신체적 발달이나 외모로 보면 정상적인 아이와 차이가 없다. 하지만 또래 다른 아이들에게 관심을 보이지 않고, 잘 놀지 못하며, 말이 늦거나 말을 하더라도 제대로 의사소통을 하지 못한다. 같은 놀이나 같은 행동을 되풀이하고 특정한 물건에 애착을 느껴서 그것이 없으면 불안해한다. 예를 들어 장난감 자동차 바퀴만을 몇 시간씩 돌린다든지, 책을 읽지는 않고 계속 뒤적이는 등의 행동을 오랫동안 되풀이하기도 한다. 우리나라는 1천 명당 1명이 자폐아이고, 자폐아의 증상을 가진 아이는 3백 명당 1명 정도로 알려져 있다.

자폐증은 유전적 요인과 환경적 요인이 복합적으로 작용해 발생한다. 첫아이가 자폐아이면 둘째 아이가 자폐아일 가능성이 8% 정도이고, 남자가 여자보다 4배 정도 많은 것으로 나타난다. 이런 것들이 유전적인 요인에 해당한다. 환경적인 요인은 임신 중 풍진에 걸렸거나 흡연 또는 수은에 과다 노출되었을 경우 등이다. 이런 요인이 태아의 뇌기능에 작용을 해서 출생 후 아기의 행동과 지능에 영향을 미치는 것으로 알려져 있다. 이밖에 배우자의 사망이나 실직과 같이 아주 큰 스트레스를 받은 임신부에게도 나타날 수도 있다.

이처럼 임신 중 환경이 태아에게 큰 영향을 끼칠 수 있으므로 배 속의 아기를 위해서라도 임신 중에는 좋은 환경을 만들어주도록 항상 노력해야 한다.

경련이 일어나 임신부나 태아에게 더 나쁜 일이 생길 수 있기 때문이다. 2~3년간 경련이 없었다면 의사와 상의해 약의 용량을 낮추거나 임신 전에 끊는 방법을 생각해볼 수도 있다.

같은 약이라도 태아에게 좀 더 안전한 것으로 바꾸는 방법도 있다. 간질약의 종류가 많을수록 기형 가능성이 증가하므로 약은 한 가지만 먹는 것이 좋다. 아울러 기형 예방을 위해 임신 전부터 임신 12주까지 엽산제를 꼭 먹도록 한다. 간질약이 엽산의 흡수를 방해하므로 일반 임신부의 10배, 1일 4mg의 엽산을 꼭 먹어야 한다.

스트레스

살아가면서 스트레스를 받지 않는 사람은 없다고 할 정도로 현대인은 누구나 스트레스를 느끼고 살아간다. 과도한 스트레스는 좋지 않지만, 적당한 스트레스는 오히려 자극이 될 뿐만 아니라 건강에도 도움이 된다.

스트레스에 대해서는 임신부도 예외는 아니다. 아주 큰 스트레스를 장기간 받는 것은 임신부에게도, 태아에게도 좋지 않다. 행복하지 않은 임신은 아기에게도 행복하지 않은 결과를 가져다준다. 가장 중요한 태교는 매일매일 마음을 평화롭게 하는 것임을 명심하자.

심한 스트레스는 아기에게도 해롭다

대부분의 임신부는 스트레스를 받으면 그 스트레스가 아기에게 고스란히 전달되지 않을까 걱정을 한다. 스트레스가 임신에 얼마나 나쁜 영향을 미치는지에 대한 결정적인 증거는 없지만 과도한 스트레스가 누구에게나 좋지 않다는 것은 확실하다. 심한 스트레스는 다음과 같은 결과를 낳는다.

- 과도한 스트레스는 조기 진통, 조산, 미숙아, 저체중아 출산의 원인이 된다.
- 임신 중 경제적인 문제나 대인관계에서 스트레스를 많이 받으면 아이가 알레르기나 천식에 걸릴 확률이 높다.
- 스트레스가 태아의 뇌 발달에 영향을 줘서 자폐아가 되거나 정신분열증을 일으킬 가능성이 높아진다.
- 아이의 지능이 평균에 비해 10% 낮아진다.

스트레스, 이렇게 해결하라

- 대화를 한다. 가족과 마음을 열고 이야기할 수 있는 시간을 가져보자. 또 임신 경험이 있는 주위 사람들과 이야기를 나누는 것도 도움이 된다. 특히 자신보다 더 힘든 사람들의 이야기를 들으면 힘이 나고 위안을 받을 수 있다.
- 휴식 시간을 갖는다. 따뜻한 물에 몸을 담그고, 조용한 음악을 들으면서 깊게 숨을 쉬어본다. 앞으로 태어날 아기의 예쁜 모습을 그려보면서 몸과 마음을 느슨하게 풀어보자.
- 무엇인가에 몰두한다. 일상을 떠나 가벼운 여행을 계획하는 것도 좋다.
- 적당한 운동을 한다. 가볍게 걷거나 요가, 수영 등으로 땀을 흘리면 기분도 한결 개운해진다.
- 그냥 많이 웃어도 좋다.

올바른 약물 사용과 병원 치료

임신 초기에는 절대로 약을 먹어서는 안 된다고 믿는 사람들이 많다. 임신인 줄 모르고 항생제가 들어간 감기약을 먹고는 아기를 낳아야 할지 말아야 할지 걱정하는 임신부들도 있다. 실제로는 임신 초기에 먹은 감기약은 태아에게 큰 영향이 없다. 임신 중이라도 대부분의 약을 먹을 수 있으며 병원 치료도 가능하다.

임신 중 약물 사용 바로 알기

약을 먹으면 기형아를 출산한다?

산부인과 진료실에서 흔히 일어나는 일 중 하나는 약을 복용한 후 뒤늦게 임신을 확인하는 것이다. 감기약이나 항생제를 복용한 뒤 임신 사실을 알게 된 임신부들이 기형아 출산을 걱정하는 경우가 많다.

실제로 우리나라 상당수 임신부들은 임신 초기

무심코 먹은 감기약 때문에 기형아를 출산하지 않을까 걱정하며 불필요한 낙태를 고려한다. 그러나 약물이 태아 기형의 원인으로 작용하는 비율은 전체 기형의 1% 정도로 아주 적다.

모든 약물은 위험하다?

시중에 있는 약의 97% 정도는 임신 중 사용해도 문제가 없는 것들이다. 임신인 줄 모르고 먹는 감기약, 피부약, 위장약들도 대개 안전하다.

흔히 기형아 출산을 유발한다고 규정된 약품은 손에 꼽을 정도이다. 간질약 '페니토인', 고혈압약 '레니텍', 항생제 '카나마이신', 먹는 여드름 치료제 '로아큐탄' 등인데, 이런 약들은 일반적으로 보기 힘든 약들이다.

피부가 가려울 때 스테로이드 연고는 괜찮다?

피부에 상처가 났을 때 일반적으로 항생제 연고를 바르는 것은 문제가 되지 않는다. 스테로이드 연고는 알레르기 피부염, 주부 습진, 벌레 물린 데 등에 주로 사용되는데, 대표적인 스테로이드 제제가 '하이드로코티손'이다. 이런 약들은 피부 표피층에 작용하기 때문에 임신 중 소량만 사용하면 태아에게 나쁜 영향을 주지 않는다. 단, 많은 부위에 사용할 경우는 반드시 의사와 상담한다.

장염으로 설사가 심해도 약을 먹으면 안 된다?

임신 중 안전하게 설사를 멈추게 하는 약도 있으니 무조건 참는 것이 능사는 아니다. 설사로 탈수가 심해지면 자궁으로 가는 혈류가 부족해 태아도 위험하게 된다. 입이 마르거나 음식을 먹은 뒤 바로 설사를 하는 경우에는 링거를 맞아 몸에 부족한 수분을 보충해야 한다.

발가락에 무좀약을 발라도 된다?

발에 생기는 무좀은 곰팡이 질환의 일종이므로 임신 중에 발라도 괜찮다.

안약을 사용하면 안 된다?

대부분의 안약은 임신 중 사용이 가능하다. 그렇지만 반드시 의사의 처방을 받는다.

임신 중에 여드름 치료제를 먹어도 된다?

'로아큐탄'은 비타민 A의 일종으로 피지 억제에 탁월한 효과가 있어 먹는 여드름 치료제로 많이 사용된다. 하지만 로아큐탄은 강력한 태아 기형 유발 물질이므로 임신 중에는 절대로 먹어선 안 된다.

임신 전 먹던 갑상선 약을 끊어야 한다?

임신을 했더라도 갑상선 약은 계속 복용해야 한다. 약을 중단해서 위험한 일이 생기는 것보다 먹는 편이 더 안전하다. 태아에게 안전한 약으로 처방을 받을 수 있으니 걱정 말고 약을 계속 먹도록 한다.

아프다고 무조건 참지 않는다

임신 5개월 된 한 임신부가 있다고 하자. 감기

몸살로 머리도 아프고 몸이 힘들지만 태아에게 안 좋을까봐 약을 먹지 못하고 괴로워한다. 이처럼 아프면 무조건 참아야 할까?

일반적으로 태아의 형태가 만들어지는 임신 5~10주 사이가 아니라면 약을 먹는다고 해서 태아에게 심각한 기형이 유발되지는 않는다.

임신부가 임신 초기에 고열, 당뇨, 매독, 톡소플라즈마, 수두에 걸리면 태아 기형이 되기 쉬운데, 이런 경우는 흔치 않다. 자궁이라는 환경은 엄마와 격리되어 있어서 엄마가 아프다고 태아도 같이 아프지는 않다. 그렇더라도 임신 중에는 항상 몸과 마음이 건강하도록 노력해야 한다. 출산 후 당장은 드러나지 않지만 아이가 자라면서 문제가 생길 수도 있기 때문이다.

약으로 인한 선천성 기형은 드물다

흔히들 임신을 하면 무슨 약이든 먹으면 안 된다고 생각하기 쉬운데 그렇지 않다. 시중에 나온 약의 97%는 태아 기형을 유발하지 않는 약이다. 다시

잘못 알고 있는 상식
임신 초기에 먹은 감기약 등이 태아 기형의 주 원인이다.

말해 현명하게 선택하면 안심하고 먹을 수 있다. 감기약, 위장약, 피부 연고, 엑스레이 등은 임신 중이라도 해가 없다.

신생아의 선천성 기형 중 약 때문에 기형이 된 경우는 전체 기형의 1%에 불과할 정도로, 약이 기형을 일으키는 경우는 드물다.

불안하다면 초음파 검사를 받는다

약 때문이 아니더라도 기형아는 다른 원인으로 인해 얼마든지 발생할 수 있다. 그런데도 임신부들은 "그래도 불안하다", "찜찜하다"고 이야기한다. 불안하다고 생각하면 끝없이 불안해진다. 의학적·통계적으로 이상이 없다면 그 사실을 믿는 것이 좋다. 불안감에 쫓겨 성급한 판단을 내리기보다 산부인과 전문의와 충분히 상담을 하고, 그래도 불안하면 임신 중기에 정밀 초음파 검사로 기형 여부를 확인하면 된다.

복용 시기에 따라 기형아 출산율이 다르다

임신 5주 이내

실제로 임신 5주 이내의 약물 복용이 태아에게 미치는 영향은 극히 적다. 5주 이내에 약을 먹었다면 태아는 유산되거나 아무런 영향이 없거나,

둘 중 하나이다. 유산이 되는 것을 검은색, 아무런 영향이 없는 것을 흰색으로 표현한다면 애매한 회색, 다시 말해 기형은 없다는 뜻이다. 이것을 'all or nothing' 효과라고 한다.

임신인 줄 모르고 감기약이나 피부약, 다이어트약 등을 먹은 경우는 대부분 임신 5주 이내에 국한된다. 이런 약은 태아에게 치명적인 영향을 미치지 않으므로 크게 우려할 필요가 없다.

임신 5~10주

임신 5~10주는 수정이 된 지 3~8주 사이에 해당된다. 이때는 태아의 장기가 형성되는 시기이므로 약물의 영향을 받기 쉽다. 이 시기에 태아 기형을 일으키는 약물이나 물질을 접하면 태아 기형 가능성이 높아진다. 임신 5~10주 사이에는 무슨 약이든지 되도록 피하는 것이 좋다.

임신 10주 이후

비교적 약물의 영향을 덜 받는 시기이다. 이 시기가 지나면 태아 기형 가능성이 줄어든다. 그렇지만 태아의 두뇌와 신체는 계속 성장하므로 약을 먹기 전에 먼저 의사와 상담을 하는 것이 좋다.

감기에 걸리면 안전한 약을 처방받는다

임신 중이라고 밝히고 난 뒤에 처방받는 약은 안심하고 먹어도 된다. 감기에 걸렸을 때 흔히 먹는 항생제, 해열제, 위장약, 기기침을 줄이는 약, 코막

TIP

막힌 코 뚫어주는 생리식염수 만들기

240mL(맥주 1컵 분량)의 물에 소금 1/4티스푼을 넣어 섞는다. 이것을 코에 몇 방울 떨어뜨린 후 5~10분 기다렸다가 코로 내뿜으면 막힌 코가 뚫린다.

약 등은 태아에게 안전하다.

오히려 임신 초기 고열이 날 경우에는 무조건 참으면 안 된다. 이때는 반드시 해열제를 먹어야 태아의 척추이분 기형을 막을 수 있다. 해열 진통제인 타이레놀은 임신 중 어느 때라도 먹어도 된다.

약 먹지 않고 치료하는 법

일반적으로 감기나 기침은 좀 성가시긴 하지만 임신부나 태아에게 위험하지는 않다. 기침을 많이 한다고 유산되거나 조산되지는 않는다. 더욱이 기침, 감기는 바이러스에 의한 병이라 항생제를 사용해도 효과가 없다. 일정 기간이 지나면 자연적으로 좋아진다.

약을 먹지 않고 감기를 치료하려면 따뜻한 차를 마시는 것이 도움이 된다. 레몬차, 유자차는 다른 과일에 비해 비타민 C가 3배나 많아 감기 예방에도 효과적이다.

감기에 걸렸을 때는 물을 자주 마시는 것도 좋다. 물을 자주 마시면 콧물이 묽어진다. 특히 고열이 날 때는 몸에서 수분이 많이 증발되므로, 반드시 물을 많이 자주 마시도록 한다. 잘 때 가습기를 얼굴 주위에 틀어놓거나 따뜻한 물에 샤워를 하면 막힌 코를 뚫는 데 도움이 된다.

독감 예방접종을 반드시 한다

임신 중 독감에 걸리면 임신 전보다 합병증이 더 잘 생긴다. 폐렴 등으로 인한 사망률은 임신 전보다 훨씬 높아진다. 아이가 정신분열증이나 자폐증에 걸릴 가능성이 7배나 높아진다는 연구 결과도 있다.

임신부가 독감 예방접종을 하면 임신부 자신은 물론 아이도 생후 6개월까지 독감이 예방된다(6개월 이내의 소아는 독감 예방접종을 하지 않는다).

인플루엔자 백신은 시즌 전에 맞는다

독감 예방 백신은 임신 전 기간에 걸쳐 맞아도 안전하다. 단, 매년 인플루엔자 유행 형이 다르므로 미리 맞을 필요는 없고 독감 시즌 전에 접종해야 한다. 접종 후 1~2주가 지나면 면역력이 생기고 효과는 6개월 이상 지속된다.

엑스레이 사진 몇 장 정도는 안전하다

임신 초기에 가슴 사진이나 허리 사진 등 엑스레이를 몇 장 찍어도 자연유산이나 태아 기형이 생기지 않는다. 태아 기형을 일으키는 방사선 양은 5래드(rad) 정도로, 가슴 사진 같은 경우는 수십 장을 찍어도 5래드가 되지 않는다. 생각하는 것보다 방사선은 안전하다.

임신 중에라도 치과 치료를 받을 수 있다

발치, 마취, 충치 때우기, 신경 치료, 치아 엑스레이 등의 치과 치료는 모두 임신 중 가능하다. 필요에 따라 스케일링도 할 수 있다.

방사선이 신경이 쓰이면 납치마를 입고 사진을 찍는다. 임신 중 생기는 치주염은 조기 진통의 원인이 되므로 꼭 치과 치료가 필요하다.

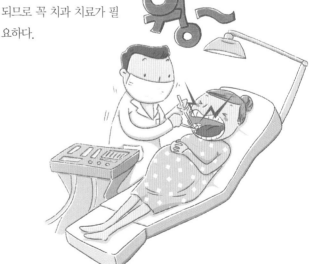

임신 중 일상생활 즐기기

임신했다고 평소 생활을 확 바꿀 필요는 없다. 늘 해왔던 대로 생활하면 된다. 몇 가지 조심해야 할 부분만 잊지 말고 조금만 신경 쓰면 임신 중 일상이 즐거워진다. 임신 중에 찜질방에 가거나 탕 목욕을 해도 되는지, 여행은 어떻게 해야 하는지, 남편과 부부관계를 계속 해도 되는지 등 임신 중 일상생활을 즐기는 법을 알아보자.

화장품 사용하기

현대 여성 중 대부분이 화장을 한다. 매일 얼굴에 스킨로션을 비롯해 많은 화장품으로 메이크업을 하고 샤워 후에는 보디로션 등의 보습제를 바른다. 임신부가 먹는 음식이 당연히 태아에게 영향을 미치듯 이렇게 매일 바르는 화장품도 태아에게 적게나마 영향을 준다. 많은 양은 아니지만 피부에 흡수되어 혈류를 타고 태아에게 전달되므로 주의가 필요하다. 대개의 화장품들은 태아에게 안전하지만 사용하기 전 한 번 더 생각하는 습관을 갖는 것이 좋다.

자외선 차단제는 사용해도 안전하다

건강한 임신을 위해 야외 활동을 하는 것은 좋다. 단, 임신 중에는 기미가 특히 잘 생기므로 야외에 나갈 때는 SPF 30 정도의 자외선 차단제를 꼭 바르도록 한다. 자외선을 피할 수 있는 모자, 선글라스 등을 준비하고 자외선이 많은 오전 10시부터 오후 2시 사이에는 외출을 삼간다. 자외선 차단제는 2시간마다 덧바르는 것이 좋다.

레티놀이 함유된 화장품은 조심한다

화장품 성분 중 비타민 A의 일종인 레티놀이 들어 있는 화장품 사용은 주의해야 한다. 미백, 주름 제거, 안티에이징, 피부 노화 방지 등의 화장품과 아이크림 계통의 화장품은 사용하기 전에 레티놀이 들어가 있는지 확인해볼 필요가 있다. 레티놀의 먹는 형태인 '로아큐탄'은 먹는 여드름 치료제로 임신 중 심각한 태아 기형을 유발한다. 이 약을 먹은 경우는 약을 끊고 1개월 후에 임신을 권유를 할 정도이므로 레티놀을 함유한 화장품의 사용도 주의하는 것이 좋다.

만약 이런 사실을 모르고 임신 후 레티놀이 들어간 화장품을 사용해왔다면 반드시 기형아 검사를 해봐야 할까? 레티놀이 태아 기형의 원인이 될 수 있지만 화장품을 피부에 발랐을 때 흡수되는 양은

잘못 알고 있는 상식
임신 중 파마와 염색을 하면 안 된다.

매우 적기 때문에 큰 문제가 되지 않는다. 레티놀 함유 화장품이 태아 기형을 일으킨다는 연구 결과는 아직 없으므로 너무 걱정하지 말고 지금부터라도 사용을 중단한다.

파마·염색

미용실에서 사용하는 파마약이나 염색약에는 여러 가지 화학약품이 들어 있다. 하지만 극소량의 약품만이 두피를 통해 흡수되고, 흡수된 약품은 금방 몸 밖으로 빠져나가므로 태아에게 안전하다. 지금껏 수백만 명 이상의 임신부가 임신 중 염색이나 파마를 하지만 기형 보고는 없었다.

파마·염색은 임신 12주 이후 하는 것이 좋다

파마약과 염색약이 피부에 적게 흡수되게 하려면 이러한 약품들이 피부에 오랫동안 머물지 않게 철저히 씻어내는 것이 중요하다. 임신 초기의 염색이나 파마도 별 문제가 없다고 생각되지만 임신 초기에는 작은 것에도 주의해야 하는 시기이므로, 임신 12주가 지나서 하는 것이 좋다.

미용실에서 일할 경우 충분히 휴식한다

염색과 파마를 자주 하는 미용사들의 경우 자연유산이 조금 증가한다는 보고가 있다. 이것은 하루 8시간 이상, 일주일에 40시간 이상 서서 일하거나 파마 또는 염색을 많이 하는 경우에 해당되며, 근무시간이 주당 35시간 이하인 경우는 자연유산이 증가하지 않았다.

미용실에서 일을 하는 임신부라면 일을 줄이고 휴식을 늘리면서 피로가 쌓이지 않게 하는 것이 좋다. 자주 창문을 열어 미용실을 환기시키고, 미용실 안에서는 밥을 먹거나 음료를 마시지 않도록 한다.

탕 목욕·샤워하기

탕 목욕은 임신 중 생기는 스트레스를 완화시키고 여러 가지 통증 해소에도 효과적이다. 따뜻한 욕조에 몸을 담그고 휴식을 취하는 것은 하루의 피로를 풀고 혈액순환을 돕는 건강에 좋은 습관이다. 하지만 임신 초기에 지나치게 뜨거운 물로 목욕을 하면 태아 기형을 유발할 수 있으므로 주의한다.

임신 초기 고열에 노출되면 위험하다

건강한 사람의 체온은 약 37℃인데, 임신 초기 임신부의 체온이 38.3℃ 이상, 10분 이상 지속되면 자연유산이나 태아 기형(무뇌아, 신경관 결손)이 생길 수 있다.

임신부의 체온이 38.3℃ 이상 상승하는 경우는 감기 몸살로 고열이 나거나, 뜨거운 탕이나 사우나에 10분 이상 앉아 있는 경우를 들 수 있다. 일반적으로 신경관은 임신 6주 초에 완전히 닫히는데, 신경관이 완전히 닫히기 전 고열이 나거나 열탕에 들어가면 신경관 결손을 일으킬 수 있다.

임신 중 안전한 목욕법

- 임신 10주 전에는 사우나, 열탕, 찜질방 이용을 10분 이하로 제한하는 것이 좋다. 10분 이상 있으면 체온이 상승한다. 10주가 지나면 약간 따뜻한 정도의 온탕에서 5분 정도 몸을 담그는 것은 괜찮다.
- 목욕은 피부의 혈관을 이완시켜 목욕 중 갑자기 일어서면 현기증이 생길 수 있으므로 주의한다.
- 임신 말기에는 샤워만 하는 것이 좋다. 배가 많이 나와 앞이 잘 보이지 않기 때문에 미끄러지는 사고가 발생할 가능성이 높다.

자동차 여행하기

임신했다고 장거리 여행을 못하는 것은 아니다. 대신 장시간 여행을 할 때는 1시간마다 휴식을 취하는 것이 좋다. 밖에서 잠시 걸으면서 기분을 전환하고 몸이 피곤하지 않게 한다.

뒷좌석에 앉아 안전벨트를 꼭 맨다

자동차로 여행할 경우 반드시 명심할 것이 있다. 임신하면 반사신경이 둔해져서 돌발 사태에 즉각적으로 대처하는 능력이 임신 전보다 떨어진다는 사실이다. 혹시 교통사고로 엄마가 다친다면 태아는 더 많이 다치게 된다. 태아를 보호하는 가장 좋은 방법은 안전벨트를 꼭 매서 자신을 보호하는 것이다.

무릎 벨트는 배 밑으로 하고 어깨 벨트는 가슴과 가슴 사이에 한다. 에어백이 있는 조수석은 위험하므로 가능하면 앉지 않는다. 조수석에 앉게 된다면 의자를 뒤로 밀고 넓게 앉는 것이 좋다. 차를 탈 때에는 되도록 뒷좌석에 앉는 것이 좋다. 특히 임신 막달에는 더 신경 쓰도록 한다.

비행기 여행하기

임신 중 비행기 여행은 안전하다. 비행기를 타면 방사선에 노출된다는 속설은 근거가 없다. 비행기의 고도가 10,000m 이상이면 방사선 피폭 가능성이 증가하지만, 통상적인 비행은 이런 고도 아래에서 이루어지므로 일반인은 물론 임신부에게도 안전하다. 단, 비행기로 여행을 할 때는 다음과 같은 점을 조심해야 한다.

비행기 안에서 1시간마다 걷는다

임신 중 3시간 이상 비행기를 타야 하는 경우, 한 좌석에 움직이지 않고 가만히 앉아 있으면 하지 정맥에서 혈전(핏덩어리가 혈관 벽에 엉겨 붙는 것)이 잘 만들어진다. 혈전이 생겨 큰 혈관을 막게 되면 응급상황이 발생할 수 있다.

혈전을 방지하기 위해서는 1시간마다 걷는 것이 좋다. 30분마다 다리를 자주 움직이고, 다리를 스트레칭하는 것도 좋은 방법이다. 통로측 좌석에 앉

잘못 알고 있는 상식
임신 중 욕탕에 들어가면 안 된다.

으면 몸을 더 편하게 움직일 수 있다. 비행기 안은 굉장히 건조하므로 물도 자주 마시도록 한다.

임신 36주까지는 탑승이 가능하다

임신 36주 전에는 모든 항공사에서 비행기를 탈수 있다. 36주 이후에는 응급상황이 생길 확률이 높기 때문에 비행기 탑승이 안 된다. 간호사나 산부인과 의사가 없어 갑작스런 진통이나 분만 시 대비할 수 없으므로 임신 말기에는 가능하면 비행기 여행은 하지 않는 것이 좋다.

애완동물 키우기

임신 중 집 안에서 개를 키우는 것은 문제가 되지 않는다. 개털에 대해서도 크게 우려할 필요는 없지만 출산 후 대형 견을 집 안에서 키운다면 신생아에게 문제가 될 수 있다.

반면, 개와 달리 고양이는 약간의 주의가 필요하다. 기생충의 일종인 톡소플라즈마에 걸린 고양이가 임신부와 접촉하면 태아 기형이 생길 수가 있다. 그렇지만 인공 사료나 통조림만 먹으면서 집 안에서 키우는 고양이는 감염될 가능성이 거의 없으므로 지금 키우고 있는 고양이가 있다면 굳이 다른 곳으로 보낼 필요는 없다.

톡소플라즈마는 태아에게 치명적이다

일반인의 경우는 톡소플라즈마에 감염되어도 별다른 증상 없이 저절로 치료되면서 항체가 형성돼 평생 면역력이 생긴다. 그러나 임신부가 톡소플라즈마에 감염되면 태아에게는 치명적인 해를 입힌다.

임신부가 감염되면 톡소플라즈마가 태반을 통과해 태아의 기형을 유발한다. 만약 임신부에게 항체가 있다면 임신부가 톡소플라즈마에 감염되어도 태아에게 선천성 톡소플라즈마증이 나타나지 않지만, 현재 대부분의 임신부에게는 톡소플라즈마 항체가 없어 감염될 수 있다.

보통 임신 10~24주 사이에 감염될 경우 5% 정도의 태아에게서 기형이 나타나며, 그 이후에는 기형이 생기지 않는다.

톡소플라즈마에 걸리지 않게 하려면

• 톡소플라즈마에 감염된 쥐를 먹은 고양이는 몇 주 후에 기생충인 톡소플라즈마가 섞인 변을 배설한다. 사람이 이 변을 만졌을 때 톡소플라즈마에 감염되므로 배설물을 치울 때는 반드시 장갑을 끼고 변을 처리한 뒤 깨끗이 손을 씻어야 한다.

• 고양이를 키우지 않더라도 톡소플라즈마에 감염될 가능성이 있다. 생고기나 혹은 일부만 익힌 돼지고기, 양고기, 사슴고기를 먹었을 때, 감염된 생고기를 손으로 만졌을 때 감염될 수 있다. 임신부라면 생고기나 덜 익힌 고기는 절대 먹지 않도록 한다.

잘못 알고 있는 상식
임신 중에는 애완동물을 키우면 안 된다.

지 않지만 고양이를 키운다면 임신 전에 면역 검사를 해볼 수도 있다.

임신 중 부부관계

임신 중에는 성적 욕구가 증가하기도 하고 감소하기도 한다. 임신을 하면 여성은 성적 욕구보다 모성이 더 강해져서 성욕이 떨어지는 경우가 많다. 성적 욕구는 사람마다 다르지만, 일반적으로 임신 주수가 증가할수록 성적 욕구가 감소하는 경향이 있다. 임신 중 적당한 부부관계는 태아와 부부 모두에게 좋다.

부부관계는 태아에게 안전하다

임신 중 부부관계를 하면 왠지 남편의 성기가 태아의 머리를 건드릴 것 같다고 생각하는 임신부가 많다. 하지만 태아는 자궁 내 양수가 보호하고 있으며, 자궁경부는 점액이 막고 있어 남편의 성기가 직접 태아의 머리를 건드릴 수는 없다.

오르가슴이 자궁 수축을 일으키지는 않는다

많은 부부가 임신 초기의 부부관계가 자연유산의 원인이 되지 않을까 걱정하는데, 초기 유산이나 조산 등은 부부관계와 상관이 없다.

임신 중에는 질과 클리토리스 부위에 혈류가 많아지므로 여성이 쉽게 오르가슴을 느낀다고 한다. 임신 중 처음으로 멀티오르가슴을 느꼈다는 여성도 있다. 반면 오르가슴으로 자궁 수축이 일어나면 조기 진통이 오지 않을까 걱정하는 임신부도 있다. 성적인 흥분이 자궁 수축을 유발시키긴 하지만 오르가슴으로 인한 수축과 조기 진통의 수축은 다르므로 걱정할 필요는 없다.

남편의 정액 내에는 프로스타글란딘이 들어 있다. 프로스타글란딘은 자궁 수축을 유발하지만

- 고양이 배설물에 오염된 흙에서 키운 채소를 제대로 씻지 않고 먹어 감염이 되는 경우도 있다. 임신부라면 반드시 채소를 깨끗이 씻어 먹어야 한다.
- 아직 예방을 위한 주사는 없으므로 조심하는 것이 최고다. 항체가 있는지 궁금하면 병원에서 항체 검사를 하면 된다. 우리나라에서는 흔치 않기 때문에 임신 전 필수 검사에는 포함되

잘못 알고 있는 상식
임신 중 성생활은 조산을 일으킬 수 있다.

정액에는 자궁 수축을 일으킬 만큼 그 양이 많지 않다. 혹시라도 정액의 프로스타글란딘 성분으로 인해 자궁 수축이 우려된다면 임신 중 부부관계를 할 때 항상 콘돔을 끼도록 한다.

부부관계는 태교에도 좋다

부부관계는 부부 사랑의 표현이라고 할 수 있다. 원만한 성생활은 스트레스 해소에도 도움이 된다. 부부관계로 남편과 부인이 행복하면 자궁 안의 태아도 즐거워하므로 태교에도 좋다. 임신 중이라고 부부가 성욕을 억제할 필요는 없다. 정자는 매일 수천 마리가 생성되는데, 남자들은 본능적으로 어떤 방법으로든 정자를 일주일에 2~3회 배출하려고 한다. 욕구의 해소가 필요하다는 것이다. 아내도 부부관계를 원한다면 억지로 참지 말고 남편과 태아를 위해서 부부관계를 하는 것이 좋다.

임신 막달까지 가능하다

최근까지 임신 말기의 부부관계가 진통을 유발시킨다고 알려져왔다. 그래서 예정일이 가까운 임신부의 유도 분만을 위해 부부관계를 이용해온 것도 사실이다. 그러나 임신 말기와 분만 예정일 가까운 시기에 하는 부부관계가 진통을 유발시키지 않는다는 연구 결과가 발표됐다.

임신 막달의 부부관계가 자궁 내 감염을 유발한다는 말도 근거 없는 이야기다. 자궁 입구는 두꺼운 점액 덩어리로 막혀 있어 질 안의 박테리아가 자궁 내로 쉽게 들어갈 수 없다.

그래서 임신 36주가 지나서 부부관계를 해도 임신에 영향을 미치지 않는다. 최근 조사에 의하면 과반수의 부부가 임신 37주 경에도 부부관계를 했다고 한다. 임신 말기의 부부관계는 태아에게 해를 끼치지 않으므로 출산 바로 직전까지 해도 된다.

부부관계 시 주의할 점

- 임신 중에는 임신부가 편한 자세로 관계를 갖는 것이 좋다. 일반적으로 임신 중에는 후배위나 정상체위를 선호하지만 배가 불러지면 정상체위가 불편할 수 있다. 이때 여성 상위나 후배위로 하는 것이 좋다.
- 조기 진통이나 질 출혈, 자궁경관 무력증, 전치태반, 쌍태아의 경우는 부부관계를 하지 않는 것이 좋다. 이럴 경우 부부관계 대신 서로에게 애무를 해주는 것도 좋은 방법이다.

임신 중 피해야 할 것

임신 전 몸에 좋은 것은 임신 후에도 좋고, 임신 전 좋지 않은 것은 임신 후에도 마찬가지다. 대표적인 적이 흡연과 음주다. 이런 것들은 임신했을 때만 조심해야 하는 것이 아니므로 평소 흡연이나 음주를 즐긴다면 임신을 계기로 멀리하도록 한다. 임신 초기 한두 번쯤은 크게 문제되지 않지만 임신 중 지속적으로 노출되면 심각한 위험을 초래할 수 있다.

흡연

담배가 건강에 나쁘다는 것은 누구나 알고 있을 것이다. 그럼에도 불구하고 여성 흡연율은 증가하고 있는 추세여서 우리나라 여성 흡연율은 5% 정도로 알려져 있다. 임신 중이지만 아직도 담배를 피우고 있다면 이번 기회에 확실하게 금연을 해보도록 하자.

임신 초기의 흡연

담배의 니코틴이 해로운 이유는 혈관을 수축시키기 때문이다. 담배의 니코틴 성분은 자궁으로 가는 혈관도 수축시켜서 태반으로 가는 혈액량과 산소 공급을 감소시킨다. 임신 초기에 담배를 피우면 태아의 세포에 산소가 결핍돼 세포 분열이 충분히 일어나지 못한다. 이로 인해 자연유산이 되기도 하며 특히 손가락, 발가락에 태아 기형이 생길 수 있다.

임신 중·후기의 흡연

임신 중 흡연은 임신 후기에 가장 좋지 않은 영향을 미친다. 조기 진통, 태반 조기박리, 저체중아

출산 등이 임신 후기 흡연의 영향으로 나타나는 증상이다. 조산으로 저체중아를 출산할 경우 아이의 뇌성마비와 정신지체를 유발할 가능성이 높다. 이런 증상은 모두 흡연 양과 관계되는 것이므로 임신 후기에 반드시 흡연 양을 줄여야 한다. 임신 중기부터라도 금연한다면 저체중아를 출산할 가능성은 많이 줄어든다.

담배는 적게 피울수록 위험성이 낮아진다. 끊기 힘들다면 줄여야 한다. 특히 임신 후기에는 반드시 줄여야 한다. 간접흡연도 좋지 않으므로 담배를 피우는 남편이라면 아내와 태아를 위해 반드시 금연하는 것이 좋다.

니코틴 패치는 12주 이후에 사용한다

니코틴이 태아 기형을 일으킬 가능성은 매우 적다고 알려져 있다. 그러나 니코틴 껌이나 패치는 아

직 안정성이 확립되어 있지 않으므로 12주 이후에 사용하도록 한다. 니코틴 패치가 담배를 피우는 것보다 몸에 해롭지 않다고 해도, 결국 니코틴은 자궁으로 가는 혈관을 수축시키므로 사용하지 않는 것이 좋다.

전자파

전자파는 우리가 일상생활에서 사용하는 거의 모든 전자·전기제품에서 나온다. 대표적인 것이 컴퓨터에서 나오는 전자파인데, 장시간 컴퓨터를 사용하면 'VDT증후군'의 위험도 높다. VDT (Visual Display Terminal)란 컴퓨터를 많이 사용하는 사람들이 느끼는 시력 감퇴와 두통, 불면증 등의 증세를 말한다. 컴퓨터를 자주 다루는 임신부가 전자파로 인해 기형아를 출산한 예는 보고된 적이 없지만, 전자파가 인체에 영향을 미쳐 VDT증후군이 나타나는 것처럼 임신에도 영향을 줄 수 있는 것으로 판단된다.

일상생활 중 전자파를 피하는 방법

- 사용하지 않는 전자제품의 플러그는 콘센트에서 뺀다.
- 전자파를 차단하는 멀티탭을 사용한다.
- 컴퓨터에 전자파 차단 장치를 설치하고, LCD 모니터를 사용한다.
- 임신 3개월까지는 노트북을 사용하는 것이 좋다. 컴퓨터를 할 때는 50분 작업한 뒤 10분간 휴식한다. 노트북은 배터리를 사용한다.
- 프린터와 복사기를 사용할 때 기기 뒤편에 있는 것은 피하고 가능한 한 멀리서 작업하는 것이 좋다. 대부분 모터에서 엄청난 양의 전자파가 발생한다.
- TV를 시청할 때는 1m 이상 떨어져서 본다.

- 오디오나 TV 등의 가전 제품을 침실에 두지 않는다.
- 휴대폰을 사용할 때는 뇌에서 열이 발생하므로 귀에서 거리를 두고 사용하는 것이 좋다. 이어폰이나 블루투스를 이용하는 것이 안전하다. 전화가 걸리는 순간에 전자파 발생이 많으므로 통화가 연결된 후 귀에 대는 것도 방법이다.
- 전기담요나 전기장판은 가열 후 플러그를 뽑고 사용하는 것이 좋다. 전기담요나 전기장판 위에 5cm 이상 두꺼운 패드를 깔면 전자파 감소 효과가 있다. 전자파를 차단하는 제품을 사용하는 것도 좋다.
- 전자레인지는 작동을 하지 않아도 늘 예열 상태이기 때문에 다량의 전자파가 발생한다. 전자레인지가 작동 중일 때는 그 앞에 서 있지 않아야 한다. 문을 열 때 가장 많은 전자파가 발생하므로 몸을 옆으로 비켜서 여는 것이 좋다. 전자파가 차단되는 전자레인지를 사용하는 것도 방법이다.
- 세탁기는 작동하는 동안 멀리 떨어져 있는다.
- 진공청소기는 짧은 시간 사용한다. 특히 본체와 거리를 두고 사용하는 것이 좋다.
- 헤어드라이어는 머리에서 떨어뜨려 짧은 시간 사용한다.
- 임신 중에는 자가운전을 하지 않는 것이 좋다. 특히 자동차는 시동을 거는 순간에 전자파가 많이 방출된다.

잘못 알고 있는 상식
임신 중에는 전기장판을 사용하면 안 된다.

태아 기형을 알아내는 다양한 검사

임신부들이 가장 걱정하는 것 중 하나가 '아기의 건강'이다. '괜찮겠지'라고 생각하면서도 한편으로 불안한 마음이 드는 것은 사실이다. 하지만 현대 의학이 눈부시게 발전하면서 임신 중 기형을 발견하는 검사도 다양해졌고, 덕분에 과거보다 많은 태아 기형을 임신 중에 발견할 수 있게 되었다. 태아의 기형을 발견할 수 있는 검사는 어떤 것이 있는지 자세히 알아보자.

임신 중에 하는 대표적인 기형 검사는 혈액 검사, 양수 검사, 초음파 검사다. 혈액 검사와 양수 검사로는 다운증후군을 알아볼 수 있으며, 초음파 검사로는 다운증후군 이외에 언청이, 심장이나 콩팥의 이상 등 태아의 형태학적 이상을 알아낼 수 있다. 아기에게는 생후 1주일 내에 신생아 난청 검사, 선천성 대사이상 검사, 갑상선 기능 검사를 실시한다.

목 투명대 검사

목 투명대 검사는 다운증후군과 같은 염색체 기형을 가장 조기에 알 수 있어 많은 병원에서 실시하고 있다.

검사 방법은 초음파로 임신 11~14주 사이에

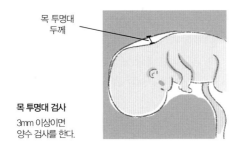

목 투명대
두께

목 투명대 검사
3mm 이상이면
양수 검사를 한다.

태아 목 뒤의 투명대 두께를 잰다. 다운증후군이 있으면 태아 목덜미의 임파선이 막혀 액체가 축적돼 정상보다 두꺼워진다.

목덜미 투명대 검사의 정상 범위는 1~5mm이다. 3mm가 넘을수록 기형 가능성이 증가한다고 판단하며, 3mm 이상인 경우 정확한 진단을 위해 양수 검사를 하게 된다.

쿼드 기형아 검사

임신 15~18주 사이에 임신부의 혈액으로 다운증후군과 신경관 결손에 대한 위험도가 얼마나 있는지 알아보는 검사를 말한다. 태아 기형의 종류가 매우 많지만 이 검사로는 염색체 이상과 신경관 결손 정도밖에는 알 수가 없다. 선천성 심장병, 언청이 등과 같은 형태학적 기형은 초음파로 알아낸다.

쿼드 기형아 검사 결과가 '양성'이라는 의미는 다운증후군이라는 말이 아니고, 단지 그럴 가능성이 조금 더 높다는 말이다. 실제로 쿼드 검사 결과가 양성이 나와서 양수 검사를 하더라도 약 2~3% 정도에서만 기형이 나온다. '음성'이란 뜻은 다운증후군 가능성이 희박하다는 것을 의미한다.

검사 결과가 양성으로 나오면 양수 검사를 한다. 즉 쿼드 기형아 검사는 양수 검사를 하기 위한 검사인 셈이다. 처음부터 양수 검사를 하거나 기형이 걱정되는 모든 임신부가 하면 좋은데, 위험성이 있으므로 일단 쿼드 검사를 통해 양수 검사를 해야 하는 사람을 선택하게 된다.

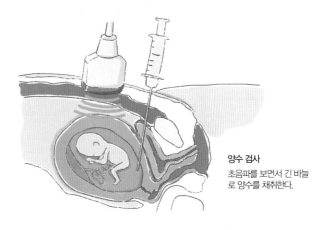

양수 검사
초음파를 보면서 긴 바늘로 양수를 채취한다.

양수 검사

양수에는 태아의 피부 세포와 태아가 만들어내는 여러 가지 화학물질이 떠다닌다. 이러한 양수의 성분 분석을 통해 태아의 이상 유무를 판단하는 것이 양수 검사이다. 양수 검사는 주로 16~18주 사이에 실시한다. 임신 15주 전에는 양막 두 개가 융합되지 않아 15주 전에 양수 검사를 하면 태아가 유산될 확률이 높다.

양수 검사로 알아낼 수 있는 기형

양수 검사를 통해 다운증후군과 같은 염색체 기형이나 신경관 결손을 알아낼 수 있다. 언청이, 심장기형, 난쟁이 같은 기형은 양수 검사에서는 나타나지 않고, 임신 중기에 초음파 검사로 알아낼 수 있다.

일반적으로 다음과 같은 경우에 실시한다.

• 이전 임신에서 다운증후군이나 신경관 결손이 있었던 경우
• 쿼드 검사나 목 투명대 검사가 양성인 경우
• 다운증후군 가능성이 증가하는 35세 이상의 임신부일 경우

초음파로 태아를 피해 양수를 채취한다

양수 검사에 걸리는 시간은 전체적으로 5~10분 정도다. 가장 먼저 시술 부위를 소독하고, 초음파를 보면서 태아와 태반이 없는 부위와 시술

깊이를 정한다. 태아의 머리를 피하고 양수가 많은 곳을 선택한 뒤 가늘고 긴 바늘을 사용해 양수를 채취한다. 마취를 하지 않을 정도로 통증은 없다. 바늘이 자궁을 뚫을 때 약간 따끔거리는 정도이다. 이때 채취하는 양수의 양은 15~20cc 정도이며, 실제로 양수를 뽑는 시간은 1~2분 정도밖에 되지 않는다.

양수 검사 후에는 안정을 취한다

양수 검사를 마친 후에는 태아의 상태를 초음파로 확인하고 30분간 안정을 취한 뒤 집으로 가면 된다. 검사 당일은 집에서 안정을 취해야 한다. 검사 후 2~3일간은 부부관계를 금하고 무거운 것은 들지 않는 것이 좋다. 비행기 여행 역시 하지 않도록 한다.

양수 검사 결과는 태아의 염색체 46개를 다 관찰해야 하므로 세포 배양을 위해 14일 정도 시간이 걸린다. 다운증후군은 주로 21번 염색체에 이상이 있으므로 21번 염색체만 선택적으로 검사할 경우, 하루면 이상 유무를 확인할 수 있다.

양수 검사는 태아와 임신부에게 안전하다

양수 검사 후에 태아가 유산될 가능성은 1/300이다. 그러나 정말 양수 검사로 인해 유산되는지는 확실하지 않다고 한다. 양수 검사를 하지 않아도 우연히 이 시기에 유산되는 경우가 있을 수 있으므

잘못 알고 있는 상식
양수 검사를 하면 태아가 스트레스를 받는다.

로, 유산의 확률은 이것보다 훨씬 낮은 셈이다.

이처럼 양수 검사는 크게 위험하지 않지만, 검사 경력이 많은 의사에게 하는 것이 안전하다.

또한 양수 검사는 태아가 없는 부위에 바늘이 들어가므로 태아에게 안전하며 태아가 스트레스를 받지 않는다. 채취한 양수도 시간이 지나면 다시 채워지므로 크게 걱정하지 않아도 된다.

최근에는 혈액 검사로 대신하기도 한다

양수 검사를 한다고 하면 대부분의 임산부들

은 아프지 않을까, 태아에게 위험하지 않을까 하며 많은 걱정을 한다. 이런 경우 간단한 혈액 채취로 양수 검사를 대신할 수도 있다. 엄마의 혈액 속에 떠돌아다니는 태아의 DNA를 검사해서 태아의 선천적 유전질환(가장 흔한 것이 다운증후군)을 찾아내는 것이다. 혈액 검사 결과 양성이 나오면 그때 양수 검사를 하며, 혈액 검사 결과 정상인데 염색체 이상으로 나올 가능성은 거의 없다. 혈액 검사는 임신 10주부터 가능하다.

초음파 검사

초음파 검사는 임신 초기에 하더라도 지극히 안전하다. 모든 임신부는 3%의 기형과 15%가량의 자연유산의 가능성이 있다. 초음파 검사는 이런 태아 기형이나 자연유산을 발견하는 데 없어서는 안 될 기계이다.

질 초음파 vs 배 초음파

임신 초기에는 태아가 아주 작아서 배 위로 보는 초음파로는 잘 보이지 않을 수 있다. 질 초음파는 태아에게서 1cm 정도 떨어져서 검사하기 때문에 더 선명한 태아 모습을 볼 수 있다.

초음파 도구가 들어갈 때는 윤활유를 바른 특수 콘돔을 씌워 사용하므로 위생적이다. 약간 차가운 느낌이 들 뿐 아프지는 않다.

임신 초기에 배 초음파로 태아가 잘 보인다면 굳이 질 초음파로 볼 필요는 없다.

태아의 외부 기형과 장기 기형을 알 수 있다

초음파로 기형을 판단하는 것은 한계가 있지만 중요한 기형은 대부분 찾아낼 수 있다. 겉으로 드러나는 언청이는 물론, 겉으로 드러나지 않는 선천성 심장병과 같은 내부 장기의 기형도 알아낸다.

초음파로 태아 심장 모습을 본 임신부 중 간혹 '태아는 투명한가?'라고 생각하는 사람도 있을 것이다. 초음파는 겉모습뿐 아니라 몸속을 투과해서 보는 기계이기 때문에 태아 몸 안이 자세히 보이는 것이다.

임신 초기에는 약을 먹거나 술을 마시거나 엽산을 먹지 않는 등 임신부마다 기형에 대한 걱정이 많다. 하지만 초음파로 봤을 때 특별한 이상이 없다면 대개는 문제가 없으므로 출산할 때까지 걱정하지 않아도 된다.

태아 기형 이외에 초음파로 알 수 있는 것

과거에 초음파가 없었을 때에는 자연유산의 진단이 불가능했고, 임신 확인도 내진을 통해 자궁이 커진 상태로 추정을 했다. 태아의 상태나 기형 확인은 아예 불가능해 마지막 생리일로 분만 예정일을 추측했을 뿐이다. 태아의 심장 소리도 청진기로 들었다. 하지만 이제는 초음파가 없으면 산부인과 진찰은 '앙꼬 없는 찐빵'이라 할 정도로 정말 중요하다.

임신 초기 태아의 심장 뛰는 소리를 들을 수 있다. 태아의 크기를 재어서 분만 예정일을 예측할 수 있으며 쌍태아 임신, 자연유산, 자궁외임신을 알아 낼 수 있다.

임신 중기 태아의 성별은 임신 13주가 넘으면 알 수 있지만, 보통은 16주가 넘어야 정확하게 구분이 가능하다. 또한 이 시기에 태아의 머리끝부터

정밀 초음파 vs 입체 초음파

정밀 초음파란 초음파 기계가 정밀하다는 것이 아니라 초음파로 태아 기형을 발견하기 위해 오랜 시간, 약 10~30분 동안 자세히 살펴보는 것을 말한다. 물론 초음파 기계가 좋은 것일수록 진단에 도움이 되지만 그것보다는 초음파를 보는 의사의 능력이 중요하다.

정밀 초음파는 임신 21~26주 6일 사이에 검사를 하는데(22~24주 추천). 이 시기에 태아의 심장을 가장 정확하게 볼 수 있기 때문이다. 그 이후에는 심장이 태아의 갈비뼈에 가려져서 잘 보이지 않고, 너무 시기가 빠르면 심장이 작아서 잘 보이지 않는다. 20~24주 사이는 양수가 충분하면서 태아는 상대적으로 작아 초음파를 통해 볼 수 있는 시야를 확보하기에 가장 좋다. 시간이 지나면 태아가 너무 커 보고 싶은 부위를 잘 볼 수 없는 경우도 생긴다.

정밀 초음파를 반드시 봐야 하는 것은 아니다. 병원 방침과 시설에 따라 다르다. 태아 기형 검사상 이상이 있거나, 기형이 의심스럽거나, 초음파 검사로 이상이 있다고 여겨지면 정밀 초음파를 실시한다.

입체 초음파는 단지 3차원의 영상을 말한다. 즉, 아기의 겉모습을 입체적으로 보는 것으로 정밀 초음파와는 다르다. 태아가 지방이 축적되어서 얼굴이 통통해지는 27~32주 6일 사이에 주로 실시한다(28~30주 추천).

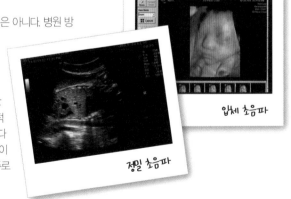

입체 초음파

정밀 초음파

발끝까지 자세히 살펴보고 태아 기형을 알아낸다. 태아의 기형을 가장 많이 진단하는 것이 초음파 검사이다.

임신 말기 태아가 정상 위치에 있는지 살펴 자연분만이 가능한지 확인한다. 태아의 몸무게를 재고, 양수의 양을 측정해 태아의 건강 상태도 확인이 가능하다. 태반이 정상 위치에 있는지 진단할 수 있어 전치태반인 경우 제왕절개를 결정하게 된다.

출산 후 아기가 받는 기형 검사

임신 중 태아 기형을 알아내는 검사 외에 출생 직후에 하는 기형 검사도 있다. 선천성 대사이상 검사, 신생아 난청 검사, 신생아 갑상선 기능 검사가 그것이다.

선천성 대사이상 검사

효소는 단백질, 포도당, 지방 등 우리 몸에서 섭취한 음식물의 대사에 관여한다. 이러한 효소가 태어날 때부터 결핍되어, 대사에 쓸 중간 물질이 신체에 독성 물질로 작용해 정신지체나 발육장애 등의 심각한 후유증을 일으키는 것을 선천성 대사이상 질환이라고 한다.

이 질환은 부모 모두가 결함 있는 유전자를 갖고 있는 경우 아이에게 유전이 되는 병이다. 열성인자가 잠복해 있다가 다른 열성인자를 만나게 되면 기형을 만들어내는데, 많은 선천성 대사이상 질환이 이런 경우에 속한다.

선천성 대사이상 질환은 증상이 나타나기 전에 조기 발견하여 치료하면 충분히 예방할 수 있다. 요즘에는 출산한 병원에서 출생 후 일주일 내로 신생아의 선천성 대사이상 검사를 실시한다. 아이의 발뒤꿈치에서 약간의 혈액을 채취해

검사한다.

치료가 늦으면 정신지체를 초래한다

선천성 대사이상 질환은 아이의 두뇌 등 여러 장기에 엄청난 손상을 준다. 대부분의 선천성 대사이상 질환은 신생아 때는 아무런 증상을 보이지 않다가 생후 6개월부터 여러 증상이 나타난다. 증상이 나타난 이후에 치료를 하게 되면 그동안 손상받은 뇌세포는 치료되지 않기 때문에 지능이 좋아지지는 않는다. 따라서 평생 지능이 낮은 정신지체로 살아야 한다.

정신지체란 지능 발달이 낮아서 정상적으로 사회 생활하기가 힘든 장애를 의미한다. 정신지체를 초래하는 질환은 수백 가지로 이 중 70여 종 이상이 선천성 대사이상에 의한 것이다. 대부분 정상적으로 사회생활을 할 수 없기 때문에 개인적으로도 불행하고 비극적이지만 가정이나 사회에도 심각한 문제를 일으킬 수 있다.

신생아 난청 검사

난청은 0.1~0.2%로 발생하며 난청의 80%가 유전이 원인이다. 출생 직후 아기가 잠든 약 10분 동안 청력 검사로 간단하게 알 수 있다. 진단이 내려지면 완치될 수는 없지만, 출생 직후 재활 치료를 시작하면 언어 학습 장애를 최소화해 정상에 가깝게 성장할 수 있다. 이를 위해서는 조기 발견이 무엇보다 중요하다.

신생아 갑상선 기능 검사

드물긴 하지만 신생아가 갑상선 기능이 저하된 상태로 태어나는 경우가 있다. 출생 후 곧바로 치료를 하면 태아의 성장과 발달은 정상이 되지만 만약에 시기를 놓친다면 장애아로 자라게 된다.

검사 방법은 선천성 대사이상 검사와 같다.

알아야 할 태아 기형

Part 6

임신부들은 임신 중 기형아 꿈을 많이 꾼다고 한다. 그만큼 자신의 아이가 건강하게 태어나길 바라며 무의식적으로 걱정하기 때문이다. 특히 임신 중 스트레스를 많이 받는 경우, 고령 임신인 경우, 주위 환경이 좋지 않은 경우라면 열 달 동안 계속 신경이 쓰일 수밖에 없다. 태아 기형에는 어떤 것이 있는지, 왜 생기는지 등을 알아보자.

다양한 원인으로 생기는 태아 기형

대부분의 태아는 정상적으로 태어나지만 3%는 여러 가지 기형을 가지고 태어난다.

출생한 당시의 외모만으로 아기의 건강을 판단할 수는 없다. 기형이란 형태학적 이상이나 기능적 이상을 모두 포함하기 때문이다.

태아의 형태로 보면 선천성 심장병처럼 수술을 필요로 하거나 생명과 직결되는 기형인 '대기형'과 손가락이나 귀의 이상, 언청이처럼 수술로 쉽게 교정되는 '소기형'으로 나눌 수 있다.

자폐아, 선천성 갑상선 기능 저하증, 선천성 대사이상은 정상적인 외모를 갖고 태어나지만, 임신 중 어떤 원인에 의하여 신체 한 부분이 제 기능을 하지 못해 정신지체 등이 생기므로 선천성 기형이라 한다.

선천성 기형의 원인으로는 유전적 요인(선천성 심장병, 언청이, 난쟁이), 태아 감염(풍진, 톡소플라즈마), 임신부 질환(당뇨, 간질, 매독), 임신 중 약물 복용, 고령 임신, 술, 담배, 수은 등이 있다. 그러나 태아 기형의 50% 정도는 아직 정확한 이유를 알 수 없다.

TIP

암 예방 생활법

정상 체중 유지 정상인보다 체중이 많으면 암 발생률이 두 배로 높다.

규칙적인 운동 매일 30분씩 운동한다.

금주 술을 많이 먹으면 구강암, 식도암, 간암, 유방암 발병 위험이 높아진다.

금연 담배는 폐암을 일으킨다. 담배 연기도 피한다.

채식 위주의 식사 채소와 과일은 항산화제로 암의 발생을 막는다.

짜지 않게 먹는다 짠 음식은 위암을 일으킨다.

음식을 태우지 않는다 태운 음식도 위암을 유발한다.

B형 간염 예방접종 간암의 가장 큰 원인은 B형 간염이다.

자궁경부암 예방접종 자궁경부암의 70% 이상을 예방할 수 있다.

모유수유 모유는 첫 6개월간은 반드시 모유를 먹인다. 유방암 예방에도 도움이 된다.

규칙적인 암 검진

나이 들면 염색체 이상으로 질병이 증가한다

유전 질환은 매우 흔하다. 신생아의 1%가 염색체 이상을 가지고 태어나고, 나이를 먹음에 따라 염색체 이상으로 인한 질병도 증가한다. 만약에 암을 포함한 여러 질병까지 포함한다면 평생 동안 염색체 이상으로 질환을 앓을 확률은 무려 90%나 된다. 유전 경향이 있는 암으로는 자궁암, 유방암, 방광암 등을 들 수 있고 당뇨, 고혈압, 고지혈증, 중풍, 심장병 같은 성인병도 유전 경향이 있다고 알려져 있다.

다운증후군

다운증후군인 사람은 보통 사람에 비해 21번 염색체의 수가 하나 더 많다. 얼굴은 둥글고 콧날이 낮고 코가 작으며 길이가 짧기 때문에 전체적으로 얼굴이 평평하게 보인다. 턱이 작아 구강 공간이 좁기 때문에 입을 벌리고 혀를 내놓기도 한다. 눈은 가장자리가 약간 위로 올라간 모양으로 눈과 눈 사이가 멀다. 키가 작으며 성격은 온순하다. 다운증후군 아동은 지능지수가 25~50 정도로 낮지만 사회생활은 잘 적응하는 경우가 많다.

임신부의 나이가 많을수록 잘 생긴다

태어날 때 여자아이의 난소에는 난자가 이미 200만 개 존재한다. 나이가 들면서 난자는 퇴화하고 죽어가면서 그 수도 줄어든다. 남아 있는 난자 역시 수십 년간 나쁜 환경에 노출되면서 염색체 분열 시 이상이 생길 확률이 증가하는 것이다. 즉, 염색체 이상으로 오는 다운증후군은 임신부의 나이가 많을수록 잘 생긴다.

그럼 아빠의 나이는 다운증후군과 관계가 없을까? 정자는 90일마다 새로 만들어지므로 다운증후군은 아빠의 나이와는 무관하다. 그러나 아빠의 나이가 많을수록 자연적으로 발생하는 돌연변이로 인한 태아 기형 가능성도 커진다.

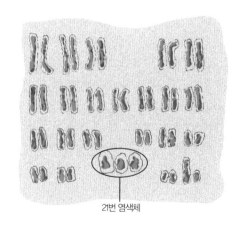

21번 염색체

다운증후군은 21번 염색체 수가 하나 더 많다.

잘못 알고 있는 상식
다운증후군은 유전된다.

다운증후군 아기의 손

정상인 아기의 손

다운증후군의 신체적 특징
눈 사이가 멀고 가로지르는 손금이 하나다.

만약 첫아이가 다운증후군이었다면 다음 아기가 다운증후군이 될 확률은 1%로 높다. 다운증후군인 여자가 임신하면 자식이 다운증후군이 될 확률은 50%이다. 다운증후군 남자는 불임이다.

다운증후군은 임신 5개월일 때 혈액이나 양수 검사로 알아낸다. 임신 11~14주 사이에 초음파로 보아 태아 목덜미의 두께가 두꺼우면 다운증후군일 가능성이 높다. 16~18주 사이에 양수 검사로 100% 확인이 가능하다.

선천성 심장병

학창 시절, 학교 운동장에서 조금만 뛰어도 입술이 새파래지면서 숨이 차서 항상 운동장에 쪼

> **TIP**
>
> **다운증후군? 다운병?**
>
> 왜 다운병이 아니고 다운증후군이라고 할까? 증후군이란 하나의 병이 여러 가지 기형이나 다른 병을 일으키는 것을 의미한다. 다운증후군은 염색체 이상으로 여러 가지 기형(선천성 심장병, 백내장, 사시, 근시, 정신지체 등)을 일으키기 때문에 증후군이라고 한다.

그려 앉아 있는 아이가 한 명쯤 있었을 것이다. 이런 증상은 심장에 이상이 있어서 산소가 전신에 정상적으로 공급되지 않고, 이산화탄소가 많이 섞인 피가 흐르는 선천성 심장병에서 나타난다.

선천성 심장병이 있으면 입술이나 피부가 푸른 빛을 띠는 청색증이 나타나며 항상 숨이 가쁘다. 잘 먹지 못하고, 젖도 잘 빨지 못해 체중이 잘 늘지 않는다.

심장은 임신 5주부터 생성되기 시작하여 임신 10주 말에 완성되는데, 이 시기에 문제가 있으면 심장에 기형이 생긴다. 선천성 심장병은 발생률이 0.8% 정도 되는 가장 흔한 기형이다. 선천성 심장병은 쿼드혈액 검사, 양수 검사로는 알 수 없다. 선천성 심장병은 임신 6개월이 지나면 초음파로 진단이 가능하다.

신경관 결손

신경관은 임신 초기 태아의 뇌와 척수가 관(튜브) 같은 구조로 되었다고 해서 붙여진 이름이다. 신경관 결손은 임신 초기에 신경관이 융합되지 않는 것을 말한다. 신경관 결손은 무뇌아, 척

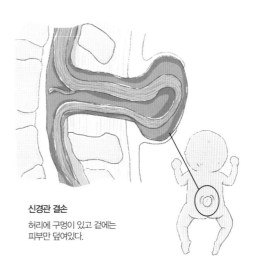

신경관 결손
허리에 구멍이 있고 겉에는
피부만 덮여있다.

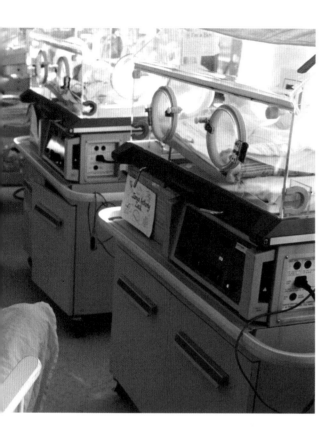

용해야 한다. 대·소변을 가리지 못하며, 30%는 경·중증 정신박약이 동반된다.

신경관 결손은 임신 전부터 엽산제 0.4mg을 매일 복용하면 발생률을 70% 정도 감소시킬 수 있다.

뇌성마비

운동을 담당하는 뇌 신경이 손상돼 근육 운동을 제대로 하지 못하는 것을 말한다. 정신지체나 학습 능력 저하, 언어·청력의 문제나 간질을 동반하기도 한다.

뇌성마비는 출산 전에 뇌가 정상적으로 성장 하지 못해서 생기는 경우가 대부분으로 자궁의 환경 문제로 인한 원인이 전체의 70%를 차지한다. 임신 중 감염(풍진, 톡소플라즈마, 융모막염)이 주요 원인이고, 임신 중 산소 결핍도 원인 중의 하나다. 또 아주 소수는 진통과 출산 중 산소 공급 장애로 생긴다. 조산했을 경우도 뇌성마비의 가능성이 높은데, 조산으로 인해 신생아의 몸무게가 1.5kg 이하인 경우 뇌출혈의 가능성이 높아 뇌성마비에 걸릴 확률이 30배나 높아진다.

뇌성마비를 예방하기 위해서는 풍진 예방접종을 하고, 조산을 방지하기 위해 산전 상담과 산전 진찰을 꼼꼼히 받는다.

출생 시 질식에 의한 저산소증이 원인인 경우는 10% 이하이며, 출생 후 2년 내 뇌 손상으로 후천적 뇌성마비가 되는 경우도 10%이다.

후천적인 뇌 손상을 막기 위해 소아 때 자동차 사고에서 머리를 보호할 수 있도록 반드시 연령대에 맞는 카시트를 이용한다. 병원에서 분만 후 신생아를 집에 데려갈 때에도 반드시 카시트에 태우고 가도록 한다.

집에서 아이를 돌볼 때 아기가 침대에서 떨어져 뇌에 손상을 입을 수 있으니, 각별한 주의가 필요하다.

추이분 기형과 같은 심각한 기형을 발생시키는데, 1천 명당 1명 꼴로 나타난다.

태아의 신경관은 임신 6주 초에 완전히 닫히므로 임신 6주가 지나면 신경관 결손은 생기지 않는다.

엽산제 복용은 신경관 결손을 감소시킨다

임신 전에 당뇨병이나 간질을 앓거나 임신 초기에 고온에 노출되면 신경관 결손이 생길 가능성이 높다.

신경관 결손은 초음파 검사나 임신 5개월에 하는 쿼드 검사로 알 수 있다. 태어난 아이의 모습은 머리, 목, 허리 부위에 구멍이 생겨 있고 겉으로는 피부만 덮여 있다. 구멍이 있는 부위 밑으로 하반신 마비가 있어 평생 목발이나 휠체어를 사

아빠의 관심

행복한 임신 출산은 엄마 혼자만의 노력으로 만들어지지 않는다. 기본적으로 엄마의 노력이 필요하지만 열 달 동안 아빠가 얼마만큼 관심을 갖느냐에 따라 달라질 수 있다. 임신 기간 동안 엄마와 태아를 위해 아빠가 어떤 노력을 해야 하는지 알아보자.

Part 7

임신 중 아내에게 더 잘해야 하는 이유

간혹 "남들 다 하는 임신으로 유난을 떤다"고 말하는 남편이 있다. 그러나 아내는 임신 10개월과 출산 후까지 육체적, 정신적으로 많은 변화를 겪는다. 반면 남편은 이 모든 것에서 자유롭다. 임신 기간 동안 아내에게 어떤 일이 일어나는지 관심을 갖자. 그러면 아내에게 왜 잘해야 하는지 이유를 알 수 있을 것이다.

임신은 부부 모두의 책임이다

임신과 출산은 여성의 몸을 빌려 아기가 태어나는 것이다. 하지만 아기는 부부가 나눈 사랑의 결과이므로 임신은 물론 육아까지 부부 공동의 책임이다. 한 아이의 출생과 성장은 부부가 함께 해야 하는 것이 당연한 도리이므로 임신하면서부터 남편의 관심이 중요하다.

10개월 동안 아내는 많은 고통을 겪는다

여성의 몸은 아이를 키우기 위해 많은 변화를 겪는다. 임신 초기에는 입덧으로 힘들어하다가 배가 불러오면서 항상 10kg 이상의 짐을 지고 생활하게 된다. 임신부는 심지어 잘 때도 이 무거운 배낭을 메고 잠을 자야 된다. 배가 나오면 요통, 골반통 등 많은 통증도 따르고 머리에서 발끝까지 불편하

지 않는 곳이 없다. 입덧, 두통, 어지럼, 숨찬, 요통, 빈혈, 임신중독증 등 다양한 증상이 임신부를 괴롭힌다. 남편은 생전 처음으로 변화를 겪고 있는 아내의 몸에 관심을 갖고 그 고통을 이해하도록 하자.

임신 기간 동안 아내는 많은 것을 희생한다

임신은 여성에게 자기 희생을 요구한다. 임신을 하게 되면 몸이 아파도 태아에게 해가 될까 쉽게 약을 먹지 못한다. 아기를 위해 자신의 몸과 자신의 편리를 포기하는 것이다.

아내는 출산의 두려움에 시달린다

임신부는 열 달 내내 출산에 대한 불안감과 두려움을 가지고 산다. 군대 가기 전에 입영 통지서

잘못 알고 있는 상식
임신은 남자 군대 생활에 비하면 아무것도 아니다.

를 받고 기다리는 남자의 마음이라고 할까. 심지어 출산하다가 죽을 수도 있다는 공포감에 시달리고 있다. 실제로 산모 사망률은 1만 명당 1~2명이나 된다. 그러니 아내가 두려워하지 않도록 불안감을 해소시켜주고 마음을 편하게 위로해주자.

아내는 출산 후 달라진 몸으로 우울해진다

출산을 거치고 나면 여성의 몸은 달라진다. 남편의 몸은 아내의 임신 출산과 무관하지만 아내는 임신으로 한 번 달라지고, 출산 후에 몸이 또 변한다.

읽어 보세요!

아내와 아이가 즐거우면 아빠도 즐겁다

대부분의 남편들은 아내에게 잘해주는 것과 태아에게 잘해주는 것을 따로 생각한다. "아내에게 해주는 것이 어떻게 아이를 위하는 방법이냐?"라고 물을 수 있다. 하지만 아내를 위하는 것, 아내를 즐겁게 해주는 것이 곧 당신의 아이를 위하고 즐겁게 해주는 방법이다. 아내와 아이가 즐거워하면 가정에 평화가 깃들어 결국은 아빠도 행복해진다.

출산으로 골반저근육이 늘어나면서 질도 늘어나고 웃기만 해도 소변이 샌다. 몸의 흉터가 생기는 제왕절개를 하면 배에 아이를 낳은 훈장이 생긴다. 자연분만을 하더라도 배가 커지는 동안 튼살이 생길 수 있고, 아이를 낳고 뱃살과 허리살 때문에 출산 전 옷도 맞지 않는다. 게다가 가슴도 처진다.

출산 후에 머리부터 발끝까지 달라진 모습 때문에 산후우울증이 오기도 한다. 이런 아내의 상황을 이해하고 다독여줄 사람은 남편밖에 없다.

힘든 모유수유와 육아가 기다리고 있다

아기를 낳고 나면 힘든 임신 과정은 끝일까? 사실 모유수유와 육아가 더 힘들다. 여성에게는 임신 출산이 인생에서 커다란 변화와 포기를 의미하지만, 모유수유 또한 엄마에게 정상적인 삶을 포기하게 만들기도 한다. 여자로서 예쁘게 꾸미는 재미도 아기가 어릴 때는 기대할 수 없다. 아이를 기르는 일이 무척 힘들기 때문에 자신의 얼굴을 보는 시간이 점점 줄어든다고 한다. 여성으로서의 아름다움을 포기해야 하는 것이다. 이럴 때 남편이 아내의 마음을 이해해주고 육아에 적극적으로 동참한다면 아내에게 정말 큰 위안이 될 것이다.

임신 중 좋은 남편 되는 20가지 방법

Part 8

좋은 남편이 되는 방법은 알고 보면 간단하다. 비싼 선물을 사주거나 돈을 많이 벌어다주는 것이 아니라 힘든 임신 기간을 아내와 같이 보내는 것이다. 그렇다고 생업을 포기하면서 하루 종일 아내와 같이 있으라는 것은 아니다. 아내는 사소한 것에 감동하고, 사소한 것에 서운해한다. 아내의 임신에 관심을 갖고 하루에 몇 분, 일주일에 하루만 시간을 투자해도 충분하다.

1 산부인과에 함께 간다

요즘은 아내와 같이 산부인과에 가는 남편들이 많아졌다. 다른 임신부들은 남편과 같이 왔는데, 자신만 혼자 진료를 받으러 온 상황이라면 아마도 굉장히 스트레스를 받을 것이다.

평일에 같이 가기 힘들다면 토요일이나 공휴일, 혹은 야간진료라도 같이 간다. 어떻게든 시간을 낸다면 점점 자라는 태아 모습도 볼 수 있고, 부부간의 애정도 돈독해질 것이다. 남편이 같이 가면 의사도 더 잘해준다.

의사가 남자라면 친해지도록 노력해보자. 같은 남자로서 남편의 마음도 잘 헤아려줄 것이고, 반대로 아내를 이해할 수 있는 다양한 조언도 들을 수 있다.

2 임신 · 출산 · 육아 책을 사준다

첫아기라면 특히 임신 · 출산 · 육아에 대한 지식이 부족하다. 아내를 위해 책을 고르고 함께 읽으면서 아내의 임신에 관심을 갖는다면 아내도 힘든 임신 기간을 행복한 마음으로 보낼 수 있을 것이다. 책을 사는 것은 작은 일이지만 남편의 작은 관심에 아내는 크게 감동한다.

3 임신 · 출산 · 모유수유 강의를 같이 듣는다

임신부 강의까지 같이 듣는다면 당신은 최고의 남편이다. 임신부 강의를 남편이 함께 듣게 되면 아내와 함께 태아가 건강하게 자랄 수 있도록 노력하게 된다. 임신부 강의에서 얻은 지식을 바탕으로 영양제를 챙겨줄 수도 있고, 운동을 권할 수도 있다. 또한 아내가 임신 기간 중 필요한 결정을 내리는 데 많은 도움이 된다.

모유수유에 대한 강의를 같이 들으면 모유수유의 중요성을 깨닫고 많은 도움을 줄 수도 있다.

잘못 알고 있는 상식
임신 중 남편이 힘든 아내를 위해 할 수 있는 일은 거의 없다.

아기용품을 구입할 때 적극적으로 동참하자. 아기자기한 물건들을 같이 고르다 보면 아기에 대한 사랑도 커지고 아내와 즐거운 시간을 공유할 수 있어 사이도 좋아진다.

산후조리원도 같이 보러 다니자. 출산 뒤 남편도 2주간 산후조리원에 계속 드나들어야 하므로 아기와 엄마 그리고 남편 자신에게도 만족스러운 곳을 찾는 것이 좋다. 결혼을 약속하고 함께 살 집을 같이 보러 다닌 것처럼 아내가 2주 동안 편안히 쉴 수 있는 곳을 같이 찾아보자.

모유수유 강의를 듣지 않는다면 모유수유를 도와줄 수 없을 뿐 아니라 오히려 모유수유를 방해할 수도 있다.

가능하다면 아내와 함께 강의를 들어라. 요즘에는 부부가 같이 듣는 임신 출산 교실이 많지만 실제로 같이 가는 경우는 5%도 안 된다. 남편의 결심으로 분명 아내는 감동받을 것이다.

4 출산 준비물과 아기용품을 같이 사러 간다

태어날 아기를 위한 출산 준비물과 필요한

5 함께 산책을 한다

퇴근 후 일주일에 2~3번 정도는 손을 꼭 잡고 동네를 함께 산책하자. 걷기는 임신 중 할 수 있는 최상의 운동이다.

평소 하지 않던 운동을 하기란 쉽지 않지만 임신 중에는 반드시 운동을 해야 한다. 남편과 같이 한다면 아내도 재미있게 시작할 수 있을 것이다. 남편 역시 이 기회에 운동하는 습관을 들여보도록 하자.

6 둘만의 여행을 다녀온다

아기가 태어나면 당분간은 둘이서 여행할 기

운동은 태아의 심장을 튼튼하게 만든다

Doctor's Guide

임신부가 운동을 하면 태아도 운동하는 효과를 가진다. 임신부가 운동을 하면 엄마와 태아 모두의 건강에 매우 좋다는 연구 결과는 많다. 미국 캔자스 시 의대에서는 운동을 정기적으로 하는 임신부 5명과 운동을 하지 않는 임신부 5명을 비교해보았다.

그 결과, 운동을 하는 임신부의 평상시 태아의 심장박동 수가 운동을 하지 않는 임신부의 태아보다 훨씬 낮은 것으로 나타났다.

운동을 하지 않는 임신부 태아의 심장박동 수는 상대적으로 훨씬 높았다. 이는 임신 기간, 태아의 발육 상태와 상관없이 일관되게 나타나는 현상이었다.

위의 연구 결과는 엄마가 운동을 하면 태아의 심장에는 무리가 가지 않고 훨씬 건강해진다는 것을 의미한다. 운동은 임신부의 심장을 강하게 할 뿐만 아니라 아이의 심장과 혈관도 튼튼하게 만든다.

회가 줄어든다. 어쩌면 몇 년 동안 여행은 불가능할지도 모른다. 둘만의 여행으로 힘든 아내의 기분도 전환시키고, 아기가 태어나기 전 오붓한 시간을 마음껏 즐기도록 하자.

7 맛집을 찾아다닌다

출산하면 외식도 하기 힘들어진다. 대부분의 부부는 아기가 3, 4세가 될 때까지 외식하는 것을 어려워한다.

아내와 외식을 할 때 가능하면 소문난 맛집을 찾아가라. 인터넷으로 검색해서 리스트를 작성한 뒤 일주일에 한 번씩은 맛집을 찾는 것이 좋다. 출산하고 나면 자주 가기도 힘들고 아이를 맡겨놓고 외출한다 해도 신경이 쓰인다. 마음이 편치 않으니 아예 밖에서 먹는 것을 불편하게 생각하는 것이다. 할 수 있을 때 많이 해두는 것이 좋다.

8 입덧을 할 때는 먹고 싶어하는 음식을 챙겨준다

임신 초기 입덧으로 잘 먹지 못할 때 먹고 싶은 음식이라도 먹게 되면 기분이 한결 좋아진다. 반대로 입덧 때 못 먹은 음식은 두고두고 생각이 난다. 한밤중이라도 아내가 먹고 싶어 한다면 사러 나가려는 성의를 보이자. 퇴근하면서 먹고 싶은 음식을 체크해보는 자상함도 발휘해본다.

9 담배를 끊을 수 없다면 줄인다

임신한 아내의 바로 앞에서 담배를 피우는 남편이 몇이나 되겠는가만 베란다나 다른 방에서 피우는 간접흡연도 아내와 태아에게 나쁘다. 아내의 임신을 계기로 금연을 해보는 것은 어떨까? 끊기 힘들면 양을 줄이고, 피울 때는 반드시 집 밖에서 피운다.

10 일찍 퇴근하고 술은 적게 먹는다

몸이 힘든 임신부가 집에서 혼자 남편을 기다리는 것은 지루하고 힘들다. 그렇다고 마음껏 밤 외출을 하기도 쉽지 않다. 아내를 위해 일찍 퇴근해 함께 시간을 보내자.

11 자주 전화를 하거나 문자를 보낸다

임신 중인 아내에 대한 관심을 전화와 문자로 표현해보자. 점심은 먹었는지, 몸에 이상은 없는지, 피곤하지 않은지 등 일상생활을 챙겨주는 모습을 보이면 아내는 감동을 받는다. 작은 노력으로 많은 점수를 받을 수 있다.

임신 시기별 필요한 영양제

임신 전~임신 12주
→ 엽산제나 임신부 종합비타민제

임신 5개월~출산 후
→ 철분제, 오메가 3, 임신부 종합비타민제

임신 6개월부터
→ 튼살 크림

12 임신 중 필요한 영양제는 직접 챙긴다

임신 시기별로 먹는 영양제도 조금씩 다르다. 임신부 종합비타민제, 철분제, 오메가 3 등 시기별로 필요한 영양제를 직접 챙겨주자. 관심만 있으면 발품 팔 필요 없이 인터넷 클릭 몇 번이면 된다.

13 집안일을 적극 도와준다

무거운 몸으로 하는 집안일은 평상시보다 더 힘들다. 아내를 위해 설거지나 청소를 하고 빨래를 대신 넣어주는 등 적극적으로 집안일을 거들자. 아내는 무척 고마워할 것이다. 특히 주말에는 밀린 집안일을 먼저 나서서 하는 모습을 보여주도록 한다.

14 임신한 아내를 사진에 담는다

아내의 임신 시기는 다시 오지 않는 시간이다. 최근에는 많은 임신부들이 만삭 사진을 찍어 기념한다. 촬영 스튜디오는 여러 군데 돌아보고 결정하면 되는데, 귀찮더라도 꼭 따라가서 함께 촬영하도록 하자. 아니면 매달 집 안의 같은 장소에서 아내의 모습을 직접 찍어주는 것도 좋다. 사진 속에 당신의 사랑도 함께 찍힐 것이다.

15 튼살 크림을 직접 사서 발라준다

배가 불러오면 아내의 뱃살은 트게 마련이다. 아내가 발라달라고 하지 않아도, 먼저 구입해 직접 발라주자. 스킨십으로 아내의 몸도 마음도 편안해질 수 있다.

16 태아와 대화를 한다

아내의 배에 튼살 크림을 발라주거나 평소 아내의 배를 쓰다듬으며 아기와 태담을 해보자. 태담이라고 해서 어려울 것은 없다. 조용한 목소리로 오늘 있었던 이야기나 "건강하게 만나자"라는 이야기 등을 편안하게 말하면 된다. 동화를 읽어주는 것도 좋다. 아빠의 목소리를 들려주면 아기도 좋아할 것이다.

임신 중 부부관계, 마음부터 열자

임신 중인 아내가 부부관계를 거부할 때 너무 다그치지 않는다. 여자는 남자와 달리 마음의 문이 열려야 몸의 문도 열린다. 임신한 아내가 부부관계를 내켜 하지 않는다고 상처받거나 화내지 말자. 아내에게 관심을 보이면서 아내의 마음을 먼저 열도록 하자. 많은 대화와 포옹, 스킨십, 같이 걷기, 분위기 잡기 등도 아내의 마음을 여는 방법이다. 또는 종아리, 어깨, 손, 발 등을 마사지해주면 아내 역시 성욕이 생길 수도 있다.

출산 후에는 6주 이후부터 부부관계가 가능하다. 하지만 이때도 아내의 마음을 먼저 여는 것이 중요하다.

17 아내의 다리, 발, 허리를 마사지해준다

배가 불러올수록 아내의 다리와 발, 허리에는 통증이 생긴다. 무거운 배를 안고 움직이다 보면 허리와 다리, 발의 근육이 뭉치기도 하는데, 이때 아내에게 마사지를 해주면 아내는 훨씬 편안해할 것이다. 마사지하면서 임신으로 힘든 아내를 위로하는 말도 건네보자.

18 태교 일기를 쓴다

태교 일기라고 해서 거창한 것은 아니다. 임신 중 남편이 느끼는 아내와 아이에 대한 생각을 적는 것이다. 출산이 다가왔을 때 힘내라는 의미로, 혹은 출산 후 산후조리와 육아로 지친 아내에게 일기장을 건네주면 좋겠다. 말로 하기 어려운 애정 표현도 글에 듬뿍 담아보자. 아이가 자라서 성인이 되면 아빠의 사랑이 가득 담긴 소중한 이야기를 선물하는 것도 좋을 것이다.

19 말과 행동에 더 신경 쓴다

임신 중에는 다양한 이유로 감정이 예민해진다. 남편의 사소한 말 한마디에 섭섭해하고, 말 한마디에 행복해한다. 말 한마디, 행동 하나도 아내를 위해 신경을 쓰자.

20 분만실에서 출산 때까지 옆에 있는다

분만실에서 남편은 가장 든든한 지지자이다. 아내가 힘들어하고 두려워하는 순간에 함께 있어준다면 아내에게 큰 힘이 될 것이다.

진통 중인 아내를 위해 해야 할 일

10년 전만 하더라도, 아내가 출산할 때 남편은 밖에서 손톱을 깨물면서 기다리다가 꽃다발을 안겨주는 것이 전부였다. 요즘은 출산 문화가 많이 바뀌어 우리나라도 남편이 출산에 참여하는 일이 많아졌다. 임신부 강의 등 여러 강좌에서도 남편의 적극적인 참여를 외치고 있다. 분만 형태도 요즘은 대개 가족 분만을 하기 때문에 이 경우 남편이 아내의 진통, 출산 중에 같이 있을 수 있다.

남편도 진통과 출산에 대해 알아야 한다

대부분 남편은 아내 옆에 있지만 무엇을 해주어야 하는지 잘 모른다. 그러다 보면 오히려 아내를 실망시키기도 한다. 진통하는 아내 옆에서 TV 보는 남편, 밖에서 몰래 햄버거를 먹고 들어와 냄새를 풍기는 남편, 휴대폰으로 친구와 통화하는 남편 등 분만실에서 아내에게 쫓겨난 남편의 사례는 다양하다. 분만실에서 잘못하면 아내에게 평생 꼬투리를 잡히게 된다.

이제는 남편도 분만실에 있을 때 자신의 중요성을 알아야 하고 그 역할을 배워야 한다. 단, 남편이 분만 과정에 참여할 계획이라면 미리 분만 과정에 대해 공부해두는 것이 좋다. 모르고 갑자기 경험하는 것보다 미리 알아두면 훨씬 도움이 된다.

진통 중인 아내를 위해 해야 할 일

베개와 카메라를 챙긴다

예정일이 다가오면 필요한 입원 준비물을 아내가 미리 챙겨놓을 것이다.

베개를 두 개 준비하는 이유는 자신이 사용하던 베개가 병원 베개보다 편하고, 옆으로 누웠을 때 나머지 하나를 다리 사이에 끼우는 것이 편하기 때문이다. 카메라는 출산의 순간을 찍기 위해서이다.

 잘못 알고 있는 상식
진통 · 출산 중 남편이 할 수 있는 것은 없다.

대부분의 임신부가 진통의 두려움만 생각하지 출산했을 때 감격의 순간을 사진에 담는다는 것은 생각하지 못한다. 가장 중요한 순간에 셔터를 누르자. 아기가 나오는 감동의 순간을 남편이 기억해주자. 카메라의 상태와 사용법을 미리 체크하는 것도 잊지 않는다.

마사지로 긴장을 풀어준다

아내가 진통 중 허리가 아프다고 하면 엄지손가락으로 허리를 지압해준다. 핫팩이나 아이스팩을 대어주거나 다리와 팔을 마사지해주는 것도 괜찮다. 집에서 사용하던 마사지 기구가 있으면 미리 준비하는 것도 좋다. 남편의 손길은 진통을 완화시켜주고 심리적으로 안정감을 느끼게 해준다. 긴장 완화를 위해 아로마 향을 준비해도 좋다.

음료와 간식을 챙긴다

진통 중 아내가 간단하게 먹을 수 있는 간식을 준비한다. 생수도 좋지만 이온음료나 녹차음료도 괜찮고, 막대사탕, 초콜릿 등의 달콤한 종류도 좋다. 분만이 길어지면 죽 종류를 준비하는 것도 도움이 된다.

분만실에는 아내에게 편한 사람 1~2명만 남는다

진통이 올 때 주위에 신경이 많이 쓰이는 불편한 사람이 있어서는 안 된다. 아내 입장에서 시부모님이나 시누이 등

은 불편할 수 있다.

심지어 하의를 벗고 있는데 시아버지가 옆에 있는 경우가 있다. 진통 중에는 아내에게 가장 필요한 사람 말고 아무도 없는 것이 가장 좋다. 분만실에 들어와도 괜찮은 사람이 누구인지 미리 아내에게 물어보자.

매시간 화장실에 가도록 도와준다

방광이 차 있으면 진통을 더 많이 느끼게 된다. 진통이 오면 소변을 잘 못 보게 되는 경우도 있으므

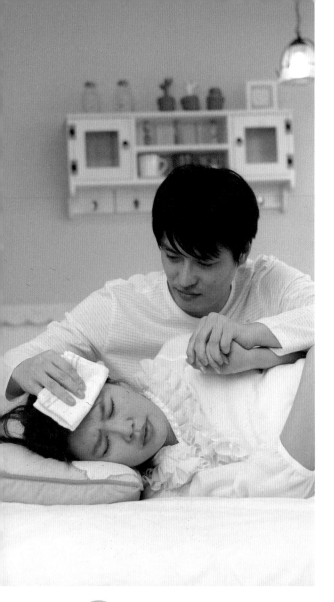

로 소변은 1~2시간에 한 번씩 보게 한다.

특히 무통분만을 하면 요의를 못 느낄 수 있으므로, 억지로라도 소변을 볼 수 있도록 한다. 방광이 꽉 차 있으면 아기가 산도를 내려오는 데도 힘들다.

자주 위치를 바꿔준다

진통이 심할 때 누워 있는 자세를 바꿔주면 진통 완화에 도움이 된다. 아내가 편안해하는 위치로 자세를 바꿀 수 있도록 도와주고, 수시로 체크하자.

분만실 조명을 낮춘다

사람은 겁이 나면 본능적으로 어두운 곳을 좋아하기 때문에 낮은 조명은 긴장의 이완과 안정에 도움이 된다. 가장 편안한 출산 환경은 조용하고 어두운 환경이다. 분만실 조명을 낮춰 약간 어두운 분위기를 만들어준다.

조용한 환경을 만들어준다

아내가 진통으로 정신없을 때 남편이 하지 말아야 할 것 중 하나가 말을 거는 것이다. 배가 아플 때 말을 걸지 마라. 특히 "배 아프냐"고 묻지 말자.

아내의 출산 과정을 보지 않는 것이 좋을 때도 있다

자궁문이 다 벌어져서 힘주기를 시작하는데 아내가 매우 고통스러워한다. 간호사가 아내의 질 안에 손을 넣어서 힘주기를 도와준다. 남편도 옆에서 아내가 힘을 줄 수 있도록 애쓴다. 간호사의 손이 아내의 질 안에 들어갔다가 나왔다 한다. 이 순간을 지켜보는 남편은 거부감을 느끼게 된다. 이런 힘주기는 30분에서 2시간 이상 걸리는 경우도 있다. 힘주기로 분만이 어느 정도 진행되면 회음부 절개를 하고 그 큰 아이가 아내의 질로 나온다.

이러한 출산 과정을 모두 지켜보는 것 자체가 남편에게 큰 부담이 될 수 있다. 평소에 피만 보면 기겁하는 사람이나 아내와의 성관계를 고상하게 생각하는 사람이라면 출산에 참여하는 것이 좋은 것만은 아니다. 이런 남편들은 사전 지식과 상관없이 분만 과정 그 자체에 충격을 받는다. 꼭 회음부에서 아기가 나오는 것을 봐야만, 탯줄을 잘라야만 좋은 남편과 아빠 역할을 하는 건 아니다. 분만의 후유증으로 부부관계에 좋지 않은 영향을 끼친다면 차라리 보지 않는 편이 낫다.

진통 중에는 옆에서 휴대폰도 사용하지 않는 것이 좋다. 대신, 긴장을 이완시키는 잔잔하고 조용한 음악을 틀어주자. 분만실에 갈 때 아내가 좋아하는 음악이 있으면 가져가자. 또한 절대로 TV를 보지 말아야 한다. TV에서 흘러나오는 약간의 소음도 진통 중인 아내는 싫어할 수 있다.

끊임없이 격려한다

진통 중인 아내에게 "아주 잘한다. 조금만 참으면 아기를 보게 된다"며 격려하고 칭찬하자. 출산의 고통을 겪어보지 않은 남편은 짐작만 할 뿐 어려움을 모른다. 어떻게 보면 남편 대신 아내가 힘든 고통을 당하고 있는데, 옆에서 당연히 격려하고 힘을 실어줘야 하지 않을까.

같이 있어준다

남편이 아내를 위해 해야 하는 가장 중요한 일은 같이 있는 것이다. 옆에서 마사지나 격려 등 아무것도 해주지 않아도 아내는 남편이 곁에 있는 것만으로 위안을 받는다.

출산의 순간, 같이 있어야 할까 말까

진통을 하는 시기에 대부분의 남편은 아내와 같이한다. 먼 곳에 떨어져 있더라도 어떻든 진통의 순간에는 같이 있으려 한다. 그러나 '아이가 태어나는 그 순간'에는 어떻게 할 것인지 다시 한 번 생각해보라. 같이 있어도 남편은 그냥 가만히 있는 경우가 대부분이다. 빛과 그림자가 있듯이, 아이가 탄생하는 순간에 아빠가 옆에 있어서 좋은 점도 있고 나쁜 점도 있다. 출산의 순간을 같이하고 난 후 둘의 관계가 소원해지는 경우도 있다.

남편이 없는 것이 좋은 이유

아이가 탄생하는 순간은 엄숙하고 경이롭지만, 출산의 순간은 그렇지 않을 수도 있다. 자궁문이 벌어질 때까지는 무통 주사를 맞은 경우라면 아내나 남편은 모두 그런대로 견딜 만하다.

출산은 이제 조금 다르다. 쉽게 출산하는 경우야 별 문제가 없겠지만, 간혹 아주 힘들게 출산을 하는 경우도 있다.

남편은 아내의 고통을 지켜보지 않아도 된다

임신부 중에는 자신의 산도에서 아기가 나오는 생생한 장면을 남편이 보길 원하지 않는 경우가 있다. 자신의 고통스러운 분만 과정에 남편이 참여하지 않길 바라는 것이다. 이럴 때는 남편과 따로 있는 것이 좋다. 진통을 할 때만 같이 있다가 분만할 시기에 남편은 잠시 나가 있으면 된다.

사실 사랑하는 아내가 진통에 몸부림치는 것을

출산 후 넓어진 질은 다시 줄일 수 있다

남편 중에는 분만 때 벌어진 질 입구가 영원히 그 상태로 지속되는 줄 알고 출산 후 잠자리를 피하는 경우도 있다. 그러나 넓어진 질은 예전처럼은 아니더라도 다시 줄어든다. 출산 후 케겔운동을 열심히 하면 출산 후에 그전보다 더욱 좁은 질을 유지할 수도 있다.

지켜보는 남편도 괴롭다. 하지만 진통할 때에 밖에 나가 있어도 마음은 편치 않다. 가능하면 옆에 있어주는 것이 좋지만 지켜보는 것이 힘들면 자주 밖에 나갔다 들어오는 것으로 참아보자.

아내의 산도를 직접 보지 않아도 된다

아내의 출산을 목격한 후 성적인 환상이 무너지는 경우도 있다. 어느 남편은 분만 시 피범벅이 된 채 나오는 아기와 벌어진 질 입구에서 쏟아지는 피에 너무 놀랐다고 한다. 그 후 아내와 잠자리에만 들면 그 장면이 자꾸 생각나서 관계를 갖고 싶은 생각이 없어진다는 것이다. 분만의 순간에 아래쪽을 보지 말고 가능하면 시선을 회피해 벽 쪽을 보도록 하자.

간혹 힘주기 할 때 간호사가 아내의 다리를 잡아달라고 부탁을 하기도 한다. 이럴 때에는 자신이 없다고 말하고, 잠시 밖에 나가 있다가 출산할 무렵에 들어오면 된다.

분만의 순간에는 아내의 머리맡에 서 있으면 임신부의 산도가 잘 보이지 않는다. 탯줄을 자를 때 아내의 산도가 보일 수 있는데, 임신부의 자궁에서 태반이 아직 붙어 있을 때 자르는 경우에는 임신부의 산도를 가려달라고 부탁하면 된다.

아내가 출산할 때 머리 쪽에 서 있자

Doctor's
Guide

아기가 밖으로 나오는 과정을 지켜보고 싶지 않다면 아내가 진통을 할 때는 곁을 지키고 있다가 출산할 때만 밖에 잠시 나가 있는다. 마지막에 힘을 줄 때부터 밖으로 나가 기다리면 된다. 약 1~2시간 정도 걸린다. 만약 출산하는 동안에도 함께 있고 싶다면, 아내의 머리 쪽에 서 있어라. 머리 쪽에서는 남편이 아내의 산도를 볼 수 없다.

남편이 있는 것이 좋은 이유

아내에게 심리적으로 위안이 된다

대부분의 아내들은 남편이 같이 있으면 출산의 두려움과 고통이 줄어든다고 이야기한다. 실제로 임신부의 90%는 남편이 분만 중 같이 있으면 심리적으로 위안이 된다고 한다. 분만이라는 매우 힘든 상황에서 남편이 옆을 지켜주고 있다는 것만으로도 훌륭한 진통제 효과를 가진다. 아내가 힘들 때 가장 큰 힘은 남편이다.

자식과 아내와의 관계가 돈독해진다

아빠가 자식의 탄생을 본다는 것은 일생에서 획기적인 일이다. 남자에서 이제는 아빠가 되는 순간, 아마 아이를 만나는 첫 순간은 평생 잊지 못할 감동이 아닐까?

분만실에서 탄생의 순간에 남편이 눈물을 흘리는 모습을 흔히 본다. 이런 순간을 함께 한 경우 자식과 아내와의 유대 관계가 더욱 돈독해진다.

출산 시 남편은 무슨 일을 할까?

- 아기를 위해 노래를 불러주자. 곰 세 마리 같은 동요나 임신 중 태담으로 들려주었던 동요라면 더욱 좋다.
- 아기를 목욕시켜주는 것도 좋다.
- 사진이나 동영상을 촬영한다.
- 아기의 탯줄을 자르고, 신생아실에 데려가는 것도 아빠가 할 수 있다.
- 아이를 안은 모습을 사진 찍어달라고 간호사에게 부탁한다.
- 아내에게 수고했다고 말하고 입맞춤하는 것도 잊지 말자.

출산 후 이벤트를 준비한다

임신부는 출산 후 분만실에서 1시간 정도 뒤에 병실로 옮겨진다. 남편은 그 1시간 동안 병실에서 깜짝 이벤트를 준비해보면 어떨까? 병실을 풍선이나 예쁜 조화, 다양한 파티용품 등으로 장식해보는 것도 좋다.

똑똑한 아이를 낳기 위한 태교법

백화점 문화센터나 산부인과 임신부 교실 프로그램에는 태교에 관한 내용이 항상 포함돼 있다. 그만큼 임신부들은 태교를 중요하게 여기고, 태교를 통해 건강하고 똑똑한 아이를 낳고 싶어 한다. 태교의 기본은 무엇인지, 어떻게 해야 모든 임신부들이 원하는 아이를 낳을 수 있는지 똑똑한 아이를 위한 태교법을 모아 봤다.

진짜 태교는 엄마가 즐거워하는 일에서 시작된다

모든 임신부들의 바람은 건강한 아기를 낳는 것이다. 게다가 그 아기가 똑똑하기까지 하다면 더 바랄 것이 없을 것이다. 엄마들의 이런 바람은 아기가 자궁 안에 있을 때부터 시작된다.

인터넷에는 두뇌태교, 영재태교, 향기태교 등 태교에 관한 온갖 자료가 넘치고, 태교에 관한 각종 서적들도 임신부의 귀를 솔깃하게 만들고 있다. 아이의 머리를 좋게 해준다며 임신 중에 영어단어를 외우거나 어려운 수학문제를 푸는 임신부도 있다.

이런 방법들로 태교를 하면 정말 건강하고 똑똑한 아이를 낳을 수 있을까? 사실 수많은 태교법 중 객관적인 증거가 부족한 것들도 많다. 그렇다고 태교가 전혀 효과 없으니 하지 말라는 것은 아니다. 별로 내키지도 않는데 배 속의 아기를 위해 억지로 하는 태교는 진정한 의미의 태교가 아니라는 것이다. 태교의 기본은 엄마가 즐거워하는 일을 하는 것이다. 마음이 편안하고 행복해지는 일을 하는 것이 태교의 시작이다.

억지로 하는 태교는 오히려 독이 될 수 있다

태아의 두뇌발달에 도움이 된다며 평소 듣지 않던 클래식 음악을 억지로 듣는 임신부들이 많이 있다. 사실 자궁 속 태아에게는 엄마의 피부, 두꺼운 자궁, 양

수 등에 가로막혀 있어 바깥세상의 소리가 또렷하게 들리지 않는다. 낮은 저음이 조금 울리는 정도로밖에 들리지 않는다. 오히려 엄마의 심장 소리와 장이 움직이는 소리가 훨씬 잘 들린다.

아기는 자궁 안에 있을 때보다는 세상에 태어난 후에 더 잘 듣는다. 음악 소리 역시 자궁 안에서보다는 태어나서 더 선명하게 잘 들린다.

그런데 임신했을 때는 태교를 한다며 클래식 음악을 열심히 듣다가도 정작 아기가 태어난 후에는 들려주지 않는다. 아이의 두뇌는 자궁 안에 있을 때만 발달하는 것이 아니라 출생 후에도 계속 발달한다. 태어나서도 아이에게 꾸준히 좋은 음악을 들려준다면 두뇌 발달에 커다란 도움이 될 것이다.

첫째 아이를 임신했을 때는 각종 태교법을 섭렵해 다양한 방법으로 태교를 하는 임신부들이 많다. 하지만 둘째 아이를 임신했을 때 첫째 아이만큼 열심히 태교하는 임신부는 드물다. 그렇다고 태교를 하지 않은 둘째 아이가 첫째 아이보다 지능이 떨어지거나 건강하지 않다는 증거는 없다.

중요한 점은 '어떤 태교가 좋을까'가 아니라 '어떻게 해야 할까'이다. 진정한 태교는 배 속의 아이를 위해 억지로 하는 것이 아니다. 하기 싫은 일을 억지로 하면 오히려 엄마나 태아 모두 스트레스를 받을 수 있다. 태교는 임신 중 엄마의 몸을 건강하게 만들고 엄마의 마음을 편하게 만드는 것, 즉 엄마가 즐거워하는 일에서

부터 시작한다는 사실을 잊지 말자.

똑똑하고 건강한 아이를 낳는 태교 노하우

억지로 매일 클래식을 듣지 않아도, 이해가 안 되는 CNN 뉴스를 보지 않아도 똑똑하고 건강한 아이를 낳는 방법이 있다. 열 달 동안 임신부 자신이 정서적 안정과 육체적 건강에 신경을 쓰는 것이다. 건강하고 똑똑한 아이를 낳을 수 있는 태교 노하우를 알아보자.

정신이 건강한 아이(EQ)로 만드는 태교법

자신이 즐거워하는 일을 한다 엄마가 행복하면 태아도 행복하고, 엄마가 슬퍼하면 태아도 슬퍼한다. 엄마의 감정이 태아에게 그대로 전달되기 때문이다. 하고 싶지 않은 일을 스트레스를 받아가며 한다면 차라리 하지 않는 편이 낫다.

미술관에서 명화를 감상하는 것보다 만화책을 보는 것이 즐거우면 그렇게 하자. 클래식을 듣는 것보다 꽃미남 아이돌이 부르는 유행가가 좋다면 열심히 듣자. 엄마가 즐거워하는 일을 하는 것이 태교의 기본이다.

많이 웃는다 임신 중 매일 웃으며 행복한 마음으로 하루하루를 보낸다면 그것보다 좋은 태교는 없다. 임신부가 잘 웃으면 아이 역시 잘 웃는 아이가 태어나게 된다. 열심히 태교한 뒤 남들에게 화를 내거나 짜증을 내면 태교를 한 의미가 없다.

머리 좋은 아이(IQ)로 만드는 태교법

오메가 3를 먹는다 삶의 질에 관심이 많아지면서 다양한 건강보조제 판매가 늘고 있다. 아이에게 유아용 비타민이나 오메가 3를 챙겨 먹이는 엄마들도 적지 않다. 아이가 태어난 후 오메가 3를 먹는 것도 중요하지만 배 속에 있을 때부터 엄마가 먹으면 태아의 두뇌발달에 큰 도움이 된다. 오메가 3는 고등어, 연어 등의 생선 기름에 풍부한데, 수은 중독이 신경 쓰인다면 보조제 형태로 먹는 것도 간편하다.

모유수유를 준비한다 모유에는 오메가 3 성분이 풍부하다. 분유수유를 한 아이와 지능을 비교해보면 모유수유를 한 아이의 지능지수가 7 정도 높다고 한다. 임신 중 태교에 신경 쓰는 것도 좋지만 출산 후 어떻게 모유수유에 성공할 것인가에 대해서도 관심을 가져야 한다. 아이가 나온 뒤 젖만 물리면 모유가 술술 나오는 것은 아니다. 아이를 낳는 것보다 모유수유가 더 힘들다는 임신부들도 많다. 임신 중 모유수유에 관한 책을 읽고 교육도 받으면서 미리 준비하는 것이 좋다.

육체가 건강한 아이로 만드는 태교법

꾸준히 운동한다 운동은 임신부를 건강하게 만들뿐만 아니라 태아도 운동을 하게 하는 효과가 있다. 엄마의 꾸준한 운동 습관이 태아의 유전자에 그대로 반영돼 출생 후 아이도 운동에 흥미를 갖게 한다. 임신부 요가나 수영 등을 열심히 하는 것도 또 다른 태교라는 것을 기억하자.

정상체중을 유지한다 임신 중 운동을 꾸준히 해 정상체중을 유지한 임신부는 정상체중의 아이를 출산하게 된다. 정상체중으로 태어난 아이는 과체중으로 태어난 아이보다 건강하게 자랄 가능성이 높으므로 체중이 너무 많이 늘지 않도록 임신 기간 동안 관리를 잘 한다. 엄마의 이런 노력은 아이가 앞으로 건강하게 자랄 수 있도록 기반을 마련해주는 것과 같다.

몸에 좋은 음식을 먹는다 입에 당기는 것은 태아가 먹고 싶어 한다는 신호로 받아들여 몸에 해로운 음식이라도 먹으려는 임신부들이 있다. 이런 것은 임신부 자신에게나 배 속의 아기에게나 좋지 않다. 너무 먹고 싶어서 참을 수 없다면 가끔씩 먹는 것은 괜찮지만 습관적으로 먹지 않도록 한다. 이럴 때는 과연 그 식품이나 음식이 태아의 건강에 도움이 되는지 한 번 더 생각해보자. 분명 배 속의 아기는 좀 더 몸에 좋은 음식을 먹고 싶어 할 것이다. 태아의 건강이 아이 평생 건강의 기초가 된다는 사실을 잊지 말자.

엄마의 노력과 아빠의 관심 요약편

약을 먹었다고 너무 걱정하지 않는다

임신 초기에 임신인지 모르고 먹은 약들은 대부분 안전하다. 걱정이 된다면 기형아 검사를 통해 태아 이상 유무를 알 수 있으므로 너무 걱정하지 않는다. 임신 중 몸이 아플 때 병원에서 처방받은 약 역시 안심하고 먹어도 된다.

임신 중에도 대부분의 일상생활을 즐길 수 있다

자외선 차단제를 포함한 대부분의 화장품은 안전하게 사용할 수 있다. 단 미백, 노화방지, 주름 개선 효과가 있는 레티놀 함유 화장품은 조심한다. 파마나 염색은 임신 초기부터 가능하지만 안전을 위해 12주가 지나면 한다. 임신 10주가 지나면 탕에 몸을 담그는 목욕을 해도 되지만 임신 초기에는 5분 이하로 자제한다. 몸에 무리가 없다면 몇 시간 정도 여행하는 것은 기분 전환의 일환으로 아주 좋다. 임신 36주 전에는 비행기 여행도 할 수 있다.

부부관계는 마음껏 즐긴다

임신했다고 부부관계를 자제할 필요는 없다. 부부관계로 인한 오르가슴이 자궁 수축을 일으키지만 조산과는 관련이 없으므로 걱정하지 않아도 된다. 임신 막달까지도 가능하다.

다양한 태아 기형 검사를 받는다

- **목 투명대 검사** : 임신 11~14주 사이에 태아의 목 뒷덜미 두께를 잰다. 3mm 이하면 정상이고 그 이상이면 다운증후군과 같은 염색체 기형 가능성이 높아진다.
- **혈액 검사** : 임신 11주~18주 사이에 임신부의 혈액으로 태아의 기형을 알아보는 검사이다. 엄마의 혈액으로 태아의 기형을 알아보는 검사이다. 엄마의 혈액으로 태아의 기형을 알아본다는 점에서 편리하지만 알아낼 수 있는 기형은 다운증후군 정도이다. 100% 정확하지 않아 양성으로 나오면 양수 검사를 한다.
- **양수 검사** : 혈액 검사가 양성으로 나오거나 임신부의 나이가 35세 이상일 경우 실시한다.
- **초음파 검사** : 선천성 심장병, 언청이, 난쟁이, 수두증 등 태아의 외형적인 기형을 알아낸다.

이 장에서 건강한 임신 기간을 위해 엄마 아빠가 어떤 노력을 해야하는지 알아봤다.
꼭 기억해야 할 것은 무엇인지 한 번 더 체크해보자.

임신 중 좋은 남편이 되는 방법을 기억하자

- 산부인과에 같이 간다.
- 임신·출산·육아에 도움이 되는 책을 사준다.
- 임신·출산·모유수유 강의를 같이 듣는다.
- 출산 준비물과 아기용품을 같이 준비한다.
- 함께 산책한다.
- 둘만의 여행을 떠난다.
- 맛집을 찾아다닌다.
- 입덧하는 아내가 먹고 싶어 하는 음식을 챙긴다.
- 담배를 끊거나 양을 줄인다.
- 술은 적게 먹고 일찍 퇴근한다.
- 아내에게 자주 전화하고 문자를 보낸다.
- 임신부에게 필요한 영양제를 챙긴다.
- 집안일을 적극 돕는다.
- 임신한 아내 모습을 사진에 담는다.
- 직접 튼살 크림을 구입해 아내에게 발라준다.
- 배 속의 아기와 대화를 나눈다.
- 배가 불러 힘든 아내의 다리와 발, 허리를 마사지한다.

임신 중 식사와
영양 관리

임신하면 가장 많이 듣는 말이 "잘 먹어라"다. 엄마의 영양분이 태아에게 그대로 전달되기 때문이다. 잘 먹으려면 우선 임신 중 반드시 먹어야 하는 필수 영양소와 음식에 대해 알아야 한다. 단순히 2인분을 먹는 것이 아니라 추가로 필요한 영양소를 어떻게 먹는지가 중요하다. 동시에 임신 중에 멀리해야 하는 식품도 구분해 제대로 골라먹는 것이 좋다. 임신 중 엄마의 식습관은 자신의 건강뿐 아니라 아이가 성장한 후의 건강까지 영향을 끼친다는 사실을 잊지 말자.

얼마나 알고 있을까?

배 속의 아이를 위해 무조건
몸에 좋은 음식을 많이 먹으면 될까?

01 임신 중 하루에 필요한 추가 칼로리는?

　① 100kcal

　② 300kcal

　③ 500kcal

　④ 1,000kcal

02 태아의 두뇌 발달에 도움을 주는 영양소는?

　① 오메가 3

　② 오메가 6

　③ 비타민 A

　④ 섬유질

03 다음 중 몸에 좋은 탄수화물은?

　① 흰쌀밥

　② 흰 밀가루

　③ 현미밥

　④ 설탕

04 다음 중 몸에 좋은 단백질은?

　① 생선

　② 쇠고기 갈비살

　③ 돼지고기

　④ 껍질이 포함된 닭고기

05 임신 중에는 평상시보다 단백질을 더 먹어야 한다.
　가장 좋은 섭취 방법은?

　① 저지방 우유 1컵

　② 삼겹살 100g

　③ 밥 1공기

　④ 쇠고기 1인분 (120g)

06 아빠가 정상체중이고 엄마가 비만일 경우 아이가
　비만아로 자랄 확률은?

　① 아이의 비만은 부모의 비만과 무관하다.

　② 5%

　③ 20%

　④ 100%

07 다음 중 태아와 엄마에게 좋은 지방은?

　① 포화지방

　② 불포화지방

　③ 트랜스지방

　④ 콜레스테롤

08 다음 중 오메가 3가 가장 적은 기름은?

　① 참기름

　② 들기름

　③ 올리브유

　④ 포도씨유

09 임신 중 오메가 3를 섭취했을 때 얻을 수 있는 효능이 아닌 것은?

① 태아의 두뇌 발달을 돕는다.

② 산후 우울증을 예방한다.

③ 조산을 예방한다.

④ 태아의 염색체 변형을 일으킨다.

10 음식물 섭취로는 부족해서 반드시 약의 형태로 먹어야 하는 영양소는?

① 철분

② 비타민 C

③ 칼슘

④ 섬유질

11 철분제를 먹는 방법 중 가장 좋은 방법은?

① 식사 직후에 먹는다.

② 식사 직전에 먹는다.

③ 우유와 같이 먹는다.

④ 잠자기 직전에 먹는다.

12 엽산제에 관한 설명 중 맞는 것은?

① 임신을 확인한 후에 먹는다.

② 먹다가 남으면 남편이 먹어도 된다.

③ 출산 때까지 먹어야 한다.

④ 지용성이므로 많이 먹으면 몸에 쌓인다.

13 다음 중 오메가 3는 풍부하면서 수은 함량은 적어서 임신 중 권장하는 생선은?

① 상어

② 연어

③ 날개다랑어(참치)

④ 고등어

14 임신 중 체중이 정상체중보다 더 많이 늘어나면 어떻게 될까?

① 태아의 체중이 늘어나고 제왕절개 가능성이 증가한다.

② 출산 후 원래대로 돌아가므로 걱정하지 않는다.

③ 체중은 임신중독증이나 임신성 당뇨와는 관계없다.

④ 임신부의 체중이 늘어난다는 것은 태아가 건강하게 잘 자라고 있다는 의미이다.

15 임신 전 정상체중이었던 임신부는 임신 중 어느 정도 체중이 늘어야 정상일까?

① 5kg

② 10kg

③ 15kg

④ 20kg

정답 1.② 2.① 3.③ 4.① 5.① 6.③ 7.② 8.① 9.④ 10.① 11.④ 12.② 13.② 14.① 15.②

엄마가 먹는 음식이 중요한 이유

임신을 하게 되면 엄마는 자궁 속 아기의 건강을 위해 최선을 다한다. 태아의 영양 공급이 엄마를 통해 이루어지기 때문에 엄마는 좋은 음식을 먹으려고 노력한다. 엄마의 식습관이 왜 중요한지, 엄마가 먹는 것이 태아에게 어떤 영향을 미치는지 꼼꼼히 짚어보자.

엄마 음식이 아이의 미래를 바꾼다

임신부가 먹는 음식은 태아에게 아주 중요한 환경적 요인으로 작용한다. 엄마가 먹는 음식이 태아의 유전자에 영향을 미치고, 그 유전자로 인해 태아의 인생이 바뀔 수도 있기 때문이다.

자궁 내 태아의 영양 상태는 태아의 대사기능에 영향을 미치고 신체를 변화시킨다. 성인이 되었을 때 고혈압, 당뇨, 심근경색, 암 등 여러 가지 성인병의 발병과도 관련이 있다. 임신부의 영양 상태에 따라 태아의 유전자가 달라져 성인이 되었을 때 병이 생길 수 있다는 것이다. 임신부의 영양 상태는 아이의 정상적인 발달에 매우 중요한 역할을 한다. 임신 중 엄마가 먹는 음식이 바로 아이의 미래 건강을 좌우한다는 사실을 잊지 말자.

자궁 환경에 따라 아이의 건강이 달라진다

자궁 내 환경은 부모로부터 물려받은 유전자만 큼이나 태아의 성장에 중요한 영향을 미친다. 태아의 유전자와 관계없이, 자궁 내 환경에 따라 어른이 되어 성인병에 걸릴 확률이 높을 수도 있다는 말이다.

쌍태아의 경우 체중과 성장 발달이 자궁 속에서 똑같이 이루어지지 않는 경우가 있다. 자궁 속에서 잘 자라지 못한 아이일수록 잘 자란 아이에 비해 성인병 발생률이 높다.

이렇게 태아의 건강은 자궁을 떠난 이후의 건강에까지 크게 영향을 미치므로, 아이가 잘 자라기를 바란다면 자궁 내의 환경을 좋게 만들어주는 것이 매우 중요하다.

엄마의 영양 상태는 태아에게 그대로 전달된다

만약 임신부의 영양 섭취가 정상보다 부족하다면 어떻게 될까? 단백질, 비타민, 미네랄 등이 부족하면 태아는 발육부전이 된다. 조기 진통이 오거나 저체중아 출산 비율이 높아지고 신생아 사망률도 몇 배나 상승한다.

반대로 임신 중 엄마의 영양이 과다하면, 다시 말해 임신 중 체중이 많이 늘면 어떻게 될까? 태아도 당연히 비대해진다. 비대한 태아는 출산하기도 힘들지만 태어난 후에도 비대한 상태가 유지된다. 엄마의 비만이 태아의 비만으로 이어지고, 성장하면서도 비만하거나 소아당뇨에 걸릴 가능성이 높

아진다. 성인이 된 후에도 비만하거나 성인병에 걸리기 쉽다. 엄마의 비만이 그대로 아이에게 대물림되는 것이다.

태아는 필요한 영양소를 엄마 몸에서 얻는다

흔히들 임신 중에는 칼슘을 많이 섭취해야 태아의 뼈가 튼튼해진다고 생각한다. 태아의 근육도 단백질을 많이 섭취해야 더 튼튼해진다고 알고 있다. 과연 그럴까?

만약 임신 중 칼슘을 전혀 섭취하지 못해 임신부의 칼슘 혈중 농도가 20% 이하로 떨어지면 임신부는 경련 발작으로 사망할 수도 있다. 하지만 이를 방지하기 위해 부갑상선 호르몬이 분비돼 임신부의 뼈에서 칼슘이 방출되고, 임신부의 몸은 정상 칼슘 혈중 농도를 유지하게 된다. 임신부가 칼슘을 전혀 먹지 않더라도 태아에게는 칼슘의 양이 정상으로 공급된다는 것이다.

단백질도 마찬가지다. 임신부가 태아의 근육 발달과 태반 형성에 필요한 단백질을 전혀 섭취하지 않아도 태아는 자신에게 필요한 단백질을 엄마의 몸에서 가져간다.

임신 중에는 물을 충분히 마시자

우리 몸은 2/3가 물로 구성돼 있어 임신 중이 아니더라도 물을 많이 마시는 것이 중요하다. 특히 임신 중에는 물을 충분히 마셔야 한다.

임신을 하면 혈액량이 증가하고 체온이 상승해 쉽게 탈수될 수 있다. 탈수가 되면 두통, 부종, 변비, 치질, 현기증 등이 생기는데, 임신 말기에는 특히 위험하다. 임신 말기에 수분이 부족하면 자궁 수축을 유발해 조기 진통을 일으킨다. 물을 얼마나 먹고 있는지 확인하고 잘 먹는 방법을 알아두자.

- 소변 색을 확인한다. 물을 충분히 마신다면 소변이 희석되어 색이 연하다.
- 하루에 물 2L, 즉 8잔을 꼭 마신다.
- 생수를 먹기 힘들다면 우유, 과일주스, 녹차를 대신 마셔도 된다. 카페인 음료나 알코올은 오히려 탈수를 일으킨다.

잘못 알고 있는 상식
엄마의 비만과 아이의 비만과는 무관하다.

쉬운 예가 임신 초기 임신부의 입덧이다. 임신부가 입덧이 심해서 음식물을 거의 못 먹어 체중이 몇 킬로그램씩 빠지더라도 태아는 아무런 문제가 없이 잘 자란다.

이렇게 태아는 자신에게 필요한 거의 모든 영양소를 엄마 몸의 이미 저장된 영양소에서 가져간다. 임신부가 심하게 굶주려 영양소가 거의 결핍된 상태라 해도 태아는 몇 개월 동안 큰 어려움 없이 자란다.

철분 역시 다르지 않다. 임신부가 빈혈이 있더라도 태아는 엄마 몸에 저장된 철분을 우선적으로 가져가서 사용한다. 엄마가 빈혈이 더 심해지더라도 태아에게는 빈혈이 생기지 않는다.

쉽게 말하면 태아는 엄마의 몸에 기생하는 존재다. 그렇다고 임신 중 적게 먹어도 된다는 의미는 아니다. 정상적으로 먹되, 과하지도 모자라지도 않게 적당한 영양을 섭취하라는 것이다.

자궁 내 환경이 3대까지 간다

제2차 세계대전이 끝날 무렵 네덜란드에서 실제 있었던 일이다. 당시 독일은 네덜란드 저항 세력의 활동을 저지하기 위해 네덜란드로 유입되는 식량을 차단했다. 그로 인한 네덜란드의 대기근은 1944년 10월부터 1945년 5월까지 지속되었고, 혹독한 겨울을 지나면서 2만2천여 명의 네덜란드인이 굶어 죽었다. 당시 한 사람에게 공급된 하루 식량은 겨우 600kcal였다.

임신부에게도 예외는 아니었다. 그런 탓에 이 시기에 태어난 아기들의 체중은 평균보다 250g 정도 적었는데, 특이한 사실은 이들이 자라 성인이 된 후 당뇨, 심장질환, 동맥경화 등의 성인병 발생률이 높았다는 점이다. 체중이 적게 태어난 아기는 성인이 되면 허약한 체질이나 저체중이 될 것이라고 생각하기 쉬운데 의외로 성인병 발병률이 높다는 결과가 나타났다.

왜 이런 결과가 나타났을까? 이것은 태아의 생존 본능과 연관이 있다. 자궁 내 태아의 영양 결핍 상태가 오래 지속되면 태아는 출생 후에도 그런 환경일 것이라고 여기게 된다. 따라서 생존을 위해 많이 먹어야 한다는 본능과 먹은 음식을 다른 사람보다 더 쉽게 저장해두는 습성이 유전자에 녹아 있게 된 것이다.

출생 후 아이들은 음식물이 풍부한 환경에서 본능적으로 많이 먹고 체질적으로 남들보다 저장 기능이 뛰어난 탓에 비만이 된다. 결과적으로 당뇨, 고혈압, 동맥경화 등의 성인병 발생률이 높아진 것이다. 더 놀라운 일은 네덜란드 대기근일 때 태어난 딸과 손녀, 그리고 증손녀 등에게서 당뇨, 유방암 등의 질병이 더 잘 발생했다는 사실이다. 자궁 내 환경이 3대까지 영향을 미치게 되는 것이다.

꼭 먹어야 할 필수 영양소

임신하면 잘 먹어야 한다. 여기서 '잘'은 양이 아니라 질을 의미한다. 무조건 많이, 2인분을 먹는 것이 아니라 임신 중 필요한 필수 영양소를 골고루 섭취하라는 것이다. 단순 탄수화물보다는 복합 탄수화물을, 포화지방보다는 불포화지방을 먹고 단백질도 더 좋은 것을 찾아 먹어야 한다. 임신부가 꼭 먹어야 할 필수 영양소를 알아보자.

탄수화물

탄수화물은 몸과 뇌에 에너지를 공급하는 주 에너지원이다. 우리 몸은 탄수화물을 포도당으로 바꿔 에너지원으로 사용하고, 남은 포도당은 간이나 근육에 글리코겐 형태로 저장한다. 저장된 글리코겐이 너무 많으면 지방으로 합성되는데, 이때 지방은 동맥경화와 비만을 일으키는 중성지방으로 변환된다. 결국 필요량 이상으로 탄수화물을 먹으면 비만과 동맥경화를 일으키는 원인이 되는 것이다.

건강의 적, 단순 탄수화물

영양학적으로 보면 단순 탄수화물은 쓰레기에 가깝다. 단순 탄수화물은 몸에 빨리 흡수돼 고혈당으로 바뀌고, 다시 빠르게 저혈당으로 바뀌어 허기를 쉽게 느끼게 한다. 단순 탄수화물을 '비만의 적'이라고 하는 이유가 바로 이 때문이다.

원래 사람은 수만 년 동안 현미나 통밀처럼 정제되지 않은 거친 탄수화물을 섭취했다. 그런데 정제된 흰쌀밥, 흰 밀가루를 먹기 시작하면서 탄수화물은 독이 돼버렸다. 임신부가 이런 단순 탄수화물을 즐긴다는 것은 과체중으로 인한 임신성 당뇨, 난산, 제왕절개의 위험을 안고 있는 것과 같

다. 특히 임신 초기에 탄수화물을 지나치게 섭취하면 임신부뿐 아니라 태아까지 비만이 될 수 있다. 같은 탄수화물이라도 골라서 먹는 것이 좋다.

조심해야 할 단순 탄수화물

단순 탄수화물을 대표하는 것으로 흰 밀가루, 흰쌀, 흰설탕이 있다. 이 세 가지는 우리 몸에 해로운 '삼백(三白)'식품으로 불린다. 이들을 원료로 만든 과자, 빵, 인스턴트식품, 쿠키, 꿀, 주스, 탄산음료 등의 가공식품 역시 건강에 좋지 않은 단순 탄수화물이다.

흔히 과일은 많이 먹어도 살이 찌지 않는다고 생각하는데 과일의 당분은 단순 탄수화물이기 때문에 과일도 많이 먹으면 살이 찐다.

몸에 이로운 복합 탄수화물

녹말과 섬유질로 이루어진 복합 탄수화물은 단순 탄수화물로 쪼개진 후 우리 몸에 흡수된다. 복합 탄수화물이 단순 탄수화물로 분해되는 데 시간이 걸리므로 혈당이 서서히 올라가고, 또 서서히 내려간다. 그래서 복합 탄수화물을 먹으면 쉽게 허기가 지지 않는다.

잘못 알고 있는 상식
임신하면 2인분을 먹어야 한다.

빠르게 올라가는지를 나타낸 수치를 말한다. 혈당지수가 높은 음식은 혈당치를 빨리 올리는 음식을 말하고, 혈당지수가 낮은 음식은 혈당치를 천천히 올리는 음식을 말한다.

혈당지수는 낮을수록 몸에 좋다. 혈당지수가 높을수록 혈당이 빨리 증가해 체내에 인슐린이 많이 분비된다. 인슐린이 많이 분비되면 섭취한 혈당이 급속히 지방세포로 운반돼 살이 찌게 되는 것이다.

반대로 혈당지수가 낮을수록 혈당이 서서히 증가한다. 이 경우 근육이나 지방에 저장돼 있는 당분을 에너지로 먼저 사용하게 되므로 쉽게 살이 찌지 않는다. 따라서 임신 중에는 물론이고 출산 후에도 혈당지수가 낮은 음식을 골라 먹는 것이 좋다. 참고로 혈당지수 55 이하인 음식이 건강에 좋다.

복합 탄수화물이 임신부에게 특히 좋은 이유

- 섬유질이 풍부해 임신 중 변비를 예방하고 과식을 막아준다. 오래 씹을수록 뇌를 자극해 뇌를 건강하게 해준다.
- 임신부에게 필요한 엽산과 천연 비타민이 풍부하게 들어 있다.
- 임신 중 지나친 체중 증가를 예방한다. 특히 임신성 당뇨가 있는 임신부라면 단순 탄수화물보다 복합 탄수화물을 즐겨 먹어야 한다.

혈당지수 높은 음식은 태아 혈당까지 올린다

인슐린은 혈당을 일정하게 유지하는 역할을 한다. 임신 10주 정도가 되면 태아도 췌장에서 인슐린을 생산할 수 있다.

만약 임신부가 혈당지수가 높은 음식을 먹으면 혈당이 빠르게 상승하고 그 혈당이 태반을 통과해 태아의 혈당까지 급속히 올린다. 태아의 혈당이 올라가면 태아의 췌장에서는 인슐린 생산이 늘어나게 된다. 이로 인해 태아는 몸에 과도하게 지방을 축적하게 되고, 결국 비만아가 될 가능성이 커진다.

혈당지수가 낮은 음식을 골라 먹자

혈당지수(GI)란 음식을 먹은 뒤 혈당이 얼마나

TIP

복합 탄수화물, 이렇게 드세요

감자, 고구마, 현미, 옥수수, 각종 콩류, 채소가 대표적인 복합 탄수화물이다. 흰쌀밥보다는 현미밥이, 흰 밀가루보다는 통밀가루가 몸에 좋다.

임신부의 인슐린 과다는 아이를 평생 괴롭힌다

엄마에게 인슐린이 많이 분비되면 태아에게는 인슐린 저항성과 렙틴 저항성이 생긴다. 렙틴은 포만감을 느끼게 하는 호르몬으로, 배가 부를 때 뇌로 하여금 음식을 그만 먹으라는 명령을 내리게 한

다. 렉틴 저항성을 갖고 태어난 아이는 배가 불러도 계속 먹게 돼 소아당뇨가 발생할 가능성이 높다. 뿐만 아니라 평생 비만으로 고생할 가능성이 높아진다.

섬유질

식물처럼 광합성을 하는 생물의 주된 구성원을 섬유질이라고 한다. 이 중 우리가 먹을 수 있는 것이 식이섬유이다. 사람에게는 식이섬유를 소화시키는 효소가 없어 탄수화물, 단백질, 지방처럼 에너지원으로 사용할 수는 없다. 섬유질은 식물에만 존재하며, 물에 녹는 섬유질과 물에 녹지 않는 섬유질로 나뉜다. 물에 녹는 섬유질은 오트밀, 콩류, 과일, 채소에 많고 물에 녹지 않는 섬유질은 곡류의 껍질에 많다. 이들 섬유질은 모두 건강에 좋다. 물에 녹지 않는 섬유질은 위장 활동을 돕고, 물에 녹는 섬유질은 혈당지수를 정상화하는 데 도움이 된다.

섬유질은 체중 관리와 변비 해소에 효과적이다

섬유질은 열량은 없지만 먹으면 포만감을 주어

체중 관리에도 도움을 준다. 임신 중 체중이 많이 늘어 힘들어 하는 임신부라면 의식적으로 섬유질이 많은 음식을 섭취하는 것이 좋다. 섬유질은 소화가 되지 않고 음식물 찌꺼기에 섞여 대장을 쉽게 통과하게 도와준다. 그렇기 때문에 섬유질을 충분히 섭취하면 변비와 치질을 예방할 수 있을 뿐 아니라 대장암, 동맥경화, 당뇨 예방 효과도 있다.

권장량을 채우기 위해 식습관을 개선한다

식이섬유는 통곡물과 콩류 또는 사과, 바나나, 딸기 등의 과일에 풍부하고 미역 등의 해조류에 특히 많이 들어 있다. 한국인의 식이섬유 권장 섭취량은 25g이지만, 현대인의 식습관으로는 권장량의 절반도 채우기 힘들다. 하루 권장량을 섭취하려면 식습관을 개선해야 한다.

단백질

단백질은 아미노산이라는 물질로 구성돼 있다. 우리 몸을 하나의 건물로 본다면 단백질은 벽돌이라고 할 수 있고 아미노산은 벽돌을 구성하는 점토로 볼 수 있다. 다시 말해, 아미노산이 결합해 단백질이 되고 단백질이 세포를 형성해 몸이 만들어지는 것이다. 근육을 만들려는 남자들이 닭가슴살과 같은 단백질 음식을 열심히 먹는 것도 이런 이유에서다.

임신 중에는 단백질이 태아의 세포와 태반을 만드는 데 쓰이므로 평소보다 많이 먹어야 한다. 특히 필수아미노산은 우리 몸에서 자체적으로 만들어지지 않기 때문에 반드시 식품으로 섭취해야 한다. 주의할 점은 단백질에도 질적인 차이가 있으므로 좋은 단백질을 골라 먹어야 한다는 것이다.

좋은 단백질

콩이나 두부 같은 식물성 단백질 식품이나 생선, 껍질을 벗긴 닭고기 같은 동물성 단백질 식품은 포화지방이 적어서 좋은 단백질 공급원에 속한다. 닭고기 껍질에는 포화지방이 많아 평상시에도 벗겨 먹는 것이 좋다. 돼지고기나 쇠고기에도 단백질이 풍부하지만 부위에 따라 지방 함량이 달라지므로 부위 선택에 신경을 쓴다. 돼지고기는 삼겹살보다 목살이, 쇠고기는 등심보다 안심이 지방 함량이 적다. 자신과 태아를 위해 포화지방이 없는 양질의 단백질을 먹자.

나쁜 단백질

쇠고기나 돼지고기에는 단백질과 포화지방이 섞여 있어 좋지 않은 단백질이라고 할 수 있다. 하지만 지방이 적은 부위는 좋은 단백질에 속한다.

TIP

추가로 필요한 단백질(10g) 늘리는 법

- 닭가슴살 30g : 단백질 10g
- 저지방 우유 240mL : 단백질 10g
- 달걀 1개 : 단백질 6g(흰자 4g, 노른자 2g)

우유 역시 포화지방이 함유돼 있어 좋지 않을 수 있다. 일반 우유에는 3.4%의 포화지방이, 저지방 우유에는 1~2%의 포화지방이 포함돼 있다. 그러므로 임신 중에라도 저지방 우유를, 이왕이면 무지방 우유를 먹는 것이 좋다.

단백질도 필요 이상 먹게 되면 지방으로 저장되므로 많이 먹는 것은 삼간다. 특히 포화지방이 함유된 단백질은 임신부와 태아의 혈관을 손상시키고 살찌게 만들므로 단백질도 골라 먹는 지혜가 필요하다.

얼마나 먹어야 할까?

임신 중 필요한 단백질은 하루 섭취 칼로리의 20% 정도로 약 60g에 해당한다. 임신하지 않은 여성의 단백질 하루 섭취량이 평균 50g이므로, 조금만 신경 쓴다면 임신 중 하루 10g 늘리는 일은 그리 어렵지 않을 것이다.

동물성 단백질 vs 식물성 단백질

단백질에는 동물성과 식물성이 있다. 생선, 유제품, 쇠고기 등 다른 동물에서 얻을 수 있는 동물성 단백질에는 우리 몸에 필요한 아미노산이 모두 함유돼 있지만 포화지방도 들어 있다. 반면 콩이나 다른 곡물 등 식물성 단백질에는 포화지방은 없지만 필수아미노산이 부족하다.

그러므로 포화지방이 걱정된다고 무조건 동물성 단백질을 멀리하고 식물성 단백질만 고집할 필요는 없다. 앞서 말한 것처럼 식물성 단백질에는 필수아미노산이 부족하지만 동물성 단백질에는 필수아미노산이 풍부하기 때문에 이 두 가지 단백질을 균형 있게 섭취하는 것이 중요하다.

동물성 단백질 골라 먹기

우유 | 하루에 우유 한 잔(240mL)을 마시면 임신 중 추가로 필요한 단백질 양인 10g을 채울 수 있다. 게다가 우유에는 칼슘도 풍부해 일석이조다. 저지방 우유에는 단백질, 비타민, 미네랄 등이 풍부하고 지방 함량은 낮으므로 저지방 우유나 무지방 우유로 골라 먹는다.

달걀 | 달걀에는 노른자에만 포화지방이 조금 들어 있다. 비타민과 미네랄이 풍부하고 칼로리가 낮아 쉽게 먹을 수 있는 동물성 단백질 공급원에 속한다.

기름기를 제거한 살코기 | 보쌈이나 수육용으로 기름기를 제거한 돼지고기, 양지머리나 사태처럼 살코기 부위의 쇠고기, 닭가슴살 등은 포화지방은 적으면서 양질의 동물성 단백질은 풍부하다.

식물성 단백질 골라 먹기

콩 | 식물성 단백질 공급원으로 가장 뛰어나며, 단백질뿐 아니라 섬유질, 비타민도 풍부하다. 콩은 요리 전 물에 불려 충분히 익혀 먹으면 소화가 더 잘 된다.

두부 | 두부는 콩을 싫어하는 사람들도 부담 없이 먹을 수 있는 식품이다. 같은 양의 콩보다 단백질 함량이 적기는 하지만, 체내에 100% 흡수되며 칼슘 함량도 높다. 칼로리를 생각한다면 기름에 튀기는 것보다 조림이나 생으로 먹는 것이 좋다.

두유 | 우유 알레르기가 있는 임신부라면 우유 대신 마음 놓고 먹을 수 있다. 임신 중에는 안전하게 직접 콩을 삶아 갈아 먹는 것이 좋지만 첨가물이 전혀 들어 있지 않은 시판 제품을 골라 먹는

것도 방법이다.

지방

지방이 건강에 나쁘다고 생각해 무조건 지방이 적게 들어간 음식을 찾는 사람들이 있다. 하지만 적당량의 지방은 우리 몸에 꼭 필요하다. 지방은 아주 적은 양으로 에너지를 낼 수 있는 효율적인 영양소로 1g에 9kcal의 에너지를 낸다. 게다가 비타민 A·D·E·K는 지방과 함께 섭취했을 때 흡수율이 더 높아진다. 비타민제를 식사 후에 먹는 것이 더 효과적인 이유도 바로 이 때문이다.

지방은 포화지방과 불포화지방으로 나뉜다. 포화지방은 대부분의 동물성 지방으로, 우리 몸을 망가뜨리기 때문에 '바보 지방'이라 불린다. 불포화지방은 우리 몸을 더 건강하게 만들어주는 지방으로 '똑똑한 지방'이라고 하며, 대부분의 식물성 지방이 여기에 속한다.

포화지방

몸에 해로운 포화지방은 쇠고기, 돼지고기와 같은 육류나 우유 같은 유제품에 많이 들어 있다. 팜유나 코코넛유는 식물성 기름이지만 포화지방에 속한다. 과자, 냉동식품, 라면, 피자 등에도 포화지방이 많이 들어 있다.

포화지방은 태아의 혈관과 장기를 망친다

포화지방은 에너지원으로 사용되는 것 말고는 효용가치가 없다. 몸 안에서 에너지원으로 사용되지 않으면 지방세포에 저장돼 비만을 일으키기 때문이다.

포화지방은 콜레스테롤을 증가시켜 혈관에 쌓이게 하고 동맥을 딱딱하게 만든다. 결과적으로 혈관의 노화를 진행시키는 것이다. 건강한 동맥은 말랑말랑한데, 혈관이 딱딱해지면 심장이나 뇌로 가는 혈관이 막히거나 터지게 된다. 결국 뇌나 심장에 치명적인 질환을 가져오고, 심하면 사망에 이를 수도 있다. 포화지방은 유방암과 대장암 발생의 원인이 되기도 한다.

임신부가 포화지방을 과도하게 섭취하면 임신

포화지방　　　　　불포화지방

부 본인뿐 아니라 지방이 태반을 통과해 태아의 혈관에도 축적된다. 결국 아기가 성인이 되었을 때 심혈관 질환에 걸릴 가능성을 높이는 것이다. 임신부가 먹는 포화지방은 태아의 혈관 이외에 태반이나 태아의 장기에도 나쁜 영향을 미칠 수 있다. 건강을 위해서는 포화지방을 하루 총 열량의 10%(22g) 내에서 섭취하고, 포화지방보다는 불포화지방을 섭취하는 것이 좋다.

포화지방보다 더 나쁜 트랜스지방

식물성 기름은 부패하기 쉽고 보관이 힘들어 경화시켜 사용하는 경우가 많다. 경화란 액체 상태의 기름에 수소를 첨가하여 고형으로 만드는 것을 말한다. 식물성 지방을 경화하면 트랜스지방이 된다. 마가린, 쇼트닝 등이 대표적인 트랜스지방이다.

트랜스지방은 포화지방과 같은 역할을 하며, 포화지방보다 몸에 더 해롭다. 트랜스지방 역시 동맥을 딱딱하게 만들어 동맥경화와 심장병 등을 일으키고 인슐린 저항성을 갖게 해 당뇨에 잘 걸리게 만든다. 트랜스지방은 기름의 유통기한을 늘려주는 대신 사람의 유통기한은 단축시키는 셈이다.

불포화지방

똑똑한 아기를 낳기 위한 엄마의 가장 큰 선물은

입에 맛있는 음식이 몸에는 쓰다

아이스크림, 피자, 라면, 바삭바삭한 과자, 부드러운 케이크, 기름에 바싹 구운 만두 등은 생각만 해도 군침이 돈다. 이런 음식에는 몸에 좋지 않은 포화지방과 트랜스지방이 다량 함유돼 있어 탄력 있고 매끈한 혈관을 거칠고 탄력이 없게 만든다. 거칠어진 혈관은 내부에 콜레스테롤이 쌓이기 쉽고 동맥은 병이 들어 동맥경화가 된다. 건강을 위해 이런 음식들은 멀리하는 것이 좋다.

바로 똑똑한 지방을 먹는 것이다. 지능만 좋아지게 하는 것이 아니라 아이의 언어능력과 집중력까지 향상시킨다는 연구 결과가 있다. 똑똑한 지방이 바로 불포화지방이다. 불포화지방은 단일 불포화지방과 다중 불포화지방으로 나뉜다.

단일 불포화지방

오메가 9이 대표적이며 올리브유, 카놀라유, 해바라기씨유 등의 기름과 아몬드, 호두 등의 견과류에 함유돼 있다. 올리브유를 많이 먹는 그리스, 이탈리아 등 지중해 연안에 사는 사람들은 심장병 발생 빈도가 낮다.

다중 불포화지방

체내에서 합성이 되지 않아 반드시 음식물로 섭취해야 하는 필수지방. 오메가 3와 오메가 6가 있다.

오메가 3는 임신 중이 아니더라도 먹으면 좋다

오메가 3는 흔히 DHA, EPA라고 불린다. 에스키모인들은 오메가 3가 풍부한 생선을 많이 먹기 때문에 동맥경화나 중풍, 심장병 같은 심혈관 질환이 거의 발생하지 않는다고 한다. 우리나라 성인의 사망 원인 1위가 암, 2위가 뇌혈관 질환, 3위가 심장 질환인데 오메가 3는 뇌혈관 질환과 심장 질환을 예방한다. 그밖에 오메가 3는 우울증 완화에도 효능이 있으며, 몸 안의 염증 반응을 억제해 면역 기능을 향상시킨다. 임신 중이 아니더라도 오메가 3를 늘 먹는 것이 좋다. 이왕이면 남편도 같이 먹도록 한다.

아이의 두뇌발달을 위해 오메가 3를 먹자

Doctor's Guide

아이의 두뇌는 두 가지 요소에 의해 좌우된다. 하나는 부모의 유전자로부터 물려받는 것이고 다른 하나는 후천적 환경이다. 난자와 정자가 만나서 수정란이 되면 그 아이의 미래는 어느 정도 결정이 된다. 임신부의 마음가짐이나 태교도 아이의 두뇌 발달에 영향을 미친다. 임신부가 임신 기간 동안 좋은 생각을 하고, 밝은 표정과 긍정적인 마음으로 생활한다면 아이의 미래도 밝고 명랑할 것이다.

출생 후에 아기에게 들려주는 사랑의 말이나 스킨십도 아이를 총명하게 만든다. 모유수유 역시 아이의 두뇌 발달에 아주 중요하다.

아이의 두뇌 세포는 엄마의 배 속에서 거의 다 만들어지고 출생 후에도 계속 자란다. 마치 나무에서 줄기가 뻗어나가듯 세포의 가지가 계속 자라면서 두뇌 세포 사이가 연결되는 형태로 성장한다. 아이의 두뇌는 사춘기를 지나 성년이 될 때까지 뇌는 계속 자라므로 출산 후 아이가 성년이 될 때까지는 두뇌 발달에 신경을 써야 한다.

두뇌 발달의 핵심인 신경 세포가 자라기 위해서는 오메가 3가 필요하다. 아이의 두뇌는 사춘기 이전까지 빠르게 발달하기 때문에 가능하면 초등학교 때까지 오메가 3를 먹이는 것이 좋다.

태교를 위해 억지로 영어나 수학공부를 한다고 배 속 아기의 머리가 좋아지는 것은 아니다. 오히려 태교 때문에 스트레스를 받는다면 그만두는 편이 낫다. 임신부가 즐거운 일을 하는 것이 태교에는 더 좋다.

오메가3

지방

철분

비타민

단백질

미네랄

탄수화물

섭취하면 산후우울증 예방에 도움이 된다.

· 임신 중 오메가 3를 먹은 임신부의 아기는 소아
당뇨 발생률이 낮다. 그러나 출생 후 소아에게
오메가 3를 먹였을 때는 소아당뇨 발생률에 변
화가 없었다. 다시 말해 임신 중에 임신부가 먹
는 오메가 3가 태아에게 더 빨리 흡수되고, 출
산 후에도 아기의 건강에 많은 도움이 된다고
할 수 있다.

임신 중 오메가 3를 꼭 먹어야 하는 이유

임신 기간 동안 오메가 3를 먹는 것은 임신부
자신을 위해서뿐만 아니라 태아를 위해서도 중요
하다.

· 오메가 3는 태아의 두뇌를 형성하는 주요 구성
성분으로, 두뇌 발달과 시력 발달에 필수적인
역할을 한다. 임신부를 두 그룹으로 나누어 오
메가 3가 풍부한 간유 10mL와 오메가 3가 적게
함유된 옥수수기름 10mL를 매일 먹게 한 결과,
오메가 3가 풍부한 간유를 먹은 엄마에게서 태
어난 아이들의 지능이 더 높게 나왔다.

· 오메가 3는 항염 작용을 해 가장 심각한 임신
합병증 중 하나인 조산을 예방한다. 몇몇 연구
결과에 따르면 오메가 3를 먹은 임신부들의 조
산이 감소했고, 조산 경력이 있는 임신부라도
오메가 3를 먹은 뒤 조산 재발률이 절반이나 감
소했다. 그러므로 조산 경력이 있는 임신부는
오메가 3를 먹도록 한다.

· 임신 중 우울증이나 정신분열 증상이 있는 임
신부에게 오메가 3를 처방하면 증상을 완화시
킬 수 있다. 임신 중이나 모유수유 중일 때는 아
이에게 엄마의 오메가 3를 빼앗기기 쉽다. 임신
중은 물론 출산 후에도 지속적으로 오메가 3를

정제된 식물성 기름, 오메가 6를 줄이자

대부분의 현대인들은 오메가 3보다 오메가 6를
많이 먹는다. 오메가 6 섭취 비율이 오메가 3에
10~30배 가까이 되는 경우도 있다. 정제된 식물
성 기름인 오메가 6는 가공식품, 인스턴트식품,
튀긴 음식 등에 많이 들어 있다.

사람들은 무의식적으로 오메가 6를 많이 섭취
한다. 아침에 달걀프라이를 할 때 오메가 6인 식
물성 기름을 사용한다. 점심 때 먹는 패스트푸드
에도 어김없이 오메가 6 기름이 쓰인다. 저녁 반
찬으로 먹는 전이나 나물볶음, 간식으로 먹는 과
자나 인스턴트식품에도 오메가 6가 많이 들어 있
다. 오메가 6가 건강에 나쁜 것은 아니지만, 건
강을 위해서는 오메가 6를 적게 먹고 오메가 3를
더 많이 먹는 것이 좋다.

오메가 3, 이렇게 먹는다

오메가 3가 들어 있는 음식을 주로 먹는다

· 등 푸른 생선에는 오메가 3가 많이 함유돼 있
다. 대표적인 등 푸른 생선으로는 참치, 연어,

잘못 알고 있는 상식

몸에 좋은 불포화지방은 많이 먹을수록 좋다.

고등어, 꽁치, 청어 등이 있다. 쇠고기나 돼지고기 대신 일주일에 2회 정도 등 푸른 생선을 먹도록 한다.

- 아마씨유(flaxseed oil)에도 오메가 3가 풍부하다. 하루에 1티스푼씩 먹도록 한다. 아마씨유는 인터넷 쇼핑몰이나 대형백화점 식품 코너에서 구입할 수 있다.
- 식물성 기름에는 오메가 3와 오메가 6가 모두 함유돼 있다. 콩기름, 옥수수기름, 참기름에는 오메가 6가 많고 들기름, 아마씨유, 포도씨유, 올리브유, 호두에는 오메가 3가 많다. 같은 식물성 기름이라도 참기름이나 옥수수기름보다는 들기름, 올리브유, 포도씨유, 카놀라유가 좋다.
- 오메가 3도 가열하면 산화된다. 볶음 요리를 할 때는 열에 강해서 잘 변하지 않는 엑스트라 버진 올리브유나 카놀라유를 사용하는 것이 좋다.

보충제를 섭취하면 편리하다

의학적으로 정해진 양은 아니지만, 임신 중에는 DHA 300mg을 매일 먹는 것이 좋다. 동물성 오메가 3보다는 식물성 오메가 3가 더 안전하고, 보충제 형태로 먹으면 음식으로 섭취하는 것보다 편하다는 장점이 있다.

모유수유 중이라면 필수지방이 더욱 필요하다

모유에는 필수지방이 많아 모유수유를 하면 아기가 똑똑해진다고 한다. 하지만 모유수유를 하는 엄마가 필수지방을 적게 섭취하면 젖을 먹는 아기도 필수지방이 부족하게 된다. 수유 중이라면 더 많은 불포화지방이 필요하다. 따라서 임신 중기부터 수유기까지 오메가 3를 계속 먹는 것이 좋다.

필수지방이 부족하면 우울증이나 만성피로, 자

가 면역질환이 나타나기 쉽다. 여자가 남자보다 이런 증상이 많은 이유는 임신과 수유로 아이에게 자신의 오메가 3를 빼앗겨 상대적으로 필수지방이 부족하게 되기 때문이다.

비타민 미네랄 최근에는 각종 매체나 인터넷 커뮤니티의 발달로 많은 임신부들이 임신 중에 영양제가 필요하다는 사실을 잘 알고 있다. 하지만 왜 먹어야 하는지, 얼마나 어떻게 먹어야 하는지에 대해서는 자세히 알지 못한다. 임신부에게 필요한 비타민과 미네랄에 대해 자세히 알아둘 필요가 있다.

임신부용 비타민

비타민 A는 꼭 필요한 영양소이기는 하지만, 하루 5,000IU 이상 섭취하면 태아 기형을 유발할 수 있다. 임신 중에는 비타민 A의 전구물질인 베타카로틴 형태로 섭취하는 것이 안전하다.

임신부용 비타민(산전 비타민)에는 비타민 A 외에 임신 중에 더욱 필요한 영양소가 함유되어 있다. 임신 중 더 필요로 하는 영양소는 엽산 0.4mg, 철분 27mg, 칼슘 1,000mg이다. 철분과 엽산은 평소의 식사에서 섭취하는 것만으로는 부족해 임신부용 비타민으로 공급받아야 한다.

언제 먹을까?

비타민 A, 비타민 D, 비타민 E, 비타민 K는 지용성 비타민이기 때문에 음식물의 지방 성분과 같이 흡수된다. 그러므로 이들 비타민은 식사 직후나 식사 중에 먹는 것이 좋다.

섭취할 때 주의하세요

- 임신부용 비타민은 하루 2알 이내로 복용하는

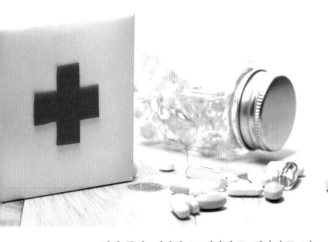

것이 좋다. 비타민 A, 비타민 D, 비타민 E, 비타민 K는 너무 많이 복용하면 오히려 좋지 않다. 특히 비타민 A는 과량 복용 시 태아 기형의 우려가 있다.

• 매일 복용하는 것이 좋다. 잊지 않고 매일 복용하려면 눈에 잘 띄도록 식탁 위에 놓는 것이 좋다. 휴대폰 알람기능을 이용하는 것도 좋은 방법이다.

• 칼슘은 철분제의 흡수를 방해한다. 철분제를 우유나 칼슘제와 함께 복용하지 않는다.

• 위장 장애가 심하다면 저용량 철분제를 섭취한다. 철분이 30mg 이하인 임신부용 비타민은 위장 장애가 적다. 변비가 있으면 철분과 섬유질이 풍부한 프룬 주스와 같이 먹는다. 프룬 주스는 대형마트에서 구입할 수 있다.

임신 중 비타민 D가 필요한 이유

임신 중기를 넘어서면 태아의 뼈가 성장하기 때문에 비타민 D가 많이 필요해진다. 태아의 비타민 D는 전적으로 엄마에 의존한다. 만약 임신 중이나 모유수유 중에 엄마가 충분한 비타민 D를 섭취 못한다면 아기도 칼슘이나 인을 충분히 공급받지 못하게 된다. 태어난 아이는 뼈나 치아가 약할 수 있다. 혈중 비타민 D 수치가 낮으면 제왕절개율이 높고, 세균성 질염, 임신중독증, 저체중아가 될 확률이 높아진다고 여겨진다. 그밖에도 비타민 D는 여러 염증을 이겨내게 하고, 당뇨를 예방하게 한다.

비타민 D를 얻는 방법

일광욕 선크림 바르지 않고 얼굴과 팔뚝 부위를 직사광선으로 하루에 적어도 20분 이상 쐰다.
음식 섭취 쇠고기, 돼지고기와 같은 붉은색 고기, 달걀노른자, 생선기름에 많이 들어 있다
비타민제 복용 가장 좋은 것은 자외선을 통해 비타민 D를 만들어내는 것이지만 현대인들은 비타민 D를 만들 기회가 부족한 것이 사실이다. 그래서 할 수 있는 것이 비타민제 복용이다. 특히 임신 중이나 수유 중이라면 비타민 D를 4,000I.U 복용할 것을 권장한다.

철분 철분의 하루 권장 섭취량은 임신을 하지 않은 경우 15mg, 임신 중에는 27mg이다. 섭취한 철분은 단지 10%만 우리 몸에 흡수된다. 철분은 동물성 단백질과 견과류, 곡물 등에 많이 들어 있다. 일반적으로 균형 잡힌 식사에서 섭취할 수 있는 철분은 15mg 안팎이므로, 임신 중에는 철분제를 반드시 복용해야 한다.

현대인들에게 비타민제가 필요한 이유

각종 스트레스와 흡연, 음주 등에 노출된 현대인들은 비타민 소비가 많은 편이다. 카페인 음료나 청량음료를 많이 마셔도 비타민과 칼슘이 많이 소비된다. 쌀이나 밀가루는 정제 과정에서 단백질, 비타민, 미네랄 등의 영양소가 손실된다. 냉동 채소나 냉동 과일 역시 냉동 기간이 길수록 비타민이 파괴된다. 채소의 경우 열을 가하면 또 한 번 비타민이 파괴된다. 게다가 요즘에 나오는 과일과 채소는 비닐하우스에서 햇볕을 많이 받고 자라지 못해서 비타민과 미네랄의 함량이 예전의 과일, 채소만 못하다. 결국 정제된 비타민제를 통해 몸에서 필요로 하는 영양분을 보충해야 되는 것이다.

언제 먹을까?

철분은 엄마와 태아의 피를 만드는 데 꼭 필요한 영양소다. 철분제 30mg을 매일 복용하면 임신 말기에 500mL의 혈액이 더 만들어진다. 분만 시 출혈로 평균 500mL의 혈액이 빠져나가므로 철분제는 반드시 먹도록 한다.

철분제는 혈액량이 증가하는 16주 이후에 복용하는 것이 좋다. 혈색소가 높으면 임신에 나쁜 영향을 준다고 알려져 있지만 철분제를 많이 먹어도 혈색소가 크게 올라가지 않으니 걱정하지 말자.

섭취할 때 주의하세요

- 철분제는 공복에 먹는다. 식사 후에 먹으면 섬유질이 철분의 흡수를 방해하기 때문에 자기 직전에 먹는 것이 좋다. 속쓰림이 있다면 위장 장애가 없는 철분제를 선택한다.
- 우유와 같이 먹지 않는다. 우유에 함유된 칼슘이 철분의 흡수를 방해한다.
- 녹차나 커피와 함께 먹지 않는다. 페놀이 철분의 흡수를 방해한다.
- 비타민 주스와 함께 먹으면 주스의 비타민 C가 철분의 흡수를 도와준다. 하지만 주스는 액상과당이 들어 있어 칼로리가 높다는 사실을 명심하자.

칼슘 칼슘은 뼈의 주성분으로 임신 말기에는 칼슘이 꼭 필요하다. 특히 25세 이하의 임신부는 임신부의 뼈를 위해 칼슘을 보충해야 한다. 임신 중 칼슘의 하루 권장 섭취량은 1,000mg이지만 균형 잡힌 식사를 하면 별도로 칼슘제를 복용할 필요는 없다. 대신 우유 한 컵이나 요구르트 한 개에 들어있는 칼슘이 320mg 정도이므로 매일 무지방이나 저지방 우유 한 잔 정도는 마시도록 한다.

엽산 엽산은 비타민 B_9이라고도 하며 주로 DNA 합성과 세포 분화에 사용된다. 식품 중에서는 딸기와 시금치 등의 푸른 잎 채소, 양배추, 견과류 등에 엽산이 많이 들어 있다.

임신부에게 엽산이 부족하면 태아에게 신경관 결손, 언청이, 심장병, 사지 기형, 선천성 유문협착증, 비뇨기계 질환 등이 생길 수 있다. 임신부라면 균형 잡힌 식사만으로는 엽산이 부족할 수 있으므로 임신부용 비타민이나 엽산제로 보충해야 한다.

엽산제는 임신 기간에 먹는 임신부용 비타민이나 철분제와는 달리, 가임기 모든 여성이 임신 전부터 임신 12주까지 먹어야 한다. 엽산제의 하루 권장 섭취량은 0.4mg이다. 약국에서 엽산제를 구입했다면 용량을 확인해보고 1mg이면 반으로 나누어서 먹으면 된다. 반으로 나누면 0.5mg이지만, 수용성 비타민이므로 많이 먹어도 소변으로 배출된다. 쌍태아를 임신한 임신부라면 일반 임신부보다 많게, 하루에 1mg을 섭취해야 한다.

 잘못 알고 있는 상식
철분제는 식후에 먹는다.

Part

3

태아에게 약이 되는 음식

태아에게 좋은 음식은 칼로리당 영양소가 풍부한 음식을 말한다. 양질의 단백질에 복합 탄수화물, 섬유질이 풍부하고 혈당지수는 낮아야 하며, 지방의 경우는 불포화지방 성분이 많아야 한다. 여기에 항산화 작용을 하는 비타민까지 풍부하다면 최고의 태아 보양식이라 할 수 있다. 이런 음식은 태아의 두뇌와 건강을 좋게 하는 것은 물론, 음식을 먹는 엄마의 건강도 좋아지게 한다.

콩

질 좋은 단백질이 풍부한 콩은 복합 탄수화물로 구성돼 있다. 혈당지수(GI)가 낮으면서 섬유질도 풍부한 식품이다. 임신을 하면 장 운동이 느려져서 변비가 생기기 쉬운데 콩에 함유된 섬유질이 변비를 예방해준다. 몸에 좋은 불포화지방이 많이 들어 있으며, 임신 중 필요한 엽산도 풍부하다.

콩에는 또 항산화 작용을 하는 플라보노이드 성분도 풍부하다. 항산화 성분은 늙지 않게 하며 암세포로 변하지 않게 한다.

이렇게 드세요

임신 중에는 완두콩, 강낭콩, 검은콩, 대두 등을 매일 반 컵 정도 먹는다.

견과류

견과류에는 오메가 3가 많이 들어 있고 비타민과 항산화 성분도 풍부해 건강에 좋다. 임신 기간 동안에는 물론이고 평소에도 간식으로 호두나 아몬드 같은 견과류를 먹는 것이 좋다.

이런 점에 주의하세요

임신 중 땅콩을 많이 먹으면 태아가 땅콩 성분에 민감해져서 출생 후 땅콩 알레르기가 생긴다는 연구 결과가 있다. 이 연구 결과가 절대적인 것은 아니지만, 엄마가 알레르기 비염이나 아토피성 피부염을 앓는 알레르기 체질이라면 임신 중 땅콩을 피하는 것이 좋다.

이렇게 드세요

견과류는 빛과 열에 노출되면 산화하기 쉽다. 보관할 때는 건조하고 차가운 곳에 두도록 한다. 기름에 볶거나 소금을 가미한 것보다는 생것이 몸에 훨씬 좋다.

견과류는 몸에 좋은 불포화지방이 많지만 동시에 포화지방도 함유하고 있으므로 하루에 한 줌 정도만 먹는 게 적당하다.

달걀

달걀 한 개의 열량은 75kcal. 이 중 단백질 함량은 흰자 4g, 노른자 2g으로 단백질이 아주 풍부하다. 달걀흰자에는 포화지방이 전혀 없고 노른자에는 포화지방이 1.5g으로 조금 포함돼 있다.

노른자의 콜레스테롤은 걱정하지 않아도 된다

달걀노른자에는 콜레스테롤이 많다. 하지만 콜레스테롤을 섭취하는 것보다 포화지방을 섭취하는 것이 몸에 훨씬 나쁘다. 혈중 콜레스테롤의 주요 원인은 포화지방이지 먹는 콜레스테롤과는 크게 관련이 없다. 하루에 한두 개 정도의 달걀을 먹었다고 혈중 콜레스테롤 수치가 상승되지는 않는다.

달걀의 좋은 점은 언제든지 간편하게 삶거나 구워서 먹을 수 있다는 것이다. 그러나 기름으로 조리해 먹는다면 삶아 먹는 것보다는 칼로리가 껑충 올라간다는 것을 염두에 두자. 오메가 3가 함유된 달걀을 먹는다면 더 좋다.

이렇게 드세요

임신 중에는 삶은 달걀을 하루에 한두 개 꼭 먹도록 한다. 달걀을 프라이로 먹으면 칼로리가 올라가고 필요 없는 지방을 섭취하게 된다.

삶은 달걀을 먹을 때 찍어 먹는 소금의 양도 최소화하고 가능하면 소금 없이 먹도록 하자.

우유

우유 한 컵의 열량은 150kcal. 여기에는 단백질 8g, 칼슘 320mg, 비타민 D 2.5mg이 함유돼 있어 임신 중 아주 좋은 영양소를 제공한다.

우유에 풍부한 칼슘과 비타민 D는 태아의 뼈를 튼튼하게 하는 작용을 하므로 임신부는 우유를 충분히 먹는 것이 좋다.

달걀 1개와 라면 1개의 영양 성분 비교

	무게(g)	포화지방(g)	단백질(g)	나트륨(mg)	탄수화물(g)	열량(kcal)
달걀	50	1.5	6	70	0.4	75
라면	120	7	11	2,460	77	500

임신 중 먹는 우유는 아이의 아토피와 관계없다

임신 중 섭취하는 음식 중 달걀이나 우유가 아이의 아토피를 유발하지 않는지 궁금해하는 사람들이 많다. 달걀이나 우유가 아토피 유발 음식인 것은 맞지만 임신부가 달걀이나 우유를 먹는다고 아이에게 아토피가 생기지는 않는다. 임신 중 엄마가 먹는 음식과 아이의 아토피는 관계가 없다.

이렇게 드세요

일반 우유에는 3.5%의 포화지방이 함유돼 있다. 포화지방이 1~2%만 포함된 저지방 우유나 무지방 우유를 먹는 것이 좋다. 매일 우유 한 컵이나 요구르트 한 개를 먹으면 굳이 칼슘제를 따로 먹을 필요가 없다.

연어

생선은 오메가 3가 풍부해 임신 중 꼭 챙겨 먹어야 할 음식 중 하나다. 미국 하버드 의대에서 3세 아이들 341명을 대상으로 두뇌 능력과 이들 엄마의 임신 중 생선 섭취량을 조사한 적이 있다. 그 결과 생선을 일주일에 2인분 이상 먹은 엄마의 아이들이 언어·시각·공간지각 능력 등에서 더 우수한 것으로 나타났다. 이것은 생선에 들어 있는 오메가 3의 효과라고 할 수 있다.

수은 중독에 관한 주의가 필요하다

생선은 쇠고기나 돼지고기에 비해 몸에 좋은 불포화지방이 많아 특히 심장과 혈관 건강에 도움이 된다. 다만 모든 생선에는 오메가 3와 수은이 같이 있다. 연어가 좋은 이유는 다른 생선에 비해 오메가 3의 함량이 높고 수은 함량은 낮아서 임신부도 안전하게 먹을 수 있기 때문이다.

하지만 아무리 좋아도 수은 오염의 가능성이 있으므로, 일주일에 340g 이상은 먹지 않도록 한다. 임신부는 매일 300mg의 DHA를 먹는 것이 좋은데, 연어 340g에는 일주일 분의 DHA가 들어 있다. 그밖에 참치, 새우, 굴, 고등어, 청어 등에도 오메가 3가 풍부하다. 하지만 이들 생선은 연어에 비해 상대적으로 수은이 많이 들어 있다.

이렇게 드세요

연어 170g을 일주일에 2회 정도 먹는다. 생선 중 참치만 먹을 경우 일주일에 참치통조림 2개, 다른 해산물을 섞어 먹을 경우 참치통조림 1개 정도가 적당하다.

올리브유

올리브유에는 불포화지방이 풍부하다. 불포화지방은 몸에 좋은 HDL 콜레스테롤 수치를 높이고, 몸에 나쁜 LDL 콜레스테롤 수치를 낮춘다. 올리브유는 심장과 혈관을 건강하게 만들어주는 가장 강력한 항염물질이자 항산화물질이다. 임신 중 올리브유를 먹으면 태어나는 아이의 유방암을 예방할 수 있다는 연구 결과도 있다.

이렇게 드세요

올리브유 중 가장 먼저 짜낸 엑스트라버진은 불포화지방이 풍부하고 항산화 효과도 가장 높다. 올리브유를 선택할 때는 엑스트라버진으로 고르는 것이 좋다.

볶음이나 튀김을 할 때는 열에 강한 엑스트라버진이나 카놀라유가 적당하다. 카놀라유도 불포화지방이 풍부하고 발화점이 높아 한식 요리에 사용하기 좋다. 샐러드 드레싱으로 만들어 먹거나 하루에 1티스푼씩 먹어도 좋다. 하지만 아무리 몸에 좋아도 지방은 고칼로리 음식이므로 많이 먹으면 살이 찐다는 사실을 잊지 말자.

현미

벼의 바깥 껍질만 벗긴 쌀을 현미라고 한다. 쌀은 도정을 많이 할수록 부드러워서 먹기 좋은 백미가 된다. '밥이 보약'이라고 하지만, 이때 밥은

> **TIP**
> 하루 적정 지방 섭취량(지방 5g, 45kcal)
> - 호두 2개
> - 땅콩 10개
> - 아마씨유 1티스푼
> - 올리브유 1티스푼

흰쌀밥이 아니라 현미밥을 말한다. 그만큼 현미와 백미는 영양면에서 차이가 크다.

현미는 백미보다 단백질이 10% 정도 더 많고, 몸에 좋은 불포화지방이 5배나 많으며, 섬유질은 4배나 많다. 칼슘, 비타민도 백미보다 많다.

식감이 약간 거칠어 많이 먹기 힘들기 때문에 지나친 체중 증가를 막아주며, 풍부한 섬유질이 포만감을 줘 과식을 하지 않게 한다. 또한 변비에도 좋고 비타민, 단백질, 불포화지방이 풍부해 태아의 건강한 성장 발달을 도와준다.

이렇게 드세요

하루 세 끼를 모두 현미로 먹기 힘들면 하루에 한 끼, 특히 저녁만이라도 현미밥을 먹자. 현미를 처음 먹는 경우라면 현미쌀과 현미찹쌀을 반반씩 섞어 먹으면 거부감 없이 시작할 수 있다.

과일 · 채소

과일과 채소에는 비타민 등 몸에 좋은 영양소

잘못 알고 있는 상식
임신부가 매운 음식을 먹으면 아이에게 아토피가 생긴다.

가 많고 섬유질이 풍부해 임신부는 특히 신경 써서 챙겨 먹어야 한다.

임신 중에는 장의 움직임이 느려져서 변비가 잘 생기는데 섬유질은 장의 움직임을 증가시켜 변비를 예방한다. 또한 과일에 풍부한 항산화제 비타민은 태아와 임신부를 더욱 건강하게 만들어 준다.

이렇게 드세요

과일은 많이 먹어도 상관없지만 당분 때문에 체중에 영향을 줄 수 있다. 되도록 당도가 높지 않은 과일을 선택하고, 당도가 높은 과일은 조금씩만 먹도록 한다. 과일과 채소의 하루 적정량은 사과 한 개와 채소 한 접시 정도다.

TIP

임신 중 먹으면 더 좋은 채소

브로콜리 브로콜리는 철분과 칼슘, 칼륨, 비타민 C가 풍부하고 칼로리가 낮아 임신부에게 아주 좋은 식품이다. 두뇌와 신체 세포가 산화하지 않도록 보호해주는 항산화 작용도 뛰어나다.
브로콜리는 구입하자마자 살짝 데쳐 먹는 게 가장 좋다. 브로콜리를 고를 때는 줄기 색이 짙은 것을 선택한다.
토마토 토마토의 붉은색에는 리코펜이 풍부하다. 리코펜은 두뇌와 신경계를 보호하는 강력한 산화 방지제로 알려져 있다. 토마토에는 또 두뇌 능력을 향상시키고 신경 전달 물질을 생성하는 미네랄과 비타민 B도 풍부하게 함유되어 있다.

혈당지수가 높은 과일은 포도, 바나나, 수박 등이고 혈당지수가 비교적 낮은 과일은 사과, 오렌지 등이다. 톡소플라즈마 예방을 위해 채소와 과일은 반드시 깨끗하게 씻어 먹도록 한다.

임신 중 먹으면 좋은 과일과 채소

과일 사과, 오렌지, 바나나, 포도, 참외, 키위, 딸기, 수박, 파인애플 등
채소 피망, 브로콜리, 고구마, 토마토, 아보카도, 상추 같은 푸른 잎 채소

 잘못 알고 있는 상식
임신 중 가려 먹어야 하는 과일이 있다.

태아에게 해가 되는 음식

태아를 위해 늘 좋은 음식을 찾는 것이 엄마의 마음이다. 하지만 자신도 모르게 먹는 다양한 음식들 중에서 태아의 건강을 위협하는 음식이 있을지도 모른다. 대표적인 음식이 패스트푸드나 인스턴트식품이다. 임신 전부터 습관적으로 즐기던 것이라면 임신을 기회로 줄이도록 하자.

인스턴트식품

인스턴트식품이 나쁜 이유는 포화지방 함량이 높다는 것이다. 라면 한 개에는 하루 권장량의 50%에 가까운 포화지방이 들어 있다.

임신 중인 동물에게 각각 포화지방과 불포화지방을 먹인 후 태어난 새끼를 비교한 결과, 임신 중 포화지방을 많이 먹은 동물의 혈중 콜레스테롤 수치가 불포화지방을 많이 먹은 동물에 비해 월등히 높은 것으로 나타났다. 이것은 임신부가 포화지방을 많이 먹으면 태아도 섭취한 포화지방을 고스란히 흡수해 미래에 성인병이 생길 확률이 높다는 사

실을 보여준다. 임신부가 자신과 태아를 위해 나쁜 포화지방을 줄여야 하는 이유가 바로 이 때문이다.

나쁜 포화지방은 빵, 과자, 크래커, 캔디, 패스트푸드, 냉동식품, 튀긴 음식 등에 많이 들어 있다. 임신 중 엄마가 패스트푸드를 많이 먹으면 아이가 자라서 비만이 될 가능성이 훨씬 높고, 엄마처럼 패스트푸드를 좋아할 가능성도 높다.

인스턴트식품에는 나트륨이 너무 많다

라면 한 개에는 하루 권장량의 소금이 100% 가까이 들어 있다. 음식을 너무 짜게 먹으면 혈관 내 수분 함유량이 늘어나 혈압을 상승시켜 고혈압을 일으킬 수 있다. 짜게 먹는 습관은 임신 중 다리 부종의 원인이 되기도 한다.

그밖에도 음식을 짜게 먹어서 생기는 병은 많다. 특히 태아의 혈관에도 나트륨을 많이 전달해 아이의 미래 건강까지 해치게 된다.

칼로리는 높고 영양분은 적다

인스턴트식품은 열량은 높은 반면 단백질, 비타민, 미네랄, 섬유질 등 몸에 필요한 다른 영양소가 거의 없어 영양면에서 질이 떨어진다. 이런 음식을 매일 먹으면 영양 불균형이 오고 건강에도 문제가

잘못 알고 있는 상식
임신하면 절대 라면을 먹어서는 안 된다. .

생긴다. 하지만 임신 중 한 번씩 먹는 인스턴트식품이 아이에게 나쁜 영향을 미칠까봐 걱정할 필요는 없다. 아예 먹지 말라는 것은 아니고 조금씩은 먹어도 된다.

이렇게 바꿔 드세요

임신 중 인스턴트식품이 먹고 싶어서 참을 수 없다면 이렇게 하자.

- 라면을 먹을 때는 나트륨 함량이 높은 라면국물은 먹지 않는다.
- 피자, 햄버거 같은 패스트푸드는 일주일에 1~2회로 줄인다.
- 감자튀김, 도넛, 튀긴 닭고기처럼 기름에 튀긴 음식은 포화지방이 많고 칼로리도 높다. 감자 100g의 열량이 70kcal라면 감자튀김의 열량은 320kcal로 네 배가 넘는다. 조리 방법을 달리해서 먹거나 먹는 횟수를 줄이는 것이 좋다.
- 식습관을 개선해 포화지방 섭취를 줄이도록 한다. 쇠고기, 돼지고기 같은 육류는 생선이나 껍질 벗긴 닭고기로 바꾸고, 튀긴 과자는 신선한 과일로, 우유는 저지방이나 무지방으로, 쇼트닝이나 버터, 마가린 같은 동물성 기름은 올리브유, 해바라기씨유, 포도씨유, 카놀라유 같은 식물성 기름으로 바꾸자.

청량음료

임신 중 콜라를 먹으면 안 될까? 사실 적당량의 콜라는 별 문제가 없다. 그렇다면 왜 콜라를 먹지 말라는 말이 나올까?

콜라와 같은 청량음료는 한마디로 설탕물이기 때문이다. 콜라 240mL 한 캔의 영양 성분을 보면 설탕 외에 다른 영양소도 없으면서 100kcal의 열량을 낸다.

임신부가 설탕물을 많이 먹으면 살이 찌게 되고 심하면 임신성 당뇨를 일으킬 수도 있다. 엄마가 먹은 설탕물은 태반을 통해 태아에게 전달되고, 태아는 췌장에서 인슐린을 생산해 엄마가 먹은 설탕 성분을 자신의 지방 세포로 만든다. 결국 임신부가 먹은 설탕이 태아까지 살찌게 만드는 것이다. 비만 인구가 많은 미국의 경우 우리나라보다 임신성 당뇨가 몇 배나 많다. 임신부의 혈중 당분이 과다하면 태어난 아이가 나중에 소아비만이 될 가능성이 크다는 연구 결과도 있다.

읽어보세요!

콜라 많이 마시면 임신성 당뇨 위험

임신 전에 당분이 많이 든 콜라를 일주일에 다섯 번 이상 마시는 경우 임신성 당뇨의 발병을 높일 수 있다는 연구 결과가 발표됐다.

하버드 의대 연구팀이 1만3천475명 여성을 대상으로 10년에 걸쳐 진행한 연구 결과, 당분이 많은 콜라를 많이 섭취할수록 임신성 당뇨 발병 위험이 높은 것으로 나타났다. 반면 다른 당분이 든 음료나 다이어트 음료를 섭취한 경우 임신성 당뇨 발병과 관련이 없는 것으로 드러났다.

일주일에 5회 이상 당분이 많은 콜라를 섭취한 여성은 한 달에 1회 이하로 섭취한 여성에 비해 임신성 당뇨가 발병할 위험이 22%나 높은 것으로 나타났다.

청량음료에 들어간 식품첨가물도 몸에 나쁘다

대부분의 청량음료에는 카페인이 들어 있다. 카페인은 이뇨 작용을 해 몸 안의 수분을 밖으로 배출시키는데, 이때 칼슘이나 비타민도 소변으로 함께 배출된다. 카페인을 많이 섭취하면 수면의 질도 떨어질 수 있다.

이렇게 바꿔 드세요

- 하루에 1~2잔 정도의 청량음료는 태아와 임신부에게 해를 끼치지 않는다. 그래도 청량음료보다는 천연 과일주스, 저지방 우유, 생수가 훨씬 낫다.
- 시판 제품 중 다이어트 콜라나 웰빙 커피에는 설탕 대신 아스파탐이라는 인공감미료가 들어 있다. 이런 다이어트 콜라의 칼로리는 거의 0에 가깝다. 인공감미료가 임신부에게 해롭다는 연구 결과는 아직 없다. 인공감미료는 칼로리도 없고 혈당을 증가시키지도 않아 당뇨나 임신성 당뇨가 있는 임신부에게는 대안이 될 수 있다. 그런데 또 다른 연구에 따르면 인공감미료를 섭취한 사람은 몸에 부족한 설탕을 칼로리로 보충하기 위해 지방을 10% 더 섭취한다고 한다.

씻지 않은 채소 · 덜 익힌 고기

임신부가 씻지 않은 채소나 덜 익힌 고기 또는 생고기를 먹으면 톡소플라즈마라는 기생충에 감염될 수 있다. 톡소플라즈마는 태반을 통과하여 태아에게 다가가 여러 가지 기형을 일으킨다.

이렇게 바꿔 드세요

채소는 흐르는 물에 깨끗이 씻는다. 특히 외식을 할 경우 음식점의 청결도를 잘 살펴야 한다. 돼지고기, 양고기, 사슴고기는 반드시 익혀서 먹도록 한다.

김치 · 젓갈 등 너무 짠 음식

우리나라 전통 음식인 김치, 된장, 국, 젓갈 등은 소금 함량이 높다. 특히 김치는 발효식품으로 건강에는 좋지만 소금에 절인 음식이므로 몸에 해로운 면도 있다. 우리나라 사람들은 평소 국이나 찌개를 즐겨 먹는다. 이런 음식은 김치에 비해 소금 농도는 낮지만 국물을 많이 먹으면 결국 소금을 많이 먹게 되는 것이다.

짠 음식은 위암과 고혈압의 원인이 된다

우리나라 사람들이 위암에 잘 걸리는 이유는 짠 음식을 즐겨 먹기 때문이다. 소금이 위벽을 헐게 만들고, 상처가 난 위벽에서 암세포가 잘 자란다. 소금이 물과 함께 혈관 속으로 들어가면 고혈압을 일으키기도 한다. 반면 우리보다 싱겁게 먹는 나라의 경우 위암 발생률이 매우 낮다.

임신을 했다고 소금 섭취를 무조건 줄이라는 것이 아니다. 건강에 좋지 않으므로 줄이자는 것이다.

이렇게 바꿔 드세요

외부에서 먹는 음식은 대부분 염분이 많기 때문에 주의가 필요하다. 특히 직장생활로 외식이 잦은 임신부라면 나트륨 섭취가 많을 것이다.

과일에는 칼륨이 많아 나트륨의 체외 배설을 도와주므로 외식을 많이 하는 임신부라면 과일이나 채소를 많이 먹는다. 김치나 젓갈은 최소한의 양만 먹고 찌개나 국의 국물은 되도록 먹지 않는다. 무엇보다 싱겁게 먹는 습관을 들이는 것이 중요하다.

상어고기

상어고기에는 수은이 많이 들어 있다. 임신 기간 동안 생선을 많이 먹는 것은 좋지만 수은이 많은 생선은 먹지 않도록 한다. 미국에서는 실제로 상어, 황새치, 왕고등어, 옥돔 등 수은이 많이 발견

되는 생선을 임신 기간 동안 먹지 말도록 경고하고 있다. 이 생선들은 먹이 피라미드 상위에 속한 데다 수명이 길어 많은 양의 수은을 몸 안에 축적하는 것으로 알려져 있다.

태아의 두뇌는 수은에 민감하다

태아의 두뇌는 임신 전 기간에 걸쳐 계속 자라기 때문에 임신 중에는 항상 조심해야 한다. 엄마가 먹은 수은은 태반을 통과하는데 태아의 두뇌는 수은에 가장 민감하다. 수은은 신경계통에 작용하는 독성 물질로 수두증, 뇌성마비, 정신지체 등의 태아 기형을 유발할 수 있다. 임신 기간 중 수은을 많이 섭취한 임신부의 아이들은 평균치보다 지능지수가 낮았다는 조사 결과도 있다.

수은은 모유를 통해 아기에게도 전달된다

대기 중의 오염물질에 들어 있는 수은이 바다에 떨어지면 바다의 박테리아에 의해 독성이 강한 메틸수은으로 변한다. 메틸수은은 생선의 아가미로 들어가 생선의 체내에 쌓이기도 하고, 작은 물고기가 수은을 먹고 큰 물고기가 작은 물고기를 먹는 먹이사슬로 인해 물고기의 체내에 수은이 쌓이기도 한다. 그렇기 때문에 먹이사슬의 끝에 있는 크거나 오래 사는 물고기에 수은이 축적될 가능성이

높다. 그러나 우리가 흔히 먹는 참치나 연어 등은 수은 함량이 낮아 임신 중 먹어도 된다.

수은은 중금속으로 체내에 오래 머물지만 언젠가는 빠져나간다. 수은의 반감기는 60일 정도. 이후에는 우리 몸에서 소변, 대변 그리고 모유로 서서히 빠져나간다.

이렇게 바꿔 드세요

미국 FDA에서 발표한 '안전한 생선 섭취 권고 사항'을 보면 임신 중 조심해야 하는 생선으로 상어, 황새치, 왕고등어, 옥돔을 꼽았다. 날개다랑어(참치)는 일주일에 170g, 조개, 새우, 연어, 대구, 메기, 참치통조림은 일주일 340g으로 제한할 것을 권하고 있다. 이에 따르면 일주일에 두 번 정도는 수은 함량이 낮은 생선을 먹어도 괜찮다.

안전한 생선이란 새우, 라이트 참치통조림, 연어 등이다. 라이트 참치통조림 하나의 용량이 100g 정도이므로 일주일에 참치통조림 두 개는 먹어도 문제가 없다. 하지만 등 푸른 생선이나 해산물은 1주일에 두 번 정도 먹자.

대신 해조류로 만든 식물성 DHA를 먹는 것이 좋다. 생선류는 메틸수은이나 PCB(발암 물질이 함유된 농약) 등으로 오염됐을 수 있기 때문에 임신 중에는 식물성 오메가 3를 섭취하는 것이 더 안전하다. 식물성 오메가 3는 아마씨유, 호두 등에 많다.

간

동물의 간은 비타민 A의 함량이 높다. 비타민 A의 지나친 섭취는 태아 기형을 일으킬 수 있으므로 임신부는 비타민 A를 5,000I.U.이상 먹으면 안 된다. 생간은 물론 삶은 간도 좋지 않다.

이렇게 바꿔 드세요

비타민 A보다 베타카로틴의 형태로 먹는 편이 안전하다. 당근의 경우 비타민 A가 아니라 비타민 A의 전구물질인 베타카로틴의 함량이 높다. 베타카로틴은 많이 섭취해도 태아 기형과는 관계가 없으므로 많이 먹어도 된다. 당근에는 섬유질도 많아 임신 중 변비 예방에도 효과적이다.

다이옥신 함유 식품

다이옥신은 몸에 가장 해로운 화학물질 중 하나다. 굉장히 안정된 화학물로 한번 만들어지면 잘 분해되지도 않고 자연 상태에서 수십 년, 수백 년 동안 존재한다. 생물체에 들어온 다이옥신은 소변으로도 잘 빠지지 않지만, 지방에 잘 녹기 때문에 생물체의 지방 조직에 축적된다.

인체에 축적된 다이옥신은 암과 기형아 출산을

읽어 보세요!

임신 중 더 조심해야 할 식품첨가물, MSG

유엔식량농업기구인 FAO는 화학조미료의 1일 사용량을 120mg으로 제한하고 있으며, 미국에서는 유아식에 조미료 사용을 금지하고 있다.

일종의 식품첨가물인 MSG는 인체 대사 과정에서 비타민 B$_6$와 마그네슘을 다량 필요로 한다. MSG를 공복에 1회 3g 섭취할 경우 10~20분 후에 작열감, 얼굴 경직, 가슴 압박감 등의 불쾌감을 일으키는 것으로 밝혀졌다. MSG의 가장 큰 문제점은 1세 미만의 소아에게 치명적이라는 것이다. 뇌신경에 나쁜 영향을 주며 기억력 장애, 과잉행동 장애를 일으킨다.

한동안 글루탐산나트륨, 일명 MSG를 두고 논란이 있었다. 식약청에서는 먹어도 안전하다고 발표했지만 그래도 의심이 간다면 임신 중에는 삼가는 편이 낫다.

잘못 알고 있는 상식
임신 중에는 무슨 생선이든 많이 먹으면 좋다.

일으킨다. 암뿐 아니라 아주 적은 양으로도 면역계 기능을 저하시키고, 남성 호르몬을 감소시키는 맹독성 발암 물질이다. 특히 태아의 두뇌 발달에 심각한 손상을 입힐 수 있는 물질이다.

다이옥신은 반감기가 7~10년일 정도로 우리 몸에 들어오면 잘 나가지도 않는다. 피하는 것이 가장 좋지만 현실적으로 쉽지도 않다.

다이옥신은 동물성 지방으로 섭취된다

다이옥신은 쓰레기를 태울 때 가장 많이 발생한다. 특히 플라스틱류를 태우는 쓰레기 소각장이 가장 문제다. 미국에서는 연간 배출되는 다이옥신의 98%가 쓰레기 소각장에서 발생한다고 한다. 이렇게 발생한 다이옥신은 토양, 대기, 농산물을 오염시킨다. 농산물에 사용하는 살충제, 제초제 등에도 다이옥신이 들어 있는데, 이것이 대기 중에 퍼지고 비가 올 때 대지를 적신다. 그 풀을 동물이 먹으면 동물의 지방에 다이옥신이 축적되고, 다시 사람이 동물을 먹어 다이옥신을 체내에 축적시키게 된다. 즉, 다이옥신의 주된 유입 경로는 우리가 먹는 음식물이다.

다이옥신은 지방에 녹아 있기 때문에 쇠고기나 돼지고기, 우유를 비롯한 유제품을 통해 전체의 93% 정도를 섭취하고 있다.

임신 중 더 조심해야 한다

임신 중 다이옥신을 섭취하면 태아 기형을 일으킬 수 있다. 다이옥신이 태아에게 흡수되면 자라서 학습 능력이 떨어지고 면역 기능이 약해져 암을 비롯한 여러 질병에 걸릴 가능성이 높아진다.

남자는 다이옥신을 배출할 방법이 없어 저절로 몸에서 빠져 나가길 기다려야 하지만, 임신부는 태반을 통과해 태아에게 전달되고, 모유수유를 통해 밖으로 빠져 나가게 된다. 엄마가 섭취한 다이옥신이 태아의 성장·발달에 영향을 줄 수 있다는 것이다.

따라서 건강한 아이를 원하는 예비 엄마라면 동물성 지방을 제한해야 한다. 생각 없이 먹는 핫도그, 햄버거, 아이스크림에도 다이옥신이 함유된 동물성 지방이 들어 있다. 우유도 저지방 우유나 무지방 우유를 선택하는 것이 혹시 모를 다이옥신의 피해를 줄이는 방법이다.

우리 몸의 지방 세포에 축적된 다이옥신은 반감기가 7~10년이나 된다. 반감기란 우리 몸에서 다이옥신의 반이 나가는 데 걸리는 시간으로, 가임기 여성은 임신 전부터 동물성 지방의 섭취를 줄이는 것이 좋다. 임신부라면 쇠고기, 돼지고기 대신 살코기, 닭고기, 생선 위주로 먹도록 한다. 닭고기는 껍질에 동물성 지방이 있으므로 껍질을 벗겨 먹는다.

다이옥신 섭취, 이렇게 줄여라

다이옥신은 동물성 지방 섭취를 통해 사람의 지방에 축적된다. 돼지나 소 등의 가축을 더 빨리 키우기 위해 가축에게 동물의 지방을 먹이는데, 동물성 지방이나 우유도 다이옥신에 오염되었을 가능성이 높다.

동물성 식품 중에서는 쇠고기, 돼지고기, 우유, 유제품, 닭고기, 생선, 달걀 등에 다이옥신이 들어 있다. 이 중 다이옥신이 가장 적은 고기가 닭고기다.

- 다이옥신 섭취를 줄이는 가장 좋은 방법은 채소 위주로 먹거나 육류와 유제품을 피하는 것이다. 바다 생선이나 민물 생선의 섭취를 줄이고, 햄버거, 버터나 치즈, 아이스크림과 같은 전유(지방을 제거하지 않은 우유)가 들어 있는 유제품도 제한한다.
- 전자레인지를 사용할 때는 플라스틱 용기 대신 유리 용기를 사용한다.
- 종이를 표백할 때도 다이옥신이 사용되므로 음식을 종이에 포장하는 일도 삼간다.

이렇게 바꿔 드세요

- 지방 함량이 낮은 음식이나 채소, 과일, 콩 종류, 쌀 위주로 한 식사를 한다.
- 우유는 저지방이나 무지방으로 선택한다.
- 과일은 농약을 사용하지 않고 기른 유기농 과일을 고른다.

커피 · 카페인 음료

카페인은 우리 몸에서 두 가지 작용을 한다.

적정량의 카페인은 중추신경을 자극해 졸음을 쫓고 집중력을 높인다. 그래서 학습 능력과 육체적·정신적 작업 능력을 향상시키는 데 도움을 준다.

카페인은 이뇨 작용도 뛰어나다. 최근에는 식욕

> **TIP**
>
> 제품별 카페인 함유량
> - 커피믹스 1봉 · 커피 1캔 : 70mg
> - 콜라 250mL : 23mg
> - 녹차티백 1개 : 15mg
> - 소염진통제 · 자양강장제 : 50mg

억제, 지방 연소 작용, 에너지 증강의 이유로 체중 감량 보조식품이나 에너지 음료에도 사용된다.

엄마의 커피, 태아도 같이 먹는다

카페인은 태반을 그대로 통과한다. 엄마가 먹는 카페인을 태아도 그대로 먹어 카페인의 작용이 그대로 태아에게 전달된다. 임신 중 커피를 하루 5잔 이상 마신 임신부의 태아는 신생아 때 심박수와 호흡수가 증가하고 수면 시간이 줄어든다는 보고가 있다.

다량의 카페인 섭취는 자연유산율을 높인다

사람에게는 카페인이 자연유산을 일으킨다는 보고가 없지만 동물 실험에서 기형을 유발했다는 연구 결과가 있다. 하루에 300mg 이상, 즉 하루에 450mL 이상의 커피를 마시면 자연유산할 가능성이 있다는 주장도 있다. 200mg 이상의 카페인을 섭취할 경우, 자연유산 가능성이 두 배나 높다는 논문이 미국 산부인과 학회지에 발표된 적도 있다.

이렇게 바꿔 드세요

임신 중 카페인은 어느 정도 먹어도 된다. 하루에 200mg만 넘지 않으면 괜찮다. 하루에 커피믹스 2잔 정도는 문제가 없다.

커피나 차에는 페놀 성분이 있어 철분의 흡수를 방해하므로 철분제와는 **따로 먹어야** 한다.

임신 중 지켜야 할 영양 수칙

임신하면 주위 사람들의 말에 혼란스러울 때가 많다. 먹는 것에 관해서는 특히 그렇다. 어른들은 "다 괜찮다, 먹어라" 하고, 주위 친구들은 "이것도 안 되고, 저것도 안 된다"고 한다. 임신 중에 반드시 지켜야 할 임신부의 영양 수칙과 음식 섭취에 대해 알아보자. 건강하고 똑똑한 아기를 낳으려면 엄마가 먼저 현명해져야 한다.

2인분을 먹지 않는다

앞에서도 강조했지만 '얼마나 먹는지'보다는 '무엇을 먹는지'가 더 중요하다. 임신하면 양보다 질에 신경을 쓴다. 임신 초기에는 임신 전과 똑같이 먹고 임신 중·말기에는 300kcal 정도만 더 먹으면 된다.

끼니를 거르지 않는다

끼니를 거르면 나중에 더 많이 먹게 된다. 특히 지방이 많은 음식이나 정제된 탄수화물을 먹을 가능성이 높다. 이것은 배고픔에 대한 생리적 현상이다. 식사를 거르면 정제된 탄수화물이나 지방이 많은 음식이 당기면서 많이 먹게 되고, 그 결과 혈당 수치도 높아진다.

임신부의 경우 아침을 거르지 말고 반드시 먹도록 한다. 아침을 거르면 점심 때까지 12시간 이상 굶게 되므로 배 속의 아기에게도 한참 동안 영양 공급이 이루어지지 않는다.

임신 초기부터 먹는 것에 신경 쓴다

임신 중에는 태아에게 에너지를 공급하기 위해 잘 먹어야 한다. 하지만 과식이나 영양 과잉이 되지 않도록 한다. 그 대신 질 좋은 음식을 먹는 데 주력해야 한다.

임신 초기에는 임신 전과 똑같이 먹는다. 한국 여성 하루 권장 칼로리인 2,000kcal를 유지하고 음식의 질에 신경 쓰도록 한다.

임신 중·후기에는 하루 1회 간식 정도의 칼로리만 늘어도 충분하다.

임신 중기는 태아가 급속히 자라는 시기이므로 하루 300kcal 정도 추가하면 된다. 300kcal라면 바나나 한 개와 우유 한 잔 또는 삶은 달걀 한 개와 과일주스 한 잔 정도다.

임신 초기에는 대부분 입덧을 하기 때문에 체중

 잘못 알고 있는 상식
태아가 잘 자라게 하려면 마음껏 먹는 것이 좋다.

변화가 거의 없는 것이 정상이다. 물론 심한 입덧으로 체중이 감소하는 사람도 있다. 임신 10주라 해도 태아의 몸무게는 10g 정도로 태아가 필요로 하는 칼로리는 아주 적다. 임신 초기는 임신 기간 전체를 관리할 수 있는 체중 조절이 시작되는 시기이므로 바른 식습관이 중요하다.

임신 시기	~12주	12~20주	20~40주
열량 증가 (kcal)	0	150	300

임신시기에 따른 열량 증가량

태아가 정말 원하는 음식을 먹는다

갑자기 라면이나 과자, 튀김 등이 먹고 싶다는 생각이 들 수도 있다. 이럴 때 임신부들은 '이것은 아기가 원하는 것'이라고 생각하면서 마음껏 먹는다. 하지만 그것은 자신이 먹고 싶은 것이다. 태아가 먹고 싶어하는 것은 따로 있다. 태아는 과자나 튀김 대신 몸에 좋은 신선한 채소나 과일을 먹고 싶어할 것이다.

임신부라면 태아에게 좋은 음식을 골라 먹어야 한다. 가능하면 임신을 기회로 건강한 식습관을 갖도록 노력하자. 그것이 결국 자신을 위하고 태아를 위하는 것이다.

영양제를 꼭 챙겨 먹는다

앞서 말했지만 평소 먹는 음식만으로는 임신 중 필요한 영양소를 다 채우기 힘들다. 똑똑한 아기를 낳고 싶다면 엽산제를 임신 전부터 임신 12주까지 먹는 것이 좋다. 임신 16주 이후부터는 오메가 3와 철분제를 꾸준히 복용한다.

철분은 임신부의 혈액량을 증가시키고 태반을

형성하는 데 도움을 주므로 어지럼증이 없더라도 반드시 복용한다.

오메가 3는 체내에서 합성되지 않기 때문에 음식을 통해 섭취해야 한다. 등 푸른 생선이나 식물성 기름 또는 캡슐로 된 보충제를 먹으면 된다.

체중이 정상적으로 늘 수 있게 관리한다

자신이 하루에 얼마나 먹는지 칼로리를 정확하게 계산하기는 힘들다. 주기적으로 자신의 체중 증가를 살펴 영양이 과한지 부족한지를 체크해야 한다. 체중기록표를 벽에 붙여 놓고 매일 아침 일정 시간에 몸무게를 재서 기록하는 것도 방법이다. 체중이 평균보다 더 증가했으면 적게 먹고, 체중이 적게 나가면 더 많이 먹으면 된다.

임신 중 먹어도 되는 음식에 대해 정확히 알자

임신부 카페나 인터넷 포털 사이트를 보면 임신과 관련된 질문이 수만 가지다. 그 중 "임신 중 먹

어도 되나요?"와 같은 질문들이 특히 많은 편이다. 임신 중 먹어도 되는 음식과 먹으면 안 되는 음식, 어디까지가 진실일까? 임신 중 음식 섭취와 관련된 진실을 알아보자.

팥이나 율무는 태아에게 좋지 않다?

임신 중에는 단백질을 10g 더 먹어야 한다. 팥은 콩 다음으로 좋은 단백질 공급원이다. 팥이나 콩은 쇠고기, 돼지고기에 비해 임신부에게 아주 좋다.

율무 역시 마찬가지다. 우리가 일상생활에서 쉽게 접하는 대부분의 음식은 특별히 금하지 않아도 된다.

임신 중 회는 먹지 않는 것이 좋다고 하는데 연어도 익혀서 먹어야 할까?

우리나라나 일본에서는 생선회를 즐겨 먹지만 서양에서는 생선을 날것으로 잘 먹지 않는다. 익히지 않은 생선이 박테리아에 감염됐을 경우 식중독에 걸릴 수 있기 때문이다. 그래서 서양 사람들은 임신부에게는 생선초밥이나 생선회를 금한다.

생선회가 깨끗하고 싱싱한 경우에는 먹어도 되지만 안전을 위해서는 되도록 익혀서 먹는 것이 좋다. 생선을 포함한 모든 해산물은 수은에 오염됐을 가능성이 있으므로 일주일에 340g 이상은 먹지 않는 것이 좋다.

고등어에 수은이 많다는 얘기가 있는데, 지금까지 많이 먹어서 걱정이 된다?

등 푸른 생선은 태아의 두뇌 발달에 좋은 오메가 3 성분이 많아서 일주일에 2회 정도 먹으면 좋다. 그렇지만 너무 많이 먹으면 수은 때문에 좋지 않을 수 있다. 고등어 역시 일주일에 340g, 2회 이상은 먹지 않는 것이 좋다. 참치통조림의 경우 일주일에 2개 이상은 먹지 않는 것이 좋다.

임신 중에는 오리고기를 먹으면 안 된다?

뒤뚱거리며 걷는 오리의 모습 때문에 오리고기를 먹으면 태아도 오리처럼 걷거나 일명 '오리 궁둥이'가 된다는 속설이 있다.

오리고기에는 포화지방과 불포화지방이 있다. 오리 살코기에는 6% 정도의 지방이 있는데 포화지방과 불포화지방 비율이 거의 같다. 오리 껍질에는 포화지방보다 불포화지방 비율이 높지만 칼로리를 생각한다면 껍질을 벗기고 먹는다. 오리고기는 쇠고기, 돼지고기에 비해 불포화지방 비율이 높아 임신부에게 좋은 음식 중의 하나다. 이와 비슷하게 임신 중 닭고기를 먹으면 닭살 피부의 아이를 출산한다는 것도 근거 없는 말이다.

곰탕을 많이 먹으면 태아가 잘 자란다?

우리나라 사람들은 환자나 임신부의 보양식으로 곰탕을 많이 먹는다. 곰탕은 영양학적으로 콜레스테롤과 포화지방이 너무 많다. 게다가 불포

잘못 알고 있는 상식
임신 중에는 팥빙수나 팥빵을 먹으면 안 된다.

화지방, 탄수화물, 섬유질 같은 중요한 성분은 들어 있지 않아 건강에는 그다지 도움이 되지 않는다. 임신 중에는 되도록 먹지 않는 것이 좋다.

임신 중 매운 음식은 태아에게 해롭다?

임신 중이나 수유 중 매운 음식을 먹는다고 아이에게 해가 되지는 않는다. 엄마의 위장에 자극이 될 뿐 태아와는 무관하다.

인공감미료는 먹어도 된다?

임신 중 설탕보다는 인공감미료가 더 좋다. 인공감미료에도 여러 종류가 있다.

아스파탐 태반을 통과하지 않아 적당히만 섭취한다면 크게 문제될 것은 없다. 설탕보다 180배나 강한 단맛을 내지만 칼로리는 없다. 다이어트 콜라, 프리미엄 커피 등에 들어 있다.
수크랄로즈 설탕에 비해 수백 배 달지만 체내에 흡수되지 않고 태반으로도 건너가지 않으므로 임신부가 섭취하기에 가장 좋다.
아가베시럽 설탕보다 1.5배 정도 더 달콤한 천연 감미료로 설탕보다 혈당지수(GI)가 훨씬 낮다. 가격은 비싸지만 설탕보다는 몸에 좋다.
사카린 발암 물질로 알려져 있으며 태반을 통과하므로 임신부는 먹지 않도록 한다.

임신 중 녹차를 먹어도 된다?

녹차는 항암 효과, 항산화 작용, 혈중 콜레스테롤 감소, 혈당 감소, 체중 감소 등의 효과가 있어 건강에 좋다고 알려졌다.

우리가 일반적으로 먹는 녹차에는 카페인의 양이 적기 때문에 임신 전이나 임신 중에 적당량은 먹어도 된다. 녹차에도 카페인이 있지만 커피보다는 적으므로 임신 초기에는 커피보다 녹차가 좋

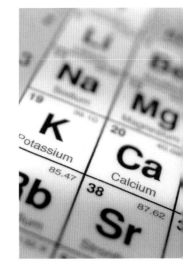

다. 대신 임신 초기에 3~4잔 이상은 마시지 않도록 한다. 녹차 성분이 엽산의 흡수를 방해하므로 엽산제와 같이 먹지 않는다.

꿀을 먹으면 아기에게 아토피가 생긴다?

설탕은 혈당을 급하게 높이고 급하게 낮추는 단당류이다. 꿀도 설탕과 같은 단당류이지만 설탕보다는 건강에 좋다. 백설탕은 인공첨가물을 넣은 것이고 꿀은 자연 물질이기 때문이다. 그래도 많이 먹으면 살이 찐다.

임신 중 꿀을 먹는 것과 아이의 아토피는 관계가 없다. 그러나 아이가 태어나서 돌이 되기 전까지는 꿀을 먹이지 않도록 한다. 돌 이전의 아기는 꿀에 들어 있는 보툴리누스라는 성분을 분해하기 어렵다. 세계보건기구나 미국질병센터(CDC)에서도 영아 보툴리누스증이 생길 수 있으므로 먹이지 말라고 권유하고 있다. 성인이나 임신부는 꿀을 먹어도 된다.

가물치나 잉어를 먹으면 몸에 좋다?

가물치와 잉어는 고단백 음식으로 산후보양식으로 또는 원기 회복을 위해 자주 먹는다. 그런데 둘 다 민물고기이므로 산업용수의 하천 유입 등으로 수은과 PCB(발암 물질이 함유된 농약의 일종) 같은 물질에 오염되었을 가능성이 있으므로 조심한다.

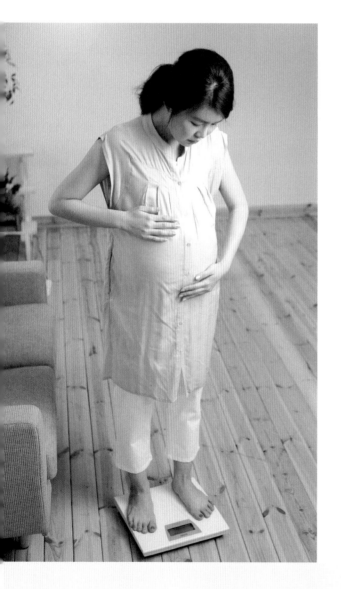

임신 중 몸무게 관리

Part

6

임신 중에는 태아를 위해 몸매에 대한 생각을 잠시 접어두는 것이 예비 엄마들의 생각이다. 하지만 임신하면 체중에 더욱 신경을 써야 한다. 임신부 자신이나 태아를 위해서도 정상적인 체중 증가가 무엇보다 중요하다. 특히 자연분만을 원하는 임신부라면 체중 관리에 더욱 관심을 가져야만 한다.

체중 증가, 얼마까지가 정상일까

많은 임신 관련 서적을 보면 임신 중 체중이 11.5~16kg 정도 늘어나는 것은 정상이라고 한다. 하지만 이는 임신 전 정상 체중이었던 사람에게만 적용되는 경우다. 이러한 데이터는 대부분 체형이 큰 미국 임신부들을 대상으로 조사한 결과에 따른 것이다. 따라서 미국인에 비해 뼈대도 가늘고 근육량도 적은 우리나라 임신부들은 이보다 적게 잡아야 한다.

이상적인 경우라면 임신 12주까지 체중이 거의 늘지 않아야 한다. 입덧으로 오히려 줄기도 하고, 많아야 2kg 정도 늘어야 정상이다. 12~20주까지는 전체 3kg 정도, 20~40주까지는 일주일에 0.4kg씩 증가하는 것이 정상이다.

임신 시기	12주까지	28주까지	40주까지
누적 체중 증가(kg)	1	6	11

임신 시기에 따른 적정 체중 증가량

비만도로 적정 체중을 계산한다

임신부마다 비만 정도에 따라 적정 체중 증가량이 달라져야 한다. 체중을 잴 때 보건소나 피트

니스 클럽에서 체지방 측정기로 자신의 지방량을 정확히 측정하는 것이 가장 좋지만 여건이 안 되면 키와 몸무게로 비만도(BMI)를 계산하는 방법이 있다. BMI = 체중(kg)÷키(m)의 제곱으로 계산하는 것이다. 예를 들어 키 160cm에 50kg이라면 BMI = 50÷(1.6×1.6) = 19.5이다. 그 값이 18.5 미만이면 저체중, 18.5~23 미만이면 정상 체중, 23~25 미만이면 과체중, 25~30 미만이면 경도 비만, 30 이상이면 고도비만으로 분류한다.

비만도가 너무 높거나 낮아도 태아와 임신부에게 좋지 않다. 비만인 임신부는 임신중독증에 걸릴 위험이 높고, 비만도가 낮은 임신부는 저체중아를 출산할 확률이 높다.

정상적인 체중 증가는 임신 전 체중에 따라 다르다

임신 전 체중으로 비만도를 계산하면 임신 중 정상적인 체중 증가량을 알 수 있다. 비만도 18.5의 저체중 임신부라면 임신 중 12~18kg, 비만도 18.5~23인 정상 임신부라면 10~12kg이 늘어야 정상이다. 또 비만도 23~25의 과체중 임신부는 6~10kg, 비만도 25~30의 비만한 임신부는 6kg이 늘면 정상적인 체중 증가로 본다. 쌍태아를 임신한 임신부의 경우는 16~20kg 정도 늘면 된다.

체중이 많이 늘면 위험한 이유

임신했으니까 체중이 느는 것을 당연하다고 생각하면 오산이다. 체중이 정상 증가량을 넘어서면 임신부는 물론 태아도 위험하다.

제왕절개와 난산을 불러온다

임신부의 체중이 불어날수록 아기가 커지게 된다. 아기가 크면 분만을 할 때 난산의 우려가 있으

체중이 너무 적게 늘어도 문제다

임신 중 체중이 많이 느는 것도 문제지만 너무 늘지 않아도 문제가 된다. 정상적으로 체중이 증가하지 못하면 저체중아를 출산할 수 있다.

신생아가 2.5kg 미만의 저체중아로 태어난다면 정상 체중의 아기보다 출산 후 정신박약, 학습능력 장애, 청력과 시력 감퇴 등의 합병증이 나타날 가능성이 높다.

며, 심각한 경우 제왕절개를 할 수밖에 없다. 자연분만을 하더라도 몸집이 큰 아기는 출산하는 과정에서 회음부 절개를 크게 해야 하고, 과다 출혈의 위험도 높다. 또한 아기가 좁은 산도를 통과하면서 다칠 수도 있다.

잘못 알고 있는 상식

임신 5개월이면 임신부의 체중은 5kg 정도 늘어야 한다.

임신 합병증과 태아 기형의 원인이 된다

임신부의 과도한 체중 증가, 다시 말해 임신부의 비만은 임신성 당뇨, 임신중독증, 요통 등의 원인이 된다. 이런 임신 합병증은 임신과 출산을 고통스럽게 할 뿐 아니라 임신부와 태아의 건강에도 심각한 영향을 줄 수 있다. 그뿐 아니라 임신 중 과도한 체중 증가는 태아 기형률을 두 배로 높인다.

아이의 평생 건강에 나쁜 영향을 미친다

태어날 때 아기의 몸무게는 그 아이의 평생 건강을 좌우한다. 엄마의 과도한 체중 증가 때문에 비만으로 태어난 아이는 소아비만으로 이어질 수 있으며, 소아당뇨에 걸릴 확률도 높다. 임신 중 임신부의 체중은 아이의 평생 건강에 영향을 미치는 것이다.

산후 비만의 원인이 된다

산후 비만의 원인 중 하나는 임신 중 늘어난 체중이다. 임신 중 늘어난 체중이 출산 후에도 줄어들지 않고 계속 지속되는 것이다. 2010년 미국 산부인과 학회지에 보고된 자료를 보면 임신 중 체중이 크게 증가한 임신부를 대상으로 조사한 결과 20년 후 비만으로 발전한 경우가 많았다고 한다.

임신 초기부터 체중에 신경 쓴다

임신을 하면 특히 초기에 잘 먹어야 아기가 잘 큰다며 좋은 음식을 많이 먹으라고 권한다. 먹기 싫어도 아기를 위해 먹으라고 하기도 한다.

앞서 말했듯이 임신 초기에는 음식의 질에 신경을 쓰고, 먹는 양은 임신 전과 똑같아야 한다. 임신 초기부터 많이 먹다 보면 이후 임신 기간 동안

많이 먹게 되어 체중이 크게 늘게 된다.

입덧이 끝나면 더 주의한다

임신 초기에 입덧으로 잘 먹지 못한 임신부는 입덧이 끝나면 과식을 하게 되는 경우가 많다. 입덧으로 잘 먹지 못했더라도 태아에게 미안한 마음을 가질 필요는 없다. 입덧이 끝난 후 과식으로 비만에 이른 임신부가 많으니 입덧 후 관리에 신경 쓴다.

임신 초기에는 임신 전과 똑같이 먹으면 된다

임신 초기라고 더 많이 먹거나 더 잘 먹을 필요는 없다. 주변의 권유로 조금씩 식사량을 늘리다 보면 체중이 크게 증가하기 쉽다. 체중이 어느 정도 증가한 중기 이후에는 체중 조절이 쉽지 않다.

체중이 급격히 늘면 체중 조절을 위해 식사량을 조금만 줄여도 임신부는 허기를 느낀다. 줄여 먹는 것 자체가 쉽지 않다. 임신 초기부터 야식을 먹던 임신부가 임신 중기에 야식을 먹지 않고 잠

건강한 지중해식 식사법

그리스에는 유독 장수 노인이 많다. 이곳 사람들은 심장마비 사망률이 1만 명당 9명으로 매우 낮은 편이다. 장수의 비밀은 바로 식사법에 있는데, 지중해식 식사법이 알츠하이머의 위험을 줄인다는 연구 결과도 최근 미국 영양학회지에 발표되었다.

그리스 사람들은 식사할 때 항상 올리브와 올리브유를 먹는다. 올리브유를 치료 목적으로도 먹는데, 감기 기운이 있거나 소화가 잘 안 될 때 약 대신 올리브유를 듬뿍 넣은 음식을 먹는다. 그러면 몸의 신진대사가 활발해져 자연스럽게 회복된다고 믿는 일종의 민간요법이다. 지중해식 식사는 고지방식이지만 지방의 72% 이상을 올리브유, 카놀라유, 생선, 씨앗, 견과류 등의 불포화지방에서 얻는다.

들기는 정말 어렵다. 그러므로 처음부터 많이 먹는 습관을 들이지 않는 것이 좋다.

정상적인 식습관을 만든다

태아는 생존과 성장에 필요한 영양분 전부를 엄마에게 의존한다. 하지만 임신 초기에 태아가 필요로 하는 영양분은 아주 적다. 임신 전보다 더 많은 칼로리를 섭취할 필요는 없다.

임신 중·후기에도 필요로 하는 여분의 칼로리는 300kcal 정도다. 그래서 임신 초기에는 많이 먹기보다 다양한 영양소와 미네랄을 섭취할 수 있는 올바른 식습관을 기르는 것이 중요하다.

체중이 필요 이상 늘지 않게 주의하자

임신 초기부터 체중이 많이 늘어난 임신부라면 지금부터라도 체중이 더 이상 늘어나지 않게 애써야 한다. 그렇다고 지금의 체중에서 다이어트를 하라는 것이 아니다. 체중이 증가하는 속도를 줄이라는 것이다. 일주일에 0.6kg이 증가했다면 다음 주에는 0.4kg만 증가하도록 노력한다.

임신 중에는 임신부의 혈액량이 늘어나 태반이 커지며, 지방 축적과 유방 조직의 발달로 어느 정도

의 체중 증가는 필요하다. 먹는 음식에 신경을 쓰면서 수영이나 요가, 걷기 등의 운동과 채식 위주의 식습관을 기르면 정상적인 체중 증가가 가능하다.

채식하는 임산부는 단백질 섭취에 신경 쓴다

임신 중 지나친 체중 증가도 문제지만 너무 늘지 않는 것도 문제다. 특히 채식을 하는 임신부는 체중이 적게 늘고, 영양 불균형 문제도 생길 수 있다. 가장 큰 문제점이 바로 단백질 부족이다.

동물성 단백질을 섭취할 수 없으면 대체 식품을 찾아야 한다. 두유나 두부 등의 콩제품, 견과류와 씨앗류, 통밀빵, 요구르트 등은 좋은 식물성 단백질 공급원이다. 이런 식물성 단백질을 적절하게 섭취해 체중이 정상적으로 증가할 수 있도록 하자.

임신 중 **식사와 영양 관리 요약편**

엄마 음식이 아이 건강의 기초가 된다

임신부가 먹는 음식은 태아의 자궁 환경에 영향을 끼치므로 아주 중요하다. 영양이 부족한 경우 태아는 저체중아로 자라기 쉽고, 출생 후 바깥세상을 영양이 결핍된 환경이라고 여기게 된다. 그래서 음식을 먹으면 더 많은 영양분을 몸에 저장해 놓는 습성을 갖게 돼 성인이 됐을 때 고혈압이나 동맥경화 같은 성인병에 걸리기 쉬워진다. 반대로 엄마의 영양이 넘칠 경우 태아도 과체중이 되어 출생 후 비만아로 성장할 가능성이 커진다.

이처럼 임신부의 영양 상태는 태아 때부터 성인이 될 때까지 건강에 영향을 끼치므로 정상적인 영양 섭취가 중요하다.

몸에 좋은 탄수화물을 먹는다

흰 설탕, 흰쌀밥, 흰 밀가루와 같은 단순 탄수화물은 혈당을 급하게 올리고 급하게 내려 허기를 쉽게 느끼게 한다. 반면 현미, 콩, 고구마 등의 복합 탄수화물은 혈당을 서서히 올리고 내리기 때문에 건강에 훨씬 좋다. 복합 탄수화물은 임신 중 생기기 쉬운 변비와 치질을 예방해주며 포만감을 지속시켜 과체중이 되는 것을 막아준다.

단백질을 균형 있게 섭취한다

임신하면 단백질을 하루에 10g 더 먹어야 한다. 단백질은 콩이나 두부 같은 식물성 단백질이나 닭가슴살과 생선 같은 동물성 단백질에서 얻는 것이 좋다. 쇠고기나 돼지고기도 단백질이 풍부하지만 포화지방도 같이 들어 있으므로 지방이 적은 부위를 고르도록 한다. 삶은 달걀, 저지방 우유도 임신 중 좋은 단백질에 속한다.

불포화지방을 늘리고 포화지방을 삼간다

몸에 좋은 불포화지방은 태아의 두뇌발달에 도움을 줘 머리를 똑똑하게 만든다. 대표적인 불포화지방으로는 오메가 3가 있다. 오메가 3는 호두, 아마씨유, 생선에 많이 함유돼 있으며 보충제 형태로 먹는 것도 좋은 방법이다.

태아 기형을 예방하기 위해 엽산제를 복용한다

임신 전부터 임신 12주까지 엽산제를 복용하면 태아의 신경관 결손을 예방할 수 있다. 임신 전에 먹지 않았더라도 임신을 확인한 후 12주까지는 먹는 것이 좋다.

이 장에서는 무엇을 어떻게 먹는 것이 더 중요한지 자세히 알아봤다.
꼭 기억해야 할 것은 무엇인지 한 번 더 체크해보자.

철분제는 출산 후까지 꼭 먹는다

임신 전 빈혈이 없던 임신부라도 16주 이후부터 꼭 철분제를 먹는다. 동물성 단백질과 견과류 등도 철분이 풍부하지만 보충제 형태로 먹는 것이 좋다. 철분제는 잠자기 직전이나 공복에 먹는 것이 좋으며 녹차, 우유와 같이 먹지 않는다.

태아에게 약이 되는 음식을 선택한다

태아를 위해 양질의 단백질에 칼로리 당 영양소가 풍부하고 당지수가 낮으며 섬유질이 많은 식품을 골라 먹는다. 불포화지방과 비타민까지 포함돼 있다면 최고의 태아 보양식이라 할 수 있다. 콩, 견과류, 달걀, 우유, 연어, 올리브유, 현미, 과일, 채소에는 태아의 성장에 도움이 되는 영양분이 많으므로 임신 기간 동안 꾸준히 챙겨 먹는다.

태아에게 해가 되는 음식은 멀리 한다

인스턴트식품, 청량음료, 씻지 않은 채소, 익지 않은 고기, 너무 짠 음식, 수은 함량이 높은 생선, 동물의 간, 다이옥신이 포함된 식품, 카페인 등은 임신 중 멀리하도록 노력하자. 이런 음식들은 임신 기간 동안 한두 번 먹었다고 크게 해가 되는 일은 없지만 가능하면 먹지 않는 것이 좋다.

임신부가 지켜야 할 영양수칙을 알자

임신했다고 아무거나 먹지 말고 원칙을 세워 먹는 것이 좋다. 하루 세끼 잘 챙겨 먹기, 질 좋은 음식을 골라 먹기, 필요한 영양제 꾸준히 먹기 등 지켜야 할 영양 수칙을 만들자. 임신 초기부터 바른 식습관을 갖는다면 건강한 임신 10개월을 보낼 수 있다.

정상체중을 유지하기 위해 노력한다

임신이 진행될수록 체중이 느는 것은 당연하지만 적정 기준에 맞춰 증가해야 한다. 적정 체중 증가량은 임신 전 체중에 따라 다르다. 일반적으로 임신 초기에는 입덧으로 조금 줄기도 한다. 임신 초기에는 1kg, 중기에는 5kg, 말기에는 5kg의 체중 증가가 적당하다. 임신 중 체중은 순산에도 큰 영향을 끼치므로 반드시 임신 초기부터 체중관리를 한다.

꼭 필요한
보약, 운동

임신 중 운동은 꼭 먹어야 할 보약이다. 운동이라는 보약은 임신부의 몸과 마음을 건강하게 해주고, 정상체중을 유지시켜 순산하게 만든다. 주위에서는 임신 중에 오래 걷거나 무리하지 말고 푹 쉬는 게 최고라고 한다. 하지만 과거와 같은 고정관념에 사로잡혀서는 안 된다. 임신 중 운동의 긍정적인 효과에 관한 연구 결과도 많고, 임신부 요가나 임신부 체조 등 운동 프로그램도 다양하다. 몸에 심각한 이상이 없다면 당장 운동을 시작하는 것이 좋다.

01 임신 초기에 하면 안 되는 운동은?

① 걷기

② 수영

③ 자전거 타기

④ 격렬한 에어로빅

02 임신 중에도 안전하게 할 수 있는 운동은?

① 스키

② 테니스

③ 골프

④ 걷기

03 임신부가 운동을 하면 태아의 체중은 어떻게 될까?

① 저체중

② 정상체중

③ 과체중

④ 무관하다.

04 임신 중 운동의 효과를 설명한 것 중 맞는 것은?

① 변비와 치질을 악화시킨다.

② 태아 기형을 일으키는 원인 중 하나다.

③ 임신 중 부드러워진 관절을 다칠 수 있으므로 조심해서 해야 한다.

④ 임신 초기에는 자연유산의 원인이 될 수 있으므로 금지한다.

05 케겔운동을 설명한 것 중 틀린 것은?

① 항문과 질을 조이는 운동이다.

② 케겔운동을 하면 오르가슴을 더 잘 느낄 수 있다.

③ 출산 후 요실금을 예방한다.

④ 임신 중에는 할 필요가 없다.

06 임신 중 수영에 대한 글 중 맞는 것은?

① 수영은 임신 초기에 하면 안 된다.

② 평영은 할 수 없다.

③ 일주일에 1회 정도 한다.

④ 수영을 못한다면 대신 아쿠아로빅을 한다.

07 임신 중 걷는 방법으로 틀린 것은?

① 넘어질 수도 있으므로 쿠션이 좋고 편한 운동화를 신고 걷는다.

② 땀을 잘 흡수할 수 있는 면 옷을 입는다.

③ 땅을 보면서 걷는다.

④ 걷는 중간중간 탈수 방지를 위해 물을 충분히 마신다.

08 느리게 한 시간 걸으면 소모되는 칼로리는 얼마
　일까?

　① 200kcal

　② 400kcal

　③ 600kcal

　④ 800kcal

09 임신 중 적당한 운동의 강도는 어느 정도일까?

　① 땀이 전혀 안 나는 정도

　② 약간 땀이 나는 정도

　③ 땀이 많이 날 정도

　④ 숨이 많이 차서 말을 못할 정도

10 순산을 위해서 임신 중 해두면 좋은 운동은?

　① 복식호흡 운동

　② 팔굽혀펴기

　③ 오리걸음 걷기

　④ 줄넘기

11 임신 중 운동을 규칙적으로 했을 때 나타나는 효
　과는?

　① 제왕절개 가능성이 커진다.

　② 난산보다 순산이 되게 한다.

　③ 임신중독증이 올 수 있다.

　④ 태아가 밑으로 처지게 된다.

12 임신 중 운동이 태아에게 어떤 영향을 미칠까?

　① 태아가 스트레스를 받는다.

　② 운동은 엄마를 즐겁게 만들어주므로 태교에
　도 좋다.

　③ 태아가 저산소증에 빠질 수 있다.

　④ 조기진통이 올 수 있다.

13 임신 중 가장 이상적인 운동량은?

　① 1주일에 3회, 10분씩

　② 1주일에 3회, 20분씩

　③ 1주일에 4~6회, 30분~1시간씩

　④ 매일 1시간 이상

14 임신 초기에 운동을 해도 될까?

　① 절대 하면 안 된다.

　② 임신 전과 똑같은 강도로 해도 된다.

　③ 임신 전보다는 조금 약하게 한다.

　④ 임신 전보다는 조금 강하게 한다.

15 다음 중 임신 중에 하면 안 되는 운동은?

　① 수영

　② 자전거 타기

　③ 헬스

　④ 스킨스쿠버

정답 1.④ 2.④ 3.② 4.③ 5.④ 6.④ 7.③ 8.① 9.② 10.① 11.② 12.② 13.③ 14.③ 15.④

임신 중 운동에 관한 오해

예전에는 임신 중 안정을 최고로 꼽았지만 요즘은 임신 중에도 적당한 운동이 필요하다는 인식이 점차 확산되고 있다. 그런데 최근 연구 결과에 의하면 임신부 4명 중 1명만 운동을 한다고 한다. 임신부들이 운동을 하지 않는 이유는 임신 중에 운동을 하다가 다치면 태아가 잘못될지도 모른다는 생각 때문이다. 임신 중 운동에 대한 오해와 진실을 알아보자.

운동을 하면 체온이 상승해 태아 기형이 생길 수 있다?

운동할 때 임신부의 체온이 상승하면 자궁 안의 온도도 올라가고, 태아 역시 고온에 노출돼 신경관 결손 같은 태아 기형이 생길 수 있다고 생각하는 임신부들이 있다. 하지만 대부분의 운동은 심각할 정도로 체온이 상승하지는 않는다. 더운 여름철, 햇볕이 강한 낮 시간을 피하고 에어컨이 갖춰진 실내에서 하면 문제될 것이 없다. 탈수가 되면 체온이 더욱 상승하므로 탈수를 예방하기 위해 반드시 물을 준비한다.

임신 초기에 안전한 운동으로 수영을 권하는데, 그 이유 중 하나가 급격한 체온

상승 우려가 없어 임신 초기에도 안전하게 할 수 있기 때문이다.

태아에게 가는 혈액량과 산소량이 줄어들기 때문에 몸에 해롭다?

몇 해 전까지도 임신부가 운동을 하면 태아가 저산소증에 빠지거나 저체중아를 출산할 수 있다는 견해가 있었다. 운동을 하면 자궁에 유입되는 혈액이 줄어들고, 그 결과 태아에게 공급되는 혈액의 양이 적게 된다고 생각했기 때문이다.

하지만 많은 연구 결과를 통해 이런 현상은 사실이 아닌 것으로 밝혀졌다. 오히려 태아의 혈색소는 산소와 친화력이 높아 임신부의 혈액량이 순간적으로 줄어든다고 해도 태아에게 나쁜 영향을 미치지 않는다. 임신 전부터 유산소 운동을 꾸준히 해왔다면 임신 중에 계속해도 괜찮다.

관절을 다치기 쉽다?

임신하면 관절을 부드럽게 하는 호르몬이 많이 분비된다. 이 호르몬은 출산을 할 때 골반을 잘

✕ 잘못 알고 있는 상식
임신 중에 운동을 하면 조산이나 유산의 원인이 된다.

벌어지게 해 자연분만을 할 수 있도록 돕는다. 문제는 이러한 호르몬이 출산 시에만 증가하는 것이 아니라 임신 중에도 증가한다는 것. 그래서 임신 중에는 관절이 부드러워져 쉽게 다치는 경우가 많다. 또한 가슴이 커지고 배가 나오기 때문에 평소보다 쉽게 넘어질 수 있고, 체중이 늘어나 무릎이나 허리를 다칠 수도 있다.

그러므로 임신 중에는 무리해서 운동하지 말고, 운동 전에는 반드시 스트레칭을 하는 것이 중요하다.

직장생활을 하면 운동할 필요가 없다?

직장생활은 노동이지 운동이 아니다. 노동은 특정 부위를 한 방향으로만 사용하는 것으로 전신을 움직여야 하는 운동과 다르다. 임신 중에는 노동이 아닌 운동이 꼭 필요하다.

임신부는 직장에 다니더라도 휴식 시간을 이용해 틈틈이 가벼운 운동을 하는 것이 좋다. 집에서는 임신부 요가책이나 DVD, 비디오를 보면서 따라 하고, 휴일에는 가까운 공원을 걷거나 수영 등의 유산소 운동을 병행하는 것도 괜찮은 방법이다.

운동할 시간이 나지 않는다면 출퇴근할 때 걷는 것만으로도 운동 효과를 볼 수 있다. 가까운 거리는 걷거나 계단을 오르는 것으로 운동을 대신한다.

 읽어 보세요!

운동을 피해야 하는 경우
대부분의 임신부는 운동을 해도 위험하지 않다. 드문 경우이긴 하지만 다음 사항에 해당되는 임신부는 운동을 삼간다.

임신중독증 → 운동을 하면 혈압이 올라가 위험해질 수 있다.
전치태반 → 출혈이 있을 수 있다.
조기 진통(현재 혹은 과거력) → 운동은 자궁 수축을 일으키므로 안정을 취한다.
쌍태아 임신 → 임신 말기로 갈수록 다른 사람보다 배가 많이 불러와 예정일이 많이 남았는데도 조기 진통이 올 수 있다.
자궁경관무력증 → 자궁경관이 약해져 있어 무리한 운동을 하면 조산의 위험이 있다.
임신 중 출혈 → 임신 중 출혈이 있으면 안정을 취한다.

임신 중 운동을 해야 하는 이유

건강을 위해 운동이 필요하다는 것을 인식해야 한다. 특히 임신부에게 운동은 단순히 건강을 지키는 것 이상의 의미가 있다. 운동은 최고의 태교이자 즐거운 임신과 순조로운 출산을 위해 꼭 필요하다. 임신 중 운동을 해야 하는 이유를 소개한다.

운동은 최고의 태교

운동을 하면 기분이 좋아지고 생활에 활력이 생겨 삶이 즐거워진다. 임신 중 최고의 태교는 바로 임신부의 마음이 항상 즐거운 상태를 유지하는 것이다. 평소에 관심이 없던 모차르트 음악을 억지로 듣거나, 영어태교를 위해 알아듣지도 못하는 영어를 들으며 스트레스를 받는다면 굳이 할 필요가 없다.

운동을 해서 기분이 좋아지면 자연스럽게 태교가 된다. 적극적이고 즐거운 엄마의 기분이 바로 태아에게 전달되므로, 운동은 무엇보다 좋은 태교가 된다.

임신 중 요통을 예방한다

운동을 하면 바른 자세를 유지하는 데 도움이 된다. 임신부의 바른 자세는 임신 중 생길 수 있는 요통과 치골통을 예방한다. 또한 변비와 치질, 부종, 정맥류를 예방하는 효과도 있으며, 임신부가 정상 체중을 유지할 수 있게 해 과체중으로 인한 임신성 당뇨나 임신중독증을 예방하는 데 도움을 준다.

체력 향상과 스트레스 해소에 효과적이다

임신은 초기부터 출산까지 10개월이라는 대장정의 시간이 필요하다. 태아가 커지면서 서서히 불러온 배를 지탱하기 위해 임신부의 허리와 무릎 관절은 10개월 동안 더 많은 일을 해야 한다.

잘못 알고 있는 상식
임신 중에 운동을 많이 하면 체력이 떨어져 분만할 때 힘들다.

그러기 위해서는 체력도 같이 향상돼야 한다.

출산할 때도 상당한 체력이 필요하기 때문에 순산을 위해 무리가 가지 않을 정도로 몸을 움직여 기초 체력을 다져야 한다. 운동으로 다리, 허리, 복부 근육이 단련되면 출산이 한결 편해진다. 꾸준한 운동으로 체력을 기르면 커진 배를 잘 지탱할 수 있을 뿐만 아니라, 조금만 걸어도 힘들 때 오랜 시간 잘 견딜 수 있다.

운동을 한 임신부는 그렇지 않은 임신부에 비해 임신 중 자신의 몸에 대한 만족도가 더 높다. 그로 인해 더 좋은 신체 이미지와 자아를 갖게 되며, 긍정적이고 낙천적인 성격도 가질 수 있다. 게다가 '과연 내가 임신을 했나?'라는 착각이 들 정도로 체력이 좋아지므로 새로운 일에도 적극적으로 반응하고 외부로부터 받는 스트레스에 강해지는 효과가 있다.

임신 중 체중 관리에 도움이 된다

임신 중 지나친 체중 증가는 난산의 원인이 된다. 임신 중 운동의 가장 큰 효과는 체중이 지나치게 늘어나는 것을 방지하는 것이다. 병원에 오는 임신부의 대부분은 자연분만을 간절히 원하고, 당연히 자연분만을 할 수 있을 것이라고 생각한다. 하지만 정작 임신부의 몸은 자연분만을 위해 전혀 준비가 되지 않은 경우가 많다. 자연분만을 하려면 지금부터라도 몸을 만들기 위해 노력해야 한다. 정상적으로 체중이 증가할 수 있도록 관리를 해야 하며, 꾸준한 운동을 통해 기초 체력을 기르도록 한다.

출산 시간을 단축시켜 순산하게 한다

임신 중기 이후에 운동을 한 임신부 A그룹과 임신 중기 이후에 운동을 중단한 임신부 B그룹의 출생 시 아기의 몸무게와 체지방을 비교한 연구 결과가 있다. 태어난 아이의 체중은 A그룹이 3.39kg, B그룹이 3.81kg, 체지방은 A그룹이 8.3%, B그룹이 12.1%로 나타났다. 특히 중기 이후 임신부의 운동은 태아의 체중 조절에도 효과가 있다는 것을 보여주는 결과다.

좀 더 정확하게 말하면 중기 이후에도 꾸준히 운동을 한 임신부의 아이는 정상체중에 가깝고, 운동하지 않은 임신부의 아이는 과체중이면서 지방 비율도 더 높다는 것이다. 임신 중에 운동을 하면 태아의 체중이 정상적으로 증가해 자연분만으로 순산할 가능성이 높다.

또 다른 연구에 의하면 임신 중 임신부의 체중이 많이 증가할수록 제왕절개를 할 가능성이 높은 것으로 나타났다. 출산 당시 비만인 임신부는 정상체중인 임신부보다 두 배나 높은 제왕절개율을 보였다. 이런 사실로 볼 때 임신 중 운동은 임신부와 태아의 체중조절에 도움을 주고, 이는 순산과 자연분만에 도움이 된다고 할 수 있다.

운동을 하면 임신부의 지구력이 강해지고 근육의 힘이 커져서 출산을 할 때 힘을 주기에 유리하다. 결국 출산 시간을 단축하는 데도 도움이 된다. 최근 연구 결과만 봐도 임신 중 운동을 한 임신부

10명 중 9명이 순산을 한 것으로 나타났다. 임신 중 유산소 운동을 꾸준히 한 임신부들은 분만 시간이 짧아지고 분만 중 통증도 적게 느낀다는 연구 결과가 미국 산부인과 학회지에 실리기도 했다.

산후 비만을 예방한다

모든 임신부는 출산 후 예전의 몸매로 돌아가기를 원한다. 그렇지만 임신 중 체중이 과다하게 증가하면 산후 아줌마 비만의 원인이 된다. 출산 후 빠른 체중 감소는 임신 중 운동을 했는지의 여부와 관련이 깊다. 임신 중 운동으로 정상 체중을 유지한 임신부가 출산 후에 예전 몸무게로 돌아갈 가능성이 훨씬 높다.

결혼 전에는 날씬했던 사람도 결혼해서 아기만 낳으면 아줌마 몸매가 되는 이유는 무엇일까? 그 원인 중 하나는 임신 중 과식과 운동 부족이다. 출산 후 날씬해진 모습을 기대한다면 임신 중에도 꾸준히 운동해 출산 후까지 미리 준비하자.

평생 좋은 생활습관을 갖게 한다

태아의 건강을 위해, 혹은 순산을 위해 운동을 시작했더라도 결국은 자신을 위한 올바른 생활습관으로 평생 연결될 수 있다. 꾸준한 운동이 암 발생률을 반으로 줄이는 등 건강에 도움이 된다는 연구 결과가 많다. 운동하는 습관을 들인다면 출산 후 몸이 찌뿌드드할 때 무조건 눕는 대신, 임신 중 배운 요가와 수영을 하면서 평생 건강한 생활을 누릴 수 있을 것이다.

태아에게도 엄마의 운동은 보약이다

임신부가 운동을 하면 태아에게도 운동 효과가 나타난다. 결국 임신부의 운동은 엄마와 아기 모두에게 좋다.

미국 캔자스 시 의대에서 운동을 정기적으로 하는 임신부 5명과 운동을 하지 않는 임신부 5명을 비교해봤다. 그 결과, 운동을 하는 임신부의 평상시 태아 심장박동 수가 운동을 하지 않는 임신부의 태아 심장박동 수보다 낮은 것으로 나타났다. 운동을 하지 않는 임신부의 태아 심장박동 수는 훨씬 높았다. 이는 임신 기간 태아의 발육 상태와 상관없이 일관되게 나타나는 현상으로, 엄마가 운동을 해도 태아의 심장에는 무리가 가지 않고 오히려 훨씬 건강해진다는 것을 의미한다. 운동이 임신부의 심장을 강하게 해줄 뿐만 아니라 아기의 심장과 혈관도 튼튼하게 만들어주는 것이다.

또 다른 연구 결과도 있다. 덴마크에서 8만여 명의 임신부를 연구한 결과, 운동을 하는 임신부의 태아는 운동을 하지 않는 임신부에 비해 체중이 적게 나갔다. 또한 임신 중 꾸준히 운동한 임신부의 태아는 정상 체중으로 태어났다.

임신 시기별 맞춤 운동법

임신 중 가능한 운동으로 가장 먼저 떠오르는 것은 요가나 걷기다. 하지만 과격하거나 특수한 몇 가지 운동을 제외하고는 다 할 수 있다. 시기별로, 임신 주수나 임신부의 건강상태에 따라 상태별로 운동 종류와 횟수 등이 달라질 수 있지만 왠만한 운동은 모두 무리가 없다. 임신 시기별로 어떤 운동을 할 수 있으며, 어떻게 하는 것이 좋은지 방법을 알아보자.

임신 중 할 수 있는 운동

유산소 운동

유산소 운동이란 걷기, 뛰기, 자전거 타기, 수영과 같이 심장과 폐를 건강하게 하는 운동을 말한다. 몸에 무리가 가지 않는 선에서 유산소 운동을 하면 신진대사가 원활해지고 지방이 연소돼 임신부의 체중 조절에 효과적이다.

자전거 타기는 아주 좋은 유산소 운동이지만 배가 나와 균형을 잡기 힘들고 넘어지기 쉬우므로 실내용 자전거를 타는 것이 좋다. 임신부를 대상으로 하는 에어로빅이나 물속에서 하는 아쿠아로빅, 수영도 권할 만한 운동이다. 수영, 요가, 빨리 걷기, 실내자전거 타기는 임신 초기부터 예정일까지 꾸준히 해도 좋은 운동으로 꼽힌다.

유연성 운동

요가, 스트레칭과 같은 유연성 운동은 딱딱해진 근육을 풀어주고 임신 중 생길 수 있는 요통을 예방하고 치료한다.

근력 운동

덤벨을 이용한 웨이트트레이닝이나 케겔운동과 같은 근력 운동은 여성의 약한 근육 힘을 키워줘 순산에도 도움이 된다. 임신 전부터 시작해 임신 중에도 꾸준히 하면 좋다.

시기별 적합한 운동

임신 초기(~14주)의 운동

임신 초기에는 아랫배도 자주 아프고 유난히 졸음이 쏟아지며 작은 일에도 쉽게 피로를 느낀다. 게다가 출혈을 보이기도 하고 입덧으로 고생을 하기도 한다.

이 시기에 평소처럼 활동을 못하더라도 70~80% 정도로 일을 하는 것은 괜찮다. 물론 억지로 운동을 할 필요는 없지만 가만히 있으면 입덧이나 피로감이 더 심해질 수 있다. 조금씩이라도 야외 활동을 하는 것이 피로감을 덜고 입덧을 가라앉히는 데 도움이 된다. 임신 초기에는 산책하는 느낌으로 하루 30분 정도 걷는 것이 좋다. 임신 전부터 수영을 해온 임신부라면 무리가 되지 않는 범위에서 지속해도 되고, 요가를 새로 시작하는 것도 괜찮다.

임신 중·후기(14~40주)의 운동

이 시기가 되면 입덧이 사라지고 유산 가능성도

잘못 알고 있는 상식
임신 초기에는 운동을 하면 안 된다.

없는 안정된 상태에 접어든다. 격렬하게 뛰거나 부딪히는 운동만 아니라면 어떤 운동을 해도 큰 무리가 없다. 걷기는 하루 1시간 정도 하면 좋고 수영, 자전거 타기, 조깅 등을 평상시 해왔다면 너무 지나치지 않은 한도에서 매일 규칙적으로 한다.

자전거 타기는 넘어지지 않는다면 좋은 운동이지만, 배가 나오면 몸의 균형 감각이 달라지므로 조심해야 한다. 실내자전거 타기로 바꾸어보는 것도 좋다.

걷기 | 가장 안전한 운동

임신 중 할 수 있는 가장 안전한 운동이 걷기다. 제대로만 하면 큰 효과를 얻을 수 있다. 게다가 평소 운동을 전혀 해본 적이 없더라도 누구나 쉽게 시작할 수 있다. 탁 트인 야외에서 걸으면 답답함이나 우울함이 없어지고 기분도 상쾌해지므로 임신부의 정신 건강에도 좋다. 비만이나 요통도 예방할 수 있다.

걸을 때는 제대로 걷는 것이 중요하다. 아무 생각 없이 천천히 1시간을 걸을 때 소모되는 칼로리는 고작 200kcal 정도다. 그렇게 걷고 주스 한 잔을 마셔버리면 운동한 만큼의 효과를 기대하기 어려우므로 걸을 때는 좀 부산할 정도로 부지런히 걷는 것이 좋다.

이렇게 걸어라
- 걷는 도중 수시로 물을 마셔 탈수에 대비한다.
- 땀을 잘 흡수하는 면 종류의 옷을 입고, SPF 30

정도의 자외선 차단제를 발라 햇볕으로 인해 생기는 피부 변화를 예방한다.
- 임신이 진행돼 배가 불러올수록 쉽게 넘어질 수 있다는 것을 기억하자. 가능하면 오르막이나 내리막 대신 평평한 길을 선택한다.
- 워밍업으로 5분 동안 천천히 걷다가, 빠른 걸음으로 5분을 걷고, 정리운동으로 5분 동안 천천히 걷는다.
- 평소 운동을 전혀 하지 않았다면 처음에는 느리게 30분 정도 걷는다. 점차 강도를 높여 조금 빠르게 한 번에 40분 이상, 일주일에 5~6일 정도 걷도록 한다. 자신의 몸 상태에 맞춰 무리가 되지 않는 속도로 걷는 것이 좋다.
- 걸을 때는 바른 자세로 걷는다. 키가 커진다는 느낌으로 머리를 들고 등을 꼿꼿이 세운 뒤 배꼽 부분에 힘을 주는 느낌으로 걷는다. 걸음을 뗄 때는 발뒤꿈치를 디디고 그 다음 발끝이 닿아야 한다. 터벅터벅 걷게 되면 무릎관절에 충격이 가므로 조심스럽게 사뿐사뿐 걸어서 무릎관절이 다치지 않도록 한다. 팔은 90도 정도 구부리고, 팔꿈치는 몸 가까이 두고 걷는다.
- 신발이 너무 납작하면 땅에 닿을 때 충격이 그대로 몸에 전해지므로, 완충 작용을 할 수 있도록 바닥이 조금 폭신하고 편한 운동화를 신는 것이 좋다.

 잘못 알고 있는 상식
임신 중에는 자전거를 타면 안 된다.

약간 숨이 찰 정도로 걷는다

걸을 때는 한 번에 40분 이상 걸어야 체지방 감소 효과가 있다. 걷기 시작했다고 해서 곧바로 지방이 연소되는 것은 아니다. 처음부터 지방 세포에서 에너지를 뽑아 쓰는 것이 아니라 혈액 속에 있는 포도당을 에너지원으로 사용하기 때문이다.

걷는 속도는 약간 빨리 걷는 정도가 좋다. 일반적으로 시속 6km 정도의 속도로 걸으면 조금 숨이 차면서 맥박은 100~120회 정도가 된다. 일상 생활에서 사람들이 걷는 속도는 시속 4km, 공원에서 천천히 뛰는 사람들의 속도는 대개 시속 7~8km 정도다. 시속 6km로 걸으면 조금 숨이 차면서 약간 힘들다는 느낌이 들지만 옆 사람과 충분히 대화를 나눌 수 있을 정도는 된다. 걸으면서 목 옆에 있는 동맥으로 자신의 맥박을 체크해 지나치게 맥박이 빨라지지 않도록 한다.

평소에 달리기를 하지 않았다면 임신 중에도 안 하는 것이 좋다

만삭인 임신부가 마라톤 풀코스를 완주했다는 뉴스를 듣게 되는 경우가 가끔 있다. 임신 중 마라톤을 할 수 있는 임신부는 임신 전에도 심심찮게 마라톤을 완주한 경력이 있는 여성이다. 이들은 임신 중에도 내내 마라톤 연습을 했기 때문에 가능한 것이다.

임신 중 달리기에 대해서는 그동안 많은 논쟁이 있었다. 최근 연구 결과에 따르면 임신부의 몸은 임신과 달리기를 동시에 잘해낼 수 있다고 한다. 임신 중에는 심장박출량(심장이 수축할 때 뿜어져 나오는 혈액의 양)이 50%가량 증가하고 혈액량도 40%가량 증가하기 때문에 운동할 때 임신부의 근육에 충분한 양의 혈액을 보내면서 동시에 태아에게도 필요한 산소와 영양분을 공급할 수 있다.

그러나 이러한 것도 평소에 달리기를 꾸준히 한 사람들의 이야기이다. 임신 중 달리기는 많은 주의를 필요로 한다. 임신을 하면 관절이나 인대가 약해지므로 부상의 위험이 도사리고 있다. 평소 달리기를 하지 않던 임신부라면 임신 중 달리기는 하지 않는 것이 좋다. 임신 전부터 해온 경우라면 가벼운 조깅 정도는 가능하다.

요가 | 임신 초기부터 출산 후까지 가능

요가는 임신부의 몸에 무리를 주지 않는 전신 운동이다. 최근에는 산부인과를 비롯한 다양한 기관에서 임신부를 대상으로 한 요가 수업이 진행되고 있다. 주 2~3회 정도 요가 수업을 들으면 임신부들끼리 관심사나 정보를 공유할 수 있고, 임신 중 달라지는 감정을 서로 이해해줄 수 있다는 장점이 있다. 직장에 다니는 경우에도 주말 요가 프로그램을 이용하거나 DVD 또는 책을 보면서 집에서 혼자 충분히 할 수 있다.

요가를 하면 스트레스가 해소되고 기분이 좋아지는 것은 물론이고 요가의 명상과 호흡법은 출산에도 도움이 된다. 특히 임신부에게 좋은 몇몇 자세들은 임신 중 나타나는 요통, 골반통, 치골통, 다리가 저리는 현상 등을 예방하고 근육과 인대, 관절 등을 부드럽게 해 출산이 좀 더 쉬워진다.

요가는 임신 초기부터 출산 후까지 가능한 운동으로 임신부의 몸을 유연하게 만들어주고, 출산 후 몸매 관리에도 도움이 된다. 요가를 할 때 유산소 운동을 병행하면 운동 효과가 더욱 좋아진다.

출산을 도와주는 자세

스쿼트 자세

진통이 왔을 때 스쿼트 자세를 취하면 골반이 벌어지는 데 도움이 돼 태아가 골반 내로 잘 내려올 수 있게 된다.

방법 의자의 등받이를 잡고 다리를 어깨 너비보다 조금 더 벌린다. 익숙해지면 의자를 치우고 한다. 엄지발가락은 머리 쪽으로 향하게 한다. 서서히 내려가면서 골반, 무릎, 발목 순서로 구부린다. 발뒤꿈치는 방바닥에 대고 무릎이 90도가 되면 멈춘다. 90도가 안 되면 할 수 있는 만큼만 구부리고 다시 서서히 일어선다. 여러 번 반복한다.

재단사 자세

이 자세는 골반을 열어주고 골반 관절을 부드럽게 만들어서 출산을 쉽게 해준다. 등 하부의 요통 방지에도 좋다.

방법 방바닥에 타월이나 요가 매트 혹은 주방 매트를 깐다. 바닥에 앉아 허리를 곧게 펴고, 발바닥을 서로 맞댄 뒤 발뒤꿈치를 사타구니 쪽으로 당긴다. 무릎은 바닥으로 가볍게 내려서 두 무릎이 서로 멀어지게 한다. 절대 억지로 힘을 가하지는 말 것. 안쪽 허벅지가 당기는 느낌을 가지고 편한 자세로 오래 유지한다.

체형 변화를 막는 스트레칭

임신을 하면 가슴이 커져 어깨가 둥글게 되고, 얼굴이 앞으로 당겨지며, 흉곽은 찌그러진다. 골반 윗부분이 앞으로 이동해 허리는 'S'자 굴곡이 더 심해진다. 중력의 중심이 앞으로 이동하므로 등 근육은 활처럼 짧아지고 배 근육은 길어진다. 등 근육과 배 근육이 약해지면 인대와 관절에 부담이 많이 가게 된다. 특히 배 근육이 약해지면 분만을 할 때 아기를 밀어내는 힘이 부족하게 되므로 복식호흡으로 복근의 힘을 기르는 것이 좋다.

임신 중에는 척추를 바로 세우기 위해 등 근육에 과도한 힘을 가하게 되는데, 이런 이유로 임신을 하면 임신부의 체형이 변해 요통이나 다른 통증이 생기게 되기도 한다.

임신 중 체형 변화를 막으려면 스트레칭이 필요하다. 스트레칭을 하면 긴장된 근육이 이완된다. 골반 기울이기 운동(p.210 참조)으로 허리 근육을 늘리고, 가슴 스트레칭(p.213 참조)으로 좁아진 어깨를 넓힌다. 바른 자세로 걷는 것도 중요하다. 바르게 걸어야 폐가 넓어지고 척추가 곧바로 선다.

수영 | 임신 중 가장 이상적인 운동

수영은 임신 중 할 수 있는 가장 안전하고 편안한 운동이며 임신 초기부터 막달까지 할 수 있다는 장점이 있다. 심폐기능에 좋은 대표적인 유산소 운동이면서 온몸의 근육을 다 사용하는 전신 운동이어서 체중 관리에도 아주 효과적이다.

수영의 장점은 여러 가지가 있는데, 일단 부상의 위험이 적다는 점을 들 수 있다. 임신부의 경우 증가된 호르몬의 영향으로 운동 중 관절이나 인대가 손상되기 쉬운데 물속에 떠 있을 때는 물이 임신부의 몸을 보호해 다칠 염려가 거의 없다. 물속에서는 체중이 물 밖에서 느껴지는 무게의 1/4 정도로 느껴진다. 따라서 평소에는 무겁게 느껴지던 배의 무게를 거의 느끼지 않으면서 몸을 자유자재로 움직일 수 있다. 게다가 임신부에게 생기는 여러 가지의 증상, 즉 불면증, 요통, 속쓰림 등을 완화시키고 수영 후에는 개운함이 느껴져 기분이 좋아진다. 그밖에 임신 초기의 입덧을 줄여주는 효과도 있다.

수영할 때 이것만은 지키자

- 수영은 일주일에 3~4회, 30~40분 동안 하는 것이 좋다.
- 자유형이나 배영을 해도 괜찮지만, 특히 개구리 헤엄이라 부르는 평영은 임신부의 자세를 바르게 해 요통을 방지한다. 또한 등, 배, 엉덩이, 가슴, 팔, 어깨의 근육을 발달시키므로 특히 임신부에게 도움이 된다.
- 어떤 자세로 수영을 하든 절대로 무리하면 안된다. 운동 중 숨이 많이 차오르는지, 심장박동은 많이 빨라지는지, 반드시 자신의 신체가 보내는 소리에 귀 기울여야 한다.
- 수영이 급격한 체온 상승을 막아주기는 하지만 항상 물을 준비해 운동 후에는 반드시 수분을 보충하도록 한다.
- 수영을 할 줄 모른다면 임신 중에 새롭게 배우는 것보다 물속에서 걷거나 아쿠아로빅을 하는 것이 좋다.

일상생활 중 할 수 있는 운동

임신 중에 따로 시간을 내지 않더라도 일상생활 속에서도 운동을 할 수 있는 방법은 많다. 항상 몸을 움직인다는 생각만 있으면 얼마든지 가능하다. 집안일 틈틈이, 혹은 TV를 보면서 스트레칭이나 요가 등을 하는 것도 좋다.

계단 오르내리기

아파트에 살거나 엘리베이터를 타야 할 경우라면 계단 오르내리기를 적극 활용해보자. 단, 계단을 내려올 때는 무릎을 다치지 않도록 조심하고 내려올 때는 반드시 난간을 잡아 넘어지지 않게 한다.

가까운 거리는 걸어다니기

직장에 다니는 예비 엄마라면 출퇴근 시간에 일정한 거리를 정해 걸어간다. 버스를 탄다면 한두 정거장 전에 내려서 걷고, 자가용을 이용하면 조금 먼 곳에 주차한 뒤 걸어간다.

또한 평소에도 가까운 거리는 걷거나 일부러 멀리 돌아가는 방법을 실천해보자. 만약에 1시간 거리를 이동할 일이 있으면 30분은 걷고 나머지 30분은 택시를 탄다. 산부인과 진찰을 받으러 갈 때 일부러 걸어가는 것도 좋은 방법이다.

만보계 활용하기

만보라 하면 통상 7km를 걷는 거리로 약 2시간이 소요된다. 이 정도면 하루 동안 해야 하는 운동량으로 아주 훌륭하다.

처음부터 만보를 채우려 무리하지 말고 조금씩 걷는 양을 늘려가자. 하루 동안 걸어야 할 일정 거리를 정해놓고 지키면서 서서히 늘리는 것이 좋다.

잘못 알고 있는 상식
임신 막달에는 수영을 하면 안 된다.

운동 효과 높이는 법

임신을 하면 평소와는 몸 상태가 많이 달라진다. 보통 사람은 쉽게 할 수 있는 운동도 임신부에게는 더 힘들 수 있다. 임신 전부터 운동을 꾸준히 해온 경우라도 임신 중에는 더 조심하고 신경을 써야 한다. 특히 운동을 전혀 하지 않던 임신부가 운동을 처음 시작했다면 주의할 점이 더욱 많다. 임신 중 운동 효과를 높이기 위한 방법을 알아보자.

운동을 즐기면서 한다

운동을 처음 시작하는 초보자의 경우 혼자 하면 금방 싫증 나기 쉽다. 이런 경우 운동 파트너를 만들어 같이 하면 좋다. 파트너가 없다면 임신부 요가나 임신부 수영처럼 그룹으로 하는 운동에 참여해보자. 운동 자체의 재미뿐 아니라 동료 임신부들과의 만남이 주는 또 다른 즐거움을 느낄 수 있을 것이다.

운동을 할 때 좋아하는 음악을 들으면서 몸과 마음이 즐거운 상태로 만드는 것도 중요하다.

운동 시간과 양을 조금씩 늘려간다

운동을 할 때 과욕은 금물! 처음에는 5분으로 시작해 나중에 30분으로 늘려라. 처음부터 많이 하려고 욕심을 부리면 금방 싫증이 나고 몸에 무리가 갈 수도 있다. 평소에 운동을 하지 않고 많이 앉아 있었던 사람이라면 걷는 것이 좋다. 이것 역시 조금씩 운동량을 늘려가도록 한다.

임신 중 새로운 시도는 하지 않는다

임신 중 새로운 운동을 시작하는 것은 좋지 않다. 임신부에게 수영이 좋다고 해서 못하는 수영을 굳이 배울 필요는 없다. 게다가 임신부 수영이 아닌, 일반인과 같이 하는 수영을 배우면 배를 차이거나 다칠 수도 있다. 자신이 가장 쉽게 할 수 있는 운동을 선택해 자연스럽게 시작하는 것이 좋다.

늘 하던 운동도 약한 강도로 한다

임신 전부터 규칙적으로 해오던 운동이라면 임신 중에도 꾸준히 하는 것이 좋다. 그 대신 강도를 평소보다는 약하게 한다. 임신 후 오히려 컨디

잘못 알고 있는 상식
임신 전에 하던 모든 운동은 임신해서도 마음껏 즐길 수 있다.

션이 좋아졌다고 임신 전과 같은 강도로 운동을 한다면 몸에 무리가 갈 수 있다.

운동 전 스트레칭을 한다

운동을 할 때는 운동 시작 전후에 스트레칭을 하는 것이 무엇보다 중요하다. 준비운동과 정리운동을 철저히 해야 운동 중 부상을 예방할 수 있다. 특히 평소에 운동을 하지 않던 임신부가 워밍업을 하지 않고 갑자기 운동을 했을 경우에는 관절이나 인대를 다칠 수 있다. 임신 중 부상을 당하면 즐거워야 할 임신 기간이 아주 힘들고 고통스러워질 수 있다는 사실을 명심하자.

반드시 물을 준비한다

어떤 운동을 하든 물은 반드시 필요하다. 운동하는 틈틈이 물을 마셔 탈수를 방지한다. 실내에서 운동을 할 경우에도 마찬가지다. 야외에서 운동을 할 때는 햇볕이 없는 시간을 선택하고 한낮에는 운동을 하지 않도록 한다.

나만의 강도를 찾는다

유산소 운동은 '강하게'와 '약하게'를 반복한다. 임신하기 전보다는 조금 낮은 강도로 운동한다.

운동 강도를 측정할 때 노래를 불러보는 방법도 있다. 운동을 하면서 보통 빠르기의 노래를 불러서 어려움 없이 박자대로 잘 부를 수 있는 정도면 적당한 강도이다.

임신부에게 적절한 운동의 강도는 운동 중이라도 언제든지 옆 사람과 쉽게 대화를 할 수 있어야 한다. 힘들어서 말을 못할 정도라면 운동 강도가 너무 센 것이다. 강도가 세면 부상의 위험도 높아

지므로 운동 후에도 노래를 부를 수 있는 정도의 강도를 지키도록 한다.

힘들면 언제라도 중지한다

운동 중 통증이나 어지럼증, 출혈, 숨이 차는 증상이 생기면 바로 운동을 중지한다. 임신했으니까 당연히 나타날 수 있는 증상으로 여기고 무시하면 안 된다. 무리한 욕심은 절대 금물이다.

운동 시간을 규칙적으로 지킨다

임신 전에 운동을 하지 않았다면 처음에는 운동 시간이 30분을 넘지 않는 것이 좋다. 어느 정도 익숙해지면 매일 30분~1시간 정도로 늘리고 일주일에 4~6회 정도 규칙적으로 한다.

운동 종류를 가려서 한다

모든 운동을 다 할 수 있는 것은 아니다. 격렬하고 운동 범위가 넓은 운동, 갑자기 멈춘다든지 잘 넘어질 수 있는 빠른 속도의 운동은 태반에 손상을 줄 수 있다. 테니스, 골프, 스키, 스노보드, 수상스키, 승마 등이 넘어지거나 중심 잡기가 힘든 운동들이다.

스킨스쿠버 역시 절대 하면 안 된다. 태아는 심혈관이 아직 미숙하므로 잠수병에 걸리면 심각한 위험에 빠질 수 있다.

순산을 도와주는 운동

지금까지는 임신 중 좋은 운동을 몇 가지 소개했다. 이런 운동은 임신 기간 동안 체력을 키워주고, 체중을 조절하면서 10개월을 건강히 보낼 수 있도록 도와준다. 또한 진통을 덜어줘 출산을 쉽게 해주는 운동도 있다. 어떤 운동이 순산에 도움이 되는지 운동의 비밀을 풀어보자.

순산을 돕는 배근육과 골반저근육

출산의 마지막 순간, 임신부는 자신의 힘으로 아기를 밀어내야 한다. 이때 배근육과 골반저근육의 힘이 필요하다. 치약에 비유하자면, 치약을 짜는 것은 배근육의 수축이고 치약의 입구를 여는 것이 골반저근육의 이완이라 할 수 있다. 즉, 복근이 수축되면서 아기를 밀어내고 골반저근육이 이완되면서 입구가 벌어져야 출산이 가능하다. 임신 중에 이 두 근육을 잘 발달시켜 놓으면 그만큼 순산에 도움이 된다.

골반저근육 단련이 중요한 이유

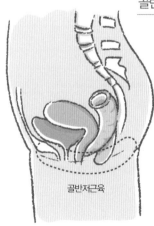

골반저근육이란 치골에서 꼬리뼈까지 연결된 넓은 근육조직을 말한다. 네발로 걷는 동물은 배 전체의 근육이 중력에 중요한 역할을 하지만 직립보행을 하는 사람은 중력의 영향을 받는 골반저근육이 중요한 역할을 한다. 골반저근육은 자궁, 대장, 방광을 제자리에 있도록 유

골반저근육

지시켜준다.

근육이 튼튼해야 분만이 쉽다

식료품이 담긴 비닐봉투에 비유하면 이해하기가 쉽다. 비닐봉투 안에 과일, 채소 등이 적당히 담겨 있는데, 이 봉투의 밑바닥이 바로 골반저근육이다. 만약 봉투의 밑바닥이 튼튼하지 않은데 좀 더 많은 식료품을 담으면 밑이 터질 수 있다.

식료품을 골반 안의 장기라고 가정한다면 임신 상태의 골반은 봉투 안 식료품의 내용물이 더 많아져서 무거워지는 것과 같다. 임신 말기가 되면 자궁, 태아, 양수, 태반 등의 무게가 5kg이 넘기 때문에 봉투의 바닥, 즉 골반저근육이 더 튼튼해질 필요가 있다. 이 근육은 자궁 이외에 요도, 방광, 직장을 지탱해서 장기들이 제자리에 있도록 도와준다.

출산 중에는 아기가 산도를 통과하면서 골반저근육이 늘어나고 잘못하면 손상을 입을 수도 있다. 가끔 근육의 일부가 찢어지기도 한다. 비록 제왕절개를 하더라도 커진 자궁의 영향을 받은 골반저근육이 약해지기 쉬우므로 골반저근육을 미리 단련시키는 것이 매우 중요하다.

잘못 알고 있는 상식
케겔운동은 요실금을 예방해주므로 임신 중에는 할 필요가 없다.

골반저근육을 단련하면 요실금도 예방된다

골반저근육이 잘 단련되면 임신으로 늘어난 체중을 더 잘 지탱할 수 있어 임신 중 생기는 골반통, 요통, 치골통의 증상이 완화된다. 임신 중이나 출산 후 요실금도 예방된다.

또한 분만이 더 쉬워지고 분만 중 아기가 산도를 내려올 때 생기는 산도를 둘러싼 근육의 파열도 어느 정도 막을 수 있다. 진통 중에는 골반저근육의 이완이 필요한데, 이완이 잘 되면 진통 시간이 단축될 수 있어 분만이 좀 더 쉬워진다.

간혹 '골반저근육을 단련시키면 골반이 더욱 잘 조여져 자궁문이 잘 안 벌어지는 것은 아닐까?'라고 생각하는 임신부도 있을 것이다. 하지만 이것은 잘못된 생각이다. 근육을 단련한다는 것은 조이는 힘만 기르는 것은 아니다. 근육을 단련시키고 강화할수록 근육의 수축과 이완이 쉬워진다.

두 번째 출산 후 잘 생기는 치골통을 예방해준다

첫아이를 힘들게 출산했더라도 두 번째 출산은 대부분 쉬운 편이다. 첫 출산 때 아기가 통과하면서 산도가 늘어나 두 번째 출산에서는 분만 시간이 거의 반 이하로 단축된다.

산도와 마찬가지로 골반저근육도 탄력을 잃게 되어 커진 자궁을 잘 떠받치기에 힘이 더 든다. 그래서 두 번째 임신부터는 치골통이 빨리 생기고 더 심해지기도 한다. 평소 골반저근육을 단련시키는 운동을 하면 둘째를 임신했을 때 나타날 수 있는 이런 증상을 완화시킬 수 있다.

순산에 도움이 되는 운동

케겔운동

골반저근육 단련에 좋은 대표적인 운동이 케겔운동이다. 케겔운동은 여성에게 아주 좋은 운동이며, 일상생활에서 언제나 쉽게 할 수 있는 것이 특징이다.

어떻게 할까?

가장 쉬운 방법은 소변을 보는 중간에 소변을 꾹 참고 소변 줄기를 멈추는 것이다. 또 방귀가 나올 때 항문에 힘을 주어 방귀가 나오는 것을 멈추거나, 누워서 질 속에 손가락 두 개를 삽입해 꽉 조이는 것도 방법이다. 손가락 두 개를 질 안에 넣고 골반저근육 운동을 하면 질 안에 있는 손가락이 조여지는 것을 느낄 수 있을 것이다. 혹은 남편과 잠자리 중 페니스를 꽉 조이는 것도 도움이 된다.

- 처음에는 소변을 볼 때 소변을 잠시 끊었다가 다시 보는 방법을 3~4회 반복한다. 또는 골반저근육을 셋 셀 때까지 수축시켰다가 이완시킨다. 익숙해지면 나중에는 10까지 세어본다.
- 하루에 100회 정도 골반저근육 단련에 집중한다. 이때 숨을 참아서는 안 되며, 엉덩이 근육

다리를 의자에 올리고 편히 눕는다.

질과 항문에 힘을 주면서 셋을 센다. 익숙해지면 열까지 세어본다.

같은 다른 근육을 사용해서도 안 된다.

- TV를 보거나 엘리베이터 안에서, 집안일을 하거나 컴퓨터를 쓰거나 잠자기 전 등 일상생활 중에 시간이 날 때마다 해보자.

언제부터 할까?

케겔운동은 언제부터든 할 수 있다. 가능하면 임신 전부터 꾸준히 한다. 임신하면 초기부터 말기, 출산 후까지 계속 하는 것이 좋다. 골반저근육이 강하면 출산 후에 생기는 요실금도 예방할 수 있다.

복근운동

임신을 하면 복부 근육은 아기가 자라는 자궁의 무게를 감당해야 한다. 그렇기 때문에 평소보다 더 강해지고 탄력성이 있어야 한다.

튼튼한 복근은 튼튼한 나뭇가지와 같다. 나뭇가지가 튼튼하면 열매가 주렁주렁 열려도 축 늘어지지 않고 무게를 지탱해준다.

튼튼한 복근은 분만할 때도 필요하다. 분만의 마지막 시기에는 임신부의 힘으로 아기를 밀어내는

데, 이때 사용되는 근육이 바로 복근이다. 주로 쓰이는 복횡근은 복식호흡을 할 때 움직이는 근육이다. 세로 형태의 복직근은 임신 중에 잘 늘어나고 약해져서 힘을 쓰지 못한다.

복근운동을 할 때는 복식호흡을 하게 되는데, 복식호흡은 일반 호흡에 비해 더 많은 공기를 들이마실 수 있다. 복식호흡을 통해 몸이 이완되면 긴장이 풀어지고 느긋해진다.

고양이 자세

복근은 출산 2기에 힘줄 때 도움이 많이 되는 근육이다. 임신 중 요통과 출산 중 생기는 요통 예방에도 효과가 있다. 고양이 자세로 힘주기 연습을 하면 복근을 강화하는 데 도움이 된다.

방법 머리와 허리를 일직선으로 하고 무릎과 손을 방바닥에 붙인다. 배근육을 말아 넣어서 허리를 둥글게 만 자세로 몇 초간 유지한다. 다시 배와 등의 긴장을 풀어서 등을 편하게 한다. 처음에는 몇 번씩 하다가 나중에는 횟수를 늘린다.

손바닥과 무릎이 바닥에 닿도록 엎드린다.

배근육을 말아 허리를 둥글게 만들어 몇 초간 유지시킨다.

숨을 들이쉴 때 배가 불룩해지고
숨을 내쉬면서 배가 들어가게 한다.

힘주기 운동

힘주기 연습은 서서 혹은 앉아서 할 수 있는 쉬운 운동이다.

방법 복식호흡과 같은 방법으로 배가 불룩하도록 깊게 숨을 들이쉬었다가 다시 내쉰다. 공기가 다 빠질 때까지 천천히 내쉬어서 배를 최대한 홀쭉하게 들어가도록 한다.

힘주기 운동에서 가장 중요한 것은 올바른 호흡법이다. 운동을 할 때는 정확한 복식호흡법으로 운동을 해야 하며, 숨을 쉬는 동안 복근을 사용해 근육을 단련시키고, 숨을 내쉬면서 골반저근육을 이완시키는 상상을 한다.

Doctor's Guide

태아가 둔위일 때 운동법

임신 말기가 다가오면 태아의 위치가 바로잡히면서 서서히 분만을 위한 준비에 들어간다. 분만 시 태아는 보통 머리부터 나오게 되지만, 간혹 엉덩이가 먼저 나오는 둔위분만이 되는 수도 있다. 임신 말기에 태아의 위치가 둔위가 되었다면 운동을 통해 태아가 정상의 위치로 돌아오도록 할 수 있다. 둔위를 바로잡는 운동을 식사 전과 잠자기 전 하루 두 번, 5분씩 반복한다.

1. 방석 위에 무릎을 꿇고 다리를 벌려 앉는다.
2. 고개를 숙이며 상체를 앞으로 내린다.
3. 두 팔은 발 쪽으로 내리고, 엉덩이를 높이 치켜든다.

tip 이 같은 자세를 5분 내외로 유지한다. 운동 후 잠을 잘 때는 뒤로 눕는 것보다는 옆으로 눕는 것이 좋다.

부부관계를 즐겁게 하는 케겔운동

출산으로 늘어난 질을 수축시키기 위해서 케겔운동을 하면 좋다. 시중에 명기가 되는 방법이라면서 판매하는 다양한 기구들이 있는데, 대부분 질을 수축시키는 운동 기구들이다. 케겔운동은 미국의 산부인과 의사가 창안한 질 수축 운동으로, 케겔운동을 하면 남녀 모두 성적 흥분을 잘 느끼게 되고 당연히 오르가슴도 잘 느끼게 된다.

부인이 성관계 중 질근육을 수축한다면 남편은 굉장한 희열을 느끼게 된다. 남자도 항문과 페니스를 둘러싸고 있는 근육이 있는데, 남편이 근육을 수축한다면 부인의 지스폿(G-spot)을 자극해 부인 역시 쾌감이 증대된다.

케겔운동은 출산 후 넓어진 질을 다시 탄탄하게 만들어줘 오르가슴을 잘 느끼게 하고, 부부의 성관계 만족도를 높여준다.

출산 후 늘어난 질근육을 탄력 있게 만드는 '이쁜이 수술'을 하는 사람도 있다. 하지만 이것은 자신의 질 근육을 단련시키는 것만 못하다. 질은 원통의 근육으로 이루어져 있는데 수술은 겉부분만 한다. 근육의 힘은 단련되지 않고, 늘어난 겉부분만 줄어들었기 때문에 성관계를 할 때 아플 수도 있고 큰 효과가 없을 수도 있다.

임신부 요가

임신 중 요가는 엄마와 아기의 교감에 가장 좋은 운동이다. 요가의 호흡과 명상을 통해 엄마와 태아가 친밀하게 교감하도록 하고, 필요한 근육을 단련시켜서 산모의 순산을 돕는다. 자신의 몸 상태를 잘 파악하고 올바른 요가의 방법을 익혀 임신 시기에 맞는 운동을 해보자. (도움말 · 박서희 「소피아의 임산부 요가」 저자)

2~4 month 임신 초기 요가 프로그램

1 손 · 손목 풀기

손가락을 하나하나 스트레칭한 다음 주먹을 살짝 쥐고 양 손목을 돌린다.

2 목 풀기

고개를 앞, 옆, 사선으로 숙여 승모근을 자극한 다음 천천히 원을 그려 목 근육을 푼다.

3 어깨 풀기

양 손끝을 어깨에 올리고 팔꿈치를 큰 원을 그리듯이 돌린다.

4 팔 늘이기

오른손으로 왼쪽 팔꿈치를 잡은 다음 숨을 내쉬며 팔을 몸쪽으로 당긴다.

⑤ 다리 늘이기
바닥에 다리를 뻗고 앉아서 한쪽 무릎을
구부린다. 상체를 숙여 하체에 자극을 준다.

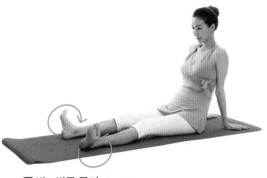

⑥ 발 · 발목 풀기
무릎에 힘을 주고 발끝을 쭉 뻗었다 당기기를 반복한 다음,
발바닥을 세워 발끝을 오므렸다 쫙 편다. 발목을 돌려 긴장을 푼다.

⑦ 옆구리 늘이기
양다리를 오른쪽으로 접고 앉아서 상체를 왼쪽으로 숙인다. 왼팔로
바닥을 짚어 균형을 유지하고 오른팔을 쭉 펴 옆구리를 늘인다.

⑧ 가슴 열기
바닥에 앉아서 양손을 뒤로 짚은 다음 엉덩이를 들어 올린다.
이때 가슴을 최대한 열어 크게 호흡한다.

⑨ 기지개 켜기
양팔을 옆으로 뻗어 균형을 잡은 다음, 오른쪽 무릎을 세워
왼쪽으로 넘겨 몸을 비튼다.

⑩ 고관절 운동
누워서 양 무릎을 세운 다음, 한 손으로 무릎을 잡고
서서히 바닥에 내려 고관절을 늘인다.

⑪ 물고기 자세
양 무릎을 세우고 누워서 양손으로 엉덩이를 받친다. 팔꿈치로
균형을 잡고 가슴을 들어 올려 머리 정수리가 바닥에 닿게 한다.

⑫ 누운 나비 자세
양 무릎을 세우고 누워서 천천히 다리를 양옆으로 내려놓아
고관절을 늘인다. 양손을 배에 올리고 복식호흡한다.

임신 중기 요가 프로그램

1 나비 자세

양 발바닥을 마주 대고 앉아서 상체를 앞으로 숙인다.

2 둔근 이완시키기

양 무릎과 발목이 겹쳐지게 다리를 포개어 앉아서 상체를 숙인다. 이때 다리의 각도는 직각을 유지한다.

3 복근운동

바닥에 양손과 무릎을 대고 엎드려 복식호흡을 한다. 숨을 들이마시면서 배를 이완시키고 입으로 숨을 내쉬면서 배를 최대한 수축시킨다.

4 균형 잡기

바닥에 양손과 무릎을 대고 엎드린다. 왼쪽 다리를 뒤로 쭉 뻗어 균형을 잡고 오른손을 앞으로 뻗어 자세를 유지한다.

5 전사 자세

왼쪽 무릎은 꿇고 오른쪽 다리는 옆으로 벌려 직각으로 세운 다음, 왼손으로 바닥을 짚고 오른손은 위로 뻗어 자세를 유지한다.

6 하지 정렬하기

뒤꿈치를 모으고 발끝을 45°로 벌리고 서서 무릎을 살짝 구부렸다가 펴면서 발꿈치를 들어 돌리며 허리를 곧게 세운다. 이때 배에 힘을 주고 키가 커지듯이 척추를 길게 늘인다.

7 사선으로 숙이기

바로 서서 양발과 몸을 45° 정도 틀고 양팔을 뒤로
모은다. 숨을 크게 들이마시며 흉곽을 부풀린 다음
숨을 내쉬며 상체를 앞으로 숙인다.

8 삼각 자세

양팔을 벌리고 발을 양 팔꿈치의 거리만큼 벌린 다음
오른쪽 발끝은 바깥쪽을, 왼쪽 발끝은 정면을 향하게
한다. 상체를 숙여 오른손으로 바닥을 짚고 왼손은
귀 옆으로 쭉 뻗어 옆구리를 최대한 늘인다

9 스쿼트 I

양발을 어깨너비로 벌리고
무릎이 발끝보다 앞으로
나오지 않을 만큼 하체를
구부린다.

10 스쿼트 II

양발을 어깨너비 이상 벌리고
발끝은 바깥쪽으로 향하게
한 다음 하체의 균형을 유지하며
깊게 앉는다.

11 나무 자세

바르게 서서 오른손으로
오른쪽 발목을 잡아
왼쪽 허벅지까지 올린다.
균형이 잡히면 양손을
머리 위로 올려 자세를
유지한다.

12 골반 들기

평평한 바닥에 누워서 양 무릎을 세운 다음 골반을
5cm 정도만 들어 올린다.

임신 후기 요가 프로그램

1 반달 자세

양발을 어깨너비로 벌리고 선다.
한 손은 허리를 짚고 한 손은
위로 들어 올린 다음 상체를
서서히 옆으로 숙인다.

2 90도 자세

양팔을 옆으로 뻗고 발을
양 팔꿈치의 거리만큼
벌린다. 양손을 골반 아래에
놓고 허리가 구부러지지
않도록 상체를 90° 숙인다.

3 큰 삼각 자세

오른쪽 무릎을 옆으로 직각이 되게 구부린 다음 오른쪽 팔꿈치를
무릎에 대고 왼손을 쭉 뻗어 손끝부터 발끝까지 사선이 되게 한다.

4 전신 운동

양발을 어깨너비로 벌리고 서서
양손을 위로 합장한 다음 배를
수축시킨다. 다시 양손을 허벅지
위에 놓고 허리를 둥글게 말아
구부리며 상체를 숙인다.

5 합장 자세

배가 압박되지 않도록 양발을 벌려 쪼그리고 앉은 다음
양손을 합장하여 가슴 앞에 모으고 팔꿈치로 무릎 안쪽을 민다.

6 무릎 꿇고 가슴 펴기

무릎을 꿇고 앉아서 발끝을 모으고 무릎은 넓게 벌린다.
양손을 뒤로 짚은 다음 고개를 뒤로 젖히고 가슴을 펴서
흉곽호흡을 한다.

⑦ 비둘기 자세

양발이 한 쪽으로 가도록 무릎을 접고 앉아서 양손을 머리 뒤로
모은다. 숨을 내쉬며 상체를 옆으로 숙인다. 이때 허리에 무리가
가지 않도록 손으로 바닥을 짚어 자세를 유지한다.

⑧ 전신 늘이기

양발이 한쪽으로 가도록 무릎을 접고 앉아서 그 방향의 다리를
뻗는다. 숨을 들이마시며 엉덩이를 들어 올리고 팔을 쭉 뻗어
온몸을 늘인다.

⑨ 바람 빼기 자세

누워서 다리를 구부려 가슴 쪽으로 잡아당긴다.
그 상태에서 복식호흡을 느리고 길게 한다.

⑩ 헬리콥터 자세

무릎을 세우고 누워서 양손으로 발을 잡아 무릎을 바닥
쪽으로 누른다. 이때 허리를 펴고 꼬리뼈가 바닥에 닿는
느낌으로 누른다.

⑪ 다리 스트레칭

양 무릎을 세우고 누워 양손을 한쪽 허벅지 뒤에서 맞잡는다.
다리를 위로 들어 올려 발끝과 뒤꿈치를 번갈아 밀고 당기기를
반복한다.

⑫ 모관 운동

양 무릎을 세우고 누워서 팔과 다리를 위로 올려
손과 발을 빠르게 턴다. 동작이 끝나면 제자리로 돌아와
옆으로 누워서 휴식을 취한다.

꼭 필요한 보약, 운동 요약편

엄마가 운동을 하면 태아도 건강해진다

임신부가 운동을 하면 호흡이 빨라지고 근육으로 가는 혈액양이 많아진다. 그러면 상대적으로 자궁으로 가는 혈액이 줄어들어 태아가 저산소증에 빠지거나 저체중아가 되지 않을까? 그러나 엄마가 운동을 하면 태아는 더 많은 양의 혈액을 공급받기 위해 심장박동 수가 빨라진다. 이로 인해 태아 역시 운동하는 효과를 볼 수 있어 오히려 태아의 건강에 도움이 된다.

임신 중 운동을 해야 하는 이유

진정한 태교란 엄마가 좋아하는 일을 하고 그로 인해 기분이 좋아지는 것이다. 운동은 임신부의 기분을 좋게 만들므로 몸과 마음을 건강하게 하는 최고의 태교라 할 수 있다.

또한 운동은 임신 중 체중이 정상적으로 증가할 수 있게 한다. 체중이 정상적으로 늘어나면 순산과 자연분만을 할 가능성이 높아진다. 임신 중에 꾸준히 운동하는 습관을 들이면 출산 후 비만을 예방할 수 있고, 운동이라는 평생 좋은 습관을 갖게 된다.

운동은 임신 초기부터 할 수 있다

임신 초기에 쉽게 피곤하거나 아랫배가 불편하다면 휴식을 해야 한다. 하지만 컨디션이 나쁘지 않다면 하루 종일 누워 있는 것보다는 운동을 하는 것이 좋다. 강도는 평상시보다 약하게 약간 숨찰 정도로 한다. 걷기, 수영, 요가 등은 임신 초기에 해도 좋다.

임신 4개월이 지나면 운동량을 늘린다

임신 4개월은 자연유산의 위험성이 사라지는 안정된 시기이다. 자신의 몸 상태를 확인해 컨디션이 나쁘지 않다면 수영, 빠르게 걷기, 요가 등을 한다.

걷기는 운동을 처음 하는 임신부도 할 수 있다

걷기는 평소에 운동을 하지 않았더라도 임신 중 누구나 안전하게 할 수 있다. 걸을 때는 바른 자세로 걷는 것이 이번 장에서는 임신 중 왜 운동을 해야 하는지, 어떤 운동이 좋은지에 대해 알아봤다.
꼭 기억해야 할 것은 무엇인지 한 번 더 체크해보자.

중요하다. 키가 커진다는 느낌으로 허리와 가슴을 펴고 배에 약간 힘을 주면서 걷는다. 발뒤꿈치 먼저 땅에 닿은 뒤 엄지발가락이 땅에 닿게 한다. 천천히 걸을 때 팔은 자연스럽게 옆에 두고 속보로 걸을 때는 팔을 90도로 굽혀 앞뒤로 흔든다. 무릎 관절을 보호하기 위해 쿠션이 좋은 운동화를 신는 것은 필수. 하루에 한 시간 정도, 일주일에 3회 이상 하는 것이 좋다. 등에 약간 땀이 날 정도, 혹은 조금 숨이 찰 정도로 부지런히 걷는다.

요가는 요통 해소에 도움이 된다
요가도 임신 중에 하기 좋은 운동이다. 임신으로 틀어질 수 있는 관절들을 바로 잡아 요통을 예방하고 치료한다. 단, 요가만 한다면 운동 효과가 그리 높지 않으므로 반드시 걷기나 수영과 같은 유산소 운동을 같이 하는 것이 좋다.

수영은 임신 중에 하기 가장 좋은 운동이다
수영은 온 몸을 사용하는 전신 운동이며 부상당할 위험이 적어 임신 중 하기 가장 좋은 운동이다. 꾸준히 하면 체중이 필요 이상 느는 것도 예방할 수 있다.
수영을 할 줄 모른다면 굳이 임신 기간 중에 새로 배울 필요는 없다. 대신 물속에서 천천히 걷는 아쿠아로빅을 권한다. 일주일에 3~4회 규칙적으로 한다.

실내용 자전거는 넘어질 위험이 없어 안전하다
넘어지지 않는다고 가정한다면 자전거 타기도 임신 중 좋은 운동이다. 하지만 배가 부를수록 중심 잡기가 힘들므로 실내용 자전거를 타는 것이 훨씬 안전하다.

직장에 다닌다면 생활 속에서 운동한다
마음대로 운동할 시간이 없는 직장인이라면 생활 속에서 운동할 방법을 찾는다. TV를 보면서 요가 동작을 따라 하거나, 엘리베이터 대신 계단을 이용하고, 가까운 거리는 걸어 다닌다. 출근할 때 자가용을 이용한다면 차를 회사와 조금 떨어진 곳에 주차하고 한두 정거장 정도는 걸어보자.

임신 중 나타나는 증상과 대처법

배 속에 새로운 생명이 생기면 임신부의 몸은 달라진다. 호르몬 분비가 많아지고, 근육이 이완되며, 혈액량이 증가하고, 체중도 늘어난다. 이로 인해 평소와는 달리 몸에 많은 변화가 나타난다. 그런데 이런 증상이 생기는 원인과 대처 방안을 알지 못하면 임신부는 하루하루가 불안할 수밖에 없다. 반면 어디까지가 정상인지, 그에 따른 대처법을 알고 있다면 임신 기간이 즐거워질 수 있다. 10개월 동안 임신으로 인해 나타나는 증상과 대처법을 알아보자.

얼마나 알고 있을까?

임신 중 나타나는 불편한 증상은 출산 후 모두 사라질까?

01 임신 중 혈액량의 증가로 인해 나타나는 증상이 아닌 것은?

① 코피, 잇몸 출혈

② 코막힘

③ 소화불량

④ 가슴 두근거림

02 임신 중 심장, 폐와 관련된 비정상적인 증상은?

① 숨이 차거나 숨쉬기 힘든 증상

② 가슴 두근거림

③ 임신 중기의 저혈압

④ 임신 말기의 고혈압

03 다음 중 임신부가 느낄 수 있는 태아의 움직임은?

① 손가락 빨기

② 딸꾹질

③ 하품

④ 눈 깜박이기

04 임신 중 어지럼증에 대한 설명 중 틀린 것은?

① 빈혈이 원인이므로 철분제를 먹는다.

② 오래 앉아 있다가 일어날 때 어지럼증은 자연스러운 것이다.

③ 어지럼증이 생기면 머리를 낮게 낮춘다.

④ 시간이 지나면 저절로 좋아진다.

05 임신하면 몸이 검어지기 쉬운데, 그에 해당되는 부위가 아닌 것은?

① 겨드랑이

② 유두

③ 외음부

④ 등

06 임신으로 인해 정상적으로 생길 수 있는 증상이 아닌 것은?

① 잦은 방귀와 트림, 헛배부름

② 변비

③ 공복 시 속쓰림

④ 요실금

07 임신 중 유방 관리에 대한 설명 중 맞는 것은?

① 임신 중 유방 마사지를 잘해야 출산 후 모유가 잘 나온다.

② 함몰유두는 임신 중에 교정해야 한다.

③ 임신 중에도 모유가 나올 수 있다.

④ 유방과 유두를 비누로 매일 씻는다.

08 임신 중에 식사 후 가슴 부위에 타는 듯한 느낌이 나
는 원인은?

① 위염

② 위산이 식도로 역류

③ 과식

④ 빈혈

09 튼살이 생기는 가장 큰 원인은?

① 튼살 크림을 바르지 않았기 때문이다.

② 유전적 영향 때문이다.

③ 체중이 많이 늘어났기 때문이다.

④ 칼슘제를 먹지 않았기 때문이다.

10 임신 중에 나타나는 코의 변화 중 관심을 가져야 하는
증상은?

① 코막힘

② 코피

③ 코골이

④ 콧속 건조

11 임신 초기 피가 비치는 증상에 대한 설명 중 맞
는 것은?

① 곧 자연유산 될 가능성이 높다.

② 대부분 별다른 문제가 없다.

③ 태아 기형이 될 가능성이 크다.

④ 태아가 정상으로 태어나도 건강하지 않다.

12 임신 중 질염에 대한 설명 중 맞는 것은?

① 냉에서 나쁜 냄새가 나면 반드시 치료를 받
아야 한다.

② 냉의 양이 많으면 치료를 받아야 한다.

③ 외음부를 씻을 때는 비누보다 질 세정제가
좋다.

④ 질염 예방을 위해 매일 씻고 헤어드라이어
로 보송보송하게 말린다.

13 임신 막달에 눕는 자세로 가장 좋은 것은?

① 똑바로 눕는다.

② 왼쪽 옆으로 눕는다.

③ 오른쪽 옆으로 눕는다.

④ 엎드린다.

14 발이 많이 붓는다면 어떻게 하면 될까?

① 치료를 받아야 한다.

② 물을 적게 마신다.

③ 오래 서 있지 않도록 한다.

④ 가능하면 운동을 하지 않는다.

15 다음 중 요통 예방하는 운동으로 적합하지 않은
것은?

① 걷기 운동

② 케겔운동

③ 고양이 자세 운동

④ 팔굽혀펴기 운동

정답 1.③ 2.④ 3.② 4.① 5.④ 6.③ 7.③ 8.② 9.② 10.③ 11.② 12.① 13.② 14.③ 15.④

임신부에게 나타나는 각종 증상 표

임신부의 모습을 살펴보자.
임신을 하면 머리에서 발끝까지
신체적 변화가 일어난다.
어느 한 곳 편한 데가 없다.

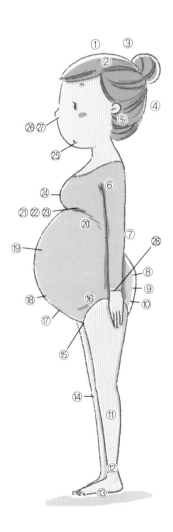

① 두통
② 머리카락이 많아짐
③ 불면증 · 악몽
④ 어지러움
⑤ 이명(귀울림)
⑥ 겨드랑이가 검어짐
⑦ 요통
⑧ 치질
⑨ 잦은 방귀
⑩ 변비
⑪ 정맥류
⑫ 부종
⑬ 발바닥 통증
⑭ 무릎 통증
⑮ 냉이 많아짐
⑯ 치골통
⑰ 튼살
⑱ 가진통
⑲ 소화불량 · 트림
⑳ 갈비뼈 통증
㉑ 숨 참 · 호흡곤란
㉒ 가슴앓이
㉓ 가슴 두근거림
㉔ 유방 통증 · 유두 착색
㉕ 잇몸출혈
㉖ 코피 · 코막힘
㉗ 코골이
㉘ 손 저림

혈액량 증가로 나타나는 증상

임신 중에는 태아의 성장에 필요한 영양과 산소를 공급하기 위해 혈액량이 40% 증가한다. 혈액량이 많아지면 심장에서 뿜어내는 피의 양도 많아져 자신의 심장 뛰는 것이 느껴지는 가슴 두근거림 현상이 생긴다. 점막이 약한 잇몸이나 코 안에도 많은 피가 모여 출혈이 나타나기 쉽다. 이밖에도 여러 증상이 나타날 수 있다.

어지럼증

임신 초기에 흔히 생길 수 있는 현상으로 심하면 실신까지 하게 된다. 임신 5개월에 버스를 기다리다가 다리에 힘이 빠지고 어지러워 기절한 임신부도 있다.

어지럼증은 임신 초기에 잘 생긴다. 호르몬 증가로 혈관이 확장되지만 혈액은 아직 그 혈관을 채울 만큼 충분히 생성되지 않았기 때문이다. 임신이 진행되면서 현기증도 자연스레 사라진다.

왜 그럴까?

임신하면 호르몬의 증가로 혈관이 이완되고 확장된다. 확장된 혈관은 자궁에 많은 양의 혈액을 공급해 태아가 빨리 성장하게 하는데, 반면 엄마에게는 성가신 일로 나타난다.

혈관이 확장되어 혈액이 혈관에 많이 머물게 되면 심장으로 들어가는 혈액량이 줄어든다. 자연히 심장에서 뿜어내는 혈액량도 줄면서 엄마의 뇌로 가는 혈액이 줄어들어 어지럼증이 생기게 된다.

이렇게 하세요

• 날씨가 덥거나 뜨거운 물로 샤워할 때처럼 체온이 상승하면 어지럼증이 잘 생긴다. 체온을 낮추기 위해 피부 혈관이 확장되고 피부에 많은 피가 몰리면서 심장으로 들어가는 혈액량이 줄기 때문이다. 임신 초기에는 뜨거운 물로 샤워하는 것이나 탕 목욕을 조심한다.

• 같은 자세로 오래 앉아 있다가 갑자기 일어서는 경우, 움직임 없이 오랫동안 서 있는 경우에 어지러울 수 있다. 앉아 있다가 갑자기 일어서면 다리에 모여 있던 혈액이 심장으로 올라가지 못하고 머리까지 제대로 공급되지 않아 일시적인 저혈압으로 어지럼증을 느끼게 된다. 이는 임신

잘못 알고 있는 상식

임신 중 어지럼증은 빈혈 때문이다.

하지 않은 사람에게도 흔히 나타나는 증상이다. 앉아 있거나 누워 있다가 일어설 때는 어지럼증을 막기 위해 서서히 일어난다. 또한 오래 서 있어야 할 경우에는 다리를 자주 움직이거나 몸을 움직여서 혈액순환이 잘되게 한다.

• 어지러울 때 옆으로 누워 있으면 곧 회복된다. 옆으로 누우면 심장으로 들어가는 혈액의 양이 다시 늘면서 머리로 가는 혈액량도 늘어난다. 누워 있기 힘든 장소라면 앉아서 머리를 무릎 사이에 파묻는 것도 효과적이다.

• 임신 말기에는 똑바로 누워 있어도 어지러울 수 있다. 커진 자궁이 복부에 있는 대정맥을 눌러 저혈압, 식은땀, 메스꺼움 같은 증상이 생기기도 한다. 이런 증상은 임신부의 8% 정도에서 나타난다. 이럴 때는 똑바로 눕지 말고 왼쪽 옆으

로 눕는다. 정맥이 눌리지 않아 심장으로 가는 혈액량이 증가해 어지럼증이 해소된다.

주의하세요

임신 초기에 어지러움을 느끼는 증상은 정상이다. 임신부의 빈혈이나 영양 결핍과는 관계가 없으므로 굳이 철분제나 종합비타민제를 복용하거나 음식을 많이 먹을 필요는 없다.

두통

임신 초기에 심한 두통으로 고생하는 임신부들이 많다. 대부분 목덜미나 머리 양옆을 누르는 듯한 증상을 호소한다. 임신 3~4개월에 생기는 심한 두통은 임신 5개월이 지나면 대개 저절로 없어진다. 참기 힘들면 두통약을 먹어도 괜찮다.

왜 그럴까?

임신 초기에는 혈액량이 증가한다. 혈액량이 증가하면 그에 맞춰 혈관도 같이 팽창해야 하는데, 제대로 팽창하지 못하면 두통이 생긴다. 이런 두통은 머리 내부의 문제가 아니라 단순히 두피와 관련된 문제이므로 크게 걱정할 필요는 없다. 임신 초기가 지나면 저절로 좋아진다.

어지러울 때는 왼쪽 옆으로 눕는다.

임신 중에 어떤 두통약이 안전할까?

Doctor's Guide

임신 중에 생기는 두통은 혈액량 증가와 호르몬 변화 등으로 나타나는 자연스러운 현상이다. 하지만 두통이 심하면서 시야가 흐려지거나, 너무 오래 자주 발생할 경우, 평소 고혈압으로 두통이 심한 경우는 반드시 의사와 상의해야 한다.

두통이 너무 심할 때는 적절하게 약을 먹어도 좋으며, 두통약은 타이레놀처럼 아세트아미노펜으로 된 성분의 약을 선택하는 것이 좋다. 일반적으로 아세트아미노펜은 임신 중에 먹어도 안전한 것으로 알려져 있는데, 임신 중 열을 내리거나 통증을 완화하는 데 사용된다. 반면 아스피린이나 이부프로펜 등의 진통제는 임신 중에 먹으면 문제가 생길 수도 있으므로 반드시 의사와 상담해야 한다.

이렇게 하세요

- 타이레놀은 임신 초기부터 말기까지 안전하게 복용할 수 있다. 임신 중이라고 임의로 약의 양을 줄이지 말고 용량을 지켜 먹는다. 그래야 약효가 있다. 성인은 하루에 4g까지 안전하다.
- 피곤하지 않게 잠을 충분히 잔다.
- 가벼운 운동이나 산책을 하면 좋아진다.

주의하세요

임신 말기의 두통은 임신중독증의 증상일 수 있다. 두통이 심하다면 꼭 병원 진료를 받는다.

피로감

임신 초기의 임신부들은 대부분 잠을 자도 몸이 개운하지 않고 쉽게 피로감을 느낀다. 이는 임신으로 신체의 부담이 많아지기 때문으로 임신 5개월이 되면 저절로 좋아진다.

왜 그럴까?

임신으로 혈액량이 늘어나면 심장에서 내뿜는 혈액량도 늘어나고 심장박동 수도 전보다 많아진다. 심장이 평소보다 일을 더 많이 하기 때문에 임신하면 더 피곤하다고 느끼는 것이다. 임신 초기의 입덧도 임신부의 기운을 떨어뜨리는 원인이 된다.

이렇게 하세요

피곤하면 일단 쉬는 수밖에 없다. 만약 10시간 동안 잠을 자서 피곤이 풀리면 그렇게 한다. 낮잠을 30분 정도 자는 것도 도움이 된다. 하지만 피곤하다고 쉬기만 하면 더 피곤해진다. 공원에 나가 시원한 공기도 마시고, 몸을 적당히 움직이는 것이 오히려 피로 해소에 도움이 된다. 수영과 같은 가벼운 운동도 피로감을 없앤다.

코막힘

임신부 3명 중 1명은 코가 막혀 숨 쉬는 데 불편해하거나 콧물 등의 증상을 호소한다. 빠르면 임신 3개월에 시작되는데 출산 후에는 다시 좋아진다.

왜 그럴까?

임신 중 혈액량의 증가로 코 안의 얇은 점막에도 혈액이 많이 모이면서 코막힘이 생긴다. 물론 코막힘은 임신과 상관없이 나타날 수 있다. 재채기, 목 따가움, 기침, 몸살 등의 증상이 같이 나타나면 감기로 인한 코막힘이고, 잦은 재채기와 눈, 코 등이 충혈되고 가려우면 알레르기 비염으로 인한 코막힘으로 볼 수 있다. 다른 증상 없이 코만 막힌다면 임신에 의한 코막힘이다.

이렇게 하세요

다음과 같은 방법은 코점막을 부드럽게 해 코막힘을 완화시킨다.

- 물을 많이 마신다.
- 가습기를 사용하거나 젖은 빨래를 방 안에 넣어 놓는다.
- 따뜻한 물에 수건을 적셔 물을 짠 뒤 얼굴에 덮고 숨을 쉰다.
- 약국에서 파는 코 세정액으로 콧속을 씻는다.
- 증상이 심할 경우 코 충혈을 제거하는 비강 스프레이를 사용한다. 처방전 없이 약국에서 살 수 있다.

코골이

코를 고는 임신부를 흔히 볼 수 있다. 임신하면 혈액량이 증가해 콧속의 점막이 잘 붓고 충혈되기 때문이다. 대개 임신 말기가 되면서 코를 고

잘못 알고 있는 상식
임신 중 코피가 나면 이비인후과 진료를 꼭 받아야 한다.

는 경우가 많아서 임신 전에는 4%의 여성만이 코를 고는데 임신을 하면 23% 정도의 임신부가 코를 골게 된다고 한다. 임신 말기가 될수록 코골이의 빈도는 높아진다. 코골이는 임신부의 정상적인 증상이지만 임신중독증일 때도 나타날 수 있다.

왜 그럴까?

코골이는 숨 쉬는 기도가 막혀 있을 때 코에서 소리가 나는 것이다. 임신 중에는 코점막이 붓고 충혈돼 좁아진 코 안으로 공기가 들어가면서 코를 골게 된다.

정상적인 원인 외에도 코를 골 수 있다. 임신 전 체중이 많이 나갔거나 임신 중 체중 증가량이 많은 경우에 코를 골기 쉽다. 공기가 들어가고 나가는 기도 주위에 지방이 축적돼 기도가 좁아지기 때문이다.

이렇게 하세요

옆으로 누워 자거나 머리를 높여서 잔다. 기도가 충분히 열려 코를 골지 않게 된다. 기도 주위

TIP

코골이, 위험할 수도 있다

임신 중 코골이가 위험 신호일 수 있다는 연구 결과가 있다. 코를 골지 않는 임신부는 4%에서만 임신중독증이 생기는 데 반해, 코를 고는 임신부는 10%에서 임신중독증이 생겼다는 것이다. 임신중독증 임신부와 정상 임신부를 비교 연구한 결과, 임신중독증 임신부는 모두 코를 곤다는 발표도 있다.

코를 고는 임신부는 혈압도 높았다. 매일 코를 고는 임신부는 임신 전에 체중이 많이 나갔으며, 임신 중에도 체중이 많이 늘었다고 한다. 저체중아 출산 빈도도 코를 고는 임신부는 7%, 코를 골지 않는 임신부는 2.6%로 나타났다.

에 지방이 축척되지 않게 임신 중 체중 관리에 신경 쓴다.

코피

임신 중에 갑자기 코피가 나더라도 너무 당황할 필요 없다. 혈액량이 늘어서 나타나는 현상으로 출산 후에는 좋아진다.

왜 그럴까?

임신 중 콧속의 혈관이 확장돼 혈관이 잘 터지기 때문에 나타난다. 감기에 걸리거나 비행기 안처럼 많이 건조한 환경에서 코피가 더 잘 날 수 있다.

이렇게 하세요

- 코피가 나면 자리에 앉아 머리를 심장보다 높이고 피가 나는 콧구멍을 5분 정도 누른다.
- 엄지와 검지로 코밑 부드러운 부분을 잡고 얼굴 쪽으로 힘주어 누른다.
- 얼음팩을 코나 볼에 대면 혈관이 수축돼 코피가 멎는다.
- 코피를 예방하려면 코를 풀 때 살살 풀고, 물을 충분히 마셔 코 점막에 수분 공급이 잘 되게 한

다. 특히 건조한 곳에서 코피가 잘 나므로 겨울철 실내에서는 가습기를 사용하고, 실내 온도가 너무 높지 않게 유지한다.

잇몸출혈

임신 중 잇몸출혈은 혈액량 증가로 일어나는 현상이지만 잇몸질환으로도 생긴다.

왜 그럴까?

임신하면 잇몸에도 혈액량이 늘어 잇몸이 쉽게 붓고, 더 부드러워지고, 더 예민해진다. 염증도 잘 생기고 피가 나기도 한다.

이렇게 하세요

- 임신 전과 임신 중에 스케일링을 포함한 치과 진료를 받는다.
- 식사 후 양치질을 잘 한다.
- 칫솔질을 못하는 경우에는 구강 세척액으로 가글이라도 한다.
- 하루에 한 번은 치실로 치아 사이의 음식물 찌꺼기를 제거한다.
- 입냄새가 날 때 혓바닥도 같이 닦으면 입냄새 감소에 효과적이다.

주의하세요

임신 중 단순한 잇몸출혈은 큰일이 아니다. 그러나 잇몸이 붓고, 아프고, 양치할 때 번번이 피가 난다면 잇몸질환을 의심할 수 있다. 임신 중 잇몸질환이 있다면 조산 가능성이 7배 증가한다. 구강 내의 세균이 프로스타글란딘을 형성하여 조기 진통을 유발하기 때문이다. 치아가 아프거나 입에서 냄새가 날 때는 치과 진료를 반드시 받아야 한다. 임신 중이더라도 스케일링, 엑스레이, 마취, 발치

모두 안전하게 받을 수 있다.

가슴 두근거림 · 혈압 저하

임신하면 심장에 아주 커다란 변화가 생긴다. 심장박동 수가 늘면서 맥박이 1분에 10~15회 더 늘어난다. 혈액량도 40% 정도 증가해 심장에서 내뿜는 혈액량이 임신 전에는 분당 5L였다가 임신 30주경에는 분당 7L까지 늘어난다. 이런 두 가지 이유로 임신하면 평소보다 심장이 더 많이, 더 세게 뛰어 가슴 두근거림 현상이 나타나게 되는 것이다.

임신 중기에 혈압이 낮다고 걱정하는 임신부들도 많다. 혈액량이 증가하면 혈관의 벽에 미치는 압력, 즉 혈압이 증가하게 되는데 임신 중에는 혈관이 이완돼 오히려 혈압이 10mmHg 정도 내려간다. 혈액량의 증가보다도 혈관이 먼저 이완되기 때문에 혈압이 내려가는 것이다.

혈압은 임신 초기부터 떨어지기 시작해 중기까지 떨어지다가 임신 말기가 되면서 평소 혈압으로 회복된다. 엄마가 되기 위한 심장의 변화들은 임신 28~32주 사이에 두드러지게 나타난다.

근육 이완으로 나타나는 증상

임신하면 자궁이 점점 팽창하고, 팽창된 자궁은 임신 내내 태아에게 멋진 장소를 제공하기 위해 수축되지 않도록 노력한다. 이것이 바로 자궁근육의 이완인데, 종종 자궁근육만 이완되는 것이 아니라 수축되어 있어야 하는 다른 근육까지 이완되면서 여러 가지 문제들이 생긴다. 근육 이완으로 생기는 증상과 완화시키는 방법에 대해 알아본다.

가슴앓이(역류성 식도염)

가슴앓이는 위산이 식도로 역류해서 생기는, 임신부의 흔한 증상이다. 쓰린 통증은 주로 명치끝에

서 목 밑까지 나타나고, 임신부는 가슴이 타는 것 같은 느낌을 받는다. 식도가 위장보다 위산에 대한 방어 능력이 약해 민감하게 반응하는 것이다. 임신 중기부터 나타나 출산 후에는 사라진다.

왜 그럴까?

임신 중에 증가되는 황체호르몬은 자궁근육을 이완시키는 역할을 한다. 이 호르몬 덕분에 자궁이 수축되지 않고 태아가 잘 지내게 된다.

문제는 황체호르몬의 영향을 자궁 외의 다른 근육도 받는다는 것이다. 황체호르몬이 식도와 위 사이의 괄약근을 이완시켜 위산이 식도로 역류되고 기분 나쁜 속쓰림이 생기게 된다.

이런 부담스러운 증상은 태아가 자랄수록 더 심해지는데, 태아가 커질수록 커지는 자궁이 위장을 압박하기 때문이다.

> **TIP**
>
> **위궤양과 역류성 식도염의 구분**
>
> 명치끝에 통증이 있다면 위궤양을, 가슴이나 목구멍 쪽에 통증이 있다면 역류성 식도염을 의심할 수 있다. 식사 후에 증상이 생기면 역류성 식도염이고, 식사 후 위산이 중화되어서 증상이 호전되면 위궤양이다.

이렇게 하세요

- 음식을 조금씩 자주 먹는다.
- 매운 음식, 술, 카페인 음료, 지방이 많은 음식, 패스트푸드, 찬 음식은 위산 분비를 촉진하므로 피한다.
- 식사하면서 물을 많이 마시지 않는다. 임신 중에 8~10잔의 물을 마시는 것은 중요하지만, 식사 중이 아닌 식간에 마신다.
- 식사 후 껌을 씹으면 타액이 분비되어 위산을 중화시킨다.
- 잠자기 2~3시간 전에는 음식을 먹지 않는다.
- 누울 때는 머리와 어깨를 높여 위산이 식도로 역류하는 것을 막는다.
- 식사 후 곧바로 눕지 말고 적어도 2시간 후에 눕는다.
- 임신 중에도 제산제를 복용할 수 있다. 속쓰림을 참을 수 없다면 의사와 상의한다.

방귀

임신 중에는 호르몬이 증가하면서 소화도 느리게 된다. 장 내 박테리아가 음식물에 작용하는 시간도 길어져 가스가 더 많이 생긴다. 그래서 방귀를 많이 뀌게 되는 것이다.

왜 그럴까?

음식물이 우리 몸에 들어오면 소화시키기 위해 위장과 대장근육이 수축과 이완을 한다. 임신하면 호르몬의 영향으로 혈관과 자궁근육이 이완되면서 근육 수축이 잘 안 돼 음식물이 위장과 대장에 머무는 시간이 길어진다. 그래서 소화불량, 헛배부름, 복부 팽만감, 트림, 변비, 잦은 방귀 등의 증상이 생긴다.

장 운동이 느려지는 이유는 태아에게 영양분을

안정적으로 공급하기 위해서라고 한다. 소화가 되지 않는 것도, 임신 초기에 벌써부터 배가 부른 느낌이 드는 것도 장의 움직임이 느려져서 나타나는 증상이다.

이렇게 하세요

다음 방법이 방귀를 줄이는 데 도움이 된다.

- 탄산음료와 과일주스는 먹지 않는다.
- 음식을 먹을 때 가능하면 말하지 않는다.
- 되도록 껌을 씹지 않는다.
- 변비가 생기지 않게 섬유질이 풍부한 식품을 먹고 물을 많이 마신다.

변비

임신 중의 변비는 소화기관이 이완돼 소화가 느려져 생길 수도 있고, 임신하면서 많이 움직이지 않아 생길 수도 있다. 출산을 하면 없어진다.

왜 그럴까?

임신하면 호르몬의 영향으로 장 운동이 느려져 음식물이 위장과 대장을 통과하는 시간이 길어진다. 음식물이 대장에 오래 머물면서 수분이 흡수되어 배출되기 힘든 상태의 딱딱한 변이 되는 것이다. 임신 초기에는 입덧으로 음식을 잘 먹지 못해 대변량도 줄어들어 변비가 생길 가능성도 높다. 또한 임신이 진행되면서 커진 자궁이 대장을 압박해 변이 잘 내려가지 못하게 되어 변비가 생길 수도 있다. 임신으로 활동량이 줄어들거나 철분제 복용으로 변비가 나타나기도 한다.

임신 중 변비는 초기 40%, 중기 30%, 말기 20%로 임신 말기로 갈수록 줄어든다.

이렇게 하세요

- 채소, 사과, 바나나, 딸기, 다시마, 자두, 키위, 고구마 등 섬유질이 많은 식품을 먹는다. 특히 사과는 껍질째 먹는다. 철분과 섬유질이 많은 프룬 주스도 임신부에게 좋다.
- 걷기, 수영 등의 운동을 일주일에 4회 이상, 30분씩 규칙적으로 한다.
- 아침에 일어나자마자 찬 우유나 찬물 한 잔을 마셔 장을 자극한다.

평소에 물을 많이 마신다. 식간에 2잔씩 하루 총 8잔(2L) 정도면 충분하다.
- 변비약은 임신 중이라도 적당하게 사용할 수 있다. 너무 힘들면 참지 말고 약을 먹는다.

변비가 생기지 않는 철분제 복용법

Doctor's Guide

철분제는 임신하면 꼭 먹어야 한다. 철분제의 부작용으로는 변비, 설사, 하복부 통증, 메스꺼움 등이 있다. 변비가 생길 경우 다음을 확인해보자.

- 임신부의 철분제 권장량은 30mg인데, 먹는 철분제의 양이 많아지면 변비가 잘 생긴다. 혹시 자신이 먹는 양이 이것보다 많지 않은지 확인해본다. 약병의 성분표를 보고 철분 함유량을 확인한 뒤 30mg보다 많으면 먹는 양을 줄인다. 철분의 양이 정상인데 철분제 복용 후 변비가 생긴다면 처음에 권장량의 반만 먹다가 서서히 늘린다.
- 식품에 포함된 철분은 변비를 일으키지 않는다. 붉은색 고기(쇠고기, 돼지고기), 콩, 해산물 등에 철분이 많다.
- 물약으로 된 철분제를 먹으면 변비가 덜 생길 수 있다. 처음에는 조금씩 먹다가 몸이 적응되면 서서히 늘린다.
- 서서히 녹는 철분제(흔히 서방정이라 한다)는 위장을 천천히 자극해 변비를 덜 일으킨다.
- 운동을 하고, 물을 많이 마시며, 섬유질이 풍부한 음식을 먹는다.

잘못 알고 있는 상식
임신 중 변비가 심해도 변비약을 먹으면 안된다.

혈액 흐름 이상으로 나타나는 증상

태아가 커지면 그에 따라 자궁도 점점 커지는데, 커진 자궁이 몸 안의 혈관을 누르면서 하지정맥류, 치질, 부종 등이 생긴다. 이런 증상은 자궁이 커지는 임신 말기에 주로 나타나며, 적당한 운동이나 스트레칭을 하면 혈액 흐름이 원활해져서 증상 완화에 어느 정도 도움이 된다. 출산 후 자연스럽게 사라진다.

부종

대개의 임신부는 임신 말기로 갈수록 손, 발, 몸이 붓는다. 저녁 무렵에는 다리가 붓고 자고 일어나면 다리 쪽에 모인 수분이 다시 상체로 이동해 얼굴이나 손이 붓게 된다. 손은 조금만 부어도 손가락을 움직이기 어렵다.

임신 말기에 다리가 많이 붓는다고 임신중독증일까? 임신 말기에는 대부분의 임신부가 몸이 부으므로 부종만 있다면 임신중독증이 아니다.

왜 그럴까?

임신하면 몸에 수분이 많이 축적되고 늘어난 수분으로 새로운 혈액이 만들어진다. 증가된 혈액은 출산 후 하혈로 인한 쇼크로부터 생명을 구하는 데 도움이 된다.

혈액의 대부분은 물로 이루어져 있으며, 임신 후 혈액량이 40% 증가하면서 혈관 내의 수분이 혈관 밖으로 빠져나오면 부종이 된다. 주로 다리가 붓는데, 늘어난 여분의 물이 중력의 영향으로 발과 다리에 모이기 때문이다.

부종의 또 다른 원인으로는 커진 자궁이 대정맥을 눌러 다리에서 심장으로 올라가는 정맥 내 혈액의 흐름이 느려지기 때문이다.

이렇게 하세요

- 임신 말기에 옆으로 누우면 혈액순환이 잘 되기 때문에 부종을 막을 수 있다. 복부 대정맥이 오른쪽에 있으므로 왼쪽 옆으로 누우면 좋다.
- 가능하면 발을 높게 둔다. 책상에 앉을 때는 발받침을 놓고 앉거나 책상 위에 발을 올린다.
- 한자리에 너무 오래 앉아 있거나, 오래 서 있지 않는다.
- 물만 많이 마셔도 부종이 줄어든다.
- 수영, 걷기 등과 같은 규칙적인 운동이 도움이 된다.

TIP
임신 중 특히 말기에는 왼쪽 옆으로 누워라

임신 중 왼쪽 옆으로 누워 자면 혈액순환이
잘 된다. 혈액순환이 잘 되면 자궁으로 많은 혈
액이 흘러 태아의 건강에도 좋다. 그 외에도 부종
이 예방되며, 임신 중 생길 수 있는 다리의 쥐도
잘 생기지 않는다. 요통의 완화에도 도움이 된다.
항상 왼쪽으로 눕지 못한다면 자신이 편한 자세
로 누워도 괜찮다. 단, 임신 말기에는 왼쪽 옆으
로 누울 수 있도록 신경 쓴다.

치질

자궁이 커지면서 복압 때문에 나타나는 임신부
의 흔한 증상이다. 출산 후 없어진다.

왜 그럴까?

항문에 생긴 정맥류를 치질이라 한다. 치질은
임신부의 10%에서 생길 정도로 흔하며, 치질이
있으면 항문이 가렵고 아프다.

임신 중에 치질이 생기는 것은 자궁이 커지면
서 복압이 오르기 때문이다. 항문 주위의 혈관은
벽이 얇아서 쉽게 팽창돼 붓고 아프다. 게다가 변
비가 있으면 딱딱한 변이 팽창된 정맥을 건드리
게 되고 혈관이 터져 항문 출혈까지 발생한다. 변
비가 없어도 치질은 생길 수 있다.

좌욕 대야

이렇게 하세요

• 식생활을 개선한다. 섬유질이 풍부한 과일과
채소를 많이 먹고 국이나 찌개, 물김치 등을
먹을 때는 건더기만 건져 먹는 습관을 기른다.
밀가루 음식은 섬유질이 적어서 변의 양을 적
게 하므로 삼간다.

• 좌욕이 통증 완화에 도움이 된다. 대야에 38℃
정도의 따뜻한 물을 받아 항문을 15분 담근다.
임신 중에는 배가 불러서 쪼그리고 앉아 좌욕
하기가 힘들 수 있으므로, 좌욕 대야를 변기에
끼워 놓고 하는 것도 좋다. 좌욕 대야는 인터넷
으로 구입할 수 있다.

• 배변 습관을 바꾼다. 변기에 오래 앉아 있으면
항문에 압력이 증가해 치질이 악화된다. 변을
보고 싶을 때는 참지 말고 바로 해결하며, 변
볼 때 힘을 너무 많이 주는 것도 좋지 않다.

• 한자리에 오래 앉아 있지 않는다.

• 케겔운동은 항문 주위 혈액순환에 좋다.

• 아이스팩은 통증을 줄이는 효과가 있다.

• 출산 후에 대개 좋아지므로 임신 중에는 치질
수술을 하지 않는다.

정맥류

피부 바로 밑에 있는 정맥이 팽창하고 부풀어 파
랗게 보이는 것이 정맥류다. 주로 종아리에 나타나
며 외음부나 다른 곳에도 나타난다. 정맥류는 대개
증상이 없으며, 임신 중 정맥류가 생겼다면 출산
후에 없어진다.

왜 그럴까?

자궁이 커지면서 배 속의 대정맥을 눌러 다리에
서 심장으로 올라가는 혈액의 흐름을 방해한다. 다
리 정맥 내의 혈액이 심장 쪽으로 올라가지 못해

다리정맥류

혈관이 부풀어 정맥류가 나타난다.

이렇게 하세요

- 매일 규칙적인 운동을 하면 다리의 혈액 흐름이 좋아져 정맥류의 예방과 치료에 도움이 된다.
- 같은 자세로 오래 서 있거나 오래 앉아 있지 않도록 한다.
- 앉아 있을 때 발을 약간 높게 한다.
- 다리를 꼬고 앉는 행동은 혈액의 흐름을 방해하므로 금물이다.
- 누울 때 다리 사이에 베개를 넣고 옆으로 눕는다. 대정맥이 오른쪽에 있으므로 왼쪽으로 눕는 것이 좋다. 똑바로 누울 때는 다리 밑에 베개를 놓고 누우면 도움이 된다.

쥐

임신부의 50% 정도가 임신 말기로 갈수록 잠을 자다가 종아리에 쥐가 난다고 호소한다.

왜 그럴까?

재래식 화장실에 오래 앉아 있다가 다리에 쥐가 나는 것과 같은 이치이다. 커진 자궁이 복부의 혈관을 눌러 종아리로 가는 혈액량이 줄어들면 종아리 근육이 강하게 수축돼 순간적으로 아주 심한 통증이 생긴다. 주로 새벽 2~5시에 발생해 자다가 깨는 경우가 많다.

임신 중에 쥐가 나는 것은 혈액순환 장애 때문인 경우가 많다. 종아리에 생기는 쥐는 자기 전 종아리 스트레칭으로 예방할 수 있다.

이렇게 하세요

- 옆으로 누워서 자면 다리의 혈액순환이 잘 된다.
- 하루에 2~3회씩 30초간 쥐가 잘 나는 쪽의 종아리 근육을 스트레칭한다.
- 잠들기 바로 전에 종아리 근육 펴는 운동을 하면 쥐가 나는 것을 예방할 수 있다. 먼저 벽 쪽을 향해 서서 벽에 손을 대고 팔꿈치를 구부린 뒤 바닥에 발을 붙인다. 발뒤꿈치를 바닥에 꼭 붙여서 20~30초 동안 유지한다. 종아리가 당기는 느낌이 들도록 스트레칭을 한다.

스트레칭이 되는 종아리

자다가 쥐가 나면 스트레칭을 한다

Doctor's Guide

밤에 자다가 쥐가 나더라도 놀라지 말고 다음과 같이 스트레칭을 한다. 누워서 다리를 천장을 향해 들어올리고 발가락을 정강이 쪽으로 구부린다. 처음에는 아프지만 경련이 풀리면서 통증도 금방 사라진다.

호르몬 영향으로 인한 증상

Part

4

임신하면 태반에서 호르몬을 만들어낸다. 호르몬은 대부분 임신을 유지하기 위한 것으로 그 양이 점점 많아진다. 이 호르몬의 영향으로 입덧, 유방 통증, 얼굴 기미, 여드름 등이 생긴다. 가장 먼저 나타나는 증상은 유방 통증과 입덧이다. 출산 후에는 자연스럽게 사라지므로 스트레스 받지 말고 임신 기간을 즐기도록 한다.

모발 증가

임신하고 나서 머리카락이 풍성해졌다는 임신부가 많다. 사실은 머리카락이 많아진 게 아니라 빠지는 머리카락이 적어져서 그렇게 느끼는 것이다.

일반적으로 머리카락의 90%는 계속 자라는 성장기 머리카락이고, 나머지 10% 정도는 자라지 않

는 휴식기 머리카락이다. 휴식기가 지나면 머리카락은 자연히 빠지게 된다. 보통 매일 100개의 머리카락이 빠진다.

임신을 하면 성장기에 있는 머리카락은 늘어나고 휴식기에 있는 머리카락은 줄어든다. 매일 빠지는 머리카락의 수가 줄어들어 머리숱이 많아지는 것처럼 느껴지는 것이다. 반대로 출산을 하면 휴식기에 있는 머리카락의 수가 늘어나기 때문에 머리카락이 많이 빠진다.

입덧

임신을 알리는 통과의례인 입덧. 입덧을 겪는 임신부의 괴로움은 말로 표현하기 힘들 정도다. 입덧은 임신부의 70%에서 나타난다. 빠르면 임신 5주부터 시작해서 평균 한 달 동안 지속된다. 대개 임신 14주에 끝나지만 드물게 20주까지 지속되는 경우도 있다.

입덧에 관한 오해와 진실

입덧이 심하면 열 달 내내 지속될 수 있다?

임신 20주가 넘어가면 입덧은 거의 없어진다. 임신 중기에 역류성 식도염이 생기면 속이 쓰리

고 구역질이 다시 날 수 있는데, 이것을 입덧으로 오해하는 것이다. 입덧을 열 달 내내 하는 경우는 없다.

태아 때문에 억지로라도 먹어야 한다?

임신부가 임신 전에 건강했다면 입덧을 아무리 심하게 해도 태아는 건강하다. 오히려 입덧을 하면 자연유산과 태아 기형이 덜 생긴다는 보고도 있을 정도로 태아의 건강에 아무런 영향을 미치지 않는다. 임신 8주경의 태아는 2cm 정도다. 초코파이 한 개 정도면 앞으로 한 달간 성장하는 데 충분한 영양이 될 만큼 임신 초기에 태아에게 필요한 영양은 적다.

입덧이 없으면 잘 먹어도 된다?

입덧이 없다고 해서 과식해서는 안 된다. 임신 초기에는 임신 전과 똑같이 먹는다.

입덧이 심해도 아무거나 먹으면 안 된다?

임신 초기에는 태아의 영양에 대해 걱정하지 않아도 된다. 입덧을 할 때는 임신부가 먹고 싶은 음식만 먹는다. 라면이나 콜라가 먹고 싶으면 먹어도 된다. 우동 국물을 한 달 내내 먹는 경우도 있다.

입덧이 끝나면 영양을 보충하기 위해 잘 먹어야 한다?

대부분의 임신부는 입덧이 끝나면 태아에게 미안한 생각이 들어 그간 못 먹었던 것을 보충하려고 한다. 음식을 갑자기 많이 먹으면 체중이 급격히 늘 수 있다. 건강한 임신 기간을 보내려면 입덧이 끝난 뒤 체중 관리에 더 신경 써야 한다. 체중이 많이 늘지 않게 주의한다.

침을 많이 흘리는 것은 문제가 된다?

침이 많아지는 것은 임신 초기에 주로 생기는 현상으로 입덧이 있는 사람에게 잘 생긴다. 침이 많이 생겨서라기보다는 입덧 때문에 침을 못 삼켜서 그렇게 느끼는 것이다.

이렇게 하세요

- 입덧은 위가 비어 있으면 더 심해진다. 음식을 조금씩 자주 먹어 위장에 약간의 음식이 남아 있게 한다. 침대 머리맡에 크래커나 간식을 두고 아침에 자리에서 일어나기 전에 소금 먹고 천천히 일어난다. 냄새가 나지 않는 크래커가 도움이 된다.
- 식사할 때 물을 같이 마시면 배가 더 부르다. 물은 식간에 자주 먹는다.
- 기름기가 많은 음식, 튀긴 음식, 냄새가 진하거나 매운 음식을 피한다. 신 음식이 입덧을 줄이는 데 도움이 된다는 사람도 있다.
- 생강은 입덧을 완화시킨다. 생강차, 생강즙, 생강캔디, 생강꿀, 생강절편 등을 먹으면 도움이 된다. 시중에서 구하기 힘들면 인터넷 쇼핑으로 구할 수 있다.
- 입덧 방지 시계는 손목 부위에 지압점을 자극해 입덧을 줄여준다. 사용자 중 70% 정도가 효과를 봤다고 한다. 병원이나 약국 등에서 살

수 있다.

- 임신 전부터 B_6가 포함된 임신부 비타민제를 먹으면 입덧이 덜하다. 임신 중이라도 비타민 B_6를 하루에 25mg씩 3번 먹는다.
- 입이 마를 정도로 탈수가 심할 때 링거를 맞으면 입덧도 조금 좋아진다.
- 임신 중 입덧을 완화시키는 약을 병원에서 처방받을 수 있다. 입덧이 심하면 고생하지 말고 적당히 사용한다.
- 임신 초기에는 철분제를 먹지 않는다.
- 요가, 수영, 걷기 등의 가벼운 운동은 입덧 증상을 완화시킨다.
- 외출을 할 때 입덧 키트를 준비한다. 입덧 키트는 비닐백, 물티슈, 냅킨, 물, 칫솔 등으로 구성한다.

주의하세요

입덧으로 몸무게가 2~5kg 이상 빠진 경우, 24시간 동안 물이나 음식을 못 먹는 경우, 소변을 오랫동안 못 보았거나 소변 색이 짙은 노란색인 경우에는 바로 의사에게 진찰을 받는다.

여드름

임신하면 없던 여드름이 생기기도 한다. 임신 초기부터 생길 수 있지만 출산 후에는 깨끗하게 없어진다.

왜 그럴까?

임신 중에는 안드로겐 호르몬이 증가해 피부의 피지선을 활성화시키기 때문에 얼굴에 여드름이 잘 생긴다.

이렇게 하세요

여드름이 생기지 않도록 예방하는 방법은 없다. 여드름이 생기면 제일 중요한 것이 피부 감염으로 흉터가 생기지 않게 하는 것이다.

- 하루 2회 정도 자극성이 없는 비누나 클렌징 제품으로 가볍게 세수한다. 잦은 세안은 피한다.
- 보습제나 화장품은 유분이 없는 것을 사용한다.
- 때밀이용 타월로 얼굴을 문지르면 여드름이 악화된다. 세수할 때 손으로 부드럽게 문지르고, 물기를 닦을 때도 수건으로 가볍게 닦아낸다.
- 여드름이 생기면 짜지 않는다. 감염되면 흉터가

 TIP

입덧이 있을 때 양치질하는 법

입덧이 심해서 양치질을 하루에 한 번 겨우 했다는 임신부도 있다. 입덧을 하게 되면 양치질을 할 때 속이 울렁거리거나 토하는 경우가 많다. 입덧 때문에 양치질하기 힘들 경우 다음과 같은 방법이 도움이 된다.

- 혀를 닦을 때 혀를 내민 상태로 혀에 힘을 주고 닦으면 구역질이 덜 난다.
- 식사 직후보다는 시간이 좀 지난 후에 양치질을 한다.
- 소금물로 가글을 하면 입이 개운해진다.
- 물로만 양치질을 하거나 향이 없는 어린이 치약을 써 본다.
- 양치질을 할 때 구역질이 나면 숨을 천천히 깊게 들이마시고 다섯을 셀 때까지 참는다.

남는다.

- 피부가 햇볕에 노출되면 여드름이 악화될 수 있으므로 직사광선은 피한다.
- 먹는 여드름 약인 로아큐탄은 절대 복용하면 안 된다. 임신부가 로아큐탄을 먹으면 태아의 선천성 기형을 유발할 수 있다고 알려져 있다. 임신 전에 로아큐탄을 복용했다면 중단하고 최소한 1개월 후에 임신을 시도해야 한다.
- 항생제의 일종인 테트라시클린을 복용하지 않는다. 테트라시클린은 여드름 치료를 위해 종종 사용되는데, 태아의 뼈 성장 속도를 늦추고 치아를 변색시킬 뿐 아니라 임신부에게 심각한 간질환을 유발할 수 있다. 반면 클린다마이신, 에리스로마이신 등의 항생제는 사용해도 된다.

기미

임신하면 피부가 약간 검어지는데, 평소에 검은 사람이 더 잘 검어진다. 원래 조금 검은 부위인 유두, 배꼽, 외음부 등이 더 검어지며, 피부가 겹쳐지는 부위인 사타구니와 겨드랑이도 검게 변한다. 검은 피부는 출산 후 다시 원래대로 돌아가지만 유두, 대음순 부위는 잘 되돌아가지 않는다.

임신부 중 절반은 얼굴에 기미가 생긴다. 기미는 주로 눈 주위, 광대뼈 부위, 뺨에 나타나는데 간혹 마스크 모양으로 생겨 임신 마스크라고도 한다. 기미는 햇볕에 노출되면 더 잘 생기며 출산 후 몇 달 내로 사라진다.

이렇게 하세요

자외선은 기미를 더 심하게 한다. 날씨가 흐리거나 그늘에 있거나 차 안에 있더라도 자외선을 차단하기 위해 SPF 30 정도의 자외선 차단제를 매일 바르는 것이 좋다. 오전 10시에서 오후 2시 사이가

자외선 양이 가장 많으므로 이때는 외출을 삼가는 것도 한 방법이다.

유두 · 유방 통증

옷에 스치기만 해도 유두가 아프고, 커지고 예민해지는 유방 때문에 남편과의 잠자리가 싫어지는 유두 · 유방 통증. 임신부의 80~90%가 경험할 만큼 흔한 증상이다.

유방의 변화는 임신하면 가장 먼저 생기는 증상 중 하나다. 유두나 젖가슴이 평소와 다르게 아파 병원에서 확인도 하기 전에 미리 임신인 줄 짐작하는 여성도 있다. 유방 통증은 임신 4개월에 접어들면 없어진다.

임신 중 유방의 변화

임신 3개월이 되면 유방이 커지기 시작해 출산 전까지 계속해서 커진다. 초산일수록 변화가 크고 대개 컵 사이즈가 한두 치수 정도 커진다. 유방의 피부가 늘어나면서 가려워지기 시작하고 사람에 따라 유방에 튼살이 생기기도 한다.

유두는 아기가 빨기 쉽도록 커지고 색깔이 점점 진해지는데, 젖꼭지를 둘러싸고 있는 유륜도 부풀고 색깔이 검어진다. 임신 중 유두와 유륜이 검게 변하는 이유는 신비롭게도 시력이 약한 신생아가 엄마의 젖꼭지를 쉽게 찾도록 하기 위해서라고 한다.

이렇게 하세요

유방이 처지는 것을 막으려면 유방이 임신 전 크기로 돌아올 때까지 항상 산모용 브래지어를 착용한다. 브래지어를 착용하지 않으면 커진 유방이 중력의 영향으로 처지게 된다.

유두 분비물

임신 20주 이후에 유두를 짜면 끈적한 분비물이 나오기도 하고 저절로 흐르기도 한다. 임신 9개월쯤에 대부분의 임신부에게서 나타나는 증상으로, 연한 노란빛 분비물이 한쪽 또는 양쪽 유두에서 나온다. 사람에 따라서는 출산 전에 나오지 않을 수

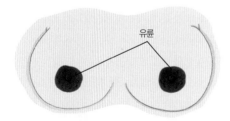

유두가 검어지고 유륜이 부푼다.

 TIP

임신 중에 나타나는 임신선

배꼽 밑에서 치골 부위까지 정중앙에 생기는 검은 선을 말한다. 출산 후에는 없어진다.

도 있으므로 나오지 않는다고 해서 출산 후 젖이 나오지 않을까봐 걱정하지 않아도 된다.

유륜에는 피지를 분비하는 샘인 몽고메리 결절이 있는데, 여기서 분비되는 소량의 액체는 유륜 부위를 세균 등으로부터 보호하는 역할을 한다. 비누를 사용하기보다 그냥 흐르는 물에 씻는다.

함몰유두인 경우에도 모유수유가 가능하므로 출산 전에 교정하지 않아도 된다. 출산 후 젖이 잘 나오게 하기 위해 임신 중에 유방 마사지를 할 필요는 없다.

유륜 돌기

유륜에 여드름 같은 조그만 돌기가 생겼다며 놀라는 임신부가 종종 있다. 원래 유륜에는 4~28개 정도의 작은 돌기, 즉 몽고메리 결절이 있다. 이는 유관과 연관되어 있는 피지선의 일종으로 임신 중과 수유 중에 커져서 눈에 잘 띄는 것이다.

 잘못 알고 있는 상식
임신 중 유방 마사지를 잘해야 출산 후 젖이 잘 돈다.

체중 증가로 나타나는 증상

Part 5

태아와 자궁이 커져 임신부의 체중이 늘면 허리나 골반에 부담을 주어 요통, 엉치통, 치골통이 생긴다. 또한 지방이 많이 축적되면서 코골이도 생긴다. 임신 중에 체중이 느는 것은 정상이지만 급격하게 늘어나면 고생하는 사람은 임신부 자신이다. 열 달 동안 바른 자세와 적정 체중을 유지하기 위해 노력해야 한다.

임신 후 골반 부위가 아프고 불편하다고 호소하는 임신부도 많다. 골반통은 아픈 부위에 따라 크게 요통, 엉치통, 치골통으로 나뉜다. 요통은 보통 허리 부위가 아픈 것을 말하고, 엉덩이 부위가 아픈 엉치통은 엉덩이 안쪽이나 허벅지 뒤쪽이 아프고 걷거나 계단을 오르내릴 때, 의자나 침대에서 구를 때, 무거운 것을 들 때, 책상에 앉아서 허리를 구부릴 때 많은 통증을 느낀다. 치골통도 흔한데 엉치통을 잘 느끼는 임신부가 치골통도 있는 경우가 많다.

요통

요통은 임신부의 70%가 경험할 정도로 임신 중에 매우 흔하게 나타나는 증상이다. 요통 예방과 치료를 위한 자세 교정, 스트레칭, 운동 등을 하면 좋아질 수 있다.

왜 그럴까?

배가 불러 허리를 뒤로 젖히게 되면 요통이 생긴다

태아가 성장하면서 자궁이 점점 커지면 무게중심이 앞으로 이동한다. 임신부는 커진 배를 지탱하기 위해 허리를 자꾸 뒤로 젖히게 되고, 이때 척추

가 뒤로 심하게 휘어져 요통이 생긴다.

평소 허리를 바로잡는 근육은 복근과 허리근육이다. 그런데 배가 커지면 복근이 늘어나고, 늘어난 복근은 몸의 자세를 바르게 유지하지 못하게 된다. 그 결과 등근육이 몸의 자세를 바로잡는 역할을 감당하게 되어 요통이 생긴다.

임신 중 커지는 가슴도 요통 발생의 원인 중 하나다. 가슴이 커지면 어깨가 앞으로 숙여지면서 요통이 생긴다. 임신하더라도 허리 굴곡이 변하지 않는다면 요통이 생기지 않는다.

호르몬의 영향으로 관절과 인대가 느슨해진 것도 원인

임신하면 태반에서 릴랙신이라는 호르몬이 만들어진다. 이 호르몬의 영향으로 골반 관절과 인대가

출산 후 3개월은 조심한다

출산 후 3개월 정도가 지나면 벌어졌던 부분이 원상태로 회복되는데, 이 시기에 관절을 무리하게 사용하거나 잘못 사용하면 인대를 다칠 수 있다. 오랫동안 통증이 지속될 수 있으므로 산후조리 시 조심해야 한다.

부드러워지고 느슨해져 골반이 잘 벌어진다. 골반이 잘 벌어지면 출산할 때 아기가 산도를 쉽게 통과할 수 있지만, 동시에 부드럽고 느슨해진 관절과 인대에 상처가 생기기도 쉽다. 그 결과 요통, 치골통, 엉치통과 같은 골반통이 생기는 것이다.

잘못된 자세가 요통을 유발한다

장시간 오래 서 있거나 방바닥에 정자세로 오래 앉아 있으면 허리에 부담을 주게 된다. 또 의자에 앉을 때 끝에 걸터앉으면 배를 앞으로 내밀게 되어 척추가 많이 휜다. 의자에 앉을 때는 반드시 엉덩이를 의자 깊숙이 넣고 등이 곧게 펴지도록 한다.

요통을 예방·치료하는 자세

- 앉아 있을 때 등을 구부리지 않는다. 등을 잘 받치는 의자에 앉는 것이 좋고, 등이 들어간 부분에는 쿠션이나 베개를 받친다. 엉덩이를 의자 깊숙이 넣어 앉고, 앉아 있을 때 발을 약간 높은 곳에 올려두면 허리가 편안하다. 가만히 계속 앉아 있어야 하는 경우에는 앉아서 골반 기울이기 운동을 10분마다 10회씩 반복한다.
- 눕거나 잠을 잘 때는 옆으로 눕는 것이 좋다. 잘 때 무릎을 구부린 뒤 다리 사이에 폭신한 베개를 끼고 자면 허리에 부담이 없다. 커진 배 밑

잘못된 자세

바른 자세

에 베개를 받치거나 임신부용 전신 베개를 사용하는 것도 도움이 된다.

- 임신부용 골반벨트를 하면 도움이 된다.
- 발이 편하고 굽이 낮은 구두를 신는다. 서 있을 때는 머리 뒤통수에 끈이 붙어 있어 위에서 끌어 당긴다고 상상하며 자세를 잡는다. 가슴을 펴고 똑바로 서면 척추, 골반, 복부근육이 제대로 허리를 잡아주게 된다. 서 있는 자세를 자주 바꾸고, 오래 서 있어야 할 경우에는 낮은 받침대에 한 발씩 교대로 얹어 다리의 피로를 푼다.
- 물건을 들 때 허리나 등으로 들지 않는다. 무릎을 굽혀 물건을 몸 가까이에서 들어올린다. 첫째아이가 있는 경우에도 허리를 구부려 아이를

들어올리지 말고 아이가 엄마 무릎에 기어서 올라오도록 유도한다.

- 누워 있다가 일어나 앉을 때 허리에 무리가 간다. 누워 있다가 일어날 때는 몸을 옆으로 돌려 손에 힘을 주면서 일어난다. 침대에서 돌아누울 때는 하복부와 항문에 힘을 주고 무릎을 구부린 채 움직이려는 방향으로 고개를 먼저 돌린다. 반대 팔을 움직이려는 방향으로 돌린 다음 다리를 움직인다. 침대 다리에 끈을 묶어 사용해도 도움이 된다. 끈은 임신 말기에 침대에 앉을 때, 침대에 눕거나 침대에서 나올 때 요긴하게 사용된다.

요통을 예방 · 치료하는 운동

- 걷기 · 수영과 같은 운동을 하루에 30분, 일주일에 5회 정도 규칙적으로 하면 요통을 예방하고 치료하는 데 도움이 된다.

- 매일 규칙적으로 고양이 자세를 취하면 좋다. 고양이 자세는 요통을 완화하는 대표적인 임신부 요가 자세로, 허리근력을 강화시키고 척추를 유연하게 만드는 데 효과가 뛰어나다.
- 골반 기울이기 운동을 한다. 서서, 앉아서, 누워서 할 수 있으며, 임신 초기부터 요통 예방을 위해 꼭 필요하다.

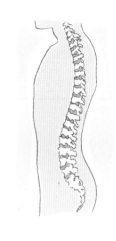

서서 하는 골반 기울이기 운동

누워서 하는 골반 기울이기 운동

누워서 하는 방법

누워서 무릎을 구부리고 허리 밑에 손을 넣는다. 허리 밑에 조금 들뜨는 부분이 있는데, 복근을 수축시켜 허리를 바닥으로 눌러 들뜬 공간을 없앤다. 허리를 누른 상태에서 5초를 기다린다. 허리를 이완시켜 다시 처음 자세로 돌아가 같은 방법으로 10회 반복한다. 허리 마사지 효과도 있다.

서서 하는 방법

누워서 하기 힘든 경우에는 서서 골반 기울이기 운동을 하는데, 누워서 하는 것보다 더 힘들다. 벽에 등을 기대면 벽과 허리 사이에 손이 한두 개 정도 들어갈 공간이 생긴다. 상체를 편 채 허리를 뒤로 밀고 엉덩이는 앞으로 당겨 벽과의 공간을 줄인다. 그 자세를 몇 초간 유지했다가 원래대로 돌아가기를 틈나는 대로 수십 차례 반복한다.

앉아서 하는 방법

서서 하는 방법과 같이 의자에 앉아서 한다.

앉아서 하는 골반 기울이기 운동

치골통

임신 초기에도 생길 수 있지만 주로 임신 중기 이후에 생긴다. 첫 임신 때 치골통이 있던 임신부는 다음번 임신 때 좀 더 일찍 생기고 심하게 나타나는 경우가 많다. 치골 부위와 사타구니에 통증이 있으며 치골 부위를 건드리면 아프다. 흔히 엉치통, 요통도 같이 있는 경우가 많다. 다리를 벌릴 때, 걷거나 움직일 때, 계단을 오르내릴 때, 침대에서 돌아누울 때 통증이 심하며 밤에 화장실에 가기 위해 침대에서 일어나기도 힘들다.

왜 그럴까?

임신 전에 단단하게 결합된 치골이 임신 후 호르몬의 영향으로 느슨해지면서 더 잘 움직이게 되어 통증이 생긴다.

이렇게 하세요

치골에 많은 자극을 주지 않는 것이 유일한 대처법이다.

침대에서

- 옆으로 누워 잘 때 커진 배 밑에 베개를 받치면 통증 완화에 도움이 된다.
- 옆으로 잘 때 종아리 사이에 베개를 넣는다. 허벅지 사이에 베개를 끼우면 골반이 더 벌어져 치골 부위가 더 아프다.
- 침대에서 움직일 때나 돌아누울 때 다리와 골반이 평행이 되게 같이 움직인다.

움직일 때

- 차에 타거나 내릴 때 두 다리가 한 묶음인 것처럼 같이 움직인다.
- 서 있을 때는 양쪽 다리에 같은 체중이 실리도록 한다.
- 계단을 오를 때 한 발씩 올라간다.
- 움직일 때 천천히 움직인다.
- 옷을 입고 벗을 때 의자에 앉아서 한다. 예를 들어 바지를 입을 때 의자에 앉아서 다리를 바지

에 넣은 뒤 일어서서 바지를 잡아 올린다. 서서 옷을 입고 벗으면 통증이 생길 수 있다.
- 골반벨트를 하면 골반을 단단히 잡아줘 치골통 완화에 도움이 될 수 있다.
- 마트 같은 곳에서 장을 볼 때 무거운 물건을 카트에 실은 채 밀지 않도록 한다.

운동할 때

- 수영이 치골통 완화에 도움이 되지만 평영은 하지 않는다. 수영을 할 때 물속에서는 편하지만 나올 때 조심해야 한다.
- 골반 기울이기, 고양이 자세, 케겔운동이 도움이 된다. 특히 케겔운동은 임신 중 골반에 가해지는 하중을 덜어준다.

그밖에 나타날 수 있는 증상

Part 6

임신을 하면 배 속에 아기가 있다는 이유만으로 나타나는 증상들이 많다. 점차 태아가 커져 호흡곤란이나 갈비뼈 통증 등을 느끼게 되지만 이런 증상은 출산과 동시에 사라진다. 반면 태동은 배 속의 아기를 직접적으로 느낄 수 있어 즐거운 증상 중 하나로 볼 수 있다.

임신 중·말기 호흡곤란

임신 중·말기에는 호흡이 가쁘고 숨이 차고 숨 쉬기가 곤란해진다. 혹시 폐나 심장에 병이 생긴 건 아닌지 걱정하기도 하지만 정상적인 증상이다.

왜 그럴까?

두 가지 이유가 있다. 하나는 태아가 자라면서 커진 자궁이 임신부의 폐를 압박해 폐의 용적이 줄어들었기 때문이다. 또 다른 이유는 산소 필요량의 증가다. 임신부는 태아에게 산소를 공급하기 위해 더 많은 산소를 들이마셔야 한다. 임신부의 호흡 수가 증가해야 숨을 쉴 때마다 마시는 공기의 양이 늘어 태아에게 충분한 산소가 공급될 수 있다. 이런 이유로 임신부는 숨쉬기가 어렵거나 숨이 가쁜 것처럼 느껴지는데, 임신 막달에 태아가 골반 안으로 진입하면 좋아진다.

이렇게 하세요

다음과 같이 자세를 바꾸면 도움이 된다.

• 바른 자세를 가진다. 앉거나 설 때 등을 펴고 어깨를 뒤로 젖히면 폐의 용적이 커진다.
• 임신부용 전신 베개나 여러 개의 베개를 사용

해 잘 때 옆으로 자면 숨쉬기가 한결 편하다.

갈비뼈 통증

태아가 자라면서 생길 수 있는 증상으로 임신 말기에 태아가 골반으로 내려가면 통증이 줄어든다.

왜 그럴까?

태아가 성장하면서 다리를 엄마 갈비뼈 밑으로 펴거나 커진 자궁이 갈비뼈를 압박하면 통증을 느끼게 된다. 자궁이 많이 커지는 임신 말기에 주로 생기며, 많이 아파하는 임신부도 있다.

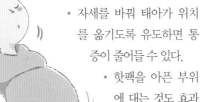

이렇게 하세요

- 자세를 바꿔 태아가 위치를 옮기도록 유도하면 통증이 줄어들 수 있다.
  - 핫팩을 아픈 부위에 대는 것도 효과가 있다.
  - 그림과 같은 자세로 가슴 스트레칭하면 도움이 된다.

- 앉아 있을 때 등을 곧게 펴고 등 뒤에 베개를 두면 조금 편하다.
- 누울 때는 갈비뼈가 아프지 않은 쪽으로 눕는다.

아랫배 통증

임신 초기부터 '아랫배가 묵직하다', '당긴다', '콕콕 쑤신다', '아프다'라고 표현되는 증상이 흔히 나타난다. 이런 불쾌감은 자궁이 있는 아랫배 정중앙이나 옆구리 쪽에 생기는데, 자궁이 커져 자궁을 둘러싸고 있는 막이 팽창하면서 느껴지는 증상들이다.

아랫배 통증은 임신 초기부터 말기까지 간헐적으로 나타난다. 대부분 일시적이고 곧 사라지지만, 출혈을 동반하는 경우에는 반드시 병원 진료가 필요하다.

임신 초기에 약한 아랫배 통증이 있어도 곧 사라진다면 태아가 건강하다는 것이므로 걱정할 필요 없다.

임신 초기, 병원 진료가 필요한 경우

피가 비친다면 병원 진료가 필요하다. 흔한 증상이므로 걱정하지 말고 가벼운 마음으로 진찰을 받는다.

임신 중기 이후, 병원 진료가 필요한 경우

임신 20주 이후에 배가 자주 뭉치거나 아픈 증상이 1시간에 4회 이상 지속되거나 피가 보이면 반드시 병원에 가야 한다. 조기 진통의 우려가 있다.

복부 가려움

임신 중 살이 팽창하면서 피부가 당겨 가려운 증

상이 나타난다. 특히 가장 많이 팽창되는 배가 주로 가려고 엉덩이, 가슴, 팔 등으로 퍼진다. 온몸이 다 가려울 수도 있는데, 출산 후에는 모두 사라진다.

이렇게 하세요

- 더운 물로 샤워를 하거나 탕 목욕을 하면 피부가 건조해져 가려움이 더 심해질 수 있다.
- 목욕 후 물기를 닦을 때는 가볍게 닦는다. 머리만 말리고 몸의 물기는 닦지 않는 것도 도움이 된다.
- 잦은 목욕은 몸의 수분과 유분을 빼앗아가므로 너무 자주 목욕하지 않는다.
- 샤워 후 물기가 다 마르기 전에 보습제를 바르는 것도 좋은 방법이다. 오트밀이 함유된 보습제는 보습 효과가 뛰어나다.
- 헐렁한 면 소재의 옷을 입어 피부 자극을 줄인다.
- 더우면 몸이 더 가려울 수 있으므로 몸을 시원하게 한다.

- 칼라드라민 로션이나 스테로이드 로션은 임신 중에 사용해도 된다. 칼라드라민 로션은 처방전 없이 약국에서 살 수 있고 바르면 살짝 뿌옇게 표시가 난다.

배 튼살

튼살을 100% 예방할 수 있는 방법은 불행히 없다. 유전적인 요인이 가장 크기 때문에 튼살 크림을 열심히 바른다고 해도 완전하게 막기는 어렵다. 임신 전이나 임신 중에 정상 체중을 유지하는 날씬한 임신부도 튼살이 생길 수 있다.

왜 그럴까?

피부가 한계를 넘어 계속 늘어나면 피부 밑에 있는 콜라겐이 찢어지는데, 이것이 바로 튼살이다. 튼살은 배가 급격히 커지는 임신 6개월부터 지방이 많은 복부와 가슴에 생긴다. 붉은빛이 돌면서 약간 파인 선으로 나타난다.

튼살 자국은 출산하면 흰색 또는 은색으로 바뀌고 시간이 갈수록 연해지지만 없어지지 않는다. 자국이 심할 경우에는 출산 후 레이저 치료를 받거나 튼살 제거 크림을 바르는 것도 도움이 된다.

이렇게 하세요

피부 조직은 유전되기 때문에 친정어머니가 임신 중 튼살이 생겼다면 자신도 그럴 가능성이 높다. 조금이라도 줄이는 방법은 다음과 같다.

- 임신 중 체중이 급격하게 늘어나면 튼살이 잘 생긴다. 튼살을 막으려면 임신 중 정상적인 체중 증가가 이루어지도록 해야 한다.
- 건조한 피부는 탄력이 적어 튼살이 많이 생긴다. 피부 로션과 크림, 튼살 크림과 같은 보습제를 바른다. 하지만 임신 초기부터 튼살 전문 로

선을 발라도 피부 탄력성이 개선되는 것이 아니
므로 완벽하게 예방하지는 못한다.
- 과일, 채소, 물, 종합비타민 등으로 구성된 건강
한 식사를 한다.

태동

일반적으로 임신 20주가 넘으면 태동을 느낄 수
있으며, 아기가 자랄수록 태동도 커진다. 태동은
임신을 실감나게 하는 기쁜 일이다. 남편과 함께
태동을 느끼면서 부부는 아기에게 더 큰 애착을 느
끼게 된다.

임신이 진행되면 태동도 커진다

첫 태동은 배에 가스가 차거나 배고파서 꼬르
륵거리는 현상, 새털이 간지럽게 날리는 듯한 느
낌 등으로 시작된다. 일반적으로 두 번째 임신 때
는 태동을 더 빨리 느껴 16주가 넘어서면 알게 된
다. 이는 이미 첫 임신 때 태동을 느껴봐서 장의
움직임과 태동을 구분할 수 있기 때문이다.

첫 태동은 하루에 몇 번씩 느끼기도 하고, 어
떤 날은 전혀 느끼지 못 하기도 한다. 작은 태아
의 팔다리 움직임으로는 자궁벽을 세게 두드리지
못하고, 태아의 온몸이 자궁벽에 부딪혀야 엄마

는 '태아가 움직이는구나'라고
느끼게 된다.

임신이 진행될수록 자궁을
건드리는 태아의 손발놀림이
세지면서 더 많은 시간 동안 태
동을 느끼게 된다. 남편도 아내
의 배에 손을 대면 태동을 느
낄 수 있다. 그러나 태아의 심
장 박동을 엄마, 아빠가 알 수
는 없다.

태아의 움직임이 가장 많은
시기는 임신 28~32주 사이이
며, 이 시기가 지날수록 태동
횟수가 조금씩 줄어든다.

임신 30주가 넘어 태아가 커지면 태반도 같이
커진다. 커진 태반은 오른쪽이나 왼쪽 어느 한 쪽
으로 치우칠 수 있다. 아기는 자궁 안에서 주로 옆
으로 누워 있는데, 태반이 없는 곳에 자리 잡게
된다. 그래서 한쪽에서만 논다고 얘기하는 임신부
가 많다.

태동이 줄어도 태아는 건강하다

태동을 잘 느낀다는 것은 태아가 자궁 안에서 건
강하게 잘 지낸다는 것을 의미한다. 만약 태아의

TIP

태아는 딸꾹질로 폐호흡을 준비한다

임신 7개월이 넘어서면 태아는 딸꾹질을 한다. 태아의 딸꾹질은 임신부도 느낄 수 있다. 태아는 왜 딸꾹질을
할까? 태아가 성숙하면서 횡격막이 발달하고 신경 자극에 따라 횡격막이 수축하는데 이게 바로 딸꾹질이다.
호흡은 횡격막의 수축과 이완에 의한 것으로, 태아의 딸꾹질은 자궁 밖으로 나왔을 때 하게 될 폐호흡을 미리
준비하는 것이다. 이런 딸꾹질은 태아가 건강하게 자란다는 것을 의미한다.

자궁 안에서 태아는 횡격막의 수축과 이완에 의해 마치 숨을 쉬는 것처럼 폐를 움직인다. 폐에는 공기 대신
양수가 들락거리는데, 양수에는 폐를 성숙시키는 물질이 있다. 조산이 되면 가장 큰 문제가 바로 폐로 호흡을 하지
못한다는 것이다.

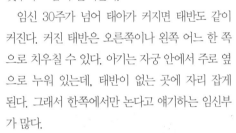

움직임이 걱정스럽다면 활동을 잠시 멈추고 누워서 태아의 움직임에 집중해본다. 태아가 1시간에 4회 움직이면 안심해도 된다. 대부분은 생각보다 활발한 태아의 움직임을 느낄 수 있을 것이다.

태동이 적으면 병원에서 태동 검사를 통해 태아가 건강한지 확인해 본다. 태아도 자궁 안에서 잠을 자는 시간이 있는데 이때는 태동이 없을 수 있다. 태동 검사는 20분 정도 걸린다.

출혈

임신 초기의 출혈은 2명 중 1명에게서 보일 정도로 흔하다. 초기에 출혈이 있어도 태아는 건강하므로 걱정하지 않아도 된다. 태아 기형이나 자연유산이 될 가능성도 적으므로 마음 놓고 초음파로 확

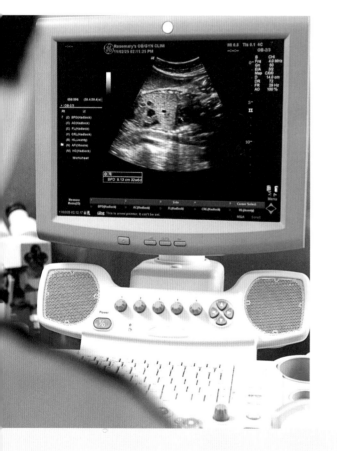

읽어
보세요!

태아의 다양한 모습을 보여주는 초음파 검사

태아는 자궁에서 눈을 뜨고 있을까? 사실 자궁 안은 어두워서 눈을 떠도 보이지 않는다. 게다가 눈 바로 앞에 자궁벽이 가로막혀 있어 보이는 것도 없을 것이다.

태아는 주로 눈을 감고 있지만 한 번씩 실눈을 뜨고 눈동자를 움직인다. 눈동자를 움직이는 모습이 초음파로 보이기도 한다.

렘수면(REM sleep) 상태에서는 꿈을 꿀 때 눈동자를 이리저리 마구 움직인다. 임신 7개월이 넘어서면 태아도 꿈을 꾼다고 여기는 이유가 바로 이런 눈동자의 움직임 때문이다.

태아는 하품도 한다. 우리가 평소에 하는 하품과 거의 비슷하다. 막달에 접어들면 젖을 빠는 듯한 행동도 자주 한다. 배가 부를 때 유두를 밀어내듯 혀를 날름거리는 모습. 입꼬리가 위로 올라가면서 싱긋 웃는 모습도 모두 초음파 검사로 볼 수 있다.

인한다. 마음을 불안하게 하는 임신 초기의 출혈은 임신 12주가 지나면 대부분 멈춘다.

출혈이 없으면 안심해도 될까? 자궁 내에서 이미 자연유산이 되어 있더라도 출혈이 없을 수 있다. 출혈이 없더라도 약속한 날짜에 진료를 받아서 태아가 건강하게 자라는지 확인하는 것이 중요하다.

착상혈로 인한 출혈은 정상

착상혈은 수정 후 10~14일경, 즉 생리가 있기 며칠 전 수정란이 자궁 안에 착상될 때 생기는 출혈이다. 보통 생리보다 적은 양으로 아주 짧은 기간 옅은 분홍색으로 나타난다. 임신부의 소수가 경험하는 정상적인 현상이다.

이렇게 하세요

출혈이 보인다고 직장을 쉬거나 병원에 입원할

필요는 없다. 집에서 가만히 쉬거나 음식을 시켜 먹는 등 활동을 줄인다고 해서 자연유산이 줄어들지는 않는다. 평소 활동량의 80%까지는 무리가 없으므로 적당한 선에서 하던 일을 계속해도 된다. 임신 초기 자연유산의 50% 이상은 태아의 기형 때문이다. 임신부가 안정한다고 유산이 방지되는 것은 아니다.

출혈이 보이면 당황하지 말고 예약된 날짜가 아니더라도 바로 병원에 가서 태아가 정상으로 자라는지 확인한다. 임신 6주 정도면 초음파로 태아를 볼 수 있고, 심장 소리도 들을 수 있다.

임신 10주가 넘어서 출혈이 보이고 태반이 떨어져 있는 것이 초음파에 나타나면 안정을 취하는 것이 좋다. 물론 이때는 성생활도 안 된다.

12주 이후의 출혈은 반드시 진료를 받는다

임신 12주가 지나면 안정된 시기이다. 자연유산도 거의 일어나지 않고, 출혈도 잘 생기지 않는다. 혹시라도 피가 보인다면 반드시 병원 진찰을 받아서 왜 그런지 확인해야 한다. 간혹 조기 진통, 전치태반으로 인한 출혈 가능성이 있기 때문이다.

질 분비물

질 분비물에서 나쁜 냄새가 나거나 질 입구가 가렵다면 염증이 생긴 것이므로 치료를 받아야 한다. 질 분비물은 임신 말기로 갈수록 늘어난다. 질 분비물에서 악취가 나지 않고 가렵지 않다면 문제가 없다.

늘어난 질 분비물은 세균 번식을 막는다

임신하고 냉이 많아졌다는 얘기를 많이 한다. 혹시 양수가 아닌지, 염증이 생긴 것은 아닌지 걱정하는 것이다. 임신 후 냉이 많아지는 것은 질 분비물(냉)과 관련된 자궁경부가 커지기 때문이다. 정상적인 냉 색깔은 우윳빛 흰색이다. 냄새는 없거나, 나더라도 고약하지 않다. 냉은 자궁경부 내 질 분비물과 질 내의 박테리아로 이루어져 있다. 질 내에 존재하는 박테리아는 질 내부를 약산성으로 만들어주는 이로운 균이다.

임신 개월 수가 늘어날수록 냉은 많아진다. 냉 때문에 팬티를 하루에 두세 번씩 갈아입는다는 임신부도 있다. 늘어난 냉은 질 안의 세균이 번식하

배 크기와 태아의 크기는 관련 없다

엄마의 배 크기와 태아의 크기가 반드시 비례하는 것은 아니다. 흔히 배의 크기는 곧 아기의 크기라고 생각하기 쉽지만 그렇지 않다. 임신 전에 뱃살이 많아서 배가 나온 임신부라면 임신해도 배가 많이 불러 보일 것이다. 태아 크기가 같아도 키가 작은 임신부는 키가 큰 임신부에 비해 배가 불러 보인다.

배 크기와 태아의 성별 역시 아무런 상관이 없다. 배 속의 아기가 아들일 경우 배가 더 부르고, 딸일 경우 덜 부르다는 속설은 잘못된 상식이다. 물론 남자아이가 여자아이에 비해 출생 시 몸무게가 평균 100g 정도 더 나가는 경향은 있지만, 그렇다고 해도 배가 더 커지지는 않는다.

는 것을 막는 역할을 하므로 냉이 많다고 성가시게 생각할 것은 아니다. 많아진 냉은 자궁과 태아를 보호한다.

질 세정제는 질 내부를 씻는 용도이다

질 세정제(여성청결제)를 사용하는 많은 여성들이 세정제를 써도 냉이 많고, 냉에서 냄새가 난다고 한다. 질 세정제란 질 내부를 씻어내는 용도로, 겉만 씻으면 사용하는 의미가 없다. 입 안에 염증이 있어 냄새가 날 때 치아를 닦거나 가글을 해야 냄새가 사라지는 것처럼 질 내부에 염증이 생긴 질염 역시 외음부만을 씻는다면 아무리 좋은 세정제를 사용해도 물로 씻는 것과 다를 바가 없다.

곰팡이 질염은 간단하게 치료된다

임신하면 호르몬의 영향으로 질 내부가 곰팡이 균이 살기 좋은 환경이 되어 질염이 생길 수 있다. 곰팡이 질염에 걸리면 치즈덩어리 같은 흰색 냉이 나오고 외음부가 벌겋게 변하면서 많이 가렵다. 견디기 힘들 정도로 심한 가려움을 호소하는 임신부가 있는데, 많이 가렵다면 이런 곰팡이 질염에 걸렸을 가능성이 높다.

임신부의 25%는 질 내에 곰팡이 균이 있고, 임신부의 15%는 곰팡이 질염에 걸린다. 곰팡이 염증은 태아에게 해롭지 않으며, 병원에서 질정제를 넣고 외음부가 가렵지 않게 하는 연고를 바르면 쉽게 치료된다. 곰팡이 염증은 임신 때문에 생긴 것으로 출산하면 저절로 낫는다.

세균성 질염은 반드시 병원 진료를 받는다

질 안에는 질을 건강하게 만드는 좋은 박테리아와 아주 소량의 나쁜 박테리아가 함께 살고 있어 질 내부는 염증이 없는 상태다. 그런데 좋은 박테리아의 숫자가 줄어들면 나쁜 박테리아가 늘어나 질염이 생긴다. 경찰관이 많아야 사회 질서가 유지되는데 경찰관의 숫자가 줄어들면 깡패나 도둑과 같은 무리가 많아져서 사회에 혼란이 생기는 것과 같은 이치이다.

세균성 질염이란 없어야 되는 세균들이 질 내에 많이 번식하는 것으로, 주로 악취가 나는 냉이 나온다. 최근 연구 결과에 따르면 이런 세균성 질염은 양수 조기 파수, 조기 진통, 조산과 연관이 있다고 한다. 냉에서 냄새가 나면 반드시 병원 진료를 받아야 한다.

요실금

요실금이란 웃거나 힘을 줄 때, 재채기나 기침을 할 때 등 원치 않을 때 소변이 나오는 것이다. 주로 임신 말기에 커진 자궁과 태아의 머리가 방광을 압박해서 생긴다.

임신 중에 생긴 요실금은 출산 후 대부분 없어진다. 출산 후에도 요실금이 지속되는 경우는 출산 시 요도를 감싸는 근육이 지나치게 이완되었기 때문으로 출산 후 6주 안에 대부분 좋아진다.

잘못 알고 있는 상식
청결한 여성이라면 좋은 질 세정제를 사용한다.

출산 전과 출산 후 케겔운동을 하면 요실금 예방과 치료에 어느 정도 효과가 있다.

방광이 압박받아 소변을 자주 보게 된다

임신하면 자궁이 커지면서 배 안의 모든 장기들이 압박을 받는다. 방광도 압박을 받아 방광에서 보관할 수 있는 소변의 양이 줄어들어 소변을 자주 보게 된다.

밤에도 소변을 보러 자주 일어난다. 낮 동안 다리나 발에 축적된 수분이 잠자리에 누웠을 때 혈관을 타고 콩팥과 방광에 모이기 때문이다.

손가락 통증

손목터널증후군은 컴퓨터를 많이 사용하는 등 손과 손목을 반복적으로 사용하는 사람에게서 많이 발생하는데 임신한 여성에게도 흔히 나타난다. 증상은 손과 손목, 손가락이 욱신거리고, 저리고, 아프고, 남의 손 같은 느낌이 든다. 대개의 임신부는 손이 실제로 붓지 않았지만 손이 붓고 쓰기 힘들다고 느낀다. 심하면 손목 힘이 없어져 물건을

잡기 힘들게 되고 주먹을 쥐지 못한다. 이런 증상은 주로 양손에 나타난다.

왜 그럴까?

손목뼈와 손목 인대 사이의 좁은 공간에는 신경이 지나간다. 임신 중 특히 중기 이후 임신부의 몸에는 수분이 많이 축적되는데, 수분이 좁은 공간 사이에도 축적돼 신경이 눌려 증상이 나타나는 것이다. 신경에 이상이 생긴 것이 아니므로 출산 후 몸의 부종이 사라지면 저절로 없어진다.

이렇게 하세요

- 손목보호대를 한다. 손목보호대는 손목이 앞이나 뒤로 굽혀지지 않도록 잡아주어 손목 안의 공간을 조금 더 넓힘으로써 통증을 예방한다. 잘 때, 타이핑을 할 때, 독서를 할 때 등 증상이 심해질 수 있는 활동을 할 때 사용하면 좋다.
- 손을 반복해서 사용하지 않는다.
- 아침에 일어나서 손을 흔들면 통증이나 저린 느낌이 없어질 수 있다. 대부분의 임신부가 잘 때 손목을 구부린 채 자기 때문에 저리거나 아프고 무감각한 느낌이 생긴다.

> **TIP**
>
> **임신하면 왜 건망증이 생길까?**
>
> 임신 중에 건망증으로 고생하는 임신부들이 의외로 많다. 물건을 쉽게 잃어버리거나 약속을 잊어버리는 등 정신이 약간 들떠 있고 집중하기 힘들어하는 증상을 대부분의 임신부들이 겪는다. 이는 생리를 하기 전에 겪는 증상과 비슷하며, 호르몬의 변화로 인해 일시적으로 나타난다.
>
> 건망증을 줄이고 싶으면 필요한 일이나 중요한 일을 항상 수첩에 적고, 모든 일에 너무 초조해하지 않는다. 생활 속에서 스트레스를 줄이는 것도 한 방법이다.

임신 중 나타나는 증상과 대처법 요약편

배가 아프다

임신하면 거의 나타나는 증상 중 하나가 바로 배의 통증이다. 배가 콕콕 쑤시기도 하고, 생리통처럼 아프기도 한다. 이런 증상은 자궁이 커지기 때문에 나타나며 임신 초기부터 말기까지 계속된다. 핏물이 보이지 않거나 많이 아프지 않으면 대부분 문제되지 않는다.

핏물이 보인다

임신 초기 두 명 중 한 명은 핏물이 비칠 정도로 흔한 증상이다. 붉은색 피가 보이는 경우도 있지만 핏물 양이 적으면 검은색이나 갈색의 분비물로 보일 수 있다. 핏물이 보이더라도 대부분 큰 문제가 없으므로 놀랄 필요는 없다. 하지만 태아가 안전한지 산부인과에서 확인하는 것이 좋다.

입덧을 한다

대부분의 임신부들은 입덧을 경험한다. 평균 한 달 정도 지속되는데, 임신 초기에는 태아에게 필요한 영양분이 아주 적기 때문에 잘 먹지 못해도 태아에게 아무 영향을 끼치지 않는다. 입덧이 심할 경우 수액 주사를 맞기도 한다.

많이 어지럽다

임신 초기에 많은 임신부들이 어지럼증을 느낀다. 임신 중에는 호르몬의 영향으로 혈관들이 이완되고 확장된다. 그런데 혈액은 중력 방향, 즉 아래로 몰려 상대적으로 머리로 가는 혈액량이 줄어들어 어지럼증을 느끼는 것이다. 확장된 혈관에 혈액이 다 채워지는 임신 중기와 말기가 되면 이런 어지럼증은 저절로 사라진다. 빈혈 때문이 아니므로 시간이 지나면 좋아진다.

두통이 심하다

임신 초기 혈액량 증가로 주위의 혈관이 팽창하면서 두통이 생긴다. 대부분 5개월이 넘어가면 저절로 없어진다. 머리가 많이 아플 때는 타이레놀을 먹는다.

이번 장에서는 임신 중 몸에 어떤 증상이 나타나는지, 어떻게 대처해야 하는지에 대해 알아봤다. 꼭 기억해야 할 것은 무엇인지 한 번 더 체크해보자.

코피가 잘 난다

혈액량이 늘어나면서 몸의 가는 혈관이 모여 있는 코 점막에서 피가 잘 난다. 같은 이유로 양치질을 할 때 잇몸에서 피가 잘 난다. 임신으로 인해 나타나는 증상이므로 크게 걱정하지 않는다.

신물이 넘어오고 속이 쓰리다

임신하면 호르몬의 영향으로 식도와 위장 사이의 괄약근이 쉽게 이완된다. 그래서 위장에 있어야 할 위산이 식도로 역류해 신물이 넘어오고 역류성 식도염이 생기게 된다. 이럴 때는 조금씩 자주 먹고 식사 후 2시간 동안은 눕지 않는다.

변비가 생긴다

변비는 임신부 30~40%에게서 생길 정도로 흔한 증상이다. 섬유질이 많은 음식을 먹고 물도 많이 마시고 적당히 운동하면 변비 해소에 도움이 된다. 변비가 심할 경우 관장을 하거나 항문에 넣는 좌약 형태의 변비약을 사용할 수도 있다.

몸이 붓는다

임신 중기로 넘어가면 혈액량이 증가해 몸이 잘 붓는다. 혈액의 대부분은 수분이므로 몸에 수분이 많이 축적돼 몸이 붓게 되는 것이다. 중력의 영향을 많이 받는 발과 다리가, 아침보다는 저녁에 많이 붓는다. 몸이 붓는다고 임신중독증은 아니므로 걱정하지 말자.

숨이 차고 숨쉬기 힘들다

산소는 임신부가 호흡하는 데도 쓰이지만 태아에게도 필요하므로 임신을 하면 호흡을 더 많이 해야 한다. 한번 숨을 쉴 때 더 크게 쉬어야 하고, 숨을 쉬는 횟수도 많아지게 된다. 이런 이유로 임신부는 숨이 가빠지고 숨쉬기가 힘들다고 느끼게 된다.

고위험 임신
안전 예방법

고위험 임신이란 기존에 질병을 갖고 있거나 임신을 함으로써 임신부와 태아에게 심각한 문제
가 생기는 경우를 말한다. 고령 임신, 임신중독증, 임신성 당뇨, 조기 진통, 쌍태아 임신의 경우
가 고위험 임신에 해당한다. 고위험 임신을 했을 때는 다른 임신부보다 세심한 주의가 필요하
다. 임신 초기부터 체중을 잘 관리하고 꼼꼼하게 산전 진찰을 받아야 한다. 조금만 신경을 쓰면
위험이 줄어들어 심각한 합병증 없이 건강하게 출산할 수 있다.

얼마나 알고 있을까?

임신으로 나타나는 증상들은 반드시 치료를 해야 할까?

01 다음 중 고위험 임신에 해당하지 않는 경우는?
  ① 임신부의 나이가 35세 이상인 경우
  ② 임신중독증이 있는 경우
  ③ 부종이 있는 경우
  ④ 임신성 당뇨가 있는 경우

02 임신부의 나이가 많을 경우 임신과 출산이 위험한 이유에 대한 설명 중 틀린 것은?
  ① 다운증후군과 같은 태아 기형이 증가한다.
  ② 자연분만이 힘들어진다.
  ③ 나이가 들수록 임신부가 예민해진다.
  ④ 임신 합병증이 잘 생긴다.

03 임신성 당뇨에 대한 설명 중 틀린 것은?
  ① 임신 전부터 있었던 당뇨가 임신 중에도 계속 나타나는 것이다.
  ② 인슐린 주사를 맞아도 된다.
  ③ 갈증을 느끼고, 소변을 자주 보고, 허기가 지는 등의 당뇨 증상이 없다.
  ④ 출산을 하고 나면 당뇨가 사라진다.

04 임신성 당뇨가 나타나기 쉬운 경우가 아닌 것은?
  ① 35세 이상의 임신부
  ② 임신 전 비만인 임신부
  ③ 임신 중 체중이 과다하게 증가한 임신부
  ④ 키가 170cm 이상인 임신부

05 임신성 당뇨가 태아에게 미치는 영향이 아닌 것은?
  ① 태아의 몸무게가 많이 나간다.
  ② 제왕절개로 태어날 가능성이 크다.
  ③ 태어난 아이는 소아비만, 당뇨가 생기기 쉽다.
  ④ 기형아 가능성이 있다.

06 다음 중 조산의 증상이 아닌 것은?
  ① 1시간에 4~5회 이상의 배뭉침이 있다.
  ② 질 출혈이 있다.
  ③ 소변을 자주 보게 된다.
  ④ 물 같은 분비물이 흐른다.

07 다음 중 조산의 원인이라고 볼 수 없는 것은?
  ① 임신 중 스트레스를 많이 받는 경우
  ② 세균성 질염이 있는 경우
  ③ 임신 중 흡연이나 음주를 자주 하는 경우
  ④ 하루에 30분씩 걷기 운동을 하는 경우

08 임신 중 입냄새가 나고 잇몸 출혈이 있으면 생길 수 있는 증상은?

① 조산
② 튼살
③ 전치태반
④ 임신성 당뇨

09 가장 위험한 임신 합병증은?

① 조산
② 튼살
③ 빈혈
④ 세균성 질염

10 임신중독증에 대한 설명으로 맞는 것은?

① 임신중독증은 임신 초기에도 생길 수 있다.
② 임신 말기에 갑자기 혈압이 올라가는 병이다.
③ 임신중독증이 생기면 임신부는 위험하지만 태아는 건강하다.
④ 바이러스성 질환이다.

11 다음 중 임신중독증을 예방하는 방법으로 가장 좋은 것은?

① 음식을 싱겁게 먹는다.
② 임신 중 체중이 정상적으로 증가할 수 있도록 노력한다.
③ 몸이 붓지 않도록 물을 적게 마신다.
④ 임신 말기에는 안정을 취한다.

12 임신중독증을 진단하는 방법으로 맞는 것은?

① 발과 발목 부종의 정도로 진단한다.
② 혈압 측정과 단백뇨 검사로 진단한다.
③ 밤에 자다가 다리에 쥐가 나는 횟수로 진단한다.
④ 임신 중 몸무게 증가량으로 진단한다.

13 일란성 쌍태아에 대한 설명 중 맞는 것은?

① 유전과 관계 있다.
② 임신부의 나이가 많을수록 잘 생긴다.
③ 인종에 따라 차이가 있다.
④ 유전, 임신부 나이, 인종과 무관하다.

14 다음 중 쌍태아 임신부의 영양 섭취에 대한 설명 중 틀린 것은?

① 철분제를 꼭 먹어야 한다.
② 하루에 2컵 정도의 우유를 마신다.
③ 매일 산전 비타민제, 오메가 3를 먹는다.
④ 임신부의 체중 증가는 30㎏ 정도가 적당하다.

15 쌍태아를 임신했을 경우 생길 수 있는 합병증이 아닌 것은?

① 임신중독증
② 조산
③ 빈혈
④ 기형아 출산

정답 1.③ 2.③ 3.① 4.④ 5.④ 6.③ 7.④ 8.① 9.① 10.② 11.② 12.② 13.④ 14.④ 15.④

Part 1

35세 이후의 임신, 고령 임신

결혼 연령이 점점 늦어지면서 여성의 초산 연령도 점차 늦어지고 있다. 30대 초반은 물론이고 35세 이후에 첫 아이를 출산하는 경우도 많아졌다. 35세가 넘어서 출산한다 해도 산모만 건강하면 순산할 수 있지만, 위험한 상황이 생길 수 있는 가능성 또한 크다. 고령 임신이 왜 위험한지, 어떻게 하면 10개월을 건강하게 보낼 수 있는지 알아본다.

왜 고령 임신이 증가할까?

고령 임신이란 임신부의 나이가 만 35세 이상인 경우를 말하며, 전체 임신부의 15%가 여기에 해당한다.

고령 임신이 늘어나는 이유는 우선 사회 발달을 꼽을 수 있다. 사회가 발전하면서 여성의 사회 진출이 늘어나고, 전문직 여성이 늘어나면서 여성의 결혼 연령이 늦어진 것이다. 자연히 임신 연령도 늦어지게 됐다.

통계청에서 발표한 '2009년 출생 통계 결과'를 보면 2000년만 하더라도 전체 출산의 70%가 30세 이전에 이루어졌는데, 2009년에는 30세 이전의 출산 비율이 40% 아래로 뚝 떨어졌다. 반면 35세 이상의 고령 임신부는 매년 증가해 2000년에는 5.9%, 2005년에는 9.4%, 2009년에는 15%로 10년간 두 배 이상 늘었다.

맞벌이 부부가 늘고 경제적으로 안정된 뒤 아이를 갖고 싶어하는 부부가 많아진 것도 고령 임신이 늘어난 또 하나의 이유로 볼 수 있다.

고위험 임신의 합병증은 예방이 가능하다

Doctor's Guide

대부분의 임신부는 별 문제 없이 건강하게 임신 기간을 보낸다. 누구나 약간의 위험성을 가지고 있지만 엄마와 태아에게 심각한 문제를 야기하는 경우는 드물고, 대부분 건강한 출산을 맞게 된다.

하지만 임신부와 태아에게 심각한 영향을 주는 경우도 있다. 그러한 임신을 고위험 임신이라고 하는데, 임신부의 20%가 이 경우에 해당한다. 대표적인 고위험 임신은 고령 임신, 임신성 당뇨, 조기 진통, 임신중독증, 쌍태아 임신 등이다. 쌍태아 임신, 전치태반, 고령 임신은 임신 자체가 고위험 임신에 속하기 때문에 임신으로 생길 수 있는 합병증을 미리 예방하는 것이 무엇보다 중요하다. 조산, 임신성 당뇨, 임신중독증은 임신이 진행되면서 누구나 생길 수 있으며, 어느 정도의 노력과 관심을 가지면 예방할 수 있다.

잘못 알고 있는 상식
고령 임신부는 반드시 제왕절개를 해야 한다.

고령 임신부의 출산이 위험한 이유

35세 이상의 임신부는 35세 미만의 임신부에 비해 임신과 출산 중 생기는 위험성이 높은 편이다. 그러나 35세 이상이라도 임신부가 건강하다면 대개의 경우 건강한 아기를 출산할 수 있고 자연분만도 가능하다.

35세 이상의 임신부가 임신·출산에 불리한 이유는 무엇일까?

임신이 쉽게 되지 않을 수 있다

나이가 많을수록 배란이 원활하지 않아 임신하기까지 시간이 더 걸리게 된다.

임신 전 성인병을 가지고 있을 확률이 높다

35세 이상의 임신부는 이미 당뇨병, 비만, 고혈압 등의 성인병을 가지고 있을 가능성이 높다. 성인병이 있는 임신부는 임신 중 임신성 당뇨나 임신중독증이 생길 가능성이 두 배나 높다.

임신 합병증 발생률이 높다

임신성 당뇨, 임신중독증, 조기 진통 등과 같은 임신 합병증이 생길 확률이 높다.

태아가 다운증후군에 걸릴 확률과 자연유산될 가능성이 높아진다

35세 이상의 임신부는 신체의 노화로 인해 난자의 염색체 이상이 생길 확률이 높다. 결국 난자 염색체의 돌연변이로 생식세포 분열 때 문제가 생겨 자연유산이 되거나 다운증후군 아이를 출산할 수 있다. 40세의 임신부는 30세 임신부에 비해 다운증후군 아이를 출산할 가능성이 9배나 높다.

제왕절개를 하게 되는 경우가 많다

임신부의 나이가 많을수록 임신 합병증(임신중독증, 전치태반, 임신성 당뇨, 쌍태아 임신 등)이 생기기 쉽다. 게다가 임신 중에 임신 합병증이 생기면 제왕절개를 할 가능성이 높아진다.

또한 임신부의 나이가 많을수록 태아가 나오는 산도의 신축성과 탄력성이 떨어지고 골반뼈의 유연성도 약화된다. 나이가 들수록 피부의 탄력이 떨어지듯 자궁 입구와 산도가 잘 열리지 않아 진통과 출산 시간이 길어지고 난산 끝에 제왕절개를 할 가능성이 커진다. 미국의 한 통계에 의하면 35세 이상의 초산부는 35% 이상, 경산부(임신 경험이 있는 임신부)는 25% 이상이 제왕절개로 분만을 하는 것으로 나타났다.

남자의 나이와 생식 능력은 관계가 있을까?

가끔 손주뻘 되는 아이를 둔 남성이 자랑하듯 TV에 나오기도 한다. 일반적으로 여자는 나이가 들면 임신하기 힘들다고 하는데 남자는 나이가 들어도 임신이 가능할까?

전문가들은 남자 역시 나이가 들면 생식 능력이 떨어진다고 한다. 게다가 정자가 난자를 만나려면 수많은 경쟁을 뚫고 힘든 과정을 거쳐야 하므로 나이가 들어 임신이 되는 일은 아주 드문 경우라 할 수 있다. 뿐만 아니라 남성의 정자도 나이가 많아지면 정자의 기능과 태아 세포에 나쁜 영향을 줄 수 있는 염색체 문제가 생기기 쉽다.

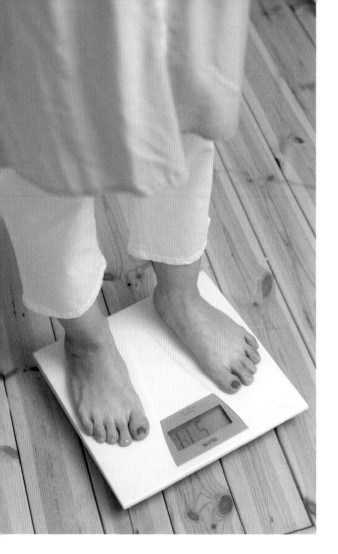

임신을 계획하는 것이 순서다.

과체중이나 저체중 역시 임신과 출산에 여러 가지 문제를 일으킬 수 있다. 정상보다 체중이 많이 나가거나 적게 나간다면 반드시 정상체중으로 만든 후에 임신을 하는 것이 좋다.

일단 임신이 되면 산전 진찰을 꼼꼼히 받는 것이 중요하다. 임신 합병증 예방은 물론 조기 발견으로 임신 중 생길 수 있는 문제를 사전에 예방할 수 있기 때문이다. 임신부의 나이가 많아지면서 태아 기형도 증가하는데, 정기적인 초음파 검사는 태아 기형을 조기발견하는 데 도움이 된다. 특히 다운증후군과 같은 염색체 이상이 생길 가능성이 높은 만큼 양수 검사는 반드시 하는 것이 좋다.

임신 중에는 정상적인 체중 증가가 무엇보다 중요하다. 어렵게 성공한 임신이라고 너무 안정만 취하다 보면 체중이 많이 늘어나 임신중독증, 임신성 당뇨, 태아의 지나친 체중 증가 등의 임신 합병증이 오기 쉽다. 임신 기간 동안 정상체중을 유지해야 한다는 사실을 절대 잊지 말아야 한다.

35세 이상의 임신부라도 건강하고 올바른 습관으로 안전하게 임신 기간을 보내면 임신 합병증 없이 자연분만을 하는 경우가 많다. 그러니 고령 임신이라고 너무 걱정할 필요는 없다.

쌍태아 임신이 증가한다

고령 임신부의 경우 임신 성공률이 낮아 배란 유도나 시험관 시술을 할 가능성이 높다. 이런 시술은 쌍태아 임신의 발생 빈도를 높인다. 쌍태아를 임신했을 경우 임신 합병증이 생기거나 제왕절개를 할 가능성이 크다.

고령 임신부가 반드시 지켜야 할 것

35세 이상의 여성이 임신을 원한다면 무엇보다 계획임신을 하는 것이 중요하다. 당뇨, 고혈압 등 지병이 있는지 체크하고, 병이 있다면 치료 후에

TIP

고령 임신부가 임신 중 지켜야 할 수칙

- 산전 진찰을 꼼꼼히 받을 것
- 임신 기간 중 정상 체중을 유지할 것
- 쿼드 검사, 양수 검사 등 태아 기형 검사를 반드시 할 것
- 임신성 당뇨 검사, 임신중독증 검사 등 임신 합병증 발생 여부를 세밀히 검사할 것

임신 중에만 생기는 임신성 당뇨

임신성 당뇨는 말 그대로 임신으로 인해 생기는 당뇨를 말한다. 임신을 하면 태반에서 여러 가지 호르몬이 생산되는데, 이 호르몬이 인슐린의 역할을 방해해 생기는 것이다. 나이가 35세 이상이거나 체중이 많이 나가는 임신부, 가족 중 당뇨 환자가 있는 임신부에게 많이 생기며 대부분 식사와 운동으로 혈당을 조절할 수 있다. 임신성 당뇨에 대한 궁금증을 하나하나 풀어본다.

포도당이 소변으로 배출되는 당뇨

우리 몸에 들어간 음식물 중 포도당은 혈관으로 흡수되고, 췌장에서 분비된 인슐린이 혈액 속의 포도당을 세포로 다시 이동시킨다. 이때 인슐린이 정상적으로 분비되지 않아 포도당이 세포로 이동되지 못하면 혈액 속에 포도당이 많이 쌓이게 되고, 이 포도당이 소변으로 배출된다. 이를 당뇨라고 한다.

당뇨는 1형 당뇨(소아당뇨), 2형 당뇨(성인당뇨), 임신성 당뇨 세 가지로 나뉜다. 세 가지 당뇨의 공통점은 혈액 속에 너무 많은 포도당이 있다는 것이다. 1형 당뇨는 췌장에서 아예 인슐린을 생산하지 못하는 병으로, 주로 어린이가 잘 걸리며 어른에게 나타날 수도 있다. 2형 당뇨는 인슐린이 췌장에서 분비되지만 세포에서 포도당을 사용하지 못해 혈액 속에 포도당이 많아지는 병으로, 우리나라 성인 당뇨 환자의 대부분을 차지한다. 임신성 당뇨는 평소에는 정상이다가 임신을 함으로써 생기는 당뇨로 출산 후에는 저절로 좋아진다.

태아가 임신성 당뇨의 원인?

임신을 하면 태반에서 임신을 유지하기 위해 여러 가지 호르몬을 생산하는데, 이런 호르몬이 인슐린의 역할을 방해해 임신부의 혈당을 올리기 때문에 임신성 당뇨가 생긴다. 다시 말해 태아 스스로 안정적으로 포도당을 공급받기 위해 임신부 혈액 속의 포도당을 임신부가 사용하지 못하게 하는 것이다.

임신성 당뇨는 태반이 더 커지고 호르몬도 많이 생산되는 임신 중기에 생기며, 24~28주 사이에 임신성 당뇨 검사로 당뇨 여부를 진단하게 된다. 임신성 당뇨가 생기면 임신부의 췌장에서 혈액 속 포도당의 양을 줄이기 위해 인슐린을 더 많이 생산하지만 혈당을 낮추지는 못한다.

일반적으로 임신부의 나이가 35세 이상인 경우, 임신 전부터 비만이었거나 임신 중 체중이 지나치게 늘어난 경우, 가족 중 당뇨 환자가 있는 경우, 이전 임신에서 임신성 당뇨가 있었던 경우, 이전 분만 시 4kg 이상의 아기를 분만한 경우에 임신성 당뇨가 생기기 쉽다.

포도당 부하 검사로 당뇨를 진단한다

당뇨에 걸리면 갈증이 나고, 목이 마르고, 소변을 자주 보는 등의 '다갈, 다음, 다뇨' 증상이 나타

잘못 알고 있는 상식
임신성 당뇨는 단 과일을 많이 먹으면 생긴다.

나는데, 임신성 당뇨는 이런 증상이 없다. 따라서 병원의 산전 검사를 통해서만 임신성 당뇨 여부를 진단할 수 있다.

임신성 당뇨는 임신 24~28주 사이에 50g의 포도당 부하 검사로 진단한다. 식사 여부와 관계없이 50g의 포도당을 마시고, 1시간 후 혈액 검사에서 혈당이 140mg/dl 이상인 경우 임신성 당뇨를 의심하게 된다. 임신성 당뇨가 의심되면 다시 100g의 포도당 부하 검사로 임신성 당뇨를 확진한다.

우리나라 임신부의 2~3%에서 임신성 당뇨가 나타나며, 임신 중 당뇨의 90%는 단순한 임신성 당뇨이다. 나머지 10%는 임신 전의 당뇨를 미처 발견하지 못하고 임신 중에 우연히 발견한 경우로 볼 수 있다.

임신성 당뇨가 임신부와 태아에게 미치는 영향

임신부에게 미치는 영향

임신 중에 당뇨가 생기면 임신중독증에 걸리기 쉽다. 태아가 많이 커져 난산이나 제왕절개의 가능성이 높아지고, 자연분만을 할 경우 커진 아기를

출산해야 하므로 출산 후 질이 넓어지고 손상될 위험도 있다.

임신성 당뇨는 출산하고 나면 저절로 사라지지만 다음 임신 때 재발하기도 쉽다. 또한 출산 후 20년 이내에 당뇨가 생길 가능성이 50%나 된다. 따라서 임신성 당뇨로 진단받은 임신부라면 출산 후에도 운동, 건강한 식사, 체중 조절을 꼭 해야 나중에 발생할 수 있는 당뇨를 예방할 수 있다.

태아에게 미치는 영향

임신성 당뇨가 있는 임신부의 태아는 크게 자란다. 임신부의 인슐린은 태반을 통과하지 못하는 데 반해 포도당은 다량 통과하게 되고, 태아는 이 포도당을 세포로 흡수하기 위해 인슐린을 많이 생산한다. 그렇게 되면 태아에게 필요 이상으로 많은 포도당이 흡수되고 그 여분이 지방으로 저장되어 태아를 거대아로 만들게 된다.

거대해진 태아는 출산할 때 상대적으로 좁은 산도를 통과하면서 다칠 위험이 있다. 분만 직후에도 고인슐린으로 인해 저혈당이 올 수 있으며, 치료가 늦어지면 자칫 뇌손상이 올 수도 있다.

아이는 건강하게 자랄까?

임신성 당뇨를 가진 엄마에게서 몸집이 거대하게 태어난 아이는 자라면서 소아비만과 소아당뇨가 생길 가능성이 높다. 엄마가 임신성 당뇨 치료를 소홀히 하면 아이는 엄마의 병을 대물림하게 되고 엄마 때문에 평생 비만과 힘겨운 싸움을 할 수도 있다. 그만큼 임신부의 건강한 몸은 아이의 미래 건강과도 밀접한 관계가 있다.

식이요법과 운동으로 치료한다

임신성 당뇨 치료의 목적은 정상 혈당이 되도록 하는 것이다. 하루에도 여러 번 혈당 체크를 하는데, 공복 시 혈당이 높으면 출산 후 몇 년 뒤에 당뇨가 생길 가능성이 높고, 식사 후 혈당이 높으면 임신 중 합병증과 관련이 깊다.

임신성 당뇨는 혈당강하제나 인슐린 주사는 필요 없고 대부분 식사와 운동만으로 혈당을 조절할 수 있다. 사전 진찰을 잘 받고 식이요법과 운동으로 적당한 체중을 유지하기 위해 노력하는 것이 중요하다.

이렇게 식사하세요

임신성 당뇨로 확진된 임신부는 지방이 적고 칼로리가 낮은 음식을 먹어야 한다. 지방은 전체 칼로리의 30% 이하로 섭취하고, 고기는 되도록 삼가는 것이 좋다. 달지 않은 음식과 과일, 채소, 곡식 위주의 식사 습관을 갖도록 한다. 특히 비만한 임신부는 저칼로리 식단을 짜서 체중 감소를 위해 노력해야 한다.

이렇게 운동하세요

임신 전부터 혹은 임신 중에 꾸준히 운동을 해왔다면 임신성 당뇨가 생길 확률은 낮다. 운동은 인슐린의 양을 감소시켜 혈당이 세포로 이동되는 것을 막기 때문이다. 임신 중에 할 수 있는 운동인 걷기나 수영 등을 매일 하는 것이 좋다.

임신성 당뇨, 예방이 가능할까?

다행인 점은 건강한 식사와 규칙적인 운동으로 체중을 조절하면 임신성 당뇨를 예방할 수 있다는 것이다. 임신 전부터 규칙적인 운동과 식이요법으로 적정 체중을 유지하고 임신 중에는 특히 더 건강한 음식, 즉 저지방 저칼로리 식품과 과일, 채소 위주로 먹도록 한다. 하루 30분 이상 운동을 해서 살이 찌지 않게 관리하는 것도 중요하다.

TIP

공복 시 혈당이 높으면 재발 위험도 높다

공복 시 혈당이 105~130mg/dl일 경우 임신부의 43%가 20년 안에 당뇨가 생길 수 있고, 공복 시 혈당이 130mg/dl 이상일 경우 임신부의 86%가 20년 안에 당뇨가 생길 수 있다.

엄마와 태아의 적, 임신중독증

아기가 생기면 여성의 몸에 다양한 변화가 생긴다. 그 중에는 신기하고 좋은 변화도 있지만 나쁜 변화도
있다. 임신 말기에 혈압이 갑자기 올라가는 임신중독증이 바로 그것이다. 임신중독증은 아기를 낳고 나면
저절로 호전되지만, 임신 중에는 태아와 임신부 모두에게 아주 위험한 폭발물과 같다. 엄마와 태아를
위협하는 공공의 적, 임신중독증의 증상과 예방법에 대해 알아본다.

임신에 중독된다?

과거에는 임신 중 혈액 속에 어떤 독성 물질이
떠다녀서 생기는 병이라고 해서 임신중독증이라
고 불렀다. 임신중독증의 정확한 원인은 아직도 밝
혀지지 않았다. 다만 임신으로 인해 생기는 병이고
혈관 수축과 함께 혈관이 손상되는 병으로만 알려
져 있다.

임신중독증은 임신 20주 이후 주로 임신 말기에
혈압이 높아지면서 소변으로 단백질이 빠져나오는
단백뇨 증상을 일컫는다. 임신으로 인해서 생기는
병이므로 출산하면 혈압이 정상으로 돌아오고 단
백뇨도 저절로 사라진다.

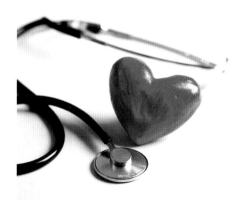

혈압 측정과 단백뇨 검사로 진단한다

임신중독증에 걸리면 가장 먼저 나타나는 증상
이 혈압이 올라가는 것이다. 혈압이란 원래 일정하
게 나타나는 것이 아니므로 여러 번 측정하는 것
이 보통이다. 140/90mmHg 이상으로 혈압이 올
라가게 되면 임신중독증을 의심해볼 수 있다.

두 번째 증상은 단백질이 소변으로 빠지는 것
으로, 고혈압과 단백뇨 증상이 같이 있는 경우를
임신중독증이라고 한다. 임신 중 심한 부종이 생
기거나 일주일에 체중이 1kg 이상 증가하면 혈압
과 단백뇨를 검사하며, 둘 다 양성이 나올 경우
임신중독증으로 진단한다. 임신부 중 5%가 임신
중독증에 걸린다.

임신중독증은 병원 진료를 받지 않고서는 알
기 힘들다. 혈압이 올라가거나 단백뇨가 있어도
자각 증상이 없기 때문이다. 손발과 얼굴이 붓는
것은 임신 중 흔히 나타날 수 있는 증상으로 임신
중독증과는 무관하다. 아주 심각한 임신중독증
은 알아차릴 수도 있지만 초기의 임신중독증은
대개 알지 못한다. 그렇지만 산전 진찰만 잘 받으
면 초기에 임신중독증을 발견할 수 있다.

 잘못 알고 있는 상식
발과 발목이 많이 부으면 임신중독증이다.

임신중독증이 잘 생기는 경우

임신부의 나이가 많은 경우, 비만한 경우, 쌍태아를 임신한 경우, 임신성 당뇨가 있는 경우는 임신중독증에 걸릴 가능성이 높다. 하지만 임신 중 정상 체중을 유지하면 임신중독증도 어느 정도 예방할 수 있다.

임신중독증이 태아에게 미치는 영향

임신중독증에 걸리면 그때부터 동맥혈관이 수축돼 태반으로 혈액이 적게 들어가게 되어 태아가 정상아보다 작게 자란다. 임신중독증은 병에 걸린 시점이 매우 중요하다. 태아의 성장이 거의 다 이루어진 마지막 달에 걸리면 태아에게 별 문제가 없을 수 있지만, 임신 8개월쯤에 걸리면 엄마와 태아의 건강을 위해 임신을 더 이상 지속시키지 못한다. 임신 상태인 채 임신중독증을 치료할 수 없기 때문이다.

임신중독증을 치료하기 위해서는 태아가 다 자라지 않았더라도 출산을 하게 된다. 이 경우 미숙아 출산이라는 위험이 따르게 된다. 그렇기 때문에 임신 말기에 생기는 것이 그나마 불행 중 다행으로 여겨진다.

임신중독증이 임신부에게 끼치는 영향

임신부에게 생길 수 있는 가장 위험한 병이 임신중독증이다. 임신중독증은 초기에 발견하면 치료가 쉽다. 하지만 병을 방치할 경우 심하면 태반 조기박리, 전신 혈액응고 장애, 자간증과 같은 심각한 일이 벌어질 수 있다.

임신중독증은 출산 후 저절로 사라진다

임신중독증의 궁극적인 치료는 출산이다. 원인

이 임신이기 때문에 임신이 끝나야 치료가 되는 것이다. 제왕절개를 하든 자연분만을 하든 아기를 낳고 나야 좋아진다. 출산 후에는 아무런 조치를 하지 않아도 혈압이 저절로 내려가고, 임신부에게 생길 수 있는 위험도 사라진다.

임신중독증으로 조기 출산을 하는 경우 아기가 작으면 '좀 더 자궁 안에 있어야 하지 않을까'라고 걱정하는 임신부도 있지만, 임신중독증이 생기는 그 순간부터 태아는 잘 자라지 못한다. 이 경우에는 자궁 밖에서 키우는 편이 태아에게 더 좋다. 임신 8, 9개월에 들어서면 보통 2주마다 정기검진을 받고 10개월째는 매주 검진을 받는데, 그 이유 중의 하나는 임신중독증을 빨리 발견하기 위해서다.

임신중독증 예방법

임신 중에 고혈압이 되지 않도록 음식을 싱겁게 먹고 혈압이 오르지 않도록 안정을 취해야 한다. 그렇더라도 임신중독증의 발생을 막지는 못한다. 하지만 임신 중에 정상체중을 유지하면 어느 정도 예방할 수 있다.

또한 병원 진찰을 약속된 날짜에 꼭 받으면 임신중독증이 생기더라도 조기에 발견할 수 있다. 조기 발견만이 임신중독증의 위험에서 임신부를 보호할 수 있는 방법이다.

예방이 최선, 조산

모든 임신부들의 소원은 임신 10개월을 무사히 보내고 건강한 아기를 출산하는 것이다. 그런데 생각지도
않게 급작스러운 출산을 하게 되면 엄마만 당황하는 게 아니라 태어난 아기에게도 문제가 생긴다.
최근에는 의학기술의 발달로 미숙아도 건강하게 생존하는 경우가 많지만 최선은 조산하지 않도록
예방하는 것이다. 조산의 증상과 예방법에 대해 알아본다.

심각한 합병증을 유발하는 조산

조산이란 20~36주 6일 사이에 아기를 분만하는
것을 말하며, 전체 임신의 10%를 차지할 정도로
많이 일어난다. 최근에는 고령 임신부의 증가로 임
신중독증이 많아지고 시험관 시술로 쌍태아 임신
이 늘어나 조산이 늘고 있다.

간혹 뉴스를 통해 몇 백 그램으로 태어난 아기가
살았다는 소식이나 다섯 쌍둥이가 건강하게 잘 자
라고 있다는 소식이 들려오곤 하지만 이는 극히 일
부분이다. 조산으로 일찍 태어난 아기는 살아도 아
기의 일생을 좌우하는 고비가 생길 수 있다. 게다
가 조산은 다음번 임신에서 재발할 가능성이 크며,
신생아 사망 원인의 70%를 차지한다.

조산은 엄마와 아기 모두를 힘들게 한다

조산으로 미숙아를 낳으면 우선 비용이 증가한
다. 아기가 인큐베이터에서 일정 기간 생활해야 하
고 각종 검사와 치료가 많아져 비용은 더 커지게
된다. 산모는 산모대로 아기와 함께 있지 못해 불
안하고 혹시 아기가 잘못되지는 않을까 하는 걱정
과 죄책감 등으로 우울해지기도 한다. 아기와 떨어

져 있어야 하므로 모유수유 역시 힘들다.

미숙아는 대부분의 영양분을 혈관으로 공급받
는다. 초유는 물론 모유를 잘 먹지 못해 잔병을 앓
기 쉽다. 모유수유를 직접 하기 어렵다면 유축기로
모유를 짠 뒤 냉동실에 얼렸다가 아기가 퇴원한 후
먹이는 방법을 이용하면 좋다.

또한 출생 당시 저체중, 호흡곤란, 뇌성마비 등
의 치명적인 건강 문제가 발생할 수 있고, 성장 발
달도 느려 성장해서도 일상생활이나 학교 생활에
지장이 있는 경우도 있다.

조산 가능성이 높은 경우

조산은 재발이 잘 되기 때문에 조산의 경험이
있는 임신부는 다시 조산할 가능성이 높다. 고령
임신이거나 쌍태아 임신인 경우, 산전 진찰을 잘
받지 않거나 임신중독증이 있는 경우, 임신 전 체

잘못 알고 있는 상식
배가 처져 보이면 조산할 가능성이 있다.

중 미달이나 과체중인 경우, 임신 중 체중 증가가 적거나 많은 경우에 조산할 가능성이 높다. 임신부가 스트레스를 많이 받고 음주나 흡연을 하는 경우도 마찬가지다.

조산의 또 다른 원인으로 임신부에게 박테리아 염증이 있는 경우도 해당된다. 특히 세균성 질염, 무증상 세균뇨, 치주염 증상이 있다면 아기를 일찍 출산할 가능성이 있다. 그렇지만 앞에서 언급한 원인 외에 이유를 알 수 없는 조산도 많다.

꼭 알아야 할 조산의 증상

조기 진통은 증상이 명확하게 나타나지 않을 뿐만 아니라 임신부가 잘 느끼지 못하는 경우도 있다. 증상이 약해서 모르고 지나쳤다가 병원에 왔을 때는 이미 분만이 상당히 진행된 경우가 많다. 조기 진통의 증상을 반드시 알아두는 것이 좋다.

조기 진통의 증상

자궁이 수축되면 배가 단단해지거나 뭉치는 느낌, 생리통 같은 통증을 느끼게 된다. 10분에 1회 이상 혹은 1시간에 4회 이상 자궁 수축이 있거나 하복부에 꽉 찬 압력이 느껴지는 경우, 아기가 골반으로 들어오는 듯한 느낌이 있는 경우, 핏물이 보이거나 물 같은 분비물이 흐르는 경우에는 반드시 병원 진찰을 받아야 한다.

조기 진통의 응급조치

평소와 달리 배가 자주 뭉치면 바로 병원으로 달려가야 할까? 우선 하던 일을 멈추고 물을 3잔(500mL) 정도 마신 뒤 왼쪽으로 누워 1시간 정도 안정을 취한다. 이렇게 해도 증상이 호전되지 않으면 조기 진통일 가능성이 있으므로 병원으로 간다.

진통이 사라지지 않을 경우

진통이 사라지지 않으면 반드시 병원에서 진찰을 받는다. 34주 전이면 입원 후 진통을 억제하는 약을 처방받고 태아의 폐 성숙을 위해서 스테로이드 주사를 맞게 된다. 34주가 넘었다면 태아의 폐는 밖에서 생활할 수 있을 만큼 성숙되었으므로 스테로이드 주사는 맞지 않는다.

현명한 조산 예방법

원인을 알 수 없는 조산도 많기 때문에 조산을 100% 예방할 수 있는 방법 역시 없다. 평소에 주의하는 것이 최선이다.

일단 임신 중에는 산전 진찰을 빼먹지 않고 받아야 한다. 사소하고 별로 중요하지 않다고 생각되는 징후라도 의사와 상담하는 것이 좋다. 치아 건강에도 신경 써야 한다. 양치질은 기본으로 치간 칫솔을 이용해 세심하게 관리하고 필요하다면 치과 치료도 받는다.

또한 임신을 하면 분비물이 많아지는데, 분비물에서 냄새가 난다면 반드시 치료를 해야 한다. 엽산과 임신부용 비타민제를 먹고 철분, 칼슘, 단백질 등을 고루 섭취한다. 건강한 식습관 역시 조산을 예방하기 위한 방법이라는 점을 명심한다.

일반적으로 34~37주 사이에 조산하면 별 문제가 없는 경우가 많으니 너무 걱정하지 않아도 된다. 잊지 말아야 할 것은 조기 진통의 증상을 정확히 알아두고 평소 스트레스를 받지 않도록 노력해야 한다는 점이다.

두 배의 기쁨과 위험, 쌍태아 임신

진료실에서 "축하합니다. 쌍둥이입니다"라는 말을 들은 초산부는 대부분 반가워할 것이다. 특히 아들과 딸을 함께 낳은 경우에는 한 번의 출산으로 모두 얻은 것 같은 기분이라고 한다. 하지만 쌍태아 임신은 결코 생각보다 만만치 않다. 임신 중 합병증이 생기기 쉽고 위험한 상황에 처하게 될 확률이 높기 때문이다.

기쁨 두 배, 위험도 두 배?

최근에는 늦은 결혼과 임신으로 불임치료를 받는 부부가 많아지면서 쌍태아 임신도 늘고 있다. 아기가 생기지 않아 고생을 하다가 쌍태아를 임신하게 되면 아기를 한 번에 둘이나 얻게 돼 기쁜 마음뿐이겠지만, 쌍태아 임신은 그만큼 위험도 증가한다. 임신부 중 쌍태아 임신의 빈도는 1%지만, 저체중아의 14%, 신생아 사망률의 11%를 쌍태아가 차지할 정도로 위험 부담이 크다.

쌍태아 임신에는 여러 가지 요소가 작용한다. 나이, 인종, 임신을 위해 사용한 약물 외에 가족력이 영향을 미치기도 한다.

쌍태아 임신의 가장 큰 특징은 태아가 두 명이 있으니까 배가 많이 불러온다는 것이다. 33주면 거의 만삭 크기가 된다. 배가 많이 불러오면 저절로 진통이 생겨 조산 가능성이 커진다. 그밖에 빈혈, 양수과다증, 임신중독증, 산후 출혈 등이 생기기 쉽다.

쌍태아를 임신하면 임신 초기부터 피로감과 입덧이 심해 임신부는 더 힘들다. 임신이 진행될수록 배가 더 빨리, 크게 불러오고 피부가 많이 늘어나서 살도 잘 트게 된다.

좁은 자궁 안에서 두 명이 자라다 보니 태아도 잘 자라지 못한다. 그러다 보니 태아의 몸무게가 적어 신생아 사망률이 올라간다.

자연분만도 가능하지만 제왕절개가 일반적

쌍태아 임신은 임신 6주에 초음파로 확인할 수 있다. 쌍태아는 단태아 임신과 달리 일반적으로 40주가 되기 전에 출산을 한다. 보통 37주 정도를 분만 예정일로 잡는데, 임신 33주면 단태아 임신부의 만삭 때 배 크기와 비슷해진다. 배가 부르기 때문에 쌍태아 임신부의 50%는 37주 전에 진통이 오는 경우가 많다.

출산은 병원 방침, 임신부와 태아의 상태에 따라 정해지는데 제왕절개를 할 수도 있고 자연분만을 시도할 수도 있다. 두 아이의 위치만 좋다면 자연분만도 가능하다. 그러나 일반적으로 태아 위치가 자연분만을 하기에 어려운 경우가 많아 주로 제왕절개를 하는 것이 현실이다.

쌍태아를 임신했을 때 주의할 점

쌍태아를 임신하면 빈혈, 임신중독증, 임신성당뇨, 조산, 산후 출혈 등 심각한 합병증이 생기기 쉬우므로 임신 중 각별한 관심과 주의가 필요하다. 쌍태아를 임신했을 때 꼭 알아두어야 할 것들은 다음과 같다.

쌍태아 임신부는 산전 진찰에 신경을 쓴다

일반 임신부보다 산전 진찰 횟수가 더 많아지게 된다. 빈혈, 임신중독증, 임신성 당뇨, 조산 가능성이 많기 때문이다. 또한 태아가 둘이면 초음파로 잘 보이지 않을 수 있어 초음파 검사도 좀 더 자주 해야 한다. 예약한 날짜가 되면 반드시 검진을 받도록 한다.

더 많이 먹어야 한다

쌍태아를 임신하면 하루에 600kcal를 더 먹어야 한다. 매일 칼로리를 정확히 계산해 먹기는 어

TIP

일란성 쌍태아 vs 이란성 쌍태아

일란성 쌍태아는 난자 한 개와 정자 한 개가 만나 수정된 뒤, 수정란이 두 개로 나뉘어 생긴다. 일란성은 유전이나 인종, 나이, 출산력과 무관하게 생긴다.

이란성 쌍태아는 두 개의 난자가 배란되어 정자 두 개와 수정되면 이루어진다. 이란성 쌍태아는 쌍둥이지만 외모와 성별이 다를 수 있다. 인종, 유전 출산력과 연관이 있고, 아이를 많이 낳을수록, 나이가 35세가 넘을수록, 집안 내력상 쌍태아 경력이 있을수록 잘 생긴다.

렵지만, 임신 중 체중 증가를 보고 칼로리 섭취가 적당히 되는지 판단한다. 매일 우유 2컵을 마셔 칼슘을 보충하고, 산전 비타민제와 엽산제를 꼭 복용한다. 하루에 0.8mg의 엽산을 임신 12주까지 복용해야 한다. 또한 빈혈이 잘 생길 수 있으므로 임신 5개월부터는 하루 60~100mg의 철분제를 반드시 먹는다. 조산을 막기 위해 매일 오메가 3도 챙겨 먹는다. 충분한 수분 섭취도 필요하므로 우유나 주스를 포함해 하루 2L 정도의 물을 마시는 것이 좋다.

24주가 넘으면 조산 방지를 위해 노력한다

24주가 지나면 조산을 막기 위해 안정을 취해야 한다. 힘든 육체 노동을 삼가고 성생활도 피하는 것이 좋다.

24주가 되기 전에는 요가, 걷기, 수영 같은 운동을 원칙에 따라 한다. 그러나 24주가 지나면 운동도 조심스럽게 한다. 다른 운동은 조산 방지를 위해 양과 강도, 시간을 줄이도록 한다. 1시간 이상의 장거리 여행도 하지 않는 것이 좋다. 직장생활을 한다면 피곤하지 않게 일하는 틈틈이 휴식한다.

임신 중 체중 증가는 15~20kg이 알맞다

임신 전에 정상체중이었다면 임신 중 권장 체중 증가는 15~20kg이다. 만약 임신 전에 저체중이었다면 몸무게가 이보다 조금 더 늘어도 되지만, 임신 전에 과체중이었다면 이보다 적게 늘어야 한다.

꼭 기억하세요

고위험 임신 안전 예방법 요약편

위험성이 높은 임신도 있다

고위험 임신이란 임신 중이나 출산 시 임신부와 태아의 건강에 위험한 일이 생길 수 있는 경우를 말한다. 일반적으로 35세 이상의 임신부이거나 임신성 당뇨, 임신중독증, 조기 진통이 있는 경우, 쌍태아 임신 등인 경우 고위험 임신으로 분류된다.

고위험 임신이라도 예방법이 있다

최근 35세 이상의 고령 임신부가 늘어나고 있다. 고령 임신이 위험한 이유는 임신성 당뇨나 임신중독증 같은 임신합병증이 생기기 쉽기 때문이다. 또한 자연유산이나 다운증후군과 같은 태아 기형도 생기기 쉽고, 출산 중 제왕절개 가능성도 높다.

고위험 임신에 해당하는 여성은 임신 전 혈압, 당뇨, 비만 등 자신의 건강 상태를 체크해 계획임신을 한다. 임신 후에는 양수 검사와 정밀 초음파 등 태아 기형 검사를 철저히 한다. 산전 진찰을 잘 받으면 임신 합병증을 미리 발견하고 치료할 수 있으므로 크게 걱정하지 않아도 된다.

임신성 당뇨는 출산 후 사라진다

임신성 당뇨는 임신 중 호르몬의 영향으로 생기는데 대부분 출산하면 좋아진다. 임신성 당뇨는 특별한 증상이 없기 때문에 임신 24~28주 사이에 당뇨 검사로 알 수 있다.

임신성 당뇨가 생기면 태아가 커져 제왕절개를 할 가능성이 매우 크다. 이렇게 태어난 아이는 성장 후 소아당뇨나 소아비만으로 이어질 가능성이 크며 임신부 역시 10년 후 당뇨가 될 가능성이 높다. 당뇨를 예방하려면 식사 조절과 꾸준한 운동으로 체중이 너무 늘지 않게 관리한다.

임신 말기에는 임신중독증을 조심한다

임신중독증은 주로 임신 말기에 생긴다. 혈압이 올라가면서 소변에 단백질이 섞여 나오는 것이 주요 증상이다. 이런 증상은 본인이 스스로 알기 힘들므로 임신 말기가 되면 산전 진찰을 더 잘 받아야 한다. 빨리 발견하면 안전하게 대처할 수 있다.

이번 장에서는 고위험 임신이란 무엇인지, 어떻게 예방할 수 있는지 알아봤다.
꼭 기억해야 할 것은 무엇인지 한 번 더 체크해보자.

임신중독증이 잘 생기는 경우는 임신부의 나이가 많거나 임신 전 비만했던 경우, 임신 후 체중이 많이 증가한 경우 등이다. 그러므로 임신 중 체중이 많이 늘지 않게 관리하는 것이 중요하다. 임신중독증은 출산하면 저절로 좋아진다.

조기 진통의 증상을 알자

조산이란 임신 20~37주 사이에 아이를 출산하는 것을 말한다. 전체 임신부의 10%가 조기 진통을 경험하므로 증상을 미리 알아두고 조기에 진찰을 받도록 한다.

임신부들은 자궁 수축을 '배가 단단해지고, 뭉치고, 아프다'라고 표현한다. 한 시간 동안 배가 뭉치는 횟수가 4회가 넘으면 조기진통 증상으로 본다. 핏물이 보이거나 양수가 흘러도 반드시 진찰을 받는다. 그 외에 아랫배나 골반에 머리가 꽉 찬 느낌이 드는 경우도 있다. 배가 자주 뭉치면 물을 500mL 마시고 30분간 안정을 취해본다. 그래도 배가 계속 뭉치면 병원 진료를 받는다.

쌍태아를 임신하면 위험성이 커진다

쌍태아를 임신하면 거의 모든 임신합병증이 다 생길 수 있으므로 더 많은 주의가 필요하다. 조기 진통, 저체중아, 임신중독증, 임신성 빈혈, 제왕절개, 산후출혈 등의 합병증이 생기기도 쉽다.

쌍태아 임신부는 산전진찰을 열심히 받고 바른 영양 섭취에 더 신경 쓴다. 철분제도 반드시 복용하고 28주가 지나면 조기진통을 예방하기 위해 안정을 취하는 것이 좋다.

건강하게
순산하기

임신하면 아이를 가진 기쁨과 동시에 출산에 대한 두려움도 같이 느낀다. 과연 남들처럼 자연분만을 할 수 있을지, 진통을 참아낼 수 있을지 막막하기만 하다. 출산을 두려워하는 이유 중 하나는 분만실에서 어떤 일이 일어날지 모르기 때문이다. 진통이 올 때 대처하는 방법과 자연분만을 위해 무슨 준비를 해야 할지 등을 미리 알면 두려움이 줄어들 뿐 아니라 출산에 대한 자신감도 생긴다. 아기를 만나는 마지막 관문, 출산에 대해 꼼꼼하게 알아보자.

얼마나 알고 있을까?

아이를 위해서라면 진통이
아무리 힘들어도 참아야 할까?

01 이슬에 대한 설명 중 틀린 것은?

① 자궁 입구를 막고 있는 점액 덩어리가 빠지는 것이다.

② 진통이 임박했다는 신호이다.

③ 이슬이 비치면 즉시 병원에 가야 한다.

④ 이슬이 비치지 않고 진통이 오기도 한다.

02 다음은 진통에 대한 설명이다. 이 중 병원에 가야 할 경우는?

① 진통이 와서 가만히 누워 있으면 진통이 사라진다.

② 배가 4~5분 간격으로 규칙적으로 아프다.

③ 아랫배가 아프다.

④ 진통 간격이 불규칙하다.

03 진통이 올 때 취할 수 있는 자세 중 틀린 것은?

① 똑바로 누워 있는 것이 좋다.

② 왼쪽 옆으로 누워 있는 것이 좋다.

③ 무통 시술을 했으면 서서 걸어 다녀도 좋다.

④ 산모가 편한 대로 있게 한다.

04 초산일 경우 30% 벌어진 자궁문이 100% 다 열리는 데 걸리는 평균 시간은?

① 3시간

② 7시간

③ 15시간

④ 72시간

05 초산일 경우 자궁문이 100% 다 열린 후 출산까지 걸리는 평균 시간은?

① 10분

② 20분

③ 50분

④ 4시간

06 자궁 문이 3cm 정도 열려야 입원을 권하는데, 그 이유로 틀린 것은?

① 의사가 내진하기 쉽다.

② 무통분만을 하기 위해서다.

③ 3cm 열리기 전에는 가진통일 수 있다.

④ 3cm 열리기 전에 입원하면 촉진제를 사용할 가능성이 커진다.

07 힘주기에 대한 방법 중 맞는 것은?

① 10초 이상 힘을 준다.

② 힘을 줄 때 소리를 내면 안 된다.

③ 힘을 줄 때 숨을 내쉰다.

④ 힘이 안 들어가도 억지로 힘을 주어야 한다.

08 르바이예 분만법이 아닌 것은?

① 아기가 태어나면 바로 엄마의 배 위에 올려
놓아 엄마 젖을 빨게 한다.

② 아기가 태어나면 바로 탯줄을 자른다.

③ 아기가 태어날 때 분만실을 어둡게 한다.

④ 분만실에 있는 사람들은 모두 조용히 한다.

09 첫째 아이 출산과 둘째 아이 출산을 비교한 설명 중
맞는 것은?

① 첫째나 둘째나 별 차이가 없다.

② 둘째는 예정일보다 빨리 출산된다.

③ 둘째의 경우 첫째에 비해 진통과 출산이 수
월하다.

④ 둘째의 경우 임신 중 요통, 치골통이 거의
없다.

10 무통 시술은 자궁 입구가 어느 정도 벌어지면 실시
하는 것이 좋을까?

① 10%

② 20%

③ 30%

④ 60%

11 다음 중 무통분만의 부작용이 아닌 것은?

① 저혈압

② 제왕절개

③ 두통

④ 메스꺼움

12 무통주사는 태아에게 어떤 영향을 끼칠까?

① 태아도 마취돼 출산 후 울지 않는다.

② 진통 시간이 길어져서 태아가 위험해질 수
있다.

③ 태아에게 해롭지 않다.

④ 제왕절개를 할 가능성이 높아진다.

13 제왕절개에 대한 설명 중 틀린 것은?

① 제왕절개는 자연분만보다 출혈이나 감염의
위험이 더 많다.

② 제왕절개 후 샤워는 3일 정도 지나면 할 수
있다.

③ 제왕절개를 했더라도 모유수유가 가능하다.

④ 자연분만을 하려면 제왕절개에 대해 알 필
요가 없다.

14 제왕절개는 몇 번이나 가능한가?

① 1회

② 2회

③ 3회

④ 복강 내 유착만 없다면 횟수에 상관없다.

15 진통 중 식사에 관한 설명 중 틀린 것은?

① 진통이 오면 집에서 많이 먹고 병원으로 간다.

② 진통이 약하다면 적당한 음식 섭취는 가능
하다.

③ 죽, 간식, 사탕, 초콜릿 등을 먹어도 된다.

④ 배고프지 않으면 억지로 식사할 필요 없다.

정답 1.③ 2.② 3.① 4.② 5.③ 6.① 7.③ 8.② 9.③ 10.③ 11.② 12.③ 13.④ 14.④ 15.①

진통 미리 알기

모든 임신부들의 걱정 중 하나가 출산에 대한 두려움이다. 얼마나 아픈지, 혹시 무슨 일이 생기지는 않을지, 과연 힘을 잘 줄 수 있을지 등 마음이 불안하다. 이런 걱정은 대부분 진통과 출산에 대해 정확하게 알고 나면 해소될 수 있다. 특히 진통에 대해 미리 알아두면 병원에 가야 할 시점이나 분만할 때의 자세 등을 아는 데 많은 도움이 된다.

진통의 시작

진통이 어떻게 오는지는 임신부마다 다르게 표현한다. 생리통처럼 쥐어짜는 느낌, 설사할 때 장이 요동치는 느낌, 장에 가스가 찰 때의 느낌, 단순하게 배가 뭉치는 느낌 등 다양하게 표현한다.

수축력이 강한 병이 거꾸로 놓여 있는 것을 자궁에 비유해보자. 주둥이 쪽이 자궁 입구(경관)에 해당되는데, 출산이 가까워지면 닫혀 있던 주둥이가 벌어지면서 병의 위쪽이 눌려 안에 있던 아기가 입구 쪽으로 밀려 내려오게 된다. 이 과정에서 진통이 생기는 것이다.

진통은 허리나 아랫배가 불편해지거나 약하게 아픈 것으로 시작된다. 진통은 가진통과 진진통(보통 진통이라고 말한다)으로 나누는데, 가진통이 먼저 오고 나중에 진진통이 시작된다. 이 두 가지 진통을 구분하는 것이 굉장히 중요하다.

진통을 확인하는 법

- 손바닥을 배에 올려 자궁이 딱딱해졌다가 풀리는 정도를 체크한다.
- 얼마나 자주, 얼마나 오랫동안 진통이 오는지, 안정을 취하거나 누워 있으면 진통이 사라지는

지 확인해본다.

진통이 오기 전에 나타나는 징후

진통은 어느 순간 갑자기 시작되는 것이 아니다. 몇 주 전부터 천천히 진행된다. 처음에는 아이가 처진 느낌이 들다가 가진통처럼 배가 자주 뭉치고 이슬이 비친 후에 진통이 나타난다. 본격적인 진통이 오기 전에 나타나는 4가지 징후를 살펴본다.

태아가 밑으로 처진다

출산이 가까워지면 배가 툭 떨어지는 느낌이 들면서 배가 처진다. 숨쉬기가 편해지고 밥 먹기도 수월해진다. 태아가 골반으로 들어가서 산모의 횡격막을 누르지 않아 숨을 쉬기 편하고, 위장을 압박하지 않아 밥을 먹어도 편안함을 느끼게 되는 것이다. 반면 태아가 골반으로 내려가 방광을 압박함으로써 소변을 자주 보게 되는 불편함도 생긴다.

피가 섞인 끈적끈적한 점액(이슬)이 나온다

이슬이란 자궁경관을 막고 있는 끈적거리는 점액이 몸 밖으로 나오는 것이다. 이 점액은 임신 기간 동안 질 안의 박테리아로부터 태아를 보호하는 역할을 하다가 진통이 시작되기 몇 시간 전 또는 며칠 전에 빠져 나오는데, 이때 피가 조금 묻어 나온다. 이슬은 진통이 곧 시작될 것이라는 신호로, 이슬이 비치면 몇 시간에서 하루나 이틀이 지나 진통이 온다. 그러나 이슬이 비치지 않고 진통이 오는 경우도 있다.

가진통이 온다

통증이 없는 자궁 수축을 가진통이라고 한다. 가진통은 출산에 대비해서 자궁근육이 수축과 이완을 연습하는 것으로, 예정일이 다가올수록 잦아지고 강도가 강해지며 가끔 아프기도 하다.

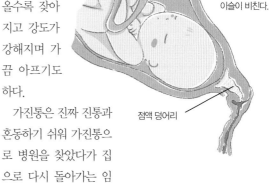

진통 시작 전에 이슬이 비친다.

점액 덩어리

가진통은 진짜 진통과 혼동하기 쉬워 가진통으로 병원을 찾았다가 집으로 다시 돌아가는 임신부가 굉장히 많다. 심지어 분만실을 몇 번 들락거리는 경우도 있다.

가진통과 진진통의 차이점

가진통과 진진통의 가장 큰 차이는 진통 간격이다. 진통 간격이란 진통이 시작되는 시점에서 다음 진통이 시작될 때까지의 시간을 말한다. 가진통은 진통 간격이 불규칙하지만 진진통은 진통 간격이 일정하면서 서서히 짧아진다. 진진통의 지속 시간은 30초 이상이며, 지속 시간이 점점 길어져 75초까지 계속된다. 시간이 지나면서 점점 더 규칙적이 되고, 자세를 바꿔도 진통이 사라지지 않는다.

진통 강도도 가진통은 그대로이거나 없어지지만 진진통은 시간이 지날수록 점점 강해진다. 가진통은 아랫배가 주로 아프지만 진진통은 배 전체가 아프고, 가진통은 잠을 자거나 다른 일에 신경을 쓰다 보면 진통이 사라지지만 진진통은 계속 아프다.

가진통과 진진통의 차이

	가진통	진진통
진통 간격	불규칙적	규칙적
진통 강도	그대로거나 약해짐	더 강해짐
부위	아랫배	배 전체
가만히 누워 있을 경우	진통이 멈춤	진통이 멈추지 않음

잘못 알고 있는 상식
양수는 낮 활동 중에 잘 터진다.

자신이 느끼는 진통을 잘 따져보면 당장 병원에 가야 하는지 아니면 좀 더 있어도 되는지 알 수 있다. 가진통인 경우에는 집에서 기다리다가 진진통이 올 때 병원에 간다.

양수가 흐른다

양수는 대부분 태아의 소변으로, 냄새가 없고 약간 노란색을 띤다. 태아는 양수를 마시고 소화시켜 소변으로 배출한 뒤 다시 마신다. 소화되지 않은 양수 찌꺼기는 출산 후에 태변으로 나온다.

많은 산모들이 외출중이거나 직장에서 일할 때 양수가 터지면 어떻게 하나 걱정하는데, 양수가 갑자기 터지는 경우는 거의 없다. 대부분 집에 있거나 잠을 자다가 터진다.

산모의 1/4이 양수가 갑자기 터지면서 진통이 시작되고, 3/4의 산모는 진통이 시작된 후 양수가 터지거나 아예 터지지 않는다. 양수인지 아닌지 의심스럽다면, 팬티를 벗고 밑을 말린 상태에서 깨끗한 마른 타월을 밑에 대고 10분간 앉아 있어본다. 수건의 한 부분이 젖으면 양수가 터진 것이 맞다.

양수가 터지면 출산이 빨라진다

의사가 일부러 양수를 터뜨리기도 한다. 양수

가 터지지 않은 산모의 양수를 터뜨리면 양수 색깔로 태아의 건강 상태를 확인할 수 있고, 분만 시간이 빨라지는 장점이 있다. 자궁이 5cm 정도 벌어졌을 때 양수를 터뜨리면 출산 시간이 1~2시간 빨라진다.

양수가 터지면 저절로 진통이 온다

양수가 터지면 대개의 경우 12시간 내에 저절로 진통이 온다. 양수가 흐르고 곧바로 진통이 시작되는 사람도 있고 시간이 흐르면서 진통이 오는 사람도 있다. 촉진제를 사용해 유도분만을 할 수도 있지만, 양수 파수 후 6~12시간 동안 자연적인 진통을 기다려본 후 유도분만을 결정하는 경우가 많다. 양수가 흐르면 세균 감염을 막기 위해 내진을 자주 하지 않는다.

분만실에 입원하면 해야 할 것

진통이 시작돼 병원을 찾은 산모는 내진과 태동 검사를 통해 입원 여부를 결정하게 된다.

병원에 가야 할 때 **Doctor's Guide**

- 양수가 흐르는 경우
- 걷기 힘들거나 말하기 힘들 정도의 진통이 계속되는 경우
- 4~5분 간격의 규칙적인 진통이 30분 이상 지속될 때
- 둘째 이상인 경우는 진행이 빠르므로 4~5분 간격의 규칙적인 진통이 오면 곧바로 병원에 간다

내진을 한다

내과 의사에게 청진기가 반드시 필요하듯이 산부인과 의사에게 내진은 굉장히 중요하다. 내진을 하면 분만의 진행 정도와 출산까지의 시간을 알 수 있다.

내진은 둘째와 셋째 손가락을 넣어서 자궁 문이 얼마나 벌어졌는지 확인하는 것이다. 어느 정도 불편함을 느낄 수 있지만, 내진을 할 때 산모가 숨을 내쉬면서 힘을 빼면 훨씬 수월하다. 내진을 했을 때 자궁 문이 3~4cm 벌어지면 입원한다. 분만실에 입원 후 내진은 보통 2시간마다 한다.

태아안녕(태동) 검사를 한다

태아안녕(태동) 검사의 목적은 두 가지다. 진통이 올 때 자궁 안에서 태아가 잘 견디는지 또 진통이 얼마만에 오는지 확인하는 것이다.

태아는 진통이 없을 때는 건강하게 있다가 진통이 시작되면 스트레스를 받기도 한다. 좁은 산도에 끼어서 몇 시간 동안 아주 조금씩 내려오기 때문에 머리가 엄마의 단단한 골반뼈에 눌려 길어지기도 하고, 태아의 영양 공급원인 탯줄이 눌려 산소 공급도 원활하지 못하다. 이렇게 스트레스를 받으면 태아의 심장박동 수가 빨라지기도 하고 느려지기도 한다. 태아가 스트레스를 잘 참아내고 있는지

살피는 검사가 태동 검사다. 태아안녕 검사를 하지 않을 경우에는 태아의 심장박동 수를 30분마다 체크한다.

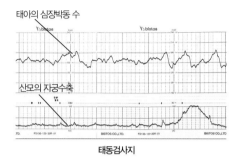

태동검사지

관장을 한다

분만을 하다가 산모가 배변을 하는 수가 있다. 아기가 태어나면서 엄마의 대변에 태아가 감염될 수 있으므로 미리 관장을 해서 장을 비운다. 직장의 위치가 산도의 뒤쪽에 있기 때문에 관장을 하면 산도를 넓히는 데도 도움이 된다.

제모를 한다

외음부 밑의 털 일부를 제모한다. 제왕절개를 할 때도 음모를 모두 깎지는 않는다.

두려움을 줄여주는 분만실 투어

분만실 투어란 출산 전에 자신이 아이를 낳을 곳을 미리 가서 살펴보는 것이다. 분만실 투어를 하면 분만실이 낯설지 않아 아이를 낳을 때 두려움을 최소화할 수 있다. 자신의 이름과 얼굴을 담당 간호사에게 알리고 서로 얼굴을 익혀두는 것도 중요하다. 이렇게 하면 분만을 좀 더 편안하게 할 수 있다. 초콜릿 같은 선물과 함께 출산 예정일을 미리 알려주는 것도 좋은 방법이다. 또 밤에 진통이 시작될 경우 가야 할 곳을 미리 알아 두면 불안감을 덜 수 있다. 분만실 직통 전화번호를 확인해 밤에 진통이 왔을 때 문의할 수 있도록 한다.

링거 주사를 맞는다

산모가 분만실에 입원하면 금식을 하고 링거를 맞는다. 링거 1L에는 밥 한 공기 정도의 포도당이 들어 있으므로 밥을 먹지 않아도 배고픔을 느끼지 않는다. 촉진제를 투여할 경우에도 링거는 필요하다.

촉진제를 사용한다

촉진제는 진통이 약하거나 없을 때 진통을 강하게 하기 위해 사용한다. 물론 태아에게는 안전하다.

진통할 때 편한 자세

진통이 온다고 침대에 가만히 누워 있을 필요는 없다. TV를 보거나 책을 읽거나 걸어도 괜찮다.

진통을 완벽히 사라지게 할 수 있는 자세는 없다. 진통이 오면 자신이 가장 편한 자세를 취하면 되는데, 대개 옆으로 누운 자세를 가장 편안해 한다. 무통 시술을 한 상태라면 남편과 같이 병원 복도를 걸어다니는 것도 좋다.

진통 중에는 걷거나 기대어 앉거나 쪼그려 앉는 등 어떤 자세를 취해도 상관없다. 자세를 자주 바꿔주면 진통을 완화시킬 수 있으며, 몸을 진통에 맞추어서 흔들거나 무릎을 꿇고 있는 것도 도움이 된다.

일어서거나 걷기

진통 초기에 도움이 된다. 진통이 오면 남편에게 몸을 기대거나 고정된 물체에 몸을 기댄 자세로 남편의 목에 팔을 감고 몸을 흔든다. 이때 남편이 산모의 등을 문질러 주면 좋다.

서 있으면 중력 때문에 태아의 머리가 아래로 향하므로 분만 시간이 단축될 수 있다.

손과 무릎을 땅바닥에 대고 앉기

많은 산모들이 편하게 느끼는 자세 중 하나다. 척추에 압력이 가해지지 않기 때문에 허리가 덜 아프고, 아기가 골반 안에서 자유롭게 회전할 수 있다. 흔히 '허리를 튼다'고 할 정도로 허리가 많이 아플 때 도움이 된다.

> ### 진통에서 출산까지 걸리는 시간
> **Doctor's Guide**
>
> 초산의 경우 진행이 잘되는 산모는 자궁문이 3~4cm 열렸을 때부터 3~4시간이면 출산이 가능하다. 진행이 좀 느린 산모는 12시간 정도 걸리기도 한다.

무릎 꿇기

허리가 많이 아플 때 바닥에 방석을 깔고 앉아 몸을 의자나 침대, 분만공(짐볼) 등에 기대면 허리에 가해지는 태아의 체중이 덜어져 허리 통증이 줄어든다.

쪼그려 앉기

쪼그려 앉으면 골반이 조금 더 벌어져 골반 안의 공간이 넓어지므로 태아가 더 쉽게 회전할 수 있고 힘을 줄 때도 도움이 된다.

앉아 있기

산모가 앉아 있고 싶으면 남편이 산모의 뒤에서 산모의 체중을 지탱해준다. 또는 의자의 기댈 부분에 베개를 대고 안장의자를 타듯이 앉아 있을 수도 있다. 이때 남편이 산모의 등을 마사지해주면 좋다.

침대에 반쯤 기댄 자세

침대를 반쯤 세우고 기대어 있어도 좋다. 진통이 올 때마다 무릎 뒤의 다리를 붙잡고 몸쪽으로 당기거나 몸을 앞으로 기울인다.

옆으로 눕기

대부분의 산모가 편안해 하는 자세다. 베개를 무릎 사이에 끼우고 옆으로 누우면 태아의 무게가 산모의 등을 덜 눌러 허리 통증도 줄어든다. 똑바로 누워 있는 것보다 태아에게 많은 혈액이 공급될 수 있어서 좋다.

분만, 드디어 아기와 만날 시간!

본격적인 진통이 시작되면 아기를 만날 시간이 점점 다가온다. 진통이 시작되어도 바로 아기가 나오는 건 아니다. 산모에 따라, 출산 경험에 따라 아기를 만나기까지 걸리는 시간은 모두 다르다. 아기가 나올 때 어떻게 힘을 주느냐에 따라서도 분만 시간이 달라지므로 힘주기 연습을 미리 하는 것도 순산하는 데 도움이 된다.

진통이 시작돼도 출산까지 시간이 필요하다

진통이 시작되고 출산할 때까지 걸리는 시간은 예측할 수 없다. 임신부마다 달라서 불과 1시간만에 낳는 사람이 있는가 하면 24시간 이상 걸리는 사람도 있다. 첫 출산일수록 자궁경관과 산도의 탄력성이 적어 잘 늘어나지 않으므로 출산 시간이 길다. 출산 경험이 있는 임신부는 출산 시간이 짧다.

자궁문이 얼마나 열렸는지는 담당 의사나 간호사가 내진하여 판단한다. 자궁문이 1cm 열리면 10%, 10cm 열리면 100% 열렸다고 한다.

진통이 잦아질 때까지 집에서 기다린다

초산의 경우 대개 자궁문이 3cm 벌어지면 입원을 하는데, 진통이 시작되고 자궁문이 3cm 열리려면 짧게는 몇 시간, 길게는 며칠이 걸린다. 그때까지는 집에서 인내심을 가지고 기다리다가 진통이 잦아지면 병원에 간다.

진통이 시작되면 임신부들은 진통이 곧바로 심해질 것 같아 많이 불안해진다. 음악을 듣거나 TV를 보면 긴장을 푸는 데 도움이 된다. 가벼운 집안

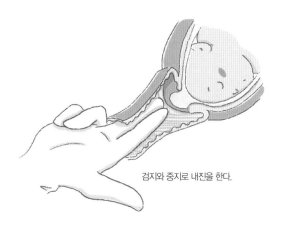

검지와 중지로 내진을 한다.

일을 하는 것도 괜찮다. 샤워하기, 물 마시기, 가벼운 음식 먹기, 핫팩 하기도 좋다. 특히 걷기는 진통을 이기는 데 가장 좋은 방법이다. 진통 간격이 너무 길고 진행이 느리더라도 참고 기다린다.

자궁문이 3cm 정도 벌어지기 전에 입원을 하면 출산까지 시간이 너무 오래 걸린다. 무통분만도 3cm 이상 벌어져야 할 수 있다. 참을 수 있다면 입원하지 말고 집에서 기다린다. 자궁문이 3cm 열리기 전까지는 진통이 대개 약하고 불규칙적이기 때문이다.

자궁문이 3cm 열리면 입원한다

자궁문이 3cm 정도 열리면 진통이 심해져서 집에 있기 힘들므로 입원하게 된다. 이때부터는 진행이 빨라져서 1시간에 1cm 정도씩 열린다.

잘못 알고 있는 상식
자궁문이 100% 열리면 곧 아기가 나온다.

진통이 오면 속이 메스껍고 신경이 예민해진다. 말하기도 싫어지고 조용한 곳을 원하는데, 이때 방 안을 어둡게 하면 한결 편안해진다. 진통 중에는 걷기 힘들지만 걸으면 중력 때문에 아기가 더 잘 내려온다. 소변 보기가 힘이 들어도 1~2시간마다 소변을 보고 자궁 수축 사이에는 이완에 신경 쓴다. '고통이 오래가지 않을 것이다'라고 생각하고 마음을 편히 먹도록 노력한다.

초산부는 자궁문이 3cm 열린 뒤 10cm가 다 열릴 때까지 평균 7시간(1~20시간) 걸리며, 출산 경험이 있는 산모는 평균 4시간 걸린다.

자궁문이 다 열려도 출산까지는 몇 분에서 몇 시간이 더 걸린다

자궁 입구가 다 벌어지면 진통 간격이 1분도 채 되지 않고, 진통은 90초까지 오래 지속된다. 태아의 머리가 내려오면서 저절로 항문 쪽에 힘이 들어가는 것을 느끼게 되는데, 이때부터는 산모가 힘을 주어 태아를 밖으로 밀어내야 한다. 자궁문이 다 열리면 1~2시간 안에 출산된다.

아기가 나온 다음 보통 10분 이내에 태반이 나온다. 이때 산후 출혈이 일어나기도 하고, 의사가 회음부를 꿰매기도 하는데, 마취 상태이므로 통증은 없다. 늘어난 자궁이 빨리 수축되도록 마사지도 해준다.

힘주기를 잘해야 한다

자궁문이 완전히 열릴 때까지는 임신부가 분만을 빨리 하기 위해 특별히 할 수 있는 게 없다. 진통을 견디기만 하면 된다. 그러나 자궁문이 다 열리고 나면 태아의 머리가 엄마의 골반에 끼어 오랫동안 있으면 태아도 힘들다. 자궁문이 다 열리기

TIP

자궁문이 100% 열린 뒤 평균 출산 시간은?

- 초산부 : 50분
- 경산부 : 20분

전에는 산모의 노력 없이도 자궁이 저절로 수축해 태아를 밑으로 조금씩 밀어내지만, 자궁문이 다 열리면 자궁 수축에 맞춰 힘을 주어야 한다. 즉 진통을 느낄 때 힘을 줘 아기를 복압으로 밀어내야 한다.

자궁문이 다 열린 상태로 태아가 골반에 오랫동안 머물러 있으면 위험하다. 힘주기를 잘해서 빨리 출산해야 한다. 자궁문이 다 열리고 나서 2~3시간이 지나도 아기가 나오지 않으면 제왕절개를 한다.

힘이 저절로 들어갈 때까지 기다린다

무통 시술을 하면 산모는 자궁문이 다 열릴 때까지 통증을 느끼지 않는다. 그래도 자궁문이 다 열리면 간간이 자궁 수축을 느낄 수 있으므로, 수축이 올 때 힘주기를 하면 된다. 복식호흡을 하듯 항문을 열고 복근에만 집중해 숨을 내쉬면서 아주 조금씩 힘을 준다.

무통 시술을 했건 하지 않았건 자연스럽게 힘이 들어올 때까지는 힘주기를 미룬다. 세계보건기구에서는 오랫동안 숨을 참으면서 힘주는 것을 말리고 자연적인 힘주기를 권유한다.

평소에 하면 좋은 힘주기 연습법

하루에 한 번씩 대변을 볼 때 연습하면 아주 좋다. 화장실 문 앞에 연습법을 붙여 놓고 변기에 앉을 때마다 연습해본다.

복식호흡을 한다

복식호흡은 횡격막을 움직여 호흡하는 방법으로, 흉식호흡에 비해 몸속에 더 많은 공기가 들어갔다 나온다. 방법은 숨을 배로 깊게 들이마시는 것이다. 이때 배가 불룩하게 나온다. 실제로 진통이 시작되면 숨을 들이마셨다가 천천히 내쉬면서 배꼽을 수축시킨다.

자연적인 힘주기 vs 억지로 힘주기

	자연적인 힘주기	억지로 힘주기
힘주는 시기	저절로 힘이 들어오면 힘을 준다.	저절로 힘이 들어오지 않아도 힘을 준다.
숨쉬기	숨을 참지 않고, 참더라도 아주 잠시 동안만 참는다.	숨을 깊게 들이마시고 억지로 참으면서 힘을 준다.
힘주는 방법	숨을 내쉬거나 소리를 내면서 힘을 준다.	입을 다물고 힘을 준다.
힘주는 시간	10초 이하로 길지 않게 힘을 준다.	10초 정도 힘을 준다.

숨을 쉬면서 힘을 준다

숨을 쉬면서, 즉 소리를 약간 내면서 힘을 주어 배의 근육을 수축시킨다. 이 상태를 5초 정도 유지한다.

항문을 이완시킨다

대변을 보면서 배의 근육은 수축하고 항문 주위의 근육은 이완시키는 연습을 한다. 항문을 열면 산도도 같이 열린다.

태아는 회전하면서 나온다

골반의 입구는 옆으로 길고, 골반의 출구는 앞뒤로 길다. 또 태아의 머리는 앞뒤로 길고, 어깨는 옆으로 길다. 임신 막달에 태아는 대개 엄마의 오른쪽이나 왼쪽 옆구리 쪽을 보고 있다가 탄생의 순간에는 엄마의 항문 쪽을 보면서 나온다. 출산 과정에서 엄마의 골반 모양에 맞춰 회전하면서 나오는 것이다. 태아의 머리가 밖으로 나온 뒤에는 다시 회전하면서 어깨가 나온다. 옆으로 긴 어깨가 앞뒤로 긴 엄마의 골반 출구에 맞추기 위해서다. 어깨가 나오면 태아의 몸은 쉽게 산도를 빠져나온다.

아기가 나올 때 회음부를 절개한다

회음부 절개는 질과 항문 주위를 2~4cm 정도

억지로 힘을 주는 것은 좋지 않다

다음은 분만실에서 흔히 일어나는 상황이다.
"이제 자궁문이 다 열렸어요. 힘을 잘 주셔야지 아기가 빨리 나와요." 아직 무통분만의 약기운이 남아서인지 산모는 아무런 힘이 들어오지 않는다. 그럼에도 불구하고 옆에서 간호사가 힘을 줘야 아기가 잘 나온다면서 억지로라도 힘을 주라고 강조한다. "요령을 알려드릴게요. 다리를 접고 턱은 가슴으로 향하도록 하세요. 자, 숨을 크게 들이마시고 숨을 참은 상태에서 밑에 힘을 주세요. 열을 셀게요. 같이 힘을 줍시다." 산모는 숨을 참고 간호사가 열을 셀 때까지 힘을 준다. 그리고 숨을 짧게 쉬고 숨을 들이마신 뒤 힘을 준다.

무통 시술을 해서 자궁문은 쉽게 열렸지만 힘이 저절로 들어가지 않아 억지로 힘주기를 해서인지 분만이 너무 힘들었다고 말하는 산모들이 있다. 억지로 힘을 주면 너무 오래 주어서 얼굴의 모세혈관이 터지고 얼굴과 눈 흰자위에 붉은 점들이 생겨 마치 권투선수가 얼굴을 많이 얻어맞은 모습처럼 보이기도 한다.

억지로 힘을 주면 분만 시간이 10분 정도 단축된다. 하지만 산모의 골반근육이 갑자기 늘어나 추후 요실금이 생기거나 부부생활을 할 때 성감이 약해질 수 있다. 그리고 산모가 숨을 10초 정도 참고 힘을 주기 때문에 태아가 저산소증에 빠질 수 있는 단점이 있다.

절개하는 것을 말한다. 국소마취를 하고 시술하기 때문에 아프지는 않다. 마취 없이 절개를 하더라도

아기가 나오는 순서

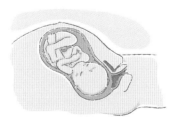

① 양막이 터져 양수가 흐르면 자궁이 규칙적으로 강하게 수축한다.

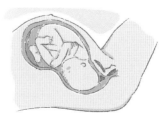

② 아기의 머리부터 밖으로 나온다.

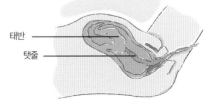

태반
탯줄

③ 아기가 완전히 나오면 탯줄과 태반 일부가 빠져나온다.

태아의 머리가 압박하고 있어 무감각한 상태라 통증은 없다. 회음부 절개를 하면 분만이 빨라진다는 장점이 있다.

분만 후 회음부를 봉합할 때는 녹는 실을 사용한다. 첫 12시간 동안 얼음팩으로 회음부 봉합 부위의 부기와 통증을 줄이고, 그 후 하루 동안은 핫팩으로 마사지한다. 이후에는 헤어드라이어의 더운 바람으로 말리면 된다.

회음부 열상예방 주사

요즘에는 회음부 절개 대신 회음부 열상예방 주사를 맞는 방법도 있다. 회음부 열상예방 주사는 분만 시 저항의 원인이 되는 히알루론산을 분해함으로써 분만을 용이하게 하는 것으로, 출산 시 열상을 예방하고 통증을 줄여주며 회음부의 흉터를 최소화한다는 장점이 있다. 회음부 열상예방 주사는 산모와 아기의 상태에 따라 선택할 수 있다.

태반이 나온 뒤에도 자궁은 계속 수축한다

출산이 끝나면 자궁 안에 남은 태반이 5~10분 후에 저절로 나온다. 태반은 태아와 자궁을 연결

태아의 피부를 보호하는 태지

자궁 안에 있을 때 태아의 몸은 일종의 기름 성분인 태지로 덮여 있다. 목욕탕에 오래 있으면 손가락과 발가락 끝이 쪼글쪼글해지는데, 태아는 태지 덕분에 열 달 동안 물속에 있어도 몸이 쪼글거리지 않는다.

태지는 임신 20주 이후부터 치즈처럼 태아의 피부를 둘러싸 태아의 탈수를 막는다. 태지의 양은 임신 말기로 다가갈수록 줄어들어 임신 40~41주가 되면 거의 없어진다.

이것으로 임신 주수를 판단하기도 한다. 만약 태아의 몸에 태지가 많은 상태라면 임신 39주 전이라는 것을 의미한다.

시키고 임신 중 영양을 공급하며 임신을 유지시키기 위한 호르몬을 만드는 기관이다. 출산 후에는 태반이 쓸모가 없으므로 자궁에서 저절로 떨어져 나온다.

태반이 빠져나오고 난 뒤에도 자궁은 당분간 계속 수축한다. 출산 후 자궁 수축은 하혈을 멈추기 위한 것으로 1~2일 동안은 훗배라고 하는 자궁수축통이 있다. 출산 후 자궁 수축을 위해 의사와 간호사가 자궁을 마사지하고 혈관 내로 자궁수축제를 투여하는 것도 이 때문이다.

입원 후 의료진에게 이렇게 부탁해보세요

Doctor's Guide

- 진통 중에는 내진을 자주 하지 마세요.
- 꼭 필요하지 않으면 양수를 빨리 터뜨리지 마세요.
- 출산할 때 힘주기를 너무 강요하지 마세요.
- 분만 후 탯줄은 5분 뒤에 자르고, 태반이 저절로 나오게 해주세요.
- 출산 후 즉시 모유수유를 할 수 있게 해주세요.
- 제왕절개를 하게 될 경우 전신마취 대신 척추마취를 하고, 제왕절개로 아기가 나오면 보여주세요. 수술 후 회복실에서 아기를 안고 모유수유를 할 수 있게 해주세요.
- 병실 입원은 모자동실로 해주고, 간호사가 자주 방문해 모유수유를 도와주세요.

자연분만 바로 알기

건강한 산모라면 자신과 아기를 위해 당연히 자연분만을 할 것이라고 생각한다. 하지만 자연분만을 원한다고 해서 누구나 할 수 있는 것은 아니다. 임신 열 달 동안 어떻게 지내느냐에 따라 자연분만의 성공 여부가 달라진다. 자연분만을 하고 싶다면 어떤 노력을 해야 하는지 꼼꼼히 알아보자.

자연분만 제대로 이해하기

병원에서 "축하합니다! 임신입니다"라는 말을 듣는 순간 제왕절개를 생각하는 임신부가 있을까? 누구나 예쁘고 건강한 아기를 자연분만으로 낳겠다는 생각을 할 것이다. 하지만 출산이 임박한 임신부 중 열 달 동안 자연분만을 위해 특별한 노력을 해왔다는 사람은 그리 많지 않다.

나무에 열린 잘 익은 감을 먹고 싶을 때, 나무 밑에 앉아 감이 떨어지기를 기다리며 입을 벌리고 있는 것보다 직접 사다리를 타고 나무에 올라가면 감을 먹을 확률이 높다. 그러기 위해서는 사다리를 빌리러 발품을 팔고, 땀도 흘려야 한다. 자연분만도 마찬가지다. 자연분만을 위해 공부도 하고, 운동도 해야 한다.

출산 경험이 있는 산모라면, 그 중에서도 자연분만을 한 적이 있는 산모라면 이 부분에서는 조금 자유로울 수 있다. 첫아이를 자연분만한 경우, 두 번째 출산은 특별한 경우를 빼고 쉽게 자연분만할 수 있기 때문이다. 이는 첫 출산을 되도록 자연분만으로 해야 하는 이유가 되기도 한다.

자연분만의 장점

- 자연분만은 회복이 빠르고 입원 기간이 짧아 출산 비용이 적게 든다. 출산 후 몇 시간만 지나도 걸을 수 있고, 소변도 스스로 볼 수 있다. 회음부 상처도 2~4㎝ 정도로 1주일이면 아문다.
- 출혈이 적다. 자연분만의 경우 출혈이 제왕절개의 절반 정도이기 때문에 그만큼 산모의 신체적인 부담이 적다.
- 산욕기 감염이 적다. 자연분만은 제왕절개에 비해 피부 절개 부위가 적어 감염 위험이 적다.
- 합병증이 훨씬 적다. 출산 시 출혈, 산욕기 감염, 혈전증, 폐혈전증, 양수색전증, 비뇨기계 손상 등의 산후 합병증이 제왕절개보다 적어 출산 후 고통을 겪는 비율이 낮다.
- 모유수유 성공률이 높다. 제왕절개를 하면 수술로 인한 복부 통증으로 모유수유를 바로 시작하기 힘들고 수술 후 아기와 떨어져 있어야 하는 시간이 길다. 그에 비해 자연분만은 출산 후 바로 아기를 안을 수 있고, 수유도 가능해 아기와 엄마의 정신적인 유대감이 깊이 형성되는 데 도움이 된다. 결국 모유수유를 더 성공적으로 할 수 있다.

잘못 알고 있는 상식
자연분만은 원하기만 하면 누구나 할 수 있다.

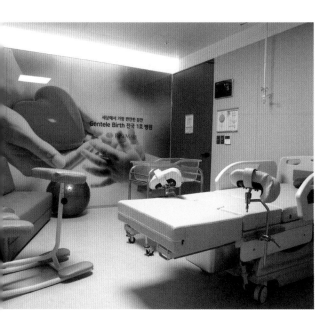

은 분만 시간이 길어질수록 더 잘 생긴다.

자연분만 후 질이 느슨해져서 고민이라면 케겔 운동을 통해 회복할 수 있다. 지속적으로 근육을 단련시키면 출산 후 늘어진 질 근육을 조이는 효과가 있다.

자연분만이 힘든 경우

수술을 해야 할지 자연분만을 해야 할지는 어쩌면 이미 정해져 있는지도 모른다. 사람이 얼굴 모습이나 성격을 타고나듯이, 또 임신하면 튼살이 생기는 사람과 생기지 않는 사람이 있듯이 자궁문도 잘 벌어지는 사람이 있고 그렇지 못한 사람이 있기 때문이다. 자연분만의 3대 요소는 태아의 몸무게, 산모의 체중과 골반 크기, 그리고 의사의 결정이다.

노력해도 안 되는 경우

산모의 나이 나이가 많을수록 자궁경부와 산도가 잘 열리지 않으므로 수술 가능성이 높아진다.

산모의 키 키가 작을수록 골반이 작아서 자연분만이 힘들다.

골반의 크기와 자궁문의 신축성 이미 정해져 있다.

노력하면 가능한 경우

임신 주수 임신 주수가 길어질수록 제왕절개 가능성이 늘어난다. 그러나 임신 말기에 주치의가 자궁경부를 마사지하면 어느 정도는 진통이 일찍 시작되게 할 수 있다.

산모의 체중 산모의 체중과 태아의 체중은 밀접한 관계가 있다. 태아가 무거울수록, 산모의 체중이 많이 늘어날수록 제왕절개 가능성이 높다. 임신 중의 체중 증가량에 신경 쓴다.

- 자연분만 과정에서 태아의 몸은 산도에 7~8시간 동안 끼어 있다. 그러면서 태아의 폐와 기관지에 고여 있는 양수나 이물질이 자연히 배출돼 출생 후 태아가 쉽게 호흡할 수 있다. 제왕절개는 이런 과정이 없어 출생 후 신생아 호흡곤란을 일으킬 수 있다.
- 무엇보다 모든 여성은 자연분만을 할 권리가 있다. 수술은 자신의 몸을 파헤치고 수동적으로 몸속의 아기를 꺼내는 것이다. 고생 끝에 자연분만에 성공하면 무엇과도 바꿀 수 없는 자부심과 성취감을 얻을 수 있다. 또한 자연분만의 가장 매력적인 요소는 두 번째 출산이 쉽다는 점이다.

자연분만의 단점

자연분만의 단점 중 대표적인 것이 회음부 열상과 출산 과정의 고통이다. 또 출산 후 질이 넓어지고, 제왕절개에 비해 요실금이 잘 생긴다. 요실금

과거의 자연분만 모습

불과 몇 년 전만 해도 대부분의 산모는 링거 주사를 팔에 맞으면서 분만 침대에 반듯이 누워 남편이나 사랑하는 가족을 보고 싶어도 만날 수 없었다. 분만실이라는 외부인 출입금지 구역에서 산모 혼자 외로운 진통을 이겨내야 했다.

태아 역시 마찬가지다. 열 달 동안 조용한 곳에서 지내다가 갑자기 소란스럽고 밝은 빛이 비추는 세상으로 밀려나온다. 세상에 적응하기도 전에 엄마 배 속에서 산소를 공급받던 탯줄까지 잘리고 다리를 거꾸로 들려 의사에게 엉덩이를 맞는 것은 생애 최초로 경험하는 폭력이다. 곧바로 이어지는 거친 신생아 검사들은 아기를 불안감과 공포로 몰아넣고, 정신적 교감 상대인 엄마, 아빠와의 만남도 제대로 하지 못한 채 곧바로 신생아실로 격리된다. 이러한 경험은 가장 예민하고 소중히 다뤄져야 할 시기의 아기에게 큰 상처를 주게 된다.

가족분만실

읽어 보세요!

자궁경부 마사지로 진통을 유발한다

38주 이후에 매주 내진해 자궁경부 마사지를 하면 진통을 유발할 수 있다. 이렇게 하면 산모의 50% 정도가 2, 3일 내로 자연적인 진통을 시작하기 때문에 제왕절개율을 많이 낮출 수 있다.

현재의 자연분만 모습

가족분만실 안의 풍경은 어떨까? 산모는 진통이 잦아지면서 많이 불안한 상태지만 남편이 7~8시간 동안 옆에서 손을 잡아주고 다리를 주물러주어서 그나마 위안이 된다. 속옷을 입지 않아도 남편 외에 낯선 사람은 없어 눈치 볼 필요가 없다.

산모는 무통 시술 덕분에 큰 고통 없이 남편과 함께 TV를 보고, 화장실에서 세수를 해 기분도 개운하다. 약기운이 떨어져 허리가 아프기 시작하면 짐볼에 기대어 있기도 하고, 평소에 좋아하는 음악을 틀어 두고 방 안에서 걷기도 한다.

출산할 때가 되면 진통하던 침대가 분만대가 되어 출산을 한다. 조명은 최대한 어둡게 하고, 잔잔한 음악을 틀어놓는다. 산모는 아기가 태어나자마자 안아 등을 어루만져주면서 젖을 물린다. 남편은 아기의 모습을 카메라에 담는다. 남편은 또 그 자리에서 아기의 탯줄을 자르고 목욕도 시켜준다. 간호사는 아빠와 목욕하는 아기의 사진을 찍는다.

산모와 아이를 위한 르봐이예 분만

'태아는 과연 탄생의 순간에 행복할까?'라는 의문을 가졌던 프랑스의 르봐이예 박사가 주장한 분만법으로, 산모와 태아에게 가장 자연스러운 분만 환경을 만들어주는 것이다. 병원이나 의사, 간호사 중심이 아닌 산모와 태아 중심으로 분만이 진행되며, 태아의 인권을 보호한다는 뜻에서 최근에는 많은 병원에서 시행하고 있다. 남편을 진통과 분만 과정에 참여시켜 이들의 격려 속에 분만하도록 하고, 탄생의 순간이 산모와 아기 모두에게 진정 축복된 순간이 되도록 한다.

르봐이예 분만의 5대 원칙

아기 머리가 보이면 분만실을 어둡게 한다

엄마의 자궁 안은 어두운데 갑자기 밝은 곳으로 나오면 아기는 눈이 부셔서 한동안 눈을 뜨지 못한다. 주위를 어둡게 하면 비로소 아기는 눈을 뜨게 된다.

분만에 임하는 사람은 소곤소곤 말한다

태아는 임신 기간 동안 자궁 안에서 조용한 소리만을 듣고 있었다. 엄마의 심장 소리, 장의 운동 소리 등은 작은 시냇물 소리처럼 평화로운 소리였다. 하지만 자궁문을 나서는 순간 들리는 여러 소리는 천둥소리같이 큰소리로, 아기에게 스트레스가 될 수 있다. 의료진은 최대한 말을 삼가고 아주 작은 소리로 대화한다. 출산의 순간에는

TIP

엄마, 아빠가 아기의 탄생을 축하해준다

아기가 태어나면 해줄 말을 준비한다. 너무 기쁜 나머지 말을 잘 못하는 엄마, 아빠가 많다. "사랑해, 나오느라고 고생 많이 했어, 앞으로 아빠가 많이 놀아줄게", "건강하게 태어나서 고마워", "건강하게 잘 자라라" 등 아기가 막 태어났을 때 해줄 말을 준비해놓는다. 평소 아빠의 목소리를 많이 들었던 아기라면 귀가 쫑긋해지고 눈이 동그래질 것이다.

산모도 되도록 소리를 지르지 않도록 한다.

출산 즉시 아기를 엄마의 배 위에 올린다

출산하고 아기를 처음 안는 순간 대부분의 산모가 감격한다. 아기가 태어나면 곧바로 산모의 배 위에 올려놓고 엄마가 아기를 만져보게 한다. 아기는 엄마의 냄새와 엄마의 심장 박동 소리를 들으며 안정을 취한다. 아기의 엉덩이를 때려서 억지로 울리지 않으며, 엄마는 아기에게 모유를 먹일 수 있다. 젖이 나오지 않아도 엄마의 젖을 빨면 엄마와 아기 모두가 쉽게 안정된다.

5분 후에 아빠가 탯줄을 자른다

아기는 배 속에서 탯줄을 통해 호흡을 하다가 세상에 나오면 폐호흡을 한다. 아기가 엄마 배 위에 있는 동안은 탯줄을 자르지 않고 자궁에서 받아왔던 산소를 계속 공급해줌으로써, 폐호흡으로 이행되는 과정에 순조롭게 적응할 수 있도록 돕는다. 5분 정도 지나면 폐호흡에 익숙해지고 탯줄의 혈액 흐름이 저절로 멈추므로 이때 아빠가 탯줄을 자른다.

아기가 엄마 몸 밖으로 나와도 당분간은 탯줄을 통해 아기에게 피가 계속 공급된다. 출산할 때 탯줄을 3분 정도 늦게 자르면 아기에게 80mL의 혈액이 더 전해진다. 이것은 50mg의 철분이 아기에

게 공급되는 것으로, 이 양은 유아기 때 생길 수 있는 빈혈을 막는 데 충분한 양이 된다. 또한 탯줄을 늦게 자르면 태반도 저절로 쉽게 나와서 산모에게도 훨씬 좋다.

아빠는 아기를 따뜻한 물로 목욕시킨다

탯줄을 자르고 나면 아기의 체온과 비슷한 37℃의 따뜻한 물에 아기를 담근다. 자궁 안과 비슷한 환경인 물에서 놀게 하면 분만의 스트레스로 경직된 아기의 몸이 풀리고, 자궁 안팎의 중력 차이에서 오는 혼란도 막을 수 있다. 아빠가 목욕을 시켜주면 아기는 울음을 멈추면서 눈을 뜨는 모습을 보인다. 엄마는 아빠가 목욕시키는 동안 아기의 손을 잡아주면 된다.

분만 직후 아기에게 하는 처치

분만 후 아기는 엄마, 아빠와 10~20분 정도 첫 만남을 가진 뒤 신생아실로 옮겨져 남은 처치를 받고 다시 엄마가 있는 가족분만실로 온다. 이때는 좀 더 오래 머물 수 있어 모유수유도 할 수 있고 할아버지, 할머니와도 만날 수 있다.

신생아실에서 아기에게 하는 처치
• 뇌출혈을 막는 비타민 K 근육 주사를 맞는다.
• 혈압, 체온, 심박 수를 측정한다.

• 신생아의 눈병 예방을 위해 눈에 항생제 연고를 넣는다.
• B형 간염 예방접종을 한다.
• 신생아 반사 검사를 받는다.
• 모로 반사 검사를 받는다. 모로 반사는 아기의 등이 매트에 닿은 상태에서 팔만 잡아 들어 올렸다가 갑자기 내려놓으면 아기가 박수를 치는 듯한 반응을 보이는 것으로, 아기의 머리 위에서 갑자기 시끄럽게 박수를 쳐도 비슷한 반응을 보인다.
• 바빈스키 반사 검사를 받는다. 바빈스키 반사는 아기의 발바닥을 가볍게 긁으면 엄지발가락이 발등 쪽으로 굽는 반응이다. 정상 성인과 반대의 반응을 보인다.
• 먹이찾기 반사 검사를 받는다. 아기의 뺨을 손가락으로 건드리면 그쪽으로 고개를 돌린다.

Doctor's Guide

수중분만은 감염의 위험이 있다

수중분만이란 말 그대로 진통과 출산을 물속에서 하는 것이다. 미국 등 의료비가 비싼 나라에서는 병원에서 분만하지 않는 경우 조산사가 집으로 와서 분만을 돕는다. 이때 다른 진통 억제 방법이 없기 때문에 욕조에 들어가서 출산을 했다.

그러나 미국 산부인과학회지에 따르면 물속에서의 출산이 공기 중에서 하는 출산보다 위험성이 높다고 한다. 출산을 할 때 산모의 항문이 열리는데, 수중분만을 하면 엄마의 대변에 의해 태아가 세균에 감염될 위험이 있다. 또한 태어난 아기가 물속에서 질식으로 치명적인 뇌손상을 입을 수도 있다. 따뜻한 물속에서는 산모가 30분 이상 있기도 힘들다.

이런 이유로 요즘은 수중분만을 하는 병원이 많지 않으며, 수중분만이 진통 억제 효과가 있다고는 하지만 무통분만이 대중화되어 그 필요성도 많이 줄어들었다.

제왕절개 바로 알기

제왕절개는 산모의 배와 자궁을 수술로 절개하여 아기를 출산하는 것을 말한다. 처음부터 제왕절개를 계획하는 임신부도 있지만 예기치 않게 제왕절개를 하는 경우도 있으므로, 출산을 앞둔 산모라면 미리 제왕절개에 대해 알아두는 것이 좋다. 일반적으로 태아나 엄마에게 자연분만보다 제왕절개가 더 안전하다고 판단할 때 실시한다.

얼마나 많은 산모가 제왕절개를 할까?

미국 통계에 따르면 1970년에는 6%, 2005년에는 30%의 산모가 제왕절개로 출산을 했다. 우리나라도 이와 비슷한 비율로 제왕절개 출산이 늘어났으며, 초산에서 제왕절개를 하는 경우가 5명 중 1명을 차지한다. 브라질은 지역에 따라 산모의 90%가 제왕절개를 하는 곳도 있다.

현재 세계 대부분의 나라가 제왕절개율 증가로 인해 고심하고 있다. 세계보건기구(WHO)에서는 적정 제왕절개율이 10%라고 하지만, 우리나라를 비롯한 많은 나라에서 이 비율을 훨씬 넘어서고 있다.

제왕절개가 증가하는 이유

대부분의 산모들이 제왕절개를 원하지 않는데도 제왕절개의 비율은 과거보다 높은 편이다. 제왕절개율이 15% 이상으로 증가하면 득보다는 실이 많다고 한다. 우리나라는 1960~1970년대 5%에 머물던 제왕절개율이 2000년에 최고치를 기록했고, 이후 조금씩 줄어들어 2009년의 제왕절개율은 35% 정도다. 제왕절개가 늘어나는 이유는 다음과 같다.

초산부의 제왕절개율 증가

제왕절개에 대한 거부감이 과거보다 줄어들어 초산부 중 제왕절개를 선택하는 사람이 늘었다.

고령 임신으로 임신부의 평균 나이 증가

고령 초산부는 난산의 위험이 높고 임신이 잘 되지 않아 인공수정으로 다태아를 임신하는 경우가 많기 때문에 제왕절개율 역시 높다. 또 고령 임신부는 임신중독증, 임신성 당뇨 같은 합병증이 잘 생겨 제왕절개율이 높아진다.

비만 임신부의 증가

임신 중 체중이 많이 느는 임신부가 늘면서 태아

도 커져 난산 위험과 함께 제왕절개의 가능성이 높아진다.

의료소송의 증가

의료소송의 증가로 의사들이 부담을 느끼는 의료 행위보다 안전한 시술을 우선으로 한다. 결국 흡입분만이 감소하고, 난산이나 둔위 쌍태아의 경우 제왕절개를 많이 하는 것이다.

임신부의 요구 증가

질식분만으로 골반 근육에 이상이 생길 것을 미리 우려한 임신부들이 제왕절개를 요구하는 경우가 늘었다.

브이백 시행률 저조

최근 제왕절개 후 다시 자연분만을 시도하는 브이백(VBAC)의 비율이 3%에 그치고 있다. 한때 미국에서 30% 가량 차지하던 것이 최근 점점 줄어들고 있는데, 위험 부담 등으로 이를 시행하는 병원이 줄어든 것을 원인으로 들 수 있다.

자연분만을 하더라도 제왕절개에 대해 알아둔다

처음부터 제왕절개로 출산하려고 생각하는 산모는 드물 것이다. 대부분의 산모는 제왕절개를 고려하지 않은 채 입원하지만, 그런 산모 중 1/4이 응급 제왕절개로 출산을 한다.

이처럼 제왕절개의 상당수는 예기치 못한 상황에서 갑자기 시행되는 경우가 많다. 가족과 상의해 결정할 시간 여유가 없다 보니 의사가 제왕절개를 제안하면 산모는 큰 스트레스를 받게 된다. 출산 전에 제왕절개에 대한 지식을 알아 두어야 하는 이유다.

제왕절개를 하면 수술 중 아기와 산모에게 문제

가 생기지 않을까 걱정을 많이 한다. 대부분 아기와 산모에게는 문제가 없다. 하지만 제왕절개가 자연분만에 비해 부작용이나 합병증이 많은 것이 사실이다. 수술 중 출혈, 감염, 수술 후 통증, 자연분만보다 긴 입원 기간 등 자연분만보다 산모에게 불리하다. 또한 다음 임신 때 전치태반이 되는 사례도 흔하다.

제왕절개가 필요한 경우

제왕절개는 미리 계획하여 시행하는 계획 제왕절개와 자연분만 도중에 태아나 산모에게 위급한 상황이 발생하여 시행하는 응급 제왕절개가 있다.

계획 제왕절개를 하는 경우

계획 제왕절개는 전치태반일 경우나 반복 제왕절개와 같이 분만 날짜를 미리 정해서 하는 것으로, 대개 분만 예정일 10일 전에 수술을 한다. 태아가 이미 다 자랐고, 진통이 시작될 것에 대비해 분만일을 일찍 잡는 것이다. 이때는 산모와 가족이 모든 준비를 한 상태에서 진행되기 때문에 수술에 대한 거부감은 거의 없다. 계획 제왕절개를 하는 경우는 다음과 같다.

• 이전에 제왕절개로 출산한 경우

- 자궁근종 제거 수술을 한 경우
- 쌍태아 임신인 경우 : 태아의 태위, 체중, 임신 주수에 따라 자연분만도 가능하지만 자궁 안에 두 명 이상의 태아가 있을 때는 한 아기가 역아로 있을 가능성이 많다. 이럴 때는 제왕절개가 안전하다.
- 태아가 많이 큰 경우
- 둔위(역아) 등 태아가 이상 위치에 있는 경우 : 둔위(역아)란 산도의 출구에서 태아의 머리가 발이나 엉덩이보다 더 밑에 있는 경우를 말한다. 임신 30주경의 둔위는 15% 정도지만 점차 아기의 머리가 밑으로 움직여 임신 38주 무렵에는 7% 정도, 분만 시에는 3~4% 정도로 줄어든다. 둔위로 있는 태아는 자연분만 시 다칠 위험이 많기 때문에 제왕절개를 하게 된다. 예를 들어 둔위에서 자연분만을 시도하면 자궁경부로 탯줄이 미끄러져 내려올 가능성이 많아서 태아에게 산소 공급이 중단되는 위험이 생길 수 있다. 또 태아의 몸이 쉽게 나오더라도 머리가 잘 빠져나오지 못하는 일이 생길 수도 있다.
- 산모가 심각한 질환을 가지고 있는 경우 : 산모가 당뇨, 심장질환, 폐질환, 고혈압 등의 질환을 가지고 있을 때는 유도분만을 하는 경우가 많다. 유도분만 시 자궁경관이 잘 열리지 않아서 제왕절개를 하게 되는 비율이 높다.
- 전치태반, 태반 조기박리 등 태반에 이상이 있

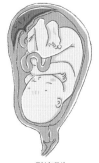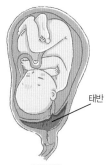

태반

정상태반　　　　전치태반

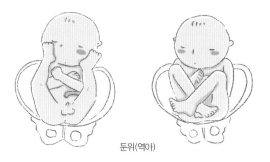

둔위(역아)

는 경우 : 전치태반이란 태반이 산도를 가로 막고 있는 것으로, 자연분만을 시도하면 심한 출혈로 산모가 사망할 수 있다. 태반 조기박리는 출산 전에 태반이 떨어지는 것이다. 그대로 두면 태아에게 정상적인 산소 공급이 어려워지므로 즉시 분만을 유도해야 한다.
- 양수과소증 : 자궁 안의 양수가 너무 적을 때 자연분만을 시도하게 되면 태아에게 산소 공급 장애가 생긴다.

응급 제왕절개를 하는 경우

10개월의 임신 기간 동안 자연분만을 계획했다가도 분만 시 제왕절개를 선택해야 되는 경우가 있다. 다음과 같은 경우에 응급 제왕절개를 하게 되며, 이는 산모와 아기의 건강과 생명을 위한 것이다.
- 분만이 정상적으로 되지 않는 경우 : 분만이 정상적으로 되지 않아 제왕절개를 하게 되는 비율은 제왕절개의 1/3을 차지할 정도로 흔하다. 자연분만 시 아기가 나오는 산도인 자궁경부와 골반근육은 나이가 들면 단단해지고 탄력성이 떨어진다. 이럴 경우 태아가 산도를 내려올 때 난산이 될 가능성이 높고, 결국 자연분만이 어려워 제왕절개를 하는 경우가 많다. 출산을 한 적이 없는 고령 임신부일수록 제왕절개 가능성이 높다. 같은 맥락에서 둘째 아이를 낳을 때 분만

이 쉬운 이유도 산도가 잘 벌어지기 때문이다. 그 외에 진통이 약하거나 태아의 머리가 엄마의 골반에 비해 너무 커서 골반 내로 진입하지 못하는 경우에도 자연분만이 어렵다.

- 진통 중에 태아의 심장박동이 비정상적인 경우 : 진통 중 태아에게 산소 공급이 충분하지 않으면 태아의 심장박동이 줄어든다. 예를 들어 탯줄이 눌리거나 태반이 정상적인 기능을 하지 않아 신선한 산소나 영양분을 태아에게 전달하지 못할 때 태아의 심장박동이 느려질 수 있다. 심장박동 감소는 일시적인 현상일 수도 있고, 태아의 머리가 골반에 눌려서 생기는 정상적인 현상일 수도 있으므로 의사의 정확한 판단이 중요하다.

TIP
제왕절개 수술 날짜는 예정일 10일 전이 좋다

제왕절개 수술 날짜는 예정일에서 10일 전이 좋다. 10일보다 앞뒤로 3일 빠르거나 늦어도 괜찮다. 길일을 잡는다고 예정일보다 너무 이르거나 너무 늦게 잡으면 산모나 태아에게 해가 될 수 있다.

수술시간도 야간보다는 의료진이 많이 있는 주간이 좋다. 혹시라도 응급상황이 벌어질 것에 대비해야 하기 때문이다. 가장 좋은 날짜와 시간은 주치의와 상의한 후 잡는 것이 좋다.

제왕절개의 장점과 단점

제왕절개의 장점

- 진통의 고통이 없다.
- 난산, 거대아, 역아, 태아곤란증, 전치태반 등 응급상황에서 산모와 태아의 목숨을 살릴 수 있다.
- 자연분만 시 생길 수 있는 골반저근육의 손상을 막고 출산 후에도 질이 늘어나지 않는다.
- 원하는 날을 정해 수술할 수 있어 출산일을 길

일이나 남편의 휴가에 맞출 수 있다.

제왕절개의 단점

- 수술 후 정상으로 걸으려면 5일 정도 시간이 걸린다.
- 수술 후 즉시 모유수유할 수 없고, 출산 후 병실에 있어야 하므로 아기와 같이 있을 시간이 적어 모유수유가 힘들어진다.
- 수술 상처로 복부에 흉터가 남는다.
- 다시 출산할 때 제왕절개를 하게 될 가능성이 자연분만을 한 여성에 비해 높다.
- 자연분만한 산모에 비해 폐색전증의 위험성이 3~5배 높다.
- 자연분만보다 출혈량이 두 배나 많다. 1L 정도 출혈하므로 수혈이 필요한 경우가 자연분만보다 흔하다.
- 자연분만 시에는 출산 과정 중 태아에게 가해지는 압력으로 태아의 폐와 기관지에 고여 있던 양수나 이물질이 자연적으로 배출되지만, 제왕절개 분만 시에는 출산 후 인공적으로 빼주어야 한다.
- 안전하지만 수술이기 때문에 위험이 따른다.
- 산모가 정서적으로 허탈감을 느낄 수 있다. 제왕절개 분만의 가장 큰 단점은 바로 산모의 감정 상태다. 출산에 적극적으로 참여하지 못했다는 실패감과 열 달 동안 자연분만을 계획하고 노력한 결과에 대한 허망함을 느껴 이후 육아에도 영향을 미치게 된다. 수술 후 수일 동안 계속되는 통증도 또 다른 고통이다.

제왕절개 미리 체험해보기

마취하기

제왕절개를 할 때는 일반적으로 척추마취, 경막

외마취, 전신마취의 세 가지 방법을 이용한다. 척추마취는 제왕절개를 할 때 많이 사용하는 방법으로 척추를 둘러싸고 있는 척수액에 약을 주입하면 즉시 마취가 된다.

경막외마취는 무통 시술을 할 때 주로 하는 마취로 약을 주입한 후 15분이 지나면 수술을 할 수 있다. 전신마취는 의식이 완전히 없어지는 마취로 제왕절개 시에는 잘 하지 않는다. 일반적으로 경막외마취(45%)와 척추마취(45%)를 많이 시행한다. 이 두 가지 마취 방법은 국소마취로 의식을 잃지 않아 제왕절개를 하더라도 바로 아기를 볼 수 있다.

수술하기

수술 전 음모의 일부를 면도하고, 소변줄을 꽂은 뒤 산모가 수술 부위를 볼 수 없게 스크린을 친다. 수술을 시작하고 5분 정도 지나면 아기가 나오는데, 그동안 수술 기구 소리를 듣기 힘들다면 음악을 들으면서 아기를 기다려도 된다. 산모가 아기의 얼굴을 보고 나면 수면 주사를 맞고 잠들게 된다. 30분 정도 지나면 수술이 끝나고 회복실에서 보호자와 같이 있게 된다.

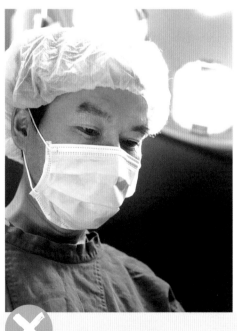

회복하기

수술을 끝낸 산모는 1시간 동안 회복실에 있다가 병실로 옮긴다. 수술 후 약간의 물을 마셔도 되며, 장에서 가스가 나오면 식사를 할 수 있다. 대개 수술 다음 날부터 딱딱한 음식을 먹어도 된다.

수술 후 12시간이 지나면 조금씩 걷는다. 일반적으로 수술 후 24시간 안에 두 번 정도 일어나기를 연습하고, 2일째부터는 혼자 걸어보는 것이 좋다.

소변줄은 수술 후 12시간이 지나면 제거할 수 있지만 대부분 다음 날 아침에 제거한다. 수술 부위가 가려울 땐 긁지 말고 연고를 바르면 도움이 된다.

샤워는 수술 후 3일째부터 가능하며 5일째가 되면 실밥을 뺄 수 있다. 하지만 흉터를 적게 남기기 위해서는 퇴원하고 일주일 후에 빼는 것이 좋다.

브이백(VBAC)

브이백(VBAC : Vaginal Birth After Cesarean Section)은 이전에 제왕절개를 한 여성이 자연분만으로 아기를 낳는 것을 말한다. 미국의 경우 브이백이 처음 시도된 1965년 이후 최고 30%까지 증가했지만, 여러 가지 위험 요인이 있어 2005년에는 5%로 감소했고, 2010년에는 이보다 더 감소되었을 것으로 추정된다.

브이백의 성공률

과거에 자연분만을 한 경험이 있거나 37~40주 사이에 저절로 진통이 시작되는 경우, 태아가 작은 경우에 브이백의 성공 가능성이 높으며, 40세 이상의 산모, 예정일이 지난 산모, 태아가 큰 경우, 과거에 자궁문이 다 벌어진 후에 수술을 한 경우에는 성공 가능성이 낮다.

이전 출산에서 제왕절개를 한 원인도 브이백의 성공률에 영향을 미친다. 태아의 위치에 이상이 있어 제왕절개를 한 경우는 성공률이 90%이지만, 아두골반 불균형으로 제왕절개를 했다면 성공률은 70%이다. 또 태아가 클수록, 산모가 비만일수록 성공률은 낮다.

브이백의 장점

수술을 하지 않고 자연분만을 하므로 수술로 인해 생길 수 있는 감염, 출혈, 합병증, 마취에 대한 위험성이 낮다. 또 회복과 입원 기간이 짧고, 저렴한 비용으로 출산할 수 있다. 분만 직후 아기와 접촉이 가능하고, 심리적으로 자연분만에 성공한 데 대한 만족을 느낄 수 있다.

브이백의 단점

브이백의 실패율은 30% 정도다. 이럴 경우 결국 제왕절개를 하는데, 이런 응급 제왕절개는 계획 제왕절개보다 더 위험하다. 브이백으로 분만할 때 자궁파열(브이백 분만 중 이전에 수술한 부위가 파열되는 것) 가능성은 1%로, 자궁파열 중 20% 가량은

TIP

제왕절개를 하면 요실금이 생기지 않을까?

자연분만을 하면 제왕절개를 했을 때보다 요실금이 생길 확률이 두 배 정도 높다. 하지만 나이가 들면서 이 두 분만법으로 인해 요실금이 생길 확률은 거의 비슷해진다. 그러므로 요실금을 예방하기 위해 제왕절개를 하지는 않는다.

태아에게 뇌성마비와 같은 영구적인 손상을 줄 수 있다.

자궁파열 자체로는 큰 위험이 없다. 하지만 자궁파열 여부를 신속히 발견하고 응급 제왕절개를 하기까지 걸리는 시간이 큰 위험을 불러올 수 있다. 자궁이 파열되면 배 속에 피가 많이 고일 수 있다. 이때 즉시 수술을 해야 하는데, 아무리 빨리 한다 해도 10~20분 이상이 걸린다. 확률이 낮지만 자궁파열이 될 경우 심각한 합병증이 생기므로 요즘은 브이백을 시행하는 병원이 드물다. 언제든지 응급 제왕절개를 할 수 있도록 병원에 마취과 의사가 24시간 상주해야 하므로 현실적으로 어려움이 많다.

Doctor's Guide

태아가 크면 유도분만을 해야 할까?

초산모인 경우에 유도분만은 쉽지 않다. 시간이 오래 걸려 산모도 힘이 들고 진통이 오다가 없어지는 경우도 있다. 그래서 태아가 크다고 쉽사리 유도분만하지는 않는다.

일반적으로 분만 예정일부터 10일 정도 후까지는 자연적으로 진통이 오기를 기다린다. 10일이 지나면 유도분만을 고려하는데, 초산인 경우 유도분만을 하면 제왕절개의 가능성이 2~3배 높아지므로 신중하게 결정한다. 그렇다고 무한정 기다리면 태아에게 좋지 않다. 실제 42주까지 진통이 없는 산모도 7%나 되는데, 예정일에서 14일 정도가 지나면 태아 사망률이 두 배로 증가하므로 출산은 예정일로부터 2주를 넘기지 않는 것이 좋다. 예정일이 지나면 병원 진찰을 일주일에 2회 받는 것이 좋으며 꼭 약속한 날에 받아야 한다.

그밖에 임신중독증, 양수과소증과 같이 임신을 더 지속시키면 엄마나 태아가 위험하다고 판단되는 경우에도 유도분만을 한다.

반면, 유도분만이 쉽게 되는 경우도 있다. 자궁입구가 부드럽고 어느 정도 열려 있으면 유도분만이 잘된다.

진통을 줄이는 무통분만

끔찍한 진통을 피하기 위해 무통분만을 하고 싶지만 불안해서 망설이는 임신부가 많다. 무통분만의 후유증과 태아에게 해롭지 않을까 하는 우려 때문이다. 하지만 이는 임신부들이 무통분만에 대해 잘 알지 못해서 갖게 되는 기우이다. 무통분만은 산모와 태아 모두에게 안전해서 세계적으로 많이 이용되는 분만법이다. 무통분만, 정확히 알아야 현명한 선택을 할 수 있다.

출산의 고통, 피할 방법이 있다

옛날에는 '배 아파서 낳은 아이일수록 귀하다'며 출산의 고통을 미화하기도 했다. 어차피 겪어야 할 고통이기에 좋은 의미를 부여해 아픔을 참는 데 도움이 되고자 했던 조상들의 지혜이다. 하지만 더 이상 이런 미화나 합리화는 필요하지 않다. 무통분만으로 진통을 줄이거나 피할 수 있게 되었기 때문이다. 출산의 고통에 대한 두려움 때문에 결혼해도 아이를 낳지 않겠다고 결심할 필요도 없고, 즐거워야 할 임신 기간을 출산의 두려움으로 보낼 필요도 없다. 과학의 발달로 통증에 대처하는 의술이 함께 발달했고, 무통분만 역시 대중화되었다. 무통 시술은 산모와 태아에게 모두 안전한 시술로 전 세계적으로 많이 이용된다.

출산의 진통은 암 말기의 통증보다 아프다

우리 몸은 어느 한 부위라도 다치면 통증을 느낀다. 상처가 난 부위와 정도에 따라 통증의 강도가 다른데, 그 중에서도 진통 중에 느끼는 통증은 상당한 것으로 분류된다.

분만의 통증에 대해 객관적으로 밝힌 바에 따르면, 타박상, 염좌, 칼에 베이기, 골절, 치통, 관절통, 암 말기 통증보다도 훨씬 더 아프다고 한다. 출산이 30% 진행된 초산부에게는 이러한 극심한 통증이 8시간 정도 지속된다.

진통의 통증을 줄이는 무통분만

무통분만은 말 그대로 진통의 통증을 줄이는 분만법을 말한다. 산모의 척추 안 공간에 아주 가는 관을 넣고 지속적으로 진통제를 주입해 통증을 느끼는 신경을 마비시키는 방법이다. 무통 마취는 크게 척수마취와 경막외마취가 있는데 대부분 경막외마취를 하기 때문에 무통 마취를 경막외마취라고도 한다. 산모가 분만 중에 느끼는 진통은 자궁이 수축할 때 느끼는 통증과 자궁 입구가 벌어질 때 느끼는 통증, 산도가 벌어질 때의 통증이 있는데, 무통분만은 이러한 통증들을 느끼지 않게 한다.

마취가 되는 부위

경막외마취를 하면 약이 들어가는 부위의 아래인 배꼽 밑으로 마취가 된다. 분만에 미치는 영향을 최소화하는 범위 안에서 약물을 투여하기 때문에 산모는 걸어다닐 수 있으며, 분만할 때 힘을 줄

잘못 알고 있는 상식
요통이 있으면 무통분만을 할 수 없다.

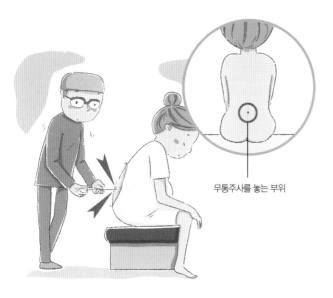

무통주사를 놓는 부위

수도 있다. 또 마취약이 혈관을 통해 흡수되는 것이 아니어서 산모의 의식이 또렷하다.

무통분만의 장점

많은 산모들이 무통분만을 했을 경우 후유증이 생기지 않을까 걱정한다. 하지만 심각한 후유증은 드물다. 대부분 두통이나 메스꺼움 같은 가벼운 부작용 정도만 나타난다.

• 출산에 대한 두려움과 불안감을 느끼지 않고 열 달 동안 기쁘게 출산을 기다릴 수 있다.

• 초기 진통을 잘 참을 수 있다. 무통 시술은 자궁문이 3~4cm 열리면 하는데, '조금만 참으면 무통 시술을 할 수 있다'고 생각하면 초기 진통도 잘 견딜 수 있다. 자궁문이 3~4cm 열리면 정말 참기 힘든 진통이 온다.

• 많은 산모가 순간의 진통이 너무 힘들어서 수술을 원하게 된다. 무통분만을 하면 진통을 못 이겨 제왕절개를 하게 되는 경우가 없다.

• 힘주기를 더 잘할 수 있다. 무통분만을 하지 않을 경우, 6~7시간의 힘든 진통을 겪느라고 기진맥진하여 막상 마지막 힘주기 단계에서는 힘을 못 줄 수도 있다. 무통 시술을 하면 자궁문이 벌

어질 때까지 편안히 있다가 자궁문이 다 벌어지고 힘을 주어야 할 때 집중해서 힘을 줄 수 있다.

• 갑자기 제왕절개를 해야 하는 경우에도 무통 시술은 유용하다. 제왕절개를 하기 위해 새로 마취할 필요 없이 미리 삽입해 놓은 튜브로 약을 투여한 뒤 제왕절개를 하면 된다.

• 무통분만의 효과는 출산 후까지 이어진다. 보통 출산 후 산모들은 회음부를 절개한 부위가 아파서 잘 걷지 못한다. 이럴 때 무통약을 한 번 더 주사하면 회음부 통증이 많이 줄어들어 움직이기가 훨씬 쉽다.

• 출산이 고통이 아니라 행복으로 기억된다. 소중한 아기를 만나는 순간을 오랜 진통으로 망가뜨리는 대신 아기를 만나는 기쁨으로 채울 수 있다. 또한 출산이 힘들다는 기억이 없으므로 다시 임신해도 편안한 마음으로 열 달을 보낼 수 있다.

무통분만으로 생길 수 있는 문제점

무통 시술 때문에 산모가 사망한 경우는 없다. 산모 1만 명 중 3명, 즉 0.03%에서 심각한 부작용이 발생할 수 있는데, 이 정도라면 상당히 안전하다는 것을 알 수 있다. 단, 무통분만에도 몇 가지 단점은 있다.

• 분만 시간이 길어질 수 있다. 무통 시술을 하면 출산 시간이 평균 1시간 정도 길어진다. 하지만 최근 연구에 따르면 자궁문이 4cm 이상 벌어지고 난 뒤 무통 시술을 하면 분만 시간에 큰 차이가 없다고 한다.

• 촉진제를 사용할 가능성이 늘어난다. 무통 주사를 맞은 후에 자궁 수축이 약해지는 경우가 생길 수 있는데, 이때 자궁 수축이 잘 되도록 촉진제를 사용할 수 있다.

- 기계분만(흡입분만)이나 회음부 절개 가능성이 커진다. 자궁문이 다 열린 뒤 분만 시간이 길어지고 산모가 힘을 잘 못 주는 경우에는 기계분만의 가능성이 높아지고 회음부를 더 절개해야 할 수도 있다.
- 힘을 주기 어렵다. 무통 시술을 하면 감각이 없어져서 힘을 준다는 느낌이 없을 수 있다. 같은 양의 약을 투여하더라도 사람에 따라 약의 효과가 잘 나타나 자궁 수축이 오는 것을 느끼지 못하는 경우도 있고, 복근과 골반근육의 힘이 빠져 힘을 주지 못하는 일이 생길 수도 있다. 일반적으로 무통 시술을 하면 힘이 들어오는 것을 잘 느끼지 못해 약을 조금만 쓴다. 그렇지만 힘을 잘 준다고 해서 자연분만에 성공하는 것은 아니다. 무통 시술을 하면 진통은 미약하게 느껴지지만 항문 주위의 압박감으로 힘을 주는 시기를 알 수 있다. 자궁문이 다 벌어지면 밑에 힘이 들어가므로 힘을 주는 것은 어렵지 않다.
- 저혈압이 생길 수 있어 저혈압을 막기 위해 링거를 꽂고 무통 시술을 한다.
- 무통 시술의 약 성분 때문에 메스꺼움을 느낄 수 있다. 하지만 무통 시술을 하지 않더라도 진통으로 인한 메스꺼움이 생길 수 있다.
- 사람에 따라 통증 조절이 되지 않거나 조금밖에 안 될 수도 있다. 사람마다 척추 구조에 차이가 있어 약물이 척수의 공간에 있는 신경을 충분히 적시지 못할 수 있기 때문이다. 무통 시술 후 꽂은 카테타(관)가 움직여서 제자리를 벗어난 경우에도 이런 일이 생길 수 있는데, 이때는 카테타의 위치를 바꾸면 된다.
- 무통 시술 후에 요통이 생기는 경우도 있지만 대부분 일시적이어서 며칠 내로 없어진다. 무통 분만 후 몇 년 뒤에 요통이 생기면 무통 후유증이라고 하는데 사실과 다르다. 무통분만을 하지 않아도 요통이 생길 수 있다.
- 무통분만 후 심한 두통이 100명당 1~2명 꼴로 생길 수 있다. 주로 출산 후에 두통이 생기는데 평균 4일이면 없어진다.

TIP

진통을 줄이는 라마즈 호흡법

출산 시 느끼는 끔찍한 진통도 싫고 마취제를 사용하는 것도 싫다면 자연요법으로 진통을 줄여본다. 자연요법은 약물이나 의료 행위 없이 산모의 몸에서 통증을 줄이는 엔도르핀을 많이 분비되도록 만드는 것이다. 그 중 라마즈 호흡법은 호흡에 집중해 진통으로부터 정신을 분산시킬 수 있고 산모와 태아에게 산소를 충분히 전달할 수 있다는 장점이 있다. 출산 전에 분만교실 등을 통해 미리 배워 익숙해지는 것이 좋다.

1단계 : 천천히 호흡하기
　코로 숨을 천천히 깊게 들이쉬고, 평소보다 반 정도 느린 속도로 입으로 숨을 내쉰다.
2단계 : 변형해서 호흡하기
　호흡의 양은 줄이되 평소보다 빠르게 호흡한다. 진통의 유무에 따라 호흡을 맞춰간다.
3단계 : 일정 패턴으로 호흡하기
　진통이 최고조에 이르렀을 때 시행하며 평소보다 빠르게 한다. '하–하–하–후, 헤–헤–헤–후' 하면서 일정한 리듬에 맞춰 호흡한다.

잘못 알고 있는 상식
무통 시술을 하면 걸어 다닐 수 없다.

무통 시술에 대한 몇 가지 궁금증

누구나 다 가능할까?

평소에 허리가 아픈데 무통분만을 할 수 있느냐고 묻는 임신부가 많다. 출혈 중인 환자, 출혈 경향이 있는 환자, 척추질환이 있는 사람, 척추 수술 경험이 있는 사람, 심한 척추측만증이 있는 사람 등은 무통 시술을 하기 힘들다.

그러나 과거에 요통이 있었거나 현재 요통이 있는 사람, 좌골신경통 환자, 허리디스크(추간판 탈출증) 환자는 시술이 가능하다. 무통 시술은 디스크나 요통 부위와는 관계없는 곳에 시술하기 때문에 문제가 없다. 다시 말해 무통 시술은 아주 특별한 0.1%를 제외하고는 누구나 할 수 있다.

언제 맞아야 할까?

무통 시술은 본격적인 진통, 즉 5분 간격으로 규칙적인 진통이 오고, 자궁 입구가 3~5cm 벌어지면 시행한다.

그러나 그 전이라도 산모가 통증을 참지 못하면 무통 시술을 할 수 있다.

자궁문이 3cm 열리기 전에 무통 시술을 하지 않는 이유

- 자궁문이 3cm 열리기 전에는 가진통일 가능성이 크다. 이런 가진통은 대부분의 산모가 참을 수 있으므로 굳이 병원에 입원하지 않아도 된다.
- 자궁문이 3cm 열리기 전에 무통 시술을 하면 진통이 사라질 수 있다. 사라진 진통을 오게 하려고 촉진제를 사용하면 제왕절개를 할 가능성이 높아진다.
- 무통 시술을 지나치게 일찍 하면 출산까지 걸리는 시간이 상대적으로 길어진다. 이때 무통

주사를 꽂은 튜브가 시간이 지나면서 자리를 벗어나면 무통 효과가 없을 수도 있다. 또 튜브가 제자리를 벗어나서 혈관으로 들어갈 위험도 있다.

무통 시술을 할 때 아프지 않을까?

산모들은 무통 시술을 위해 척추에 바늘을 꽂는 것에 대해 겁을 많이 낸다. 어떻게 무통 시술을 하는지 알아 두면 도움이 된다.

- 앉거나 옆으로 누운 자세에서 한다.
- 무통 바늘이 들어가는 부위의 피부를 소독한다.
- 가는 주사바늘로 국소마취를 한다. 이때 약간 따끔하다. 약 3초 동안 엉덩이 주사를 맞는 정도다. 무통 시술의 통증은 이것이 전부다.
- 국소마취 후에 무통 바늘을 삽입한다. 바늘이 들어갈 때 공기 주머니가 터지는 둔탁한 느낌이 들지만 아프지는 않다.

잘못 알고 있는 상식
무통분만을 하면 태아에게 해롭다.

269

- 무통 바늘을 삽입한 후에 가는 플라스틱 튜브를 꽂는다. 이 튜브를 통해 약이 들어간다. 약 주입 방법은 두 가지가 있다. 약효가 떨어질 때 한 번씩 약을 주입할 수도 있고, 조금씩 약이 계속 들어가게 하는 방법도 있다.

무통 주사를 맞으면 어떤 느낌이 들까?

약이 들어가면 다리에서 발끝까지 얼얼한 느낌이 퍼진다. 그러면 점점 배의 통증이 약해지기 시작하면서 15분 정도 지나면 통증이 완전히 사라진다. 골반 아래로 저린 듯한 느낌이 더 심해지면서 발끝까지 전체적으로 마취된 것을 느낄 수 있

다. 발은 움직일 수 있지만 특별한 감각을 느끼지는 못한다.

무통 시술을 하면 정말 아프지 않을까?

무통 시술을 한 후 진통을 전혀 느끼지 않는 산모가 있는 반면 진통을 느낀다는 산모도 있다. 무통 시술을 하고도 진통을 느끼는 산모는 전체의 7% 정도이다. 무통 시술을 하더라도 다리를 움직일 수 있을 정도로 소량의 약만 사용하므로 진통을 조금은 느낄 수 있다. 일반적으로 무통 시술 후 15분이 지나면 통증이 사라지고 자궁 부위에 압박감 정도만 느낄 수 있다.

태아에게 해롭지는 않을까?

진통제를 근육 주사나 혈관 주사로 맞으면 혈액을 통해 태아에게 영향을 미칠 수 있다. 또한 산모가 진통제를 맞고 약효가 사라지기 전에 출산하는 경우 신생아는 호흡 이상이 올 수도 있다. 그러나 무통 시술로 투여하는 마취약은 산모의 혈액으로 흡수되지 않아서 태아에게 약이 전달되지 않는다. 무통분만은 태아에게 아무런 영향을 미치지 않는다.

모든 병원에서 시술이 가능할까?

모든 병원에서 무통 시술을 할 수 있는 것은 아니다. 꼭 무통 시술이 가능한지 물어보고 마취과 의료진이 있는지를 확인해야 한다. 야간에도 무통분만이 가능한 분만 전문병원을 선택하는 것이 좋다.

비용은 어느 정도일까?

무료다. 의료보험공단에서 무통분만 비용을 해당 산부인과 병원에 100% 지급하므로 임신부가 추가로 부담하는 비용은 없다.

건강을 위해 미리 준비하는 선물, 제대혈 이해하기

차병원 아이코드

제대혈이란 아기가 태어날 때 탯줄과 태반에 들어있는 혈액을 말한다. 제대혈 속에는 백혈구와 적혈구·혈소판 등 건강한 혈액을 만들어내는 기본 세포인 조혈모세포와 연골과 뼈·근육·신경 등 몸을 만드는 간엽줄기세포가 풍부하게 들어있어 다양한 혈액질환이나 면역질환 등을 치료하는 데 쓰이고 있다.

그래서 요즘에는 분만 시 제대혈을 채취해 보관하는 산모들이 늘고 있다. 제대혈을 보관하면 아기에게 혹시 모를 질병이 발병했을 때 혈액에서 뽑은 조혈모세포를 바로 사용할 수 있기 때문이다. 무엇보다 자신의 혈액에서 채취했기 때문에 가장 완벽하게 일치해 상당한 치료성과를 기대할 수 있다.

어떤 질환에 사용되나?

기본적으로 조혈모세포 이식을 필요로 하는 질병에 쓰인다. 백혈병 등 다양한 종류의 암, 악성혈액질환, 선천성 대사장애, 면역장애질환, 뇌성마비, 발달장애, 소아당뇨 등 여러 질환에 매우 뛰어난 치료 효과를 보인다. 현재 완치가 어려운 간질환, 뇌졸중, 당뇨병, 심장병, 알츠하이머병, 파킨슨병, 척수손상 등의 질환에도 앞으로 줄기세포 치료가 가능할 것으로 기대되고 있다.

제대혈을 사용할 수 있는 사람의 범위는?

아기 본인은 물론이고, 조직이 일치하는 경우 아기의 형제, 자매, 부모까지 사용할 수 있다. 법적으로 타인에게는 제공하지 못 한다.

아기에게 해가 되지 않나?

버려지는 탯줄 내 정맥에서 채취하므로 임산부나 아기에게 아무런 해가 되지 않고 통증도 없다.

보관 방법과 보관 기간은?

분만 후 채취한 제대혈은 36시간 내 제대혈 보관기관으로 운반되어 여러 검사 후 여러 단계의 처리과정을 거쳐 분리된다. 분리된 조혈모세포는 영하 196℃의 질소탱크에 냉동 보관된다. 보관은 영구적이며, 제대혈 업체와의 계약기간에 따라 연장 또는 폐기된다.

제왕절개를 피하는 방법

대부분의 임신부는 제왕절개를 원치 않는다. 실제로 많은 산부인과 전문의들도 제왕절개의 절반 이상이 불필요하다고 생각한다. 임신부나 의사의 노력으로 제왕절개를 피하는 방법을 알아본다.

제왕절개율이 낮은 병원과 제왕절개를 적게 하는 의사를 찾는다

· 제왕절개율은 병원마다 차이가 많이 난다. 제왕절개율이 낮은 병원을 찾는다. 병원별 제왕절개율은 건강보험심사평가원(www.hira.or.kr)에서 확인할 수 있다. 일반적으로 같은 산부인과라도 소규모 병원보다는 분만 전문병원이 제왕절개를 적게 하는 편이다.

· 주치의 선택에 주의를 기울인다. 의사라도 다 같은 의사가 아니다. 같은 병원이더라도 자연분만을 위해 좀 더 노력하는 의사를 찾아야 한다. 분만실 간호사를 통해 누가 제왕절개를 적게 하는지 물어볼 수 있다. 임신부에게 인기가 많은 의사가 누군지 인터넷 커뮤니티에서 알아보는 것도 좋다. 산부인과 의사마다 실력의 차이가 있고 성격도 다르기 때문에 같은 병원에서도 주치의 선택이 중요하다.

주치의에게 자연분만의 의지를 보인다

· 주치의에게 임신 초기부터 꼭 자연분만을 하고 싶다고 말한다. 주치의에게 수술을 원치 않는다는 의사를 전달하고, 자연분만을 하기 위한 방법을 상담한다. 훌륭한 주치의라면 초음파만 보고 아기의 건강을 체크하는 것뿐만 아니라 순산과 자연분만을 위해 해야 할 일들을 이야기해줄 것이다.

· 수술을 해야 한다면 정말로 꼭 해야 하는지 물어본다. 아기가 너무 크다거나 분만의 진행이 어려워서 수술해야 한다면 정말로 꼭 그렇게 해야 하는지 한 번 더 물어보고, 자연분만을 원한다는 의지도 다시 한 번 보인다. 초음파 상의 태아 몸무게와 실제의 태아 몸무게는 5~10% 차이가 날 수 있다.

· 유달리 자연분만의 의지가 강한 임신부가 있다. 꼭 자연분만을 원하는 산모는 주치의도 어떻게든 도와주고 싶은 생각이 든다. 의사를 믿고 따르는 산모의 모습을 보면 의사도 가능한 한 원하는 대로 해주고 싶은 마음이 드는 것이 인지상정이다.

정기검진을 잘 받고 정상 체중을 유지한다

· 매달 정기적으로 산전진찰을 잘 받는다. 임신중독증, 임신성 당뇨, 거대아 출산 등을 예방할 수 있고 자연
분만 가능성도 높아진다.

· 체중 증가에 관심을 갖는다. 제왕절개를 하는 이유 중 가장 많은 경우가 바로 태아가 산모의 골반보다 큰
경우이다. 태아의 몸무게가 제왕절개의 가장 중요한 원인이라는 말인데, 태아의 몸무게는 산모의 체중과 비
례한다. 자연분만을 하려면 임신 중 정상 체중을 유지하는 것이 중요하다.

유도분만을 피한다

유도분만은 진통을 유발시키는 약을 사용해 인위적으로 자궁 수축을 일으키는 것이다. 유도분만을 하면
진통이 자연스럽게 오지 않고 시간이 오래 걸리므로 제왕절개를 하게 될 확률이 높아진다.

자궁 입구가 3cm 열리기 전에는 입원하지 않는다

자궁 입구가 3cm 열리기 전에는 대개 진통이 약하고 진행이 느리다. 이런 약한 진통을 강하게 오도록 하
는 자궁수축제를 맞으면 자궁수축이 더 강하게 오래 오는 경향이 있어서 태아곤란증이 생겨 수술할 가능성
이 높아진다. 태동 검사도 아기의 건강 상태를 볼 수 있다는 장점이 있는 반면 수술 확률을 높인다.

또한 산모가 낯선 환경인 분만실에 일찍 입원하면 불안감 때문에 진통이 약해지고 진행이 느려지게 된다.
이렇게 되면 병원에 머무는 시간이 길어지고 분만 진행이 느려져 결국 제왕절개의 가능성이 높아진다. 통계
적으로도 일찍 입원한 산모일수록 수술 가능성이 높다고 한다.

무통 시술을 일찍 하지 않는다

가진통이 왔을 때 무통 시술을 하면 진통이 느려지거나 없어질 수 있다. 진통이 오지 않으면 인공적인 자
궁수축제를 투여할 가능성이 많아지므로 제왕절개 가능성도 늘어난다.

진통 중이라도 물을 자주 마시고 많이 움직인다

어떤 자세가 제왕절개 가능성을 줄인다고 명확하게 판명된 것은 아니지만 진통 중에 걷기, 쪼그려 앉기,
앉아 있기 등 자세를 자주 바꾸면 분만 진행을 빠르게 한다는 연구 결과가 있다. 링거, 태동 검사 같은 장치
는 산모의 움직임을 방해할 수 있으니 응급 상황이 아니면 링거를 조금 늦게 맞는 것이 좋다.

진통 중에 음식은 적당히 먹어도 된다. 입원할 때 녹차음료, 사탕, 초콜릿, 청량음료 등을 준비해서 필요
할 때 조금씩 먹으면 나중에 힘을 줄 때 도움이 된다. 본격적인 진통이 시작되기 전이라면 죽 같은 부드러운
음식은 조금 먹어도 괜찮다.

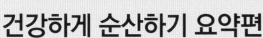

꼭 기억하세요
건강하게 순산하기 요약편

본격적인 진통이 오기 전 징후를 알아둔다

- 태아가 밑으로 처지는 느낌이 든다.
- 피가 섞인 끈적이는 점액(이슬)이 나온다.
- 가진통이 온다.
- 양수가 흐른다.

가진통과 진진통을 구분한다

진통이 오면 바로 아기가 나올 것 같지만 가진통일 경우 병원에 갈 필요가 없다. 집에서 다음 진통이 올 때까지 기다리는 것이 좋다. 진진통이 와도 출산할 때까지는 시간이 걸린다. 그러므로 배가 아플 때 가진통인지 진진통인지 구분하는 방법을 반드시 알아 두자.

- **가진통** : 진통 간격이 불규칙적이다. 움직이지 않고 가만히 누워있으면 배가 덜 아프다. 주로 아랫배가 아프다.
- **진진통** : 진통 간격이 규칙적이다. 어느 한 부위보다는 배 전체가 아프고 가만히 누워 있어도 진통이 없어지지 않는다.

초산부의 경우 분만까지 시간이 걸린다

진통이 시작되면 당장 아이가 나올 것 같지만 자궁문이 3cm 열리기 전에는 집에 있는 것이 좋다. 자궁문이 3cm 열리면 그때 병원에 입원한다. 보통 자궁문이 3cm 열려도 10cm까지 다 열리는 데는 평균 7시간이 걸린다. 게다가 다 열려도 아이가 나오려면 다시 1시간 정도 걸릴 수 있다. 결론적으로 초산일 경우 자궁문이 3cm 열려서 분만실에 입원하면 출산 때까지는 8시간이 걸린다.

임신 중 힘주는 연습을 한다

자궁문이 열리기 전에는 자궁이 수축하면서 태아를 조금씩 밀어냈지만 자궁문이 다 열리면 태아의 머리가 산모의 골반에 끼어 있게 된다. 이런 상태로 오래 있으면 태아도 힘들므로 자궁수축에 맞춰 스스로 힘을 줘야 한다. 이에 대비해 평소에 힘주기 연습을 많이 하자. 복식호흡은 흉식호흡에 비해 더 많은 공기가 폐로 들락거리게 되므로 출산에 도움이 된다 매일 화장실에서 복근을 수축하고 항문 주위의 근육을 이완시키는 연습도 필요하다. 항문이 열리면 산도도 같이 열린다.

이번 장에서는 제왕절개를 피하고 건강하게 순산할 수 있는 방법에 대해 알아봤다.
꼭 기억해야 할 것은 무엇인지 한 번 더 체크해보자.

르봐이예 분만의 5대 원칙을 기억한다

르봐이예 분만법은 산모나 태아에게 가장 자연스러운 분만 환경을 만들어주는 방법이다.

- 아이 머리가 보이면 분만실을 어둡게 한다.
- 분만실에 있는 사람은 소곤소곤 말한다.
- 아이가 태어나면 출생 즉시 엄마의 가슴 위에 아기를 올려 젖을 빨게 한다.
- 탯줄은 5분 후에 아빠가 자른다.
- 아빠가 아기를 따뜻한 욕조에서 목욕시킨다.

제왕절개를 피하는 방법을 알아 둔다

- 제왕절개율이 낮은 병원을 찾아 분만한다.
- 자연분만을 권장하는 주치의를 선택한다.
- 주치의가 정해지면 꼭 자연분만에 성공하고 싶다고 본인의 의지를 밝힌다.
- 산전진찰을 꾸준히 받는다.
- 임신 중 체중이 정상적으로 늘 수 있게 관리한다.
- 유도분만을 하지 않는다.
- 자궁문이 3cm 열리기 전에는 입원하지 않는다.
- 무통 시술을 원한다면 자궁이 3~4cm 열린 뒤 실시한다.
- 진통 중에도 자주 움직인다.
- 산모가 먼저 제왕절개를 하자고 요청하지 않는다. 해야 하는 경우가 생기면 반드시 필요한지 한 번 더 물어본다.
- 자연분만을 하려는 의지를 스스로 확고하게 갖는다.

무통 시술은 태아나 산모 모두에게 안전하다

여성전문병원에서는 대부분 무통 시술을 하는데, 무통에 관한 몇 가지 오해들로 무통을 꺼리는 산모도 있다. 무통 시술은 거의 모든 산모가 할 수 있으며 시술을 하면 대부분 진통을 느끼지 못한다. 자궁입구가 3cm 이상 열리면 아주 가는 바늘로 시술한다. 태아나 산모 모두에게 안전하다.

출산 전보다 건강해지는 산후조리

대부분의 임신부는 빨리 출산해 '고생 끝'을 외치고 싶어 한다. 그런데 출산을 하면 정말 고생이 끝날까? 오히려 출산 후보다 임신했을 때가 더 좋았다고 말하는 산모가 많다. 그만큼 신경 써야 할 것도, 해야 할 일도 많기 때문이다. 약해진 몸도 추슬러야 하고 아기도 돌봐야 하므로 하루가 어떻게 가는지 모를 것이다. 똑똑하게 몸조리하면서 육아에도 소홀히 하지 않으려면 제대로 된 산후조리가 필요하다. 출산 전보다 더 건강해지는 산후조리와 건강관리법에 대해 알아보자.

얼마나 알고 있을까?

산모의 건강을 좌우하는 산후조리, 무조건 잘 쉬면 될까?

01 출산 후 자궁과 질이 거의 임신 전 상태로 돌아가는 산욕기는 출산 몇 주 후일까?
  ① 4주 후
  ② 6주 후
  ③ 8주 후
  ④ 12주 후

02 훗배앓이에 대한 설명 중 틀린 것은?
  ① 출산 후 커진 자궁이 줄어드는 현상이다.
  ② 모유수유를 하면 심해진다.
  ③ 출산 경험이 많을수록 심하다.
  ④ 출산 후 1~2주간 계속된다.

03 요실금에 대한 설명 중 틀린 것은?
  ① 출산으로 인해 골반저근육이 늘어나 생기는 증상이다.
  ② 비만이거나 출산 경험이 많을수록 잘 생긴다.
  ③ 케겔운동이 요실금 치료에 도움이 된다.
  ④ 제왕절개를 하면 요실금이 생기지 않는다.

04 산후 부종을 빨리 빼기 위한 방법으로 좋지 않은 것은?
  ① 음식을 싱겁게 먹는다.
  ② 두꺼운 내복을 입어 땀을 뺀다.
  ③ 다리를 높게 올려 다리의 부기를 뺀다.
  ④ 물을 많이 마셔 소변으로 나트륨을 배출시킨다.

05 출산 후 병원 진료를 받아야 하는 경우는?
  ① 산후 부기가 쉽게 빠지지 않는다.
  ② 머리카락이 많이 빠진다.
  ③ 3주가 지나서도 핏물이 보인다.
  ④ 질 분비물의 양이 늘어난다.

06 다음의 산후조리 방법 중 옳은 것은?
  ① 여름이라도 두꺼운 내의를 입는다.
  ② 기력 회복을 위해 산후 보양식을 많이 먹는다.
  ③ 되도록 움직이지 말고 푹 쉬어야 한다.
  ④ 자연분만을 하면 출산 당일에도 샤워가 가능하다.

07 제왕절개 후 산후조리에 대한 설명 중 옳은 것은?
  ① 걷기는 수술 후 2~3일 지나서 한다.
  ② 샤워는 2주 지나서 한다.
  ③ 제왕절개를 했더라도 모유수유를 할 수 있다.
  ④ 24시간 동안 가만히 누워 있어야 한다.

08 출산 후 생기는 관절통을 예방하는 방법은?

　① 찬바람과 찬물을 피해 산후풍을 예방한다.

　② 가능하면 오랜 시간 서 있거나 걷는다.

　③ 좌식생활을 피한다.

　④ 쪼그렸다 앉았다 하는 운동이 도움이 된다.

09 자연분만한 산모에 대한 설명 중 틀린 것은?

　① 샤워는 즉시 해도 된다.

　② 산후 출혈은 3주까지 있을 수 있다.

　③ 찬 음식을 먹으면 안 된다.

　④ 가능한 한 빨리 걷는다.

10 출산 후 유방통증에 대한 설명이 맞는 것은?

　① 첫 모유수유를 할 때 젖가슴이 단단하면 미리 약을 먹어야 한다.

　② 아기가 젖을 먹고 남은 젖까지 완전히 짜내면 통증이 줄어든다.

　③ 차가운 타월로 마사지하면 통증 감소에 도움이 된다.

　④ 대개 6개월~1년까지 통증이 있다.

11 출산 후 생기는 관절통에 대해 잘못 설명한 것은?

　① 출산 후 관절통이 생기는 이유는 임신 중 분비되는 '릴랙신' 호르몬 때문이다.

　② 릴랙신은 골반 외에 팔과 다리의 다른 관절도 부드럽게 만든다.

　③ 릴랙신 호르몬의 영향은 1년 정도 지속된다.

　④ 모유수유의 잘못된 자세는 관절통에 영향을 미친다.

12 산후 비만을 예방하기 위한 좋은 방법은?

　① 부기를 빼기 위해 땀을 뺀다.

　② 호박즙을 먹는다.

　③ 모유수유를 한다.

　④ 보양식을 꼭 챙겨 먹는다.

13 세계보건기구(WHO)에서는 최소 생후 몇 개월간 완전 모유수유를 하는 것이 최선이라고 했을까?

　① 1개월

　② 2개월

　③ 3개월

　④ 6개월

14 출산 후 첫 성관계는 언제부터 하면 좋을까?

　① 3주 후

　② 6주 후

　③ 8주 후

　④ 12주 후

15 모유수유 중 좋지 않은 피임법은?

　① 콘돔

　② 먹는 피임약

　③ 루프

　④ 질외사정

정답 1.② 2..④ 3.④ 4.② 5.③ 6.④ 7.③ 8.③ 9.③ 10.② 11.③ 12.③ 13.④ 14.② 15.②

산후조리 제대로 하기

임신과 출산이라는 어려운 과정을 무사히 마친 산모 앞에는 새로운 과제가 기다린다. 잘못하면 평생 고생이라는 산후조리. 산후조리의 중요성은 모든 산모들이 잘 알고 있지만, 정작 과거의 비과학적인 산후조리 방법에 의존하거나 인터넷에 떠도는 잘못된 정보 때문에 몸을 망치는 수도 있다. 정확한 지식을 알고 몸조리해야 출산 전의 건강을 되찾을 수 있다.

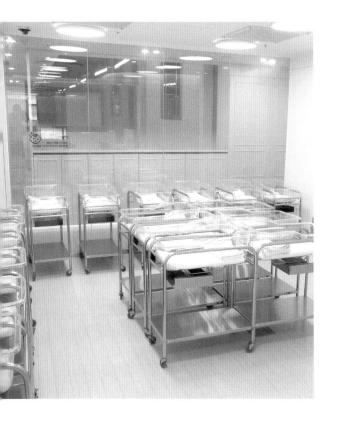

산후조리 바로 이해하기

시대가 많이 변했지만 우리나라의 산후조리 방법만큼 옛것을 고수하는 경우도 흔치 않을 것이다.

출산 후 찬 것을 피하고, 몸을 따뜻하게 하며, 많이 움직이지 말고, 산후 보양식을 잘 챙겨먹어야 한다는 등 예로부터 전해져 내려오는 산후조리 지침은 마치 불문율처럼 지켜지고 있다. 과연 이러한 지침들이 생활환경이 전혀 다른 지금의 산모들에게도 해당되는 사항일까? 유난히 까다롭고 독특한 우리나라의 전통 산후조리법 중 취해야 할 점과 개선되어야 할 점을 살펴본다.

보온만 잘되면 샤워를 해도 상관없다

우리 선조들은 산후에 냉기를 쐬면 뼈에 찬바람이 들어가서 뼈와 관절이 시리고 아픈 산후풍을 앓게 된다고 여겼다. 그래서 출산 후 삼칠일(3주간) 동안은 찬바람, 찬물에 몸이 노출되는 것을 극도로 꺼렸다. 이러한 생각은 과거 선조들이 살던 전통 집의 구조에 기인한 부분이 많다. 우리나라의 전통 가옥은 외풍이 심해 추운 겨울에는 씻기가 힘들어서 산모에게 목욕을 금했던 것이다. 보온이 잘되는 집에 사는 지금의 산모들에게 굳이 샤워를 금할 필요는 없다.

물론 몸을 따뜻하게 하면 좋은 점이 많다. 출산 후에는 아기와 양수, 피 등이 빠져나가면서 산모가 한기를 느끼는데, 몸을 따뜻하게 하면 출산하면서 긴장했던 근육을 풀어주는 효과가 있다.

미국이나 캐나다, 유럽과 같은 서구에서는 우리나라와 같은 엄격한 산후조리를 하지 않는다. 출산 후 1시간이 지나면 곧바로 산모에게 찬물을 마시게 하고 샤워도 권한다.

자연분만 후 첫 샤워는 출산 당일 가능하다

진통과 출산은 육체적·정신적으로 힘든 터널을 통과한 것과 같다. 출산 후 샤워는 분만하면서 묻은 피와 양수를 씻어낼 뿐 아니라 땀을 씻고 나면 상쾌한 기분이 들어 산모의 기분을 전환하고 긴장을 푸는 데도 좋다.

분만 후 어지럽지 않으면 병실에서 가벼운 샤워를 해도 상관없다. 사람에 따라 분만 후 어지럼증이 생길 수도 있는데, 이럴 때 첫 샤워는 다른 사람의 도움을 받도록 한다. 자연분만을 했다면 출산 당일부터 샤워가 가능하고, 제왕절개를 했다면 3일 정도 지나서 하면 된다.

탕 목욕은 3~4주 후에 한다

출산 후 출혈이나 자궁 속의 태반 찌꺼기가 녹아나오는 오로가 계속될 수 있으므로 입욕은 오로가 끝나는 시점에 한다. 대개 3~4주가 지나면 가능한데, 이때쯤이면 회음부의 봉합 부위가 깨끗하게 아물고 제왕절개한 경우도 복부의 상처가 다 아물어 피부가 붙는다.

무조건 쉬기만 하면 회복이 느리다

전통적인 산후조리에서는 산모에게 수유와 식사 시간 외에는 무조건 움직이지 말라고 한다. 특히 출산 후 3주간 밖에 나가는 것을 금했다. 몇십 년 전만 하더라도 밭일을 하다가 아기를 낳기도 하고, 출산한 다음 날 일을 해야 하는 경우가 많았다. 그 시절, 산모를 보호하기 위해 밖에 절대로 못 나

가게 하고 집안일도 못하게 한 것이다.

또 다른 이유 중 하나는 감염을 예방하기 위해서다. 예전에는 회음부 절개와 봉합이란 과정이 없어 출산 시 회음부가 여러 갈래로 찢어지고, 항생제가 없어 상처 부위가 곪았다 낫기를 수개월 동안 반복했다. 그래서 샤워나 목욕을 금했던 것이다.

그러나 지금의 산모들에게 오랫동안 움직이지 말 것을 강요한다면 그 자체가 고역일 것이다. 기력도 떨어뜨려 산후 회복을 더디게 하고, 혈전증이라는 치명적인 합병증까지 생길 수 있다.

빠른 회복을 위해선 적당한 활동이 좋다

너무 오래 쉬면 근육이 퇴화하고 근육의 힘이 떨어진다. 즉 조금만 움직이거나 아기를 안아도 쉽게 피로감을 느끼게 된다. 출산 직후에는 충분한 휴식이 필요하지만, 2~3일이 지나면 집안일을 서서히 시작해도 된다. 특히 적당한 운동은 기분을 좋게 하고, 자신감을 주며, 변비 호전과 혈전증 예방에 효과가 높다.

잘못 알고 있는 상식
산후조리 중 찬 음식, 딱딱한 음식은 먹으면 안 된다.

산후조리원에 있다고 해도 너무 편하게 있어서는 안 된다. 종일 누워서 편하게 지내다가 집에 가서 갑자기 일을 하면 몸에 무리가 올 수 있다. 산후도우미가 집에 오더라도 혼자 있을 때를 대비해서 조금씩 신체 활동을 해야 한다.

집에서 산후조리를 한다면 출산 후 일주일 동안은 집안일을 하는 데 도움을 받고, 운전은 하지 않도록 한다. 분만 후 3주 정도 지나면 평소 하던 집안일의 80%까지 할 수 있다.

출산 후 나타나는 증상들 의학적으로 보통 출산 후 6주를 산욕기라고 본다. 이 시기가 중요한 이유는 출산 후 자궁과 질이 임신 전 상태로 돌아가는 시기이기 때문이다. 특히 자궁은 분만 직후부터 수축이 시작되어 2주면 골반 내로 들어가게 되고, 6주면 거의 임신 전의 크기와 비슷해진다.

임신했을 때 입덧, 어지럼증 등의 증상이 새로 생기듯이 6주의 산욕기 동안에도 임신 중 증가한 호르몬이 급격히 감소하면서 산후우울증, 요실금, 젖몸살 등 새로운 문제가 생긴다.

홋배앓이

출산 후에도 자궁이 수축하기 때문에 배가 아프다. 출산 후의 자궁 수축은 산후출혈을 막기 위한 정상적인 현상이다. 이를 보통 홋배앓이 또는 홋배통이라고 하는데, 출산 경험이 많을수록 더 심하다. 특히 모유수유 중일 때 심해지는데, 아기가 젖을 빨 때 산모에게는 옥시토신이라는 호르몬이 분비되어 자궁을 수축시키기 때문이다. 자궁수축이 되면 하혈 가능성이 줄어든다.

홋배앓이는 시간이 지날수록 점차 좋아지며 3일째가 되면 거의 사라진다. 이런 과정을 통해 임신 중 늘어난 자궁은 출산 후 6주가 지나면 거의 임신 전 크기로 돌아간다.

이렇게 하세요

홋배앓이가 심할 때는 모유수유를 시작하기 전에 방광을 비우고, 수유 30분 전에 진통제를 복용한다. 대개의 진통제는 모유수유 중이라도 아기에게 나쁜 영향을 끼치지 않는다. 하지만 반드시 의사와 상의한 후 안전하게 먹을 수 있는 약으로 처방을 받는다.

읽어 보세요!

외국에도 산후조리가 있을까?

미국 등 서구는 물론이고 가까운 일본에도 산후조리란 말이 없다. 대체로 자연분만 후 2~3시간이 지나면 샤워가 가능하고, 제왕절개한 산모도 2~3일이 지나면 샤워를 한다.

남편이 출산 휴가를 일주일간 얻어 산모를 돕고 출산도우미가 모유수유 등을 도와주기는 하지만, 산후조리원이나 산후도우미는 없다.

이처럼 우리와 다른 산후조리 문화를 갖고 있는 서구인들이 과연 나이 들어서 관절통으로 많이 고생하는지 비교해볼 필요가 있다.

동양의 산후조리와 서양의 산후조리

정도 절개한 후 분만하게 된다. 그래서 출산 후 산모는 회음부 통증 때문에 잘 걷지 못하고, 앉을 때도 많은 불편을 느낀다. 회음부 봉합 부위는 질 분비물, 소변, 대변 등으로 오염이 될 수 있으므로 염증이 생기지 않도록 신경 써야 한다.

회음부를 봉합한 실밥은 저절로 녹거나 떨어지므로 따로 제거할 필요는 없다. 일반적으로 출산 일주일 후에 회음부가 깨끗하게 잘 낫고 있는지 확인하기 위해 병원에서 내원을 권유한다.

오로

출산을 하고 나면 자궁 안에 남아 있는 미세한 태반 찌꺼기가 조금씩 녹아서 나오므로 질 분비물의 양이 증가하게 된다. 이를 '오로'라고 하는데, 출산 후 며칠간은 피가 섞여 나오기 때문에 빨간색을 띤다. 3~4일이 지나면 색이 점차 옅어져 맑은 빛이 약간 도는 분홍색이 되고, 10일이 지나면 노란색에서 흰색에 가까운 색으로 변한다. 오로는 출산 후 4~6주까지 지속된다.

이렇게 하세요

오로가 나올 때 탐폰을 사용하면 감염의 가능성이 있으므로 생리대를 사용하도록 한다. 생리대를 오래 사용하다 보면 외음부가 가려운 경우가 있다. 잘 건조시키고 가려울 때는 피부 연고를 바른다.

회음부 통증

자연분만을 할 때는 대부분 회음부를 2~4cm

이렇게 하세요

출산 후 산모의 회음부는 어느 정도 부어 있다. 출산하면서 힘을 주기 때문이다. 이럴 때 아이스팩을 회음부에 대면 부기를 가라앉힐 수 있다. 통증과 부기를 줄이기 위해 12시간 이내에 회음부에 잠깐씩, 자주 얼음찜질을 한다.

얼음찜질이나 좌욕으로도 항문이나 회음부 통증이 가라앉지 않으면 스프레이나 진통제 성분의 국소 연고를 발라도 된다. 회음부 방석을 준비해서 앉을 때 사용하면 통증 해소에 도움이 된다.

회음부 통증을 줄이는 좌욕

좌욕은 회음부 절개 부위의 염증을 막고, 상처

잘못 알고 있는 상식
회음부 절개 부위의 실밥은 제거해야 한다.

부위가 따끔거리는 통증을 감소시킨다. 치질 예방에도 효과가 높다. 세정제는 꼭 사용하지 않아도 되지만 병원에서 주는 세정제는 항생제 성분이 들어 있어 상처가 벌어지거나 곪는 것을 예방한다. 퇴원 후 집에 가서도 회음부 좌욕은 필요하다. 좌욕 후에는 헤어드라이어로 완전히 말린다. 대개 출산 후 일주일 정도는 좌욕을 한다.

- 출산 후 12시간이 지나면 따뜻한 물에 회음부를 담그는 좌욕을 시작한다.
- 비누로 손을 씻은 후 항생제 성분이 들어 있는 좌욕액을 미지근한 물에 타서 하루에 2~3회, 5분씩 좌욕을 한다.
- 대변을 보고 난 후에는 꼭 좌욕을 하고, 소변을 보고 난 후에는 그냥 물로 씻으면 된다.

변비·치질

입원 중의 관장과 진통 중의 금식, 제왕절개 수술 등은 모두 변비의 원인이 된다. 무통분만 때 사용하는 약물도 장의 움직임을 느리게 한다. 치질이나 회음부 절개로 인한 통증으로 변을 못 보는 산모도 있다. 철분제나 진통제를 먹은 경우에도 변비를 일으킨다. 출산 후 장의 기능이 정상으로 돌아오려면 3~4일이 걸린다.

치질의 경우 임신 중에 치질로 고생했던 사람도 출산 후 3개월 안에 80% 정도는 호전된다.

이렇게 하세요

- 물을 많이 먹는다. 하루 6~8잔 정도 마시도록 노력한다.
- 섬유질이 많은 음식과 프룬주스를 먹으면 변비 완화에 도움이 된다. 프룬주스는 다량의 섬유질과 철분이 들어 있어서 임신 중이나 출산 후에 좋다.

- 제왕절개를 했건 자연분만을 했건 상관없이 빨리 걸으면 장 운동이 원상태로 돌아간다.
- 정해진 시간에 변을 보는 습관이 중요하므로 변의를 느끼면 참지 말고 해결한다. 만약 3일이 지나도 변을 보지 못했을 경우에는 먹는 약이나 좌약을 사용할 수 있다. 이 약들은 모유수유 중에 사용해도 안전하다.

요실금

요실금은 자신의 의지와 상관없이 때와 장소를 가리지 않고 소변이 새는 증상을 말한다. 질, 방광, 항문을 둘러싸고 있는 골반근육이 소변을 흐르지 않게 하는 역할을 하는데, 출산으로 이 근육이 과도하게 늘어져서 요실금이 생기는 것이다.

요실금은 임신 중에 생기기도 하는데, 출산 후에는 대부분 저절로 좋아진다. 그렇지만 임신 중 요실금이 있었다면 출산 후에도 생길 확률이 높다. 일부 소수의 산모들에게서는 임신 중에 없다

가 출산 후에 생기기도 한다. 특히 자연분만한 산모가 제왕절개한 산모보다 생길 확률이 높고, 비만이거나 출산 경험이 많은 산모 역시 요실금이 잘 생긴다.

임신 중에 생긴 요실금은 출산 후 3개월이 지나면 대부분 없어진다. 요실금은 몇 년 후에 나타나기도 하는데, 나이가 들면 노화의 한 증상으로 요실금이 흔하게 생기기 때문이다.

이렇게 하세요

방광이 꽉 차서 소변이 흐르기 전에 자주 소변을 보고 카페인이 든 음식을 적게 먹어야 한다.

무엇보다 케겔운동을 하는 것이 중요하다. 케겔운동은 임신 말기의 요실금과 출산 후의 요실금을 어느 정도 예방하고, 분만 후 늘어진 질 근육을 다시 탄탄하게 한다.

방법은 항문 주위에 힘을 준 상태에서 5초 동안 수축한 후 5초 동안 이완시킨다. 한 번에 20회씩 하루 5회 정도 하면 된다. 처음부터 너무 무리하게 하지 않도록 하며, 힘들면 1~3초 동안 수축과 이완을 반복하는 것으로 시작하여 점차 시간을 늘려간다.

산후우울증

출산 후 3~5일 사이에 약 70%의 산모에게서 산후우울증이 나타난다. 출산 후 급격한 호르몬 감소가 가장 큰 원인이며, 아이 양육에 대한 중압감과 자신의 몸매 변화에서 오는 슬픈 감정 등 정신적인 원인도 크다. 수유에 따른 수면 부족이나 회음부 통증 같은 육체적 스트레스도 우울증을 불러일으킨다. 증상으로는 감정의 기복이 심해져서 짜증, 불안, 슬픔 등을 수시로 느껴 자주 울게 되며, 아이가 미워지기도 한다.

다행히 우울증은 2~3일 정도면 사라지는데, 쉽게 눈물을 흘리는 등의 감정 기복은 몇 주간 계속되기도 한다. 산후우울증은 대개 가볍게 지나가지만, 10%의 산모에게는 증상이 심각해 몇 달간 지속되기도 한다.

이렇게 하세요

산후우울증은 무엇보다 정상적인 생리 현상이라는 것을 이해해야 한다. 남편의 관심과 사랑이 절대적으로 필요하며, 부모나 친구와 상담하는 것도 큰 도움이 된다. 또한 충분한 휴식을 취하고 매일 30분 정도 걷기 운동을 하면 좋다. 증상이 심할 때는 주저하지 말고 신경정신과 의사에게 도움을 청하고 항우울제를 처방받도록 한다.

산후 부종

우리나라 산모들은 산후 부종을 굉장히 나쁘게 생각한다. 부기를 그냥 놔두면 산후 비만으로 이어진다고 알고 있기 때문에 부기를 빼기 위해 많은 노력을 기울이기도 한다.

출산 후 몸이 붓는 이유

임신 말기가 되면 임신부는 호르몬의 영향으로 출산 후에 일어날 출혈에 대비해 몸에 충분한 수분을 지니게 된다. 제왕절개 수술 후에 맞는 정맥 주사도 부종의 원인 중 하나다. 정맥 주사에는 산후 출혈을 막는 옥시토신이 들어 있는데, 옥시토신은 자궁 수축을 돕지만 한편으로 소변으로 물이 빠져나가지 못하게 해 몸이 붓게 된다.

산후 부종은 서서히 좋아진다

출산 후에는 임신 중에 증가한 호르몬이 분비되지 않기 때문에 더 이상 수분을 붙잡아 두지 못해 부종이 서서히 가라앉는다. 평소보다 많은 소변 양과 땀으로 수분이 저절로 배출되면서 대부분 출산 후 2주 안에 사라진다. 따라서 인위적인 음식 섭취나 약 복용, 땀내기 등은 필요 없다.

특히 두꺼운 내복을 입고 뜨거운 곳에서 억지로 땀을 빼면 탈수가 되어 기운까지 빠지게 된다. 기운을 보충하기 위해 음식을 지나치게 많이 먹으면 산후 체중 감소가 더 힘들어진다.

다시 말하지만 산후 부종과 산후 비만은 상관이 없다.

이렇게 하세요

- 음식을 싱겁게 먹는다.
- 다리를 높게 올리고 있으면 다리의 부기가 잘 빠진다.
- 물을 많이 마신다. 몸속의 과도한 나트륨을 배출시키기 위해 하루에 8잔 이상 마시도록 한다.

유방 통증

출산 후 첫 모유수유를 할 때 젖가슴이 단단하

Doctor's Guide

출산 후 꼭 병원 진찰을 받아야 하는 경우

출산 후에 다음과 같은 증상이 나타나면 지체하지 말고 병원에 가도록 한다.

- 38℃ 이상의 고열이 지속된다.
- 심한 유방 통증을 느낀다. 유방에 열이 있거나 건드리면 아프다. 또는 빨갛게 되었거나 딱딱한 곳이 있다.
- 생리대를 1시간에 한 번씩 갈아야 할 정도로 심한 하혈이 2시간 이상 계속되거나 핏덩어리가 나온다.
- 3주 이상 출혈이 계속된다. 자궁이 원래대로 수축하지 못하거나 태반의 일부가 빠지지 않고 남아 있으면 그럴 수 있다.
- 질 분비물에서 악취가 난다.
- 소변을 볼 때 힘들고 화끈거리거나 통증이 있다.

잘못 알고 있는 상식
산후 부기를 잘 빼야 산후 비만이 안 된다.

고 따뜻하며, 어느 정도 통증이 있는 것이 정상이다. 젖이 나오기 시작할 때면 유선 사이의 조직에 부종이 생기고 통증이 있는데, 이는 2주 내로 없어진다.

사람에 따라서는 가슴이 굉장히 아프고 심하게 부어 있는 경우도 있다. 이는 분만 중에 사용한 정맥주사의 영향이 크다. 옥시토신의 항이뇨 작용과 임신 중 지나치게 축적된 수분 때문에 통증이 생기기도 한다.

가슴은 딱딱한데 눌러도 젖이 나오지 않는다면 부종 때문이다. 이때 젖을 잘 짜내야 이후로도 젖이 잘 나오게 된다.

이렇게 하세요

- 유방이 딱딱해지면 젖을 짜낸다. 아기가 먹고 남은 젖까지 완전히 짜내면 통증이 줄어든다.
- 따뜻한 물로 샤워를 하면서 젖을 짜내거나 따뜻한 타월로 유방을 찜질한 뒤 부드럽게 마사지하면 통증 감소에 도움이 된다.

복부의 튼살 · 탈모

임신 중 튼살은 출산 후 은색으로 변하고 부드러워진다. 탄력이 없어진 복부는 복근운동을 하면 거의 임신 전 상태로 돌아간다.

탈모의 경우, 임신 중에는 호르몬의 영향으로 휴식기에 있는 모발보다 성장기에 있는 모발이 상대적으로 많아 머리털이 평소보다 풍성해 보이지만, 출산 후에는 역전되어 머리카락이 많이 빠지게 된다. 출산 후 6개월이 지나면 머리카락이 다시 정상으로 자라게 된다.

제왕절개 후의 산후 조리법 제왕절개를 하면 회복 기간이 길어진다. 사람마다 회복의 속도는 다르지만, 일반적으로 일찍 일어나고 일찍 움직이는 사람이 회복도 훨씬 빠르다고 한다. 수술을 했더라도 움직일 수 있으면 움직이는 것이 좋다.

제왕절개 후에도 걷는 것이 좋다

수술 직후 마취에서 깨어나면 누워서라도 팔, 다리를 조금씩 움직여본다. 또 수술 후 12시간이 지나면 조금이라도 걷기를 권한다. 물론 움직일 때마

다 상처가 아프지만 걷기는 자신의 건강과 빠른 회복을 위해 꼭 필요하다.

처음에는 어지러워 서서 걷기가 힘들지만 천천히 연습한다. 혈액순환이 좋아져 폐가 깨끗해지고, 상처 치유에 도움이 되며, 비뇨기 계통과 장 운동이 원래대로 되돌아간다. 가스가 나오지 않아 통증이 있을 때도 걸으면 가스가 잘 빠져나온다.

또한 수술 후 빨리 움직이고 걸으면 수술 후에 생기는 치명적인 합병증인 혈전증을 예방할 수 있다. 걸을 수만 있다면 소변줄 제거도 가능하다.

실밥을 제거하지 않아도 샤워할 수 있다

수술 후 꿰맨 상처는 3일 정도만 지나면 겉의 피부는 아문다. 물이 수술 부위 위로 흘러내린다 해도 상처에는 별 문제가 없다. 게다가 요즘에는 방수되는 거즈를 붙이기 때문에 더욱 더 안전하다. 수술 후 2일이 지나면 보호자의 도움을 받아서 머리를 감고, 3일이 지나면 방수 거즈를 붙인 채 샤워를 해도 된다.

무거운 물건을 들거나 상처에 자극을 주지 않는다

제왕절개는 자연분만보다 회복이 늦어 병원에 머무는 시간이 길다. 퇴원 시기는 병원의 방침에 따라 차이가 있지만 보통 5일 이내에 퇴원하게 된다. 몸은 퇴원 후 4~6주가 지나야 임신 전과 같이 회복된다.

퇴원한 후 집에서는 상처에 자극을 주는 행동이나 무거운 물건을 드는 일을 하지 않는 것이 좋다. 또 다양한 음식을 골고루 먹고, 섬유질이 많은 음식을 먹기 위해 노력해야 한다. 수술 부위가 다 아물지 않은 상태에서는 변을 볼 때 힘을 주기가 어렵고 통증이 있으므로 변비를 예방하고 배변이 쉽도록 섬유질을 많이 섭취하는 것이 좋다. 과일이나 채소 등을 많이 먹고 물도 자주 마신다.

주의하세요

만약 봉합 부위가 붉게 변한다든지 많이 붓거나 상처 부위에서 진물이 나올 때는 반드시 전문의에게 진찰을 받아야 한다. 또한 아직까지는 복근이 약하기 때문에 4주 동안은 아기보다 무거운 물건을 들지 않도록 한다.

우울증이 생기지 않게 기분 전환을 한다

많은 산모들이 제왕절개를 한 사실에 대해 부정적 생각을 갖기 쉽다. 자신이 원하는 대로 자연분만을 하지 못한 것에 화가 날 수도 있다. 게다가 주위에서 "너무 쉽게 결정한 것 아닌가" 또는 "다음에는 자연분만을 할 수 있나"라고 묻기라도 하면 더욱 더 실의에 빠지게 된다.

하지만 세계적으로 4명 중 1명이 제왕절개를 하고, 우리나라만 해도 제왕절개율이 33%일 정도로 제왕절개는 흔한 일이다. 중요한 것은 분만의 방법이 아니라 건강한 아기를 낳았다는 사실이다. 제왕절개는 산모와 태아의 건강을 위해 하는 것임을 반드시 기억하고, 제왕절개 때문에 산후우울증이 생기지 않도록 주위 사람과 많은 대화를 나누도록 한다.

산후 관절통 예방하기

산욕기에 찬바람을 쐬거나 찬물로 목욕하면 찬 기운이 몸 안으로 들어와서 온몸이 쑤시고 뼈마디가 아픈 산후풍이 생긴다고 한다. 산후조리를 잘못해서 평생 뼈마디가 쑤시고 아프다는 것인데, 과연 산후조리를 잘못하여 산후풍이 생기는 것일까? 일반적으로 산후풍으로 알고 있는 산후 관절통의 원인과 예방법에 대해 알아본다.

호르몬의 영향으로 관절 통증이 생긴다

산후 관절통이 생기는 이유는 임신 중에 분비되는 '릴랙신(Relaxin)'이라는 호르몬 때문이다. 릴랙신은 분만을 촉진시키는 호르몬으로, 출산 시 골반을 부드럽게 벌어지게 해 태아가 잘 빠져나올 수 있도록 한다. 문제는 이 호르몬이 골반 주위의 관절에만 선택적으로 작용하는 게 아니라 전신의 모든 관절에 작용한다는 것이다. 이 때문에 임신과 함께 릴랙신이 분비되기 시작하면 골반을 비롯한 뼈마디 사이의 인대가 벌어지면서 통증이 생긴다.

출산 직후에 골반의 관절을 비롯해 신체의 모든 관절들은 나사가 풀린 듯이 느슨한 상태가 된다. 릴랙신의 영향은 3개월 정도 지속되므로 출산 후 3개월 동안은 몸을 다치지 않게 조심해야 한다.

통증은 허리, 골반, 무릎과 손목 부위에 특히 많이 느껴지는데, 이것은 육아로 어느 한 부위를 과도하게 사용했기 때문이다. 인대 통증은 오랜 시간 서 있거나 걸으면 더 심해진다. 구부린 자세로 오랫동안 일해도 통증이 심해질 수 있다. 하지만 앉거나 누우면 호전된다.

인대 통증을 비롯해 산후에 나타나는 여러 가지 통증을 잘 이해해야 관절통을 예방할 수 있다.

좌식 문화는 관절통이 더 잘 생기게 한다

우리나라 산모들이 산후 관절통을 호소하는 원인은 찬바람 때문이 아니라 전통 생활양식인 좌식 문화와 쪼그려서 일하는 습관에서 찾을 수 있다.

평소 아기를 방바닥에 뉘어놓고 돌보다가 목욕을 시키거나 이동을 할 때에는 최대한 쪼그려 앉아서 몸을 숙여 아기를 안아야 하는데, 이 자세에서 몸을 세우려면 일어날 때보다 허리와 무릎에 무리가 훨씬 많이 간다.

좌식 문화로 인한 잘못된 산후조리 습관이 관절통을 유발한다.

잘못 알고 있는 상식

산후조리를 잘못하면 평생 고생한다.

요통

임신 말기가 되면 임신부의 70%가 요통을 호소한다. 출산 후의 요통은 임신 중의 요통보다는 드문 편으로, 허리나 엉덩이 부위가 아프기도 한다. 예전 사람들은 이것을 '환도가 시리다'고 표현했다.

임신 중 배와 유방이 커지면 몸의 중심이 앞으로 옮겨지면서 평형 유지를 위해 허리를 뒤로 과도하게 젖히게 되는데 이런 자세가 요통을 발생시킨다. 임신 중 커진 자궁이 복부의 근육을 약화시켜서 허리의 근육이 과도하게 긴장해 요통이 생기기도 한다. 또 엉덩이 부위의 인대가 늘어나면 임신부가 돌아눕거나 하는 동작에서 두 뼈의 접합 부위가 뒤틀어지는데, 이때 다리의 여러 부위로도 통증이 퍼진다.

출산 후에는 벌어진 골반으로 인해 통증이 생기며, 모유수유를 할 때 과도하게 머리를 숙이거나 허리를 많이 굽히는 자세도 요통의 원인이 된다.

이렇게 예방하세요

시간이 지나면 통증은 약해지지만 바른 자세를 취하고 체중 관리와 요통 예방 운동 등에 신경 써야 한다. 무엇보다 허리를 보호하는 자세가 중요하며, 골반 기울이기 운동도 요통 예방에 좋다.

특히 방바닥에 있는 아기를 들어 올릴 때 허리를 많이 굽히고 펴는 과정에서 약한 인대가 손상되므로 가능하면 아기 침대를 사용한다.

무릎 통증

임신 중에 분비되는 호르몬인 릴랙신은 골반 외에 팔과 다리의 다른 관절에도 작용해 관절을 부드럽게 만든다. 릴랙신은 출산 후 3개월까지 영향을 미치므로 부드러워진 관절로 인해 통증을 느끼기 쉽다.

특히 계단을 오르내릴 때 무릎 통증을 느끼는 경우가 많은데, 계단을 올라갈 때보다 내려갈 때 통증이 더 심하다. 계단을 올라갈 때는 체중의 4배, 계단을 내려갈 때는 체중의 8배에 해당하는 부하가 걸리기 때문이다.

쪼그렸다 앉았다 하는 동작은 계단을 내려가는 것과 비슷하다. 산모가 쪼그리고 앉아서 아기를 들고 일어나는 동작을 반복하면 자기 체중의 8배가량의 압력이 무릎 관절에 작용한다.

이렇게 예방하세요

무릎 인대가 과도하게 늘어나는 동작을 하면 무릎 인대에 자극이 많이 간다. 따라서 무릎 꿇기, 쪼그려 앉기, 무릎으로 기기 등은 삼가야 한다. 아기 침대를 쓰고 아이를 목욕시킬 때도 서서 씻기면 무릎 통증을 예방할 수 있다.

손목 통증

출산 후 손목 통증을 호소하는 산모들이 많다. 대표적인 것이 손목 건초염인데, 이것은 손목에서 엄지손가락으로 이어지는 힘줄에 염증이 생긴 것을 말한다. 손목 건초염은 주로 손목으로 반복적인 행동을 하기 때문에 생기는데 오른손잡이는 오른손에, 왼손잡이는 왼손에 주로 생긴다.

이런 증상이 산모에게 많은 이유는 모유수유를 하거나 아기를 돌볼 때 손과 손목을 반복해서 과도하게 사용하기 때문이다. 아기를 안을 때 엄지손가락을 오랫동안 젖힌 상태로 있거나 젖이 불어 짜는 과정에서 생기기도 한다. 한 손으로 바닥을 짚고 일어나거나 아기를 목욕시킬 때 머리를 받치는 자세 때문에 생기기도 한다.

일반적으로 손목을 젖히거나 엄지손가락을 구부릴 때 통증이 있으면 손목 건초염을 의심한다. 항염제를 복용하거나 손목을 고정시키고, 국소 주사로 치료하기도 한다.

손목 저림 현상

손목 저림은 임신 중 손목 부위의 부종 때문에 신경이 눌려서 생기는데, 출산 후에는 대부분 좋아진다. 출산 후에 손목 저림 현상이 생기는 것은 모유수유, 빨래 짜기, 아기 안기 등으로 손목을 과도하게 사용하거나 손목을 많이 구부린 상태로 오래 있었기 때문이다. 따라서 손목의 이상적인 형태인 중립 위치를 취하도록 노력해야 한다.

발바닥 통증

임신 중이나 출산 후 발바닥 통증이 생길 수도 있다. 이것은 두 발에 체중이 실리기 때문이다. 통증을 줄이려면 충격을 흡수할 수 있는 푹신한 신발을 신고 스트레칭을 자주 하는 것이 좋다.

출산 후 다이어트

임신과 출산, 아기 돌보기로 정신없는 나날을 보내다가 문득 달라진 자신의 모습을 마주하고는 우울함에 휩싸이는 여성들이 많다. 산후 비만은 단지 외모가 아름답지 않다는 것이 문제가 아니라 나이가 들면서 여러 가지 병의 원인이 되기 때문이다. 산후 관리를 어떻게 하느냐가 남은 인생의 건강을 좌우하게 되고, 그 열쇠는 출산 후 6개월 동안에 달려 있다.

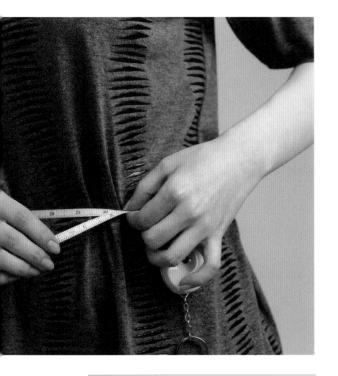

산후 비만을 일으키는 다양한 원인

임신 중 늘어난 체중이 빠지지 않고 그대로 유지되는 것을 산후 비만이라고 한다. 일반적으로 산후 부기가 빠지지 않아서 산후 비만이 된다고 하지만, 산후 부종은 수분 때문이며 부기는 시간

이 지나면 저절로 해소된다. 산후 비만의 원인은 다음과 같다.

임신 전 체중이 많이 나가는 경우

임신 전의 지나친 체중 증가가 원인이다. 임신 전 체중이 정상인 산모는 출산 후 체중이 빠르게 줄어든다.

임신 중 체중이 많이 늘어난 경우

임신 중이라고 2인분을 먹는 것은 넌센스다. 임신 초기에 추가로 섭취해야 할 칼로리는 거의 없다. 중반기와 후반기에도 300kcal만 더 섭취하면 된다. 임신 중의 체중 증가가 산후 비만을 결정짓는 중요한 요소이다.

우리나라의 전통적인 산후조리 문화

많이 먹고 되도록 움직이지 않는 우리의 산후조리 풍습도 비만을 부른다. 출산을 하고나면 산모 건강과 수유를 위해 고열량의 식사(우족탕이나 잉어탕 등)를 하고, 산후조리원에서는 하루에 5끼의 식사를 제공하기도 한다. 또 산후풍을 걱정해 몸을 전혀 움직이지 않는 경우가 많다. 많이 먹고 움직이지 않으면 살이 찌는 것은 당연하다.

산후 부종이 산후 비만의 원인!?

아이를 낳고 나서 살이 찐 여성들이 잘하는 이야기 중 하나가 "살이 아니라 산후 부종이 덜 빠진 것"이라는 것이다. 정말 산후 비만은 산후 부종 때문일까?

산후 부종의 원인은 수분이다. 손으로 발목을 누르면 움푹 들어가 다시 나오지 않을 정도로 심한 사람도 간혹 있지만, 산후 부종은 소변과 땀 등으로 서서히 빠져나가 시간이 지나면 저절로 부기가 사라진다.

반면 산후 비만은 말 그대로 비만이다. 많이 먹고 움직이지 않는 산후조리 방법으로 너무 오래 안정만 하다 보면 수분이 아닌 지방이 축적되어 산후 비만이 될 수밖에 없다. 몸에 좋은 보양식을 하루 다섯 끼씩 챙겨 먹기보다 적당한 운동과 영양으로 산후 비만을 예방하는 것이 더 중요하다.

모유수유를 하지 않는 경우

임신 중 정상적인 체중 증가량은 10~12kg 정도다. 이 중 3kg은 임신부의 자신의 지방으로, 산후 모유수유를 위해 비축된 영양이다. 임신 중 적당히 축적된 피하지방은 수유기에 중요한 에너지원이 된다. 그런데 모유수유를 하지 않으면 증가된 피하지방이 그대로 유지된다.

산후 비만은 각종 질병의 원인이 된다

산후 비만은 보기에도 좋지 않지만, 더 중요한 것은 비만과 관련된 여러 가지 건강상의 문제를 일으킨다는 점이다. 출산 후 당장은 비만에 관련된 질병을 앓을 가능성이 적지만, 15~20년 후에 비만 합병증으로 고생할 확률이 높다. 중년 비만, 성인병, 요통, 퇴행성 관절염(나이가 들어서 무릎 통증으로 고생하는 여성이 많다), 암(비만일수록 암 발생률이 높다) 등이 대표적인 합병증이다.

특히 임신 중 체중이 지나치게 증가하면 유방암 발생률도 높아진다. 임신 중 체중이 15kg 이상 늘어난 산모는 정상으로 늘어난 산모보다 유방암 발생 빈도가 높았다. 출산 후 나중에 몸무게가 느는 것과는 무관하게 임신 중의 체중 증가가 훗날의 유방암 발생과 관계가 있는 것으로 나

타났다. 그렇기 때문에 출산 후 늘어난 몸무게를 빼는 것이 중요하다. 임신 중에도 체중 증가량이 정상 범위에 있게 조절해야 한다.

이제 비만은 단지 뚱뚱하다는 의미보다는 병의 일종으로 여긴다. 고혈압, 당뇨, 고지혈증 등과 비만이 밀접한 관계를 갖고 있기 때문이다. 앞으로 일어날 병을 예방하기 위해서라도 산후 비만은 적극적으로 치료해야 한다.

산후 체중 조절은 빠를수록 좋다

산후 6개월 안에 반드시 체중 조절을 해야 한다. 이 시기가 지나면 더 이상 잘 빠지지 않는다. 출산 후 첫 3개월이 원래 체중으로 돌아갈 수 있는 가장 적당한 시기이다. 3개월이 지나면 체중 감량 속도가 두드러지게 느려진다.

임신으로 불어난 체중이 6개월 이상 유지되면 우리 몸은 늘어난 체중을 본래의 체중으로 인식해 몸의 신진대사가 그 체중을 유지하도록 변한다. 출산 후 6개월 동안 운동과 식이요법, 모유수유를 통해 체중을 줄이면 얼마든지 임신 전의 몸매로 되돌아갈 수 있다.

잘못 알고 있는 상식
산후조리의 기본은 많이 먹고 많이 쉬는 것이다.

출산 후 영양 관리

우리나라에서는 출산 후 산모를 위한다면서 무조건 많이 먹고 푹 쉬라고 권한다. 예전 산모들은 출산 후 잘 먹지도 못하고 제대로 휴식을 취하지 못해서 그랬지만, 이제는 시대가 바뀌었으니 산후조리 방법도 바뀌어야 한다. 그 중 가장 중요한 것이 산모가 무엇을 얼마나 어떻게 먹느냐이다. 산모가 임신 전의 건강하고 아름다운 몸을 되찾기 위해서는 제대로 된 영양 관리가 첫 번째로 중요하다.

보양식을 많이 먹지 않는다

출산을 했다고 해서 먹는 방법이 특별해야 하는 것은 아니다. 임신 전에 먹던 것처럼 먹으면 된다. 특히 모유수유를 하지 않는다면 임신 전과 같은 칼로리를 섭취해야 한다.

우리나라의 전통 산후조리는 많이 먹고 푹 쉬는 것이 특징이다. 여기에 기름진 가물치나 우족탕 등 고열량의 산후 보양식을 지나치게 많이 먹으면 산후 비만 가능성이 그만큼 더 높아진다.

균형 잡힌 식사를 한다

• 다이어트에 연연하기보다 골고루 먹는 것이 중요하다. 아침을 반드시 먹고 고단백, 저지방 음식으로 칼로리를 제한한다.
• 복합 탄수화물을 섭취한다. 단순 탄수화물은 혈당을 급속히 올렸다가 빠르게 낮춘다. 현미, 통밀, 오트밀 등에 들어 있는 복합 탄수화물은 비타민과 미네랄이 풍부하고 에너지를 오래 유지시킨다.
• 과일과 채소를 많이 먹고 저지방 우유, 생선, 껍질 없는 닭고기, 땅콩 등으로 단백질을 섭취한다.
• 철분이 많은 고기와 생선, 간, 시금치를 먹어 빈혈을 예방한다.
• 칼슘이 많이 함유된 유제품, 콩이나 녹황색 채소, 해조류를 먹어 골다공증을 예방한다.

물을 많이 마신다

특히 모유수유를 할 경우에는 물을 많이 마시도록 한다.

출산 후 다이어트 원칙

체중을 빼려면 원칙이 있다. 바로 적게 먹고 많이 활동하는 것이다. 그러나 출산 후 한두 달은 다

잘못 알고 있는 상식
출산 후에는 철분제를 먹을 필요가 없다.

이어트를 생각하지 말아야 한다. 출산하면 하혈을 하고 상처도 생긴다. 이를 회복하고 상처가 아물려면 적당한 영양분이 필요하다. 칼로리 섭취를 줄이고 식사를 거르면 힘이 없어서 아기를 보는 데도 피로감을 느끼게 된다. 또 모유수유 중에 다이어트를 하면 모유의 양과 질이 떨어진다. 그렇다고 많이 먹으라는 것은 아니다. 모유수유를 할 때는 평소보다 500kcal 정도 더 먹고, 모유수유를 하지 않으면 임신 전처럼 먹으면 된다.

잠을 충분히 잔다

연구 결과에 따르면 하루에 5시간 이하로 잠을 자는 사람은 7시간 자는 사람보다 살이 덜 빠진다고 한다. 몸에서 스트레스 호르몬인 코르티솔이 분비되어 체중을 증가시키기 때문이다.

모유수유만으로 한 달에 2kg을 뺄 수 있다

모유수유 중이라면 임신 전보다 하루에 500kcal 정도가 더 필요하다. 다시 말해 모유수유 중 임신 전과 같이 먹으면 하루에 500kcal를 더 소모하는 결과가 나타난다. 일주일이면 3,500kcal가 더 소모되는데, 이는 체중 0.5kg 정도가 빠지는 열량이다. 즉 모유수유만으로 한 달에 2kg을 뺄 수 있다.

모유수유를 한다고 지나치게 많이 먹으면 체중은 절대로 빠지지 않는다. 평소 건강한 사람이라면 모유수유 중에 잘 먹지 않아도 모유의 양과 질에는 영향이 없다.

그렇지만 체중 감소를 위해서 식사를 거르는 일은 삼간다. 모유가 잘 나온다면 저칼로리 다이어트는 몇 달 후에 시작하는 것이 좋다. 다이어트를 너무 빨리 시작하면 모유 생산이 줄어들고 더 쉽게 피로를 느낀다.

배가 안 들어간다고 너무 조급해할 필요는 없다. 체중이 정상으로 돌아가는 데는 몇 달이 걸릴 수도 있다. 열 달 동안 서서히 배가 커졌으니 다시 돌아가는 데도 시간이 걸린다. 그 시간은 사람에 따라 다르다. 임신 중 체중이 많이 늘었던 산모는 원래대로 돌아가는 데도 시간이 걸리지만, 임신 중 늘어난 체중이 12kg을 넘지 않고 모유수유를 잘하는 산모는 체중이 빠르게 줄어든다.

갑작스런 살 빼기는 조심한다

일주일에 0.5kg 이상 살을 빼면 안 된다. 갑자기 체중이 줄면 산모 몸속의 지방에 녹아 있는 다이옥신 같은 독소가 혈류를 타고 모유로 흘러간다. 한 달에 2kg 이하로 살을 빼면 모유나 아기에게 영향을 미치지 않는다.

출산 후 운동법

출산 후 운동을 빨리 시작하면 임신 전 몸무게로 쉽게 돌아갈 수 있고, 예전의 기력과 근육의 힘을 되찾을 수 있다. 또한 운동을 하면 기분이 좋아져 스트레스를 쉽게 극복할 수 있고 산후우울증도 예방된다. 몸의 혈액순환을 도와 혈전을 예방하고, 부기를 빨리 빼주며, 변비 예방에도 효과적이다.

움직일 수 있으면 움직인다

출산 후 산모의 몸이 회복되려면 아직 많은 에너지가 필요하다. 과거에 출산 후 6주 동안은 운동을 하지 말라고 했던 것이 그 때문이다.

그러나 요즘은 출산 후 몸을 움직일 수 있으면 곧바로 움직이라고 권한다. 자연분만을 했다면 출산 직후 곧바로 운동을 시작해도 된다. 물론 거창한 운동을 말하는 것이 아니다. 2~3분간 부축을 받아서 걷는 것도 운동이다. 무리하지 말고 자신의 몸이 허용하는 범위 내에서 조금씩 움직이는 것이 바람직하다.

가벼운 운동부터 시작한다

아무리 운동이 좋다지만 무리해서는 안 된다. 충분한 휴식을 취한 후 운동을 시작해야 한다. 먼저 가벼운 운동부터 시작해서 천천히 하다가 강도와 시간을 조금씩 늘려간다. 조금 빨리 걷기와 스트레칭도 아주 좋은 운동이다. 빨리 걸으면 혈전 같은 심각한 합병증을 예방할 수 있다. 출산 후 3개월 정도까지는 아직 인대가 느슨하기 때문에 갑자기 많이 움직여야 하는 운동은 삼간다.

운동 30분 전에 모유수유를 한다

수유하기 전에 운동을 하면 안 된다는 이야기가 있다. 운동 후 생기는 젖산 때문에 젖의 맛이 바뀌어서 아기가 먹기 싫어할 수 있다는 연구 결과도 있다. 젖은 운동 후 1시간 정도면 다시 원래대로 돌아온다.

따라서 운동은 수유를 하고 나서 30분 후에 하는 것이 좋다. 수유를 하고 나면 아기가 배가 불러져서 운동하는 동안 잘 놀고, 젖가슴의 무게가 가벼워져서 운동하기도 편하다.

이때 운동의 강도는 상관없다. 격렬한 운동을 하더라도 모유의 양이나 구성 성분이 변하지는 않는다. 다만 운동 중에는 스포츠브라를 착용해 커진 유방을 잘 받쳐줘야 한다.

아기와 같이 운동할 수 있는 방법을 찾는다

출산을 하고 나면 생활의 패턴을 아기에게 맞출 수밖에 없기 때문에 많이 바쁘다. 그러나 간간이 운동할 수 있는 시간은 얼마든지 낼 수 있다. 10분 단위로 3회씩만 해도 하루에 30분은 할 수 있다.

아기를 아기띠로 안고 런지나 스쿼트를 할 수 있고, 생수병을 들고 팔운동을 할 수도 있다. 아기 안고 춤추기나 아기와 걷기를 할 수 있고 조깅용 유모차를 밀며 조깅을 할 수도 있다. 또 아기가 잠든 틈을 타서 크런치, 팔굽혀펴기도 할 수 있다. 운동을 하려는 의지만 있으면 얼마든지 생활 속에서 운동거리를 찾을 수 있다.

적당한 운동으로 산모가 건강해지면 그것이 아기에게 가장 큰 선물이다. 엄마가 건강하고 행복해야 아기도 건강하고 행복해진다.

출산 한 달 내에 하면 좋은 운동

케겔운동 출산 후 가장 좋은 운동이다. 부어 있는 회음부의 혈액순환을 좋게 해서 빨리 낫게 하며,

잘못 알고 있는 상식
출산 후 운동은 6주가 지나서 한다.

요실금도 예방한다. 소변을 멈추는 것처럼 한 번에 5초 동안 참기, 5초 동안 이완시키기를 5회 반복한다. 매일 시간 날 때마다 한다.

허리 운동 임신 중 커진 배를 지탱하기 위해 허리가 많이 혹사당한 만큼 출산을 하고 나면 무리가 가기 쉽다. 허리근육을 강화하는 슈퍼맨 자세를 자주 한다.

윗몸일으키기 출산 후 느슨해진 복부를 다시 탱탱하게 해준다. 제왕절개한 산모는 출산 후 6주가 지나서 하는 것이 좋다.

누워서 골반 기울이기 임신 중에는 물론 출산 후에도 요통 예방과 치료에 좋다(p.198 참조).

팔굽혀펴기 팔굽혀펴기 운동을 꾸준히 하면 상체에 힘이 생겨 아기를 돌보는 데 도움이 된다. 가슴을 바르게 펴서 체형을 반듯하게 만든다.

걷기 1시간에 5~6km 정도를 가는 속도로 걷는다. 처음에는 반드시 워밍업을 해 몸을 데운 다음에 걷는다. 10분으로 시작해서 점점 속도와 거리를 늘려 나간다.

출산 한 달 후에 하면 좋은 운동

수영, 헬스, 오래 걷기는 오로가 사라지는 출산 후 한 달이 지나서 시작한다. 운동을 처음 하는 사람이라면 무리하지 말고 운동 강도와 시간을 조금씩 늘린다.

만보 걷기 만보는 7km 정도에 해당하는 거리로, 하루에 2시간 활동적으로 움직이는 거리와 동일하다.

수영 자전거타기 조깅 심장박동 수를 올려 살 빼는 데 효과적이다. 한 번에 30분 이상, 일주일에 3회 이상 한다.

슈퍼맨 자세

모유수유에 숨겨진 산후 다이어트의 비밀

모유수유는 아기의 건강뿐 아니라 산모의 건강에도 굉장히 많은 도움을 준다. 임신하면 체중이 많이 늘어나는데, 12kg이 늘었다면 태아의 체중, 양수 등 순수하게 임신과 관련된 무게는 9kg 남짓이다. 그렇다면 나머지 3kg은 어디에 있을까?

3kg 정도는 임신부의 몸에 지방으로 비축된다. 여기에 바로 모유수유의 비밀이 담겨 있다. 임신부의 몸에 비축된 지방은 출산 후 모유수유를 위한 비상식량이다. 저장된 지방이 분해되어 모유가 만들어지는 것이다. 만약 모유수유를 하지 않으면 임신 중 늘어난 체지방이 잘 빠지지 않는다.

이처럼 모유수유를 하는 산모는 모유를 만들기 위해 칼로리가 더 소모되므로 모유수유를 하지 않은 산모보다 체중이 더 빨리 빠진다.

출산 후 예전처럼 날씬한 몸매로 돌아가기를 원한다면 반드시 모유수유를 해야 한다. 모유수유를 하면 하루 500kcal의 에너지를 추가로 소모하게 되는 것이다. 적절한 다이어트와 운동, 모유수유를 병행하면 원래 체중으로 빠르게 돌아갈 수 있다.

출산 후 성생활

Part 4

출산 후에는 육아에 따르는 피로 때문에 성욕이 감소하기 쉽다. 회음부 통증에 대한 두려움, 성생활에 대한 무관심 등이 출산 후 첫 성관계를 어렵게 하기도 한다. 모유를 먹일 경우에는 질 건조증이 생겨서 성생활이 더 어려워진다. 산후 건강하고 행복한 성생활을 위해 꼭 알아두어야 할 것, 첫 관계의 시기부터 다음번 임신과의 터울을 조절하기 위해 필요한 피임 방법 등을 알아본다.

상태로 회복되는 출산 후 6주가 지나서 하는 것이 좋다.

자연분만 후 느슨해진 질을 원상태로 되돌릴 수는 없을까? 수술로 질을 축소시킬 수는 있지만 질의 수축력은 회복되지 않는다. 질의 수축력을 향상시키는 방법이 바로 케겔운동이다. 출산 후 케겔운동을 꾸준히 하면 느슨해진 질의 수축력이 다시 복원된다. 질을 좀 더 잘 조이게 되면 성관계 시 남편은 물론 자신도 오르가슴을 더 잘 느낄 수 있게 된다.

출산 후 첫 관계를 할 때 가장 중요한 것은 반드시 다음 임신에 대한 계획을 세워야 한다는 것이다.

생리는 분만 후 7~10주쯤 시작된다

생리가 돌아오는 시기는 모유수유 방법에 따라 다르다. 대개 분만 후 7~10주가 지나면 생리를 하지만, 완전 모유수유를 한다면 1년 반 정도 지나서 시작되는 경우도 있어 언제 생리가 시작될지는 예측할 수 없다. 먼저 배란이 된 후 생리를 하는 만큼 생리가 없어도 임신할 수 있다는 것을 명심한다.

출산 후 첫 부부관계가 가능한 시기

부부가 잠자리를 갖는 시기는 보통 출산 후 1~12주 사이로 평균 5주 정도다. 그러나 성관계는 자궁과 질, 회음부의 상처가 거의 다 아물고 원

잘못 알고 있는 상식
출산 후 첫 생리를 하기 전에는 성관계를 해도 임신이 되지 않는다.

출산 후 12주 정도 지나면 배란이 된다

수유를 하루에 15분씩 7회 이상 하면 배란이 늦게 된다. 하지만 완전 모유수유를 하더라도 출산 후 12주가 지나면 배란이 될 수 있다. 분유를 먹이면 배란은 더 빨라진다. 배란은 생리가 없어도 시작될 수 있고, 반대로 배란이 없이 생리가 있는 경우도 있다. 분만 후 5% 정도는 생리를 하지 않고 임신이 된다. 완전 모유수유를 해도 1년 안에 임신될 확률은 4% 정도이다. 따라서 모유수유나 생리 여부와 관계없이 성관계를 할 때는 반드시 임신 가능성을 염두에 두어야 한다. 임신을 원하지 않는다면 반드시 피임을 해야 한다.

출산 후 피임법

출산 후 가장 안타까운 것 중의 하나가 계획 없이 다시 임신하는 것이다. 첫아이에게 많은 정성을 쏟다 보면 두 번째 임신은 많이 버거울 수밖에 없다. 반드시 출산 후 첫 관계를 가질 때부터 다음번 임신 여부를 진지하게 고민해야 하며, 어떠한 피임 방법을 선택할지도 결정한다.

모든 피임법에는 장점과 단점이 있다. 100% 완벽하고 부작용이 없는 피임법은 없다. 또 나라마다 선호하는 피임법도 다르다. 미국에서는 먹는 피임약을 복용하거나 콘돔을 많이 사용하고 난관수술도 많이한다. 우리나라에선 주로 루프와 콘돔을 사용한다.

먹는 피임약

우리나라 여성들은 여러 가지 이유로 먹는 피임약을 싫어하는 편인데, 장점이 많아서인지 서구에서는 많이 사용한다. 먹는 피임약은 배란 방해, 자궁경관 점액

변화, 나팔관 운동성 저하, 수정란 착상 방해 등으로 피임 효과를 낸다.

생리 시작일부터 매일 한 알을 복용하며 3주간 먹고 반드시 일주일간 쉰다. 혹시 먹는 걸 잊어버렸을 때는 다음 날 두 알을 먹는다.

장점 복용만 잘하면 피임 효과가 가장 우수하다. 피임 효과 외에도 여러 가지 장점이 있다. 생리통과 생리량이 줄고 난소암 발생률도 감소된다.

단점 유즙 분비를 감소시키기 때문에 모유수유 중인 산모는 먹으면 안 된다. 가장 흔한 부작용이 메스꺼움인데 자기 전에 먹으면 대개 해결된다. 또 체중이 늘고 일시적으로 유방이 팽팽해져서 아픈 경우도 있다. 여드름이 나기도 하지만 계속 복용하면 2~3개월 안에 사라진다. 최근에는 체중 증가나 여드름을 방지하는 피임약이 나오고 있다.

콘돔

쉽게 구할 수 있고 사용법이 간편해 가장 대중적으로 이용하는 피임법이다.

장점 사용하기 간편하고 먹는 약이 아니라서 남성과 여성 모두에게 해가 없다. 원할 때 바로 사용할

수유 방법에 따른 배란 시기

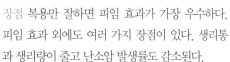

	분유	모유
생리시작	6~12주	36주
최초의 배란	4주	12주
평균 배란	8~10주	17주

수 있고, 성병 예방에도 도움이 된다.

단점 성관계를 할 때마다 끼워야 하고, 벗겨지면 임신이 될 수 있다. 성감이 감소한다고 싫어하는 사람도 있다.

루프

작은 플라스틱 조각을 자궁 안에 넣어 수정란의 착상을 방해하는 방법이다. 생리가 끝나자마자 시술한다. 혹은 출산 후 6주가 지나면 삽입할 수 있다.

장점 1분 안에 모든 시술이 끝날 만큼 간단하다. 한 번 시술로 5년 이상 피임 효과가 있고, 빼면 즉시 임신이 가능하다. 루프를 자궁 내에 넣을 때 약간 불편한 느낌이 있지만 마취는 하지 않는다.

단점 생리 기간이 길어지고 생리통이 나타날 수 있다. 드물지만 저절로 빠져서 임신이 되는 경우도 있다. 처음 루프를 삽입하고 한 달 안에 빠지는 수가 있으므로 시술하고 한 달 후에 검진하고, **매년 자궁암 검사 때 다시 확인한다.**

출산 후 성관계를 방해하는 질 건조증

출산 후 성관계를 할 때 가렵고 화끈거리며 질 분비물이 적다고 느끼는 산모가 많다. 이를 질 건조증이라고 하는데, 원인은 출산 후 에스트로겐이 감소하기 때문이다. 에스트로겐은 질 분비물이 잘 나오게 해 질을 건강하게 유지시키는 역할을 하는데, 에스트로겐 호르몬의 분비가 줄면 건조함을 느끼게 되는 것이다. 또 성관계 시 충분한 흥분 없이 관계를 갖는 것도 하나의 원인이 된다. 질 크림이나 질정제를 일주일에 2회 정도 사용하면 증상이 완화된다.

미레나

일반 루프와 모양이 비슷하지만 루프에 황체호르몬을 발라놓아서 매일 일정량의 황체호르몬이 분비되어 피임 효과를 낸다. 자궁경관의 점액을 끈적거리게 하고 자궁 내막을 얇게 만들어 임신을 막는다.

장점 시술 후 피임 효과 외에 생리의 양과 생리통을 줄인다. 6개월이 지나면 생리가 거의 없어지기도 하는데, 생리가 없어진다 하더라도 폐경이 된 것은 아니다. 다른 기능은 정상이고 단지 생리만 없는 것이며 미레나만 제거하면 생리는 다시 정상으로 돌아온다.

단점 시술 후 첫 3~6개월간 출혈이 조금씩 계속될 수 있다. 일반 루프보다 시술 비용이 3배 이상 비싸다.

임플라논

길이 4cm 정도의 가는 플라스틱 막대기를 팔 안에 이식해서 3년간 황체호르몬을 매일 조금씩 방출시켜 피임 효과를 얻는 방법이다.

장점 편리하고 피임 효과가 우수하다.

단점 체중 증가와 불규칙한 출혈 등의 부작용이 있다.

불임 수술(난관 수술, 정관 수술)

앞에서 소개한 피임법으로는 임신을 다시 할 수 있겠지만, 불임 수술은 영구적으로 임신을 할 수 없게 만드는 것이다. 물론 다시 복원을 할 수도 있지만 수술 시간도 오래 걸리고 성공률도 낮다. 그래서 불임 수술은 신중하게 결정한다.

난관 수술은 난자의 통로인 난관을 묶고, 정관 수술은 정자의 통로인 정관을 묶어 배출이 되지 않게 하는 것이다. 불임 수술은 출산 후 6주가 지나면 시술이 가능하다. 시술은 마취 후 복강경으로 하며 난관 수술이나 정관 수술 모두 안전하다.

장점 시술 시간이 20~30분 정도로 간단하다. 피임 효과도 우수하다.

단점 임신을 할 수 없기 때문에 반드시 배우자와 충분히 상의한 후에 시술해야 한다. 자녀가 하나이거나 산모의 나이가 많지 않으면 하지 않는 것이 좋다. 언제 어떻게 마음이 바뀔지 모르기 때문이다.

사후 피임법

사후 피임법이란 피임을 하지 않고 성관계를 한 경우, 이후 임신을 막는 방법이다. 약을 먹는 방법과 루프 삽입 방법이 있다.

루프 삽입은 성관계 후 5일 안에 하면 피임 효과가 99%이다.

사후 피임약(응급피임약)은 난소에서 배란이 되지 않게 하거나 수정이 되지 않게 하는 것이다. 일단 수정란이 착상되면 효과가 없기 때문에 관계 후 72시간 내에 먹는다.

배란이 된 후 약을 먹으면 약효가 약하다. 배란 전에 먹는 것이 효과가 가장 크므로 성관계 후 되도록 빨리 먹는 것이 좋다. 관계 후 3일 안에 먹으면 90% 이상 효과가 있다.

약을 먹더라도 생리의 양과 생리 시기는 큰 차이가 없다. 하지만 사후 피임약을 먹었어도 성관계를 할 때는 계속 피임을 해야 한다. 만약 사후 피임약을 먹고 3주 후에도 생리가 없으면 임신 검사를 해보도록 한다.

응급 피임약을 먹었는데도 임신이 된 경우라도 태아의 기형 위험은 거의 없다. 피임약은 이미 착상이 된 수정란을 자궁에서 떨어지게 하는 낙태약과는 엄연히 다르다. 지금까지 수많은 여성이 사후 피임약을 복용했지만 큰 합병증은 밝혀진 것이 없다. 단, 고용량 호르몬 요법이기 때문에 불규칙한 출혈이나 메스꺼움 등이 있지만 증상은 경미하다. 하지만 100% 완벽한 피임 방법은 아니다.

TIP
질외사정을 해도 임신이 될 수 있다

남성의 경우 발기했을 때 맑고 투명한 액체를 한두 방울 흘리게 된다. 이 맑은 액체는 사정되기 전의 요도를 깨끗이 청소하는 역할을 하고 여성의 애액처럼 윤활 작용을 한다. 이 안에도 이미 수천 마리의 정자가 있기 때문에 사정을 몸 밖에서 하더라도 임신이 가능하다.

잘못 알고 있는 상식
사후 피임약은 몸에 해롭다.

출산 전보다 건강해지는 **산후조리법 요약편**

산후조리에 대해 바로 알자

출산 후 빨리 움직이면 움직일수록 산후 회복이 빠르다. 지나치게 안정하면 혈전증 같은 위험한 합병증이 생길 수 있다.

치과 진료를 받기가 쉽지 않았던 과거에는 치아 상태가 좋지 않아 찬물이나 딱딱한 음식을 먹지 말라고 했지만 일반적인 건강한 산모라면 먹어도 괜찮다. 출산 후 딱딱한 음식이나 찬물을 금지해야 할 이유는 없다.

샤워는 출산 후 2~3시간이 지나 보호자의 도움을 받아 할 수 있다. 여름에 출산할 경우 더우면 선풍기나 에어컨을 틀어도 된다. 산후풍은 몸에 찬바람을 쏘여서 생기는 것이 아니다.

산후 부종은 누구에게나 생긴다

산후 부종을 그대로 두면 산후 비만으로 이어진다고 믿는 경우가 많다. 산후 부종은 정상적으로 나타나는 신체적 현상으로, 출산 후 2주가 지나면 저절로 사라진다. 부종을 없애기 위해 특정 음식을 먹거나 땀을 빼 억지로 사라지게 할 필요는 없다.

제왕절개 후에도 많이 움직인다

제왕절개를 했더라도 몸을 움직일 수 있다면 빨리 움직이는 것이 좋다. 요즘은 대개 척추마취로 수술을 하기 때문에 산후 회복이 빠르다.

수술 후 12시간이 지나면 걷는 연습을 하고, 24시간이 지나면 3~4회 이상 병원 복도를 천천히 걷는다. 샤워를 하거나 머리 감기는 수술 후 3일이 지나면 할 수 있다.

산후 관절통의 원인과 예방법을 알아 둔다

출산 후 많은 산모들이 무릎이나 손목 관절, 허리가 아프다고 호소한다. 그 이유는 임신 중 증가한 호르몬의 영향으로 관절이 유연해져 있는데, 육아나 수유 등으로 관절을 많이 사용해 통증이 생기는 것이다. 산후 관절통을 예방하려면 관절을 많이 사용하지 않는 것이 좋다. 허리 스트레칭을 자주 하고 손목을 과도하게 사용하는 일도 삼간다. 육아법을 바꿔보는 것도 방법이다.

이번 장에서는 출산 후 제대로 산후조리를 하는 방법과 모유수유에 성공하는 법 등을 알아봤다. 꼭 기억해야 할 것은 무엇인지 한 번 더 체크해보자.

- 유아 욕조를 방바닥에 놓고 목욕시킨다. → 식탁 위에 욕조를 올려놓고 목욕을 시키거나 싱크대를 이용해 서서 목욕시킨다.
- 방바닥에서 모유수유를 한다. → 모유수유는 의자나 소파에 앉아서 한다. 손목에는 쿠션을 받치고 발은 발받침대에 올려 산모의 몸이 최대한 편안하게 자세를 잡는다.
- 아이를 바닥에 눕혀 기저귀를 간다. → 유아용 침대에서 기저귀를 갈면 엄마의 허리, 무릎,손목이 편해진다.

빠른 회복을 위해선 적당한 활동이 좋다

전통적인 산후조리에서는 산모에게 수유와 식사 시간 외에는 무조건 움직이지 말라고 한다. 그러나 지금의 산모들에게 오랫동안 움직이지 말 것을 강요한다면 그 자체가 고역일 뿐만 아니라 기력도 떨어뜨려 산후 회복을 더디게 할 수 있다. 근육의 힘이 떨어져 조금만 움직이거나 아기를 안아도 쉽게 피로감을 느끼게 된다.

출산 직후에는 충분한 휴식이 필요하지만, 2~3일이 지나면 집안일을 서서히 시작해도 된다. 특히 적당한 운동은 기분전환을 돕고, 변비를 개선시키며, 혈전증을 예방한다.

산후조리원에 있다고 해도 너무 편하게 있으려고만 하지 말고 조금씩 신체 활동을 한다. 종일 누워서 편하게 지내다가 집에 가서 갑자기 일을 하면 몸에 무리가 올 수 있기 때문이다. 분만 후 3주 정도 지나면 평소 하던 집안일의 80%까지 할 수 있다.

산후 비만을 예방한다

산후조리를 한다며 무조건 푹 쉬면 산후 비만이 될 수 있다. 출산 후에도 적당히 운동하고 보양식 등을 너무 많이 먹지 않는다. 적게 먹는다고 모유의 양과 질이 변하는 것은 아니다. 모유수유만 잘 해도 한 달에 1~2kg 정도 감량할 수 있으므로 모유수유를 열심히 하는 것도 산후 다이어트 방법으로 좋다.

임신을 원하지 않으면 피임한다

출산 후 6주가 지나면 부부관계를 할 수 있다. 이때 명심해야 할 것은 생리를 하지 않아도 임신이 될 수 있다는 점이다. 모유수유를 하더라도 임신이 가능하므로 부부관계를 할 때 적당한 방법으로 피임을 한다.

아기 성장과 발달

3.2kg 정도 정도로 태어난 아기는 생후 1년이 지나면서 체중이 3배 가까이 성장하고 신체기능과 감각기능이 눈부시게 발달한다. 자라면서 고개를 가누고, 뒤집기를 하고, 기어오르고, 걸음마를 하는 등 여러 발달 단계를 거치기도 한다. 이 시기에 엄마 아빠가 적극적으로 놀아주고 운동을 함께하면 아기의 성장발달에 도움이 되고 정서적인 유대감이 형성된다.

얼마나 알고 있을까?

갓 태어난 우리 아기,
몇 개월에 얼마나 자랄까?

01 배냇머리는 생후 몇 개월부터 빠질까?
① 배냇머리는 빠지지 않는다.
② 배냇머리는 태어나자마자 빠지기 시작한다.
③ 생후 3개월 무렵부터 빠지기 시작한다.
④ 생후 6개월 무렵부터 빠지기 시작한다.

02 신생아에 대한 특징에 대한 설명으로 틀린 것은?
① 숫구멍은 18개월 정도 되면 저절로 닫힌다.
② 체온은 어른보다 0.5℃ 낮은 편이다.
③ 탯줄은 10일 정도 지나면 저절로 떨어진다.
④ 신생아의 발은 대부분 평발이다.

03 신생아의 감각에 대한 설명으로 맞는 것은?
① 신생아는 미각이 발달해 있어서 다양한 맛을 보여주면 좋다.
② 생후 1~2주만 되면 사물을 제대로 볼 수 있다.
③ 갓 태어난 아기에게 가장 발달된 감각은 후각이다.
④ 아기는 익숙한 엄마 목소리에 민감하게 반응한다.

04 신생아 신체검사에 대한 바른 설명은?
① 양쪽 다리를 벌려서 90°가 되면 정상이다.
② 태어나자마자 기본적인 신체검사를 한다.
③ 신생아 발에 자극을 주면 아무런 반응이 없다.
④ 신생아 반사 능력은 선천성 대사이상 여부를 알기 위한 검사이다.

05 신생아에게서 나타나는 반사 반응이 아닌 것은?
① 먹이 찾기 반사

② 쥐기 반사
③ 모로 반사
④ 눕기 반사

06 아기의 성장발달에 관한 설명 중 옳은 것은?
① 아기들의 발달 정도는 월령에 따라 똑같은 패턴을 보인다.
② 운동 발달이 늦은 아기는 언어능력도 늦게 발달된다.
③ 일반적인 발달 순서를 건너뛰는 아기도 있다.
④ 신체발달이 늦은 아기는 되도록 빨리 전문의 진찰을 받는다.

07 아기 발달에 대한 설명으로 맞는 것은?
① 모빌은 시선을 분산시켜 아기에게 좋지 않다.
② 옹알이할 때 대꾸하면 어른의 언어 발달이 늦어진다.
③ 낯가림은 신생아 때 심하다가 7~9개월 차츰 개선된다.
④ 걷기 시작할 때 양말을 신기지 말고 맨발로 걷게 한다.

08 아기의 운동 발달상의 특징으로 맞지 않는 것은?
① 아기는 앞으로 기다가 뒤로 기어 다니기도 한다.
② 아기는 기어 다닐 때 방향 전환을 못 하므로 부모가 몸을 돌려주어야 한다.
③ 기기 시작하면 위험에 대비해야 한다.
④ 기어 다니면서 눈에 띄는 것을 입으로 가져간다.

09 아기의 감각 발달을 돕는 방법이 아닌 것은?

① 주변에서 나는 다양한 소리를 들려준다.

② 새콤한 맛은 아기에게 자극이 되므로 피한다.

③ 부드러운 깃털로 아기의 피부에 자극을 준다.

④ 색깔을 구별하기 시작하면 화려한 색깔의 장난감을 준다.

10 아기의 운동능력에 따른 설명으로 맞지 않는 것은?

① 아기가 새로운 시도를 할 수 있도록 부모가 도움을 준다.

② 새로운 동작에 성공하면 칭찬을 해준다.

③ 걷기운동을 시작할 때 붙들어주면 걸음마가 늦어진다.

④ 무릎과 허벅지 운동을 해주면 다리의 힘이 길러진다.

11 아기 장난감을 고를 때의 요령으로 적합하지 않은 것은?

① 아기의 개월 수에 맞는 장난감을 고른다.

② 오감을 자극할 수 있는 장난감이 좋다.

③ 둥근 것, 각진 것 등 다양한 장난감을 체험하게 한다.

④ 개월 수가 작은 아이에게는 작은 장난감이 효과적이다.

12 아기 마사지에 대한 설명으로 맞지 않는 것은?

① 마사지 전 실내 온도를 따뜻하게 준비한다.

② 마사지할 때 말을 걸거나 노래를 불러주면 좋다.

③ 배 마사지를 하면 위의 긴장을 완화해 소화에 좋다.

④ 피부 자극을 피하려면 속옷을 입힌 채 마사지한다.

13 다음은 아기 장난감에 대한 설명이다. 어떤 장난감인지 연결해보자.

① 시각 발달을 위해 아기 머리 위에 매달아준다.

② 흔들었을 때 소리가 나는 장난감은 청각을 발달시킨다.

③ 굴리고 던지며 쫓아다닌다. 초기에는 헝겊 재질이 좋다.

④ 정서 발달에 좋다. 동물 모양, 사람 모양 등 다양하다.

㉠ 공

㉡ 인형

㉢ 모빌

㉣ 딸랑이

14 아기의 성장발달 중 의심스러운 신호가 아닌 것은?

① 생후 3개월이 지났는데 눈으로 물체를 좇지 못한다.

② 생후 6개월이 지났는데 옹알이를 하지 않는다.

③ 생후 9개월이 지났는데 몸을 끌면서 기어 다닌다.

④ 생후 12개월이 지났는데 걸음마를 하지 못한다.

15 남자아이와 여자아이의 신체적인 특징에 대해 맞는 것은?

① 체중과 키는 남자아이가 더 나가고, 머리둘레는 여자아이가 크다.

② 신생아 때는 체중, 키, 머리둘레 모두 남자아이가 더 수치가 높다.

③ 생후 12개월이면 체중이 신생아 때의 2배 정도 된다.

④ 체중, 키, 머리둘레 중 성장 속도가 가장 빠른 것은 키다.

정답 1.③ 2.② 3.④ 4.② 5.④ 6.③ 7.④ 8.② 9.② 10.③ 11.③ 12.④ 13.①-㉢,②-㉣,③-㉠,④-㉡ 14.④ 15.②

갓 태어난 아기의 특징

갓 태어난 아기는 온몸이 불그스름하며 머리가 몸의 1/4 정도로 크다. 뽀얗고 솜털이 보송보송한 아기를 기대했던 엄마는 이런 아기의 모습에 실망하기 쉽지만, 얼마 지나지 않아 예쁘고 사랑스러운 모습이 되니 걱정하지 않아도 된다.

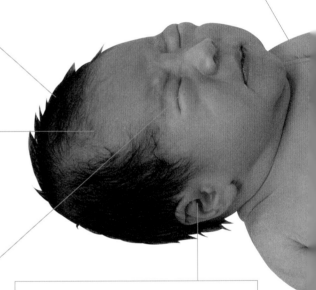

가슴 → 볼록하게 부풀어 있다

갓 태어난 아기는 가슴이 볼록하게 부풀어 있다. 만져보면 응어리가 만져지거나 간혹 젖이 나오기도 한다. 그대로 두면 점차 자연스럽게 없어지니 신경 쓸 필요가 없다.

머리카락 → 까맣고 덥수룩하다

머리카락은 임신 16주부터 나기 시작해서 태어날 때는 제법 까맣고 덥수룩하다. 엄마 배 속에서 난 이 머리털을 '배냇머리'라고 한다. 배냇머리는 생후 3개월 무렵부터 조금씩 빠지면서 새 머리카락이 난다.

머리 → 머리끝은 뾰족, 정수리는 말랑말랑

출산 시 좁은 산도를 통과하느라 머리끝이 뾰족하다. 정수리 끝에는 말랑말랑하게 만져지는 '숫구멍(천문)'이 있는데, 아기가 숨을 쉴 때마다 들어갔다 나왔다 한다. 숫구멍은 뼈가 성장하면서 줄어들어 18개월 정도 되면 저절로 닫힌다. 앞 숫구멍(대천문)은 생후 만 2년, 뒤 숫구멍(소천문)은 생후 3개월경에 닫힌다.

눈 → 생후 1~2주부터 물체를 인식한다

갓 태어난 아기는 사물을 인식하지 못하고 명암만 인식한다. 눈을 제대로 뜨지 못하고 실눈을 뜨거나 깜빡거리고 빛을 보면 눈이 부신 듯 눈을 감는다. 생후 1~2주가 지나면 어느 정도 큰 물체를 식별하게 된다. 생후 6개월 정도 지나면 사물을 제대로 볼 수 있다.

귀 → 가장 발달된 감각기관

갓 태어난 아기에게 가장 발달된 감각이 청각이다. 청각은 뱃속에서부터 발달되는데, 태아에게 엄마 아빠의 목소리를 들려주는 것은 이 때문이다. 신생아에게도 음악을 들려주고 부드러운 말투로 어르거나 이야기를 해주는 등 자꾸 말을 거는 게 좋다.

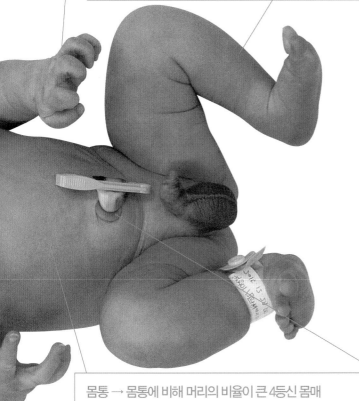

손 · 발톱 → 길고 평발이다
아기의 손발톱은 임신 16주 때부터 생기기 시작해서 태어날 때는 다 완성돼 있다. 너무 길면 얼굴에 상처를 낼 수 있으므로 목욕 후 손발톱을 정리해준다. 신생아의 발은 대부분 평발이다. 자라서 조금씩 걷기 시작하면 발바닥 모양이 바뀌므로 괜찮다.

팔다리 → 구부린 자세를 취한다
갓 태어난 아기는 보통 엄마 뱃속에서 있던 모습처럼 팔꿈치를 구부린 채 주먹을 꼭 쥐고 무릎을 바깥쪽으로 구부리고 있는 자세를 취한다. 바르게 성장시키기 위해 아기의 양쪽 다리를 잡고 쭉쭉 펴주는 운동을 자주 해주면 좋다.

피부 → 전체적으로 붉은색을 띤다
전체적으로 불그스름하며 희뿌연 막 같은 태지로 덮여 있다. 처음에는 붉은빛을 띠다가 2~3일 정도 지나 조금씩 노란색을 띠기도 한다. 피부가 노랗게 되는 것은 아직 간 기능이 미숙해 일시적인 황달기가 나타나는 것인데 1~2주 정도 지나 간 기능이 완전해지면 자연스럽게 없어진다.

체온 → 어른보다 0.5℃ 높다
아기의 체온은 갓 태어났을 때 37~38℃ 정도로 높은 편이다. 2~3일이 지나면 성인의 평균 체온인 36.5℃보다 0.5℃ 높은 37℃ 안팎으로 안정된다. 신생아는 체온을 조절하는 능력이 덜 발달되어 있다. 방안을 너무 덥게 하면 체온이 올라가고 호흡이 빨라질 수 있으므로 주의한다. 방의 온도는 22~25℃, 습도는 40~60% 정도가 적당하다.

몽고반점 → 자라면서 저절로 없어진다
흔히 아기들은 어깨나 등, 엉덩이, 넓적다리 등의 부위에 '몽고반점'이라고 부르는 멍 같은 퍼런 자국이 있다. 크기는 아기마다 조금씩 다른데 자라면서 색깔이 엷어지다가 저절로 없어진다.

탯줄 → 10일 정도 지나면 떨어진다
태아와 엄마를 연결해 산소와 영양분을 공급하던 탯줄은 태어나면서 역할을 다하게 된다. 탯줄을 자른 부위는 처음에는 촉촉하지만 생후 10일 정도면 딱딱하게 말라서 자연스럽게 떨어지게 된다. 탯줄이 떨어지기 전에는 물 목욕을 시킬 때는 감염에 주의한다.

몸통 → 몸통에 비해 머리의 비율이 큰 4등신 몸매
갓 태어난 아기는 머리가 몸통의 1/4 정도 된다. 키는 50cm, 가슴둘레는 35cm 정도이며 머리둘레가 가슴둘레보다 1~2cm 크거나 같다. 몸무게는 평균 3~3.5kg 정도 되는데 처음 한 달간은 1주일에 약 200~300g씩 쑥쑥 늘어난다. 생후 일주일 동안은 체중이 줄기도 하는데, 이는 몸속의 수분과 태변이 빠지면서 나타나는 현상이므로 걱정하지 않아도 된다.

잘못 알고 있는 상식
탯줄이 떨어지기 전에 물 목욕을 시키면 안 된다.

아기의 감각기능과 반사능력

갓 태어나면 건강에 이상이 없는지 체크하기 위해 기본적인 신체검사를 한다. 기본 신체검사로 아기의 몸 전체를 살피고 나면 간단한 반사능력 검사와 고관절 검사를 해서 신체기능에 이상이 없는지 체크한다. 감각기능과 운동능력도 체크해보고 아기 발달에 문제가 없는지 살펴본다.

태어나자마자 기본적인 신체 검사를 한다

좁은 산도를 어렵게 통과해서 세상에 나온 아기는 가장 먼저 기본적인 처치를 받게 된다. 먼저 탯줄을 3~4cm만 남기고 자른 뒤 다시 묶고, 이물질도 닦아준다. 그런 다음 몸무게와 키, 머리둘레, 가슴둘레를 재고 몸 전체를 살핀다. 청진기로 심장박동 수와 호흡수도 체크한다.

신생아 반사능력 검사

아기의 몸 전체를 잘 살피고 나면 간단한 반사능력 검사를 한다. 갓 태어난 아기라도 어떤 자극을 주면 본능적으로 타고난 반사반응을 나타내는데, 반사능력의 정상 여부가 신경과 근육의 성숙도를 판단하는 데 중요하기 때문이다. 신생아의 반사반응에는 쥐기 반사, 모로 반사, 일으키기 반사, 먹이 찾기 반사 등이 있다.

쥐기 반사 손가락으로 아기의 손바닥을 가볍게 자극하면 손을 꽉 쥔다. 발도 자극을 주면 오므리는 반응을 보인다.

모로 반사 건드리거나 가볍게 들어 올렸다가 갑자기 내리면 놀라서 팔다리를 가슴 쪽으로 모으고 손은 무언가를 껴안는 듯한 동작을 한다.

일으키기 반사 근육이 제대로 움직이는지 알아볼 수 있는 반사로, 아기의 두 손을 잡고 일으키는 시늉을 하면 아기도 몸을 일으키며 힘을 준다.

기본 신체 검사

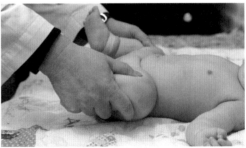

고관절 검사

잘못 알고 있는 상식
갓 태어난 아기는 반사능력이 미숙하다.

먹이 찾기 반사 아기의 입술에 손을 갖다 대면 반사적으로 자극을 받은 방향으로 입을 돌리고 입술을 내밀며 빨려고 하는 반응이다.

신생아의 생존을 위한 능력, 빨기 반사

아기는 생존을 유지하고 환경에 적응하기 위해 다양한 반사능력을 가지고 태어난다. 반사는 근육에 직접적인 자극이 가해졌을 때 무의식적으로 일어나는 동작으로, 빨기 반사가 대표적이다. 아기는 1개월 정도가 되면 무의식적인 빨기반사에서 의식적으로 빠는 단계로 발전한다.

고관절 검사

아기가 누워 있는 상태에서 양쪽 다리를 직각으로 세우고 다리 높이에 차이는 없는지 본 후 양쪽 다리를 벌려본다. 거의 180°로 벌어지는 상태가 정상이다. 다리가 제대로 안 벌어지거나 소리가 나면 곧바로 정밀검사를 하게 된다.

혈액 검사

선천성 대사이상 여부를 알기 위한 검사. 생후 2일이 지나면 아기의 발뒤꿈치에서 피를 뽑아 혈액 검사를 한다. 신진대사에 필요한 효소가 적거나 없어서 정신박약이나 심신장애가 되는 경우를 예방하기 위한 것이다. 선천성 갑상선 기능저하증 검사도 동시에 이때 하게 되는데, 선천성 대사이상이나 선천성 갑상선 기능저하증은 신생아기에 빨리 발견해 치료하면 충분히 예방이 가능하다. 생후 1개월 이내에 치료하면 86% 정도는 정상적으로 자란다.

아기의 감각기능과 운동능력

시각 갓 태어난 아기는 20~30cm 이내의 물체를 볼 수 있다. 눈으로 물체를 따라가며 좇는 것도 가능하다. 색깔이 있는 물체보다 검은색과 흰색에 더 관심을 보이는 시기이므로 아기가 보는 위치에 흑백의 모빌을 달아주는 것이 좋다.

청각 아기는 소리를 알아듣고 익숙한 목소리가 나는 쪽으로 목을 돌린다. 아기의 청각기능을 발달시키고 싶다면 음악을 틀어주거나, 말을 걸거나, 노래를 불러주는 등 다양한 소리로 자극을 준다. 이렇게 하면 소리 인식뿐 아니라 다양한 소리를 구분하는 능력이 생겨 청각 발달이 빨라진다.

후각 아기는 엄마 냄새와 젖 냄새를 인식한다. 아기의 후각능력을 발달시키려면 생후 첫 몇 달간은 엄마가 향수를 뿌리거나 향이 진한 비누를 사용하지 않는 것이 좋다. 짙은 향에 가려져서 아기가 엄마 냄새를 인식하기 힘들 수 있기 때문이다.

운동능력 생후 1개월쯤 되면 아기는 자신의 신체에 대한 자각이 생긴다. 주먹을 쥐어서 입으로 가져가기도 하고, 2~3개월쯤 되면 머리와 목에 힘이 생겨 머리를 들어 올리는 게 가능하다. 머리와 목의 힘을 강화시키려면 아기를 엎드린 자세로 놀게 하는 것이 좋다.

읽어 보세요!

영유아의 적정 진찰 횟수는?

우리 아기는 병원에 얼마마다 가면 좋을까? 4주 이내의 신생아라면 1~2주에 1번, 1~12개월 아기는 1~2개월에 1번, 1~2세 아기라면 2~3개월에 1번씩 병원을 방문해 정기검진을 받는 것이 좋다. 3세 이후 취학 전까지 유아기에는 6개월에 1번, 취학 후의 어린이라면 특별한 질병이 없는 한 1~2년마다 1번씩 정기검진을 받도록 한다.

생후 1년 아기의 발달 단계

아기는 자라면서 여러 발달 단계를 거친다. 발달 정도는 아기마다 다르며, 모든 아기가 일정한 시기에 특정 발달 단계에 도달하는 것은 아니다. 하지만 대부분은 성장 단계에 맞게, 예측되는 순서대로 발달하니 특별히 걱정하지 않아도 된다.

아기는 일반적으로는 앉고, 기고, 일어서는 순서로 운동능력이 발달한다. 하지만 어떤 아기들은 기어 다니는 단계를 뛰어넘어 갑자기 일어서기도 한다. 일어선 다음에는 가구를 잡고 걷다가 차츰 혼자서 걷는 단계로 발전한다.

신체구조나 기능은 아기마다 다르므로 다른 아기들보다 좀 늦다고 불안해할 필요는 없다. 걸음마가 늦었더라도 말은 빨리 배울 수 있다. 어떤 아기는 종합적인 능력을 터득하는 것이 다른 아기들보다 빠르며, 또 다른 아기는 운동능력보다 사회적 혹은 정신적 능력 향상이 더 빠를 수도 있다. 아기마다, 발달의 종류마다 다양한 경우의 수가 존재한다.

생후 1년간의 발달 단계

0~3개월

- 엄마 아빠의 얼굴을 알아보고 목소리를 알아듣는다.
- 소리가 나는 곳을 돌아볼 수 있고, 엄마 아빠의 얼굴을 바라보며 시선 맞추는 것을 즐긴다.
- 엄마의 미소에 응답하여 방긋 웃기도 하고, 엄마의 얼굴 표정을 따라 할 수도 있다.
- 옹알이를 하면서 엄마와 대화를 할 수 있게 되고, 안아주고 흔들어주는 것을 좋아한다.
- 낯선 사람의 얼굴에 관심을 갖게 되며, 더 복잡한 시각적 무늬에 흥미를 갖게 된다.
- 까르르 웃고, 엄마의 목소리를 들으면 자연스럽게 미소를 짓는다.
- 한 번에 자는 시간이 길어진다.
- 고개를 더 잘 가누고, 몸을 구르는 등 전반적으로 신체 조정 능력이 향상된다.
- 물체에 더 자주 다가가거나 물체를 잡는다.

잘못 알고 있는 상식
신생아는 목소리를 구분하지 못 한다.

위험 신호 생후 3개월이 지났는데 다음 중 한 가지라도 해당되면 의사와 상의한다.

- 눈으로 물체를 잘 좇지 못한다.
- 큰 소리나 부모의 목소리에 반응을 보이지 않는다.

4~6개월

- 움직이는 물체에 주의를 기울이고, 좋아하는 것이 있으면 잡으려 한다.
- 거울을 통해 자신의 모습을 보는 것을 좋아하며 까꿍 놀이를 즐긴다.
- 두 손으로 물체를 잡을 수 있고, 물체의 질감을 탐구한다.
- 뭐든지 입에 가져가 탐구하려고 한다.
- 표정과 목소리로 기쁨, 불만, 두려움, 기대, 걱정 등의 감정을 분명히 표현할 수 있게 된다.
- 엄마 아빠가 내는 간단한 소리를 따라 하고 옹알이를 한다.
- 젖 먹는 간격이 길어지고 이유식을 먹기 시작한다.
- 오랫동안 울지 않고 혼자서 잘 논다.
- 뒤집기와 앉기를 배우고, 독립적인 움직임이 더 많아진다.
- 물건을 자주 물어뜯는다.
- 손으로 만지려고 하면서 주변을 탐색하기 시작한다.

위험 신호 생후 6개월이 지났는데 다음 중 한 가지라도 해당되면 의사와 상의한다.

- 엄마 아빠의 말을 따라 옹알이를 하지 않는다.

- 물체를 잡고 입으로 가져가지 않는다.
- 모로 반사가 아직 나타나는 것 같다.

7~9개월

- 장난감을 눈앞에서 치우면 찾는다. 눈앞에 보이지 않아도 여전히 뭔가 존재하고 있다는 사실을 이해한다.
- 옹알이로 엄마 아빠의 말을 따라 하려고 한다.
- 일상적인 사건에 대한 예측력이 생긴다. 문 여는 소리가 들리고 '아빠가 집에 왔다!'라는 것을 안다.
- 만족감을 표현하고 소리를 흉내 낼 수도 있다.
- 분리불안 증세가 흔하게 일어나며, 엄마가 방을 떠나는 것에 대해 강하게 불만을 표현한다.
- 장난감을 빼앗으면 속상해한다. 팔을 들어 안아달라는 신호를 보낸다.
- 뒤집기가 능숙해지고 서서히 기어 다니기 시작한다. 9개월 무렵에는 붙잡고 일어서기를 배우면서 더 독립적으로 움직인다.

- 물체를 조작하고, 물체가 어떻게 움직이는지 이해하기 시작한다.

위험 신호 생후 9개월이 지났는데 다음 중 한 가지라도 해당되면 의사와 상의한다.

- 몸 한쪽을 끌면서 기어 다닌다.
- 옹알이가 발전되지 않고 "어어"라고만 하거나 웅얼거리기만 한다.

10~12개월

- 물건의 이름을 인식한다. 엄마 아빠가 물건의 이름을 말하면 그쪽을 쳐다본다. '엄마', '아빠'

잘못 알고 있는 상식
운동 발달이 늦은 아기는 언어능력도 늦게 발달된다.

이외에 몇 가지 단어를 말한다.

- 공간 감각이 생긴다. 엄마 아빠가 다른 방에서 부르면 찾아온다.
- "안 돼"라고 말하면 반응을 보인다. 머리를 좌우로 흔드는 것이 "안 돼"라는 것을 의미한다는 것을 알고 고개를 저을 수도 있다.
- 엄마와 함께 책 읽는 것을 즐긴다.
- 인형 놀이를 즐긴다. 곰 인형을 껴안으며 흉내 내기 놀이를 시작한다.
- 검지로 가리키기 시작하며, 검지와 엄지로 작은 물건을 잡을 수 있다.
- 처음에 도움을 받아 일어서다가 차츰 혼자 일어서고, 빠르면 몇 걸음 걸을 수도 있다.
- 걷기와 기어오르기 요령을 습득하면서 전보다 훨씬 더 독립적으로 움직인다.

위험 신호 생후 12개월이 지났는데 다음 중 한 가지라도 해당되면 의사와 상의한다.
- 아기가 아무 소리도 내지 않는다.
- 엄마 아빠의 행동을 따라 하지 않는다.
- 도와줘도 서 있지 못한다.

발달 단계별 주의할 점

뒤집기 시작할 때

6개월 무렵이면 누운 상태에서 엎드리는 것이 가능하고, 그로부터 한두 달 뒤에는 엎드린 상태에서 뒤로 눕는 동작이 가능하다. 움직임이 많아지는 때이므로 침대에서 굴러떨어지지 않도록 주의해서 살핀다. 아기 혼자 둘 때는 안전가드가 있는 침대에 눕히도록 한다.

기어 다니기 시작할 때

9개월 전후가 되면 기어 다니기 시작한다. 뒤로 기어가기도 하고, 몸을 돌리거나 기어가다 자기 손에 걸려 넘어지기도 한다. 넘어져도 아프지 않도록 카펫이나 매트를 깔아둔다. 기어 다니면서 손에 잡히는 것은 모두 입에 가져가려고 하므로 주변을 정리하고, 입에 넣어도 되는 물건을 깨끗이 씻어 놓아둔다.

붙잡고 일어설 때

기는 것이 완전히 익숙해지면 10개월 무렵이면 가구나 엄마 아빠를 붙잡고 일어서기 시작한다. 붙잡고 일어서기 시작할 때 자칫 균형을 잃고 넘어지기 쉽다. 베개나 부드러운 담요를 가까이에 두었다가 아기가 붙잡고 일어서기 시작하면 발 가까이에 놓아준다.

기어오르기 시작할 때

붙잡고 일어서기 단계에서 계단이나 가구들 위로 기어오르기 단계로 발전한다. 이때 아기에게서 눈을 떼지 않는다. 아기들은 대부분 올라갈 줄은 알지만 내려오는 법은 모른다. 기어오르는 동안 아기를 받쳐주고, 내려올 때는 뒷걸음질로 내려오도록 훈련시킨다.

걷기 시작할 때

붙잡고 일어서다가 차츰 다리의 힘이 붙으면 혼자 서기 시작하고, 12개월쯤 되면 걸음마를 시작한다. 이 시기에는 양말을 신기면 미끄러져서 넘어지기 쉬우므로 되도록 맨발로 걷게 한다. 아기가 걸어갈 길을 치워줘서 목적지를 향해 가도록 훈련시킨다.

감각 발달을 돕는 방법

아기의 감각 발달을 위해 가능하면 다양한 감각 체험을 하게 한다. 화려한 색깔이나 움직이는 물체에 흥미를 느끼는 시기이므로 움직이는 모빌을 달아매 주거나 앞에 놓아줘서 갖고 놀게 한다. 딸랑이나 종, 구슬 등 재미있는 소리로 귀를 즐겁게 하는 것도 좋다. 부드러운 깃털이나 질감을 느낄 수 있는 장난감으로 촉각을 발달시키고, 음식을 데우거나 식혀서 따뜻하고 차가운 감각을 느낄 수 있게 해주는 것도 아기의 감각 발달에 도움이 된다. 이유식을 하면서 새콤달콤한 다양한 맛을 느끼게 해주는 것도 좋다.

0~2개월

· 아기와 눈을 자주 맞춘다 · 아기에게 적극적으로 말을 건다 · 주변의 다양한 소리를 들려준다 · 기저귀를 갈면서 팔다리 늘리기를 한다.

3~4개월

· 한 곳에 시선을 오래 둔다 · 아기와 옹알이를 하면서 웃게 한다 · 장난감을 손에 쥐게 한다 · 엎드리는 연습을 시킨다.

5~6개월

· 배밀이를 시작한다. 엄마와 까꿍 놀이를 한다 · 과장된 표정과 목소리로 아기의 감정 표현을 유도한다 · 두 손으로 물체를 잡을 수 있도록 해준다.

7~8개월

· 경험 자극으로 예측력을 길러준다 · 소리 나는 장난감을 쥐어주거나 딸랑이를 흔들며 기어 오게 한다 · 옹알이를 통해 의사 표현을 할 수 있다 · 흉내 내기 놀이를 한다.

9~10개월

· 기쁨. 슬픔 등 아기의 감정 표현을 유도한다 · 안 되는 것이 있다는 걸 가르친다 · 동화책을 읽어준다 · 가구를 붙잡고 일어서게 한다.

11~12개월

· 인형놀이와 같은 흉내 내기 놀이를 한다 · 스스로 일어서게 한다 · 엄마의 손을 잡고 걸음마를 한다 · 작은 물건을 집게 한다.

우리나라 아기들의 발육 표준치

*백분위 50기준임

남아			연령	여아		
체중 (kg)	신장 (cm)	머리둘레 (cm)		체중 (kg)	신장 (cm)	머리둘레 (cm)
3.3	49.9	34.5	0~1개월	3.2	49.1	33.9
4.5	54.7	37.3	1~2개월	4.2	53.7	36.5
5.6	58.4	39.1	2~3개월	5.1	57.1	38.3
6.4	61.4	40.5	3~4개월	5.8	59.8	39.5
7.0	63.9	41.6	4~5개월	6.4	62.1	40.6
7.5	65.9	42.6	5~6개월	6.9	64.0	41.5
7.9	67.6	43.3	6~7개월	7.3	65.7	42.2
8.3	69.2	44.0	7~8개월	7.6	67.3	42.8
8.6	70.6	44.5	8~9개월	7.9	68.7	43.4
8.9	72.0	45.0	9~10개월	8.2	70.1	43.8
9.2	73.3	45.4	10~11개월	8.5	71.5	44.2
9.4	74.5	45.8	11~12개월	8.7	72.8	44.6
9.6	75.7	46.1	12~13개월	8.9	74.0	44.9
9.9	76.9	46.3	13~14개월	9.2	75.2	45.2
10.1	78.0	46.6	14~15개월	9.4	76.4	45.4
10.3	79.1	46.8	15~16개월	9.6	77.5	45.7
10.5	80.2	47.0	16~17개월	9.8	78.6	45.9
10.7	81.2	47.2	17~18개월	10.0	79.7	46.1
10.9	82.3	47.4	18~19개월	10.2	80.7	46.2
11.1	83.2	47.5	19~20개월	10.4	81.7	46.4
11.3	84.2	47.7	20~21개월	10.6	82.7	46.6
11.5	85.1	47.8	21~22개월	10.9	83.7	46.7
11.8	86.0	48.0	22~23개월	11.1	84.6	46.9
12.0	86.9	48.1	23~24개월	11.3	85.5	47.0
12.2	87.1	48.3	24~25개월	11.5	85.7	47.2
12.4	88.0	48.4	25~26개월	11.7	86.6	47.3
12.5	88.8	48.5	26~27개월	11.9	87.4	47.5
12.7	89.6	48.6	27~28개월	12.1	88.3	47.6
12.9	90.4	48.7	28~29개월	12.3	89.1	47.7
13.1	91.2	48.8	29~30개월	12.5	89.9	47.8
13.3	91.9	48.9	30~31개월	12.7	90.7	47.9
13.5	92.7	49.0	31~32개월	12.9	91.4	48.0
13.7	93.4	49.1	32~33개월	13.1	92.29	48.1
13.8	94.1	49.2	33~34개월	13.3	92.9	48.2
14.0	94.8	49.3	34~35개월	13.5	93.6	48.3
14.2	95.4	49.4	35~36개월	13.7	94.4	48.4

(2017 질병관리본부, 대한소아과학회)

연령별 신장, 체중, 머리둘레 성장곡선

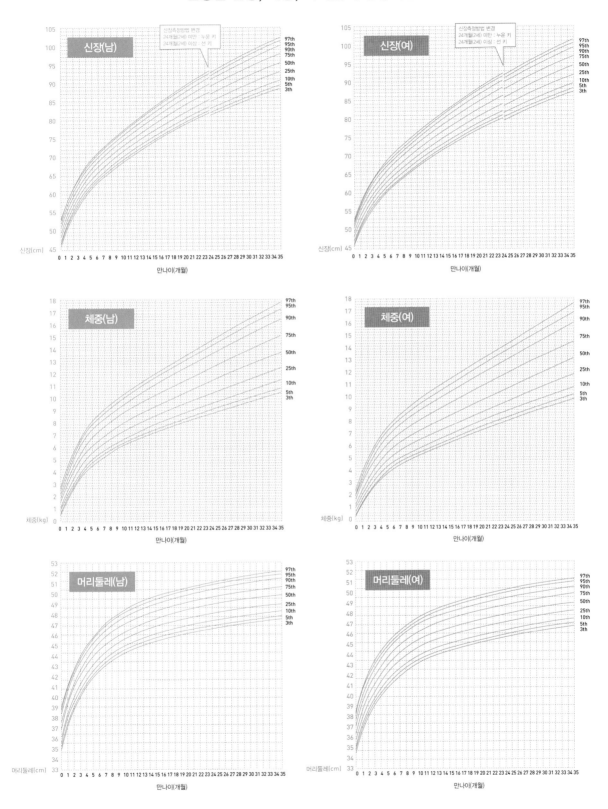

튼튼해지고 쑥쑥 크는 아기 마사지

갓난아기는 엄마와의 스킨십을 무척 좋아하기 때문에 아기에게 마사지를 많이 해주는 것이 좋다. 마사지를 통한 스킨십은 엄마와 아기 사이의 유대감을 더욱 좋게 한다. 이런 유대감 쌓이면 아기는 엄마를 알아가고 더욱 신뢰하게 되며 엄마는 아기를 다루는 데에 자신감이 높아진다.

부드럽게 접촉하기

갓 태어난 아기와 엄마는 긴밀한 스킨십을 통해 서로 유대감을 느끼는 것이 좋다. 엄마가 출산 후 산후조리를 할 때 아기를 벗기고 피부가 서로 닿게 아기를 안아 엄마의 냄새와 느낌에 익숙해지게 하면 좋다. 이때 조용하고 달래는 목소리로 말을 건네면 효과적이다. 아기를 벗긴 상태로 부드럽게 주물러주는 것도 좋은 방법이다.

부드럽게 접촉하는 방법

아기를 바라보며 한쪽으로 기대 눕는다. 아기는 엄마를 바라보는 방향으로 눕힌다. 다른 쪽 손으로 머리부터 시작해 목, 등까지 살살 쓰다듬는다. 위아래로 부드럽게 반복한다.

마사지하기

아기가 안정기에 접어드는 생후 6~8주가 본격적인 아기 마사지를 시작하기에 가장 적당한 때다. 마사지는 아기에게 소화도 잘되게 하며 긴장을 풀어 평온한 안정감을 갖게 한다. 마사지를 할 때는 조용하고 따뜻한 곳에서 하는 것이 좋다. 먼저 반지와 팔찌를 모두 빼고 손을 깨끗이 씻은 후 부드러운 타월에 아기를 눕힌다. 엄마의 손은 비벼서 따뜻하게 하고 아기에게 부드럽게 말을 걸면서 천천히 옷을 벗긴다. 마사지를 하는 동안에도 아기와 시선을 마주쳐 아기가 사랑을 느낄 수 있도록 한다.

성장을 촉진하는 아기 마사지

1. 팔다리를 풀어준다 아기를 엄마 무릎에 앉히고 앉는다. 아기의 어깨에 손을 올리고 부드럽게 주무른다. 어깨에서 손까지 팔을 따라 부드럽게 쓰다듬는다.

2. 목과 등, 양팔을 쓰다듬는다 엄마의 허벅지 위에 아기를 옆으로 앉힌다. 엄마의 팔 위로 아기의 겨드랑이가 안정적으로 걸쳐지게 한 다음, 아기의

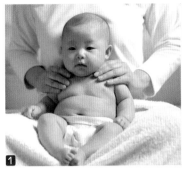

① 팔다리를 풀어준다

② 목과 등, 양팔을 쓰다듬는다

② 척추와 다리를 문질러준다

등 위쪽과 팔의 좌우를 문질러준다. 이어서 목부터 등까지 쓰다듬는다.

3. 척추와 다리를 문질러준다 엄마의 허벅지에 아기를 엎드리게 한 다음 아기의 목부터 척추 아래까지 위아래로 부드럽게 살살 쓰다듬는다. 아기가 만족스러워하면 엄마의 허벅지 위에 아기의 다리를 쭉 펴게 한 다음 허리부터 다리까지 쓰다듬는다.

이럴 땐 이렇게 마사지하세요

튼튼하게 해주는 마사지

순환 기능과 호흡 기능을 동시에 높여준다.
아기의 옆구리에 엄마의 양손을 넣고 가슴 앞쪽에서 시작해 위로 쓸어 올리듯이 원을 그린다. 이 동작을 5번 반복한 후 한 호흡 쉬고 1세트 더 반복한다.

소화를 돕는 마사지

위의 긴장을 완화시키는 마사지. 젖 먹이기 30분 전에 하면 좋다.
아기의 배꼽 위에 엄마의 손바닥을 가볍게 댄 후 시계 방향으로 부드럽게 피부를 쓸어준다. 이 동작을 5번 반복한 후 한 호흡 쉬고 1세트 더 반복한다.

안정을 돕는 마사지

울며 보채기 잘하는 아기에게 좋은 마사지. 예민해서 짜증을 잘 내는 아기의 정신적 긴장을 풀어준다.
아기를 엎드리게 한 다음 검지와 중지로 머리끝부터 엉덩이까지 등뼈의 양쪽 줄기를 가볍게 쓸어준다.

키를 크게 하는 마사지

발육에 도움을 주는 마사지.
아기를 똑바로 눕힌 상태에서 양 팔을 얼굴 위에 올려놓게 한 다음, 아기의 등 쪽에서 양 겨드랑이 쪽으로 손을 넣는다. 상반신을 가볍게 당기면서 리드미컬하게 상체를 좌우로 20번 흔들어준다.

감각 발달을 돕는 놀이

아기는 감각기관이 발달하면서 놀이의 즐거움을 알게 된다. 놀이는 아기를 즐겁게 해줄 뿐만 아니라 잠도 잘 자게 하고 성장 발달에도 도움을 준다. 아기는 놀이를 통해 신체적·정신적으로 성장하고 감각이 발달된다. 엄마 아빠가 시간을 내서 아기의 발달단계에 따른 놀이를 함께 하도록 한다.

아기 발달단계에 따른 장난감을 준비한다

장난감은 아기의 정서적 자극을 위한 필수품과도 같다. 아기는 움직이는 물체와 선명한 장난감을 보며 즐거워한다. 생후 2개월 정도 되면 천장에 매달린 모빌을 향해 팔을 버둥대기 시작하고, 3개월 정도 되면 물체를 만져서 느낌을 터득한다. 이때는 손이 닿는 곳에 눈길을 끄는 물건들을 놓아두면 좋다.

색이 선명하고 소리가 나는 장난감은 아기의 흥미를 끈다. 버튼을 누르거나 레버를 당기는 장난감은 손의 협응력을 길러주고 원인과 결과에 대해 배울 수 있게 한다. 놀이의 즐거움을 알게 되는 시기에 아기가 만족감을 느낄 수 있도록 충분히 놀아주도록 한다.

아기 성장에 따른 장난감

갓 태어난 아기

모빌 모빌을 아기 손에 닿지 않도록 아기침대에서 30~40cm 정도 위에 매달아준다. 아기는 처음 몇 주 동안은 물체를 또렷하게 인식하지 못하고 검은색과 흰색 물체에 더 잘 반응하므로 흑백 모빌이 낫다.

음악 아기에게 음악을 들려준다. 아기들은 자장가처럼 음정이 높고 차분하며 선율 있는 음악을 가장 잘 인식한다.

생후 2~6개월

모빌 생후 2~3개월 무렵부터 색깔을 인식하기 시작해서 6개월이 되면 색깔을 구별하고 복잡한 모양을 식별할 수 있게 된다. 시각 발달을 돕기 위해 독특한 모양이나 밝은색의 모빌을 매달아주면 좋다.

딸랑이 · 소리 나는 장난감 아기가 물체를 잡을 수 있는 능력이 생기면 작은 장난감을 줘서 손에 쥐게 한다. 방울이나 딸랑이같이 소리 나는 장난감이 좋다. 흔들었을 때 소리가 나는 장난감은 인과

잘못 알고 있는 상식
신생아에게 모빌을 달아주면 사시가 된다.

관계의 원칙을 가르쳐주고 청각을 발달시킨다. 이 왕이면 색이 선명하고 만져서 질감을 느낄 수 있는 것이면 좋다.

책 아기가 모든 감각을 활용해 학습할 수 있는 책을 준다. 아기가 갖고 놀기 좋은 것으로는 보드북이나 헝겊 또는 나무로 된 책이 있다. 모두 아기에게 읽는 흥미를 길러주기에 좋은 도구들이다. 아기가 책을 눈으로 보든, 촉감으로 느끼든, 물어뜯든 마음대로 가지고 놀도록 둔다.

거울 깨질 염려가 없는 플라스틱으로 된 거울을 보며 표정을 관찰하게 한다. 좀 더 자라면 거울에 비친 자기 모습에 흥미를 느끼고 손가락으로 가리키기도 한다. 엄마와 마주 보고 엄마의 표정을 따라 하게 해도 좋다. 혀를 내밀거나 입을 크게 벌렸다 다물거나 하면 아기도 똑같이 따라 한다.

생후 7~12개월

공 공은 아기가 좋아하는 최고의 놀잇감이다. 아기가 물고 빨 수도 있으므로 환경호르몬이 나오지 않는 재질의 헝겊으로 된 공을 장난감으로 준비한다. 12개월이 되면 굴리고 던질 수 있다.

TIP

천으로 까꿍 놀이를 한다

천이나 얇은 이불도 장난감이 될 수 있다. 보이지 않아도 여전히 뭔가 존재한다는 사실을 이해하게 되는 시기가 되면 아기는 까꿍 놀이를 즐긴다. 아기가 좋아하는 장난감을 천으로 덮었다가 걷어보자. 이 놀이는 대상에 대한 영속성을 길러준다.

블록 나무 블록이나 플라스틱 블록을 갖고 놀게 한다. 받침대에 맞게 끼워 넣을 수도 있고 하나하나 쌓아 올릴 수도 있다. 아기들은 대개 블록을 쌓기보다 무너뜨리기를 좋아하는데, 이는 정상적인 행동이다.

봉제 인형 부드러운 천으로 된 곰 인형이나 사람 인형, 갖가지 동물 인형은 아기를 정서적으로 편안하게 한다.

목욕 장난감 목욕할 때 장난감을 갖고 놀게 한다. 물 위에 띄울 수 있고 물을 담거나 뿌릴 수 있는 장난감, 또는 욕조 옆면에 붙일 수 있는 고무 장난감을 주면 아기가 즐겁게 목욕할 수 있다.

아기는 아빠와의 신체놀이를 통해 성장한다

Doctor's Guide

아기들은 아빠와의 놀이에 더욱 호기심과 재미를 느낀다. 아빠가 좋은 놀이 친구가 되어주면 아기는 정서적으로 안정되고 사회성이 발달하며 잠재능력이 발달된다. 같은 놀이라 해도 아빠가 놀아주는 것과 엄마가 놀아주는 것은 차이가 있다. 아빠와의 놀이는 활동적이다. 엄마는 장난감을 많이 활용하는 반면 아빠는 자신의 몸을 이용해 아기와 몸을 직접 부딪치면서 놀아주는 경향이 있다.

아빠의 발등 위에 아기의 발을 올려놓고 걸음을 떼게 하거나, 아빠가 바닥에 누워 비행기 태우기를 하거나, 아빠 목에 무동을 태우거나 해보자. 아기는 아빠가 함께 놀아주는 것을 좋아한다. 아빠가 목말을 태워주거나 번쩍 들어 올리고 빙빙 돌려주면 아기는 까르르 웃으며 신이 난다. 몸을 이용한 아빠와의 신체놀이는 아기의 성장 발달에 좋은 자극이 되고 아빠와 아기의 관계를 더욱 친밀하게 만들어주는 효과가 있다.

신체 발달을 돕는 운동

아기는 자라면서 고개를 가누고, 뒤집기를 하고, 기어오르고, 걸음을 뗀다. 이때 다치지 않도록 주의하면서 적절한 운동으로 도와주는 것이 필요하다. 운동은 아기의 근육을 강화하고, 신체 조정능력과 제어능력을 높여준다. 아기의 신체기능 발달에 도움을 주는 운동을 알아보자.

3개월쯤 되면 아기는 활동량이 늘어난다

자리에 누워 지내던 아기는 3개월쯤 되면 활동량이 늘어난다. 손으로 물건을 잡고 머리를 드는가 하면, 뒤집기를 시도하고 배밀이를 하기도 한다. 이때 엄마 아빠가 도움을 줌으로써 새로운 동작을 시도해볼 수 있는 기회를 제공하는 것이 중요하다. 이렇게 해서 새로운 자세나 동작에 성공하면 칭찬

을 해주고 격려한다. 이렇게 하면 아기는 운동을 더 즐거워하게 된다.

신체 발달을 돕는 운동

손으로 잡기

아기의 머리 약간 위에서 딸랑이를 흔들어 눈을 마주치게 하고, 아기에게 가까이 가져가 직접 쥘 수 있도록 한다. 다양한 촉감  을 느낄 수 있도록 물렁한 것부터 딱딱한 것까지 손으로 잡는 연습을 하게 한다. 아기의 손이 닿을 만한 곳에 장난감을 두면 아기가 집으려고 하므로 움직임을 발달시키는 데 도움이 된다.

만세 부르기

만세 부르기 놀이는 어깨 힘을 기르는 데 도움이 된다. 생후 2개월 이후 만세 부르기 놀이를 하면 아기들이 무척 좋아한다. 기저귀를 갈아주고 난 뒤나 목욕을 하고 난 뒤 아기를 눕힌 채 아기의 팔

잘못 알고 있는 상식
신생아에게 모빌을 달아주면 사시가 된다.

을 잡고 머리 위로 올려 "만세!"라고 말한 다음 팔을 내리는 동작을 반복한다. 앉기 시작할 무렵부터는 아기를 무릎에 앉힌 채 팔을 올려주면서 만세놀이를 한다. 혼자서 앉을 수 있게 될 때부터는 아기와 마주 보고 앉아서 엄마 아빠가 "만세" 하며 손을 올리면 아기도 따라서 팔을 머리 위에 올린다.

Doctor's Guide

다리의 힘이 길러지기 전에 무리해서 서게 하지 않는다 아기의 손만 잡고 일으켜 세우려고 해서는 안 된다. 잘못하면 어깨나 다리 관절에 무리가 갈 수 있다. 처음에는 허리나 겨드랑이 등을 잡아줘서 안정적으로 지탱시켜야 한다.

고개 들기
3개월쯤 되어 아기를 엎어놓으면 고개를 치켜들려고 한다. 하지만 목에 힘이 없는 상태에서 잘못하면 머리가 바닥에 파묻혀 위험할 수 있으므로 조심해야 한다. 목의 힘을 길러주기 위해서는 아기를 엎어놓은 상태에서 타월을 돌돌 말아 가슴 밑에 괴어준다. 이렇게 하면 공간이 생기기 때문에 자칫 고개가 떨구어져도 위험하지 않다. 아기가 스스로 머리를 들 수 있을 때까지 이렇게 머리와 목을 지탱하는 훈련을 시킨다.

복부 운동
고개 들기에서 한 단계 발전한 운동이다. 아기를 바닥에 엎드리게 한 다음, 아기 앞이나 뒤에서 관심을 끈다. 이렇게 하면 아기는 엄마를 올려다보거나, 엄마를 쳐다보려고 고개를 돌리거나, 엄마를 보기 위해 몸을 일으켜 세우거나, 스스로 몸을 뒤집는다. 아기가 엄마에게 보이는 이런 반응이 아기의 목과 등, 복부 근육을 강화시킨다.

팔과 목 근육 강화
아기를 바닥에 눕힌 다음 아기의 양손을 잡고 살짝 당겨 올린다. 아기 몸이 일으켜지면서

머리와 목에 힘이 들어간다. 이 동작을 훈련하면 아기가 머리와 목을 스스로 들 수 있게 되며, 점차적으로 자신의 동작을 통제하는 데 도움이 된다. 아기와 즐겁게 놀이하듯 운동할 수 있다.

무릎과 허벅지 운동
아기의 다리를 쭉 펴고 발바닥을 엄마의 손바닥으로 눌러준다. 아기의 무릎이 굽혀지면 중간중간 다리를 쭉 펴주면서 반복한다. 이 동작은 무릎을 단련하고 고관절과 엉덩이뼈를 강화하는 데 좋다.

똑바로 서기
10개월 무렵이 되면 아기는 다리에 힘이 생긴다. 이때 걷기 운동을 하면 다리 근육을 강화시키고 성장 발달에도 도움이 된다.

먼저 아기를 일으켜 세운 다음 손을 잡고 천천히 움직여서 한 발짝씩 걸음을 내딛게 한다. 처음에는 겨드랑이를 받쳐서 연습하다가, 다리에 조금 힘이 생기면 손을 잡고 발걸음을 떼게 한다.

잘못 알고 있는 상식
걸음마는 일찍 시킬수록 좋다.

꼭 기억하세요
아기 성장과 발달 요약편

갓 태어난 아기의 특징과 능력을 이해한다.

갓 태어난 아기는 몸통에 비해 머리의 비율이 큰 4등신 몸매다. 피부는 전체적으로 붉은색을 띠며, 태어날 때는 희뿌연 막 같은 태지에 덮여 있다. 체온은 37℃ 정도로 어른보다 0.5℃ 정도로 높은 편이다. 엄마와 연결되어 있던 탯줄은 10일 정도면 딱딱하게 굳어서 자연스럽게 떨어진다. 탯줄이 떨어지기 전에는 목욕을 시킬 때 감염에 주의한다. 어깨나 등, 엉덩이 등에 있던 몽고반점은 자라면서 옅어지다가 저절로 없어진다.

생후 1년 아기의 발달 단계를 파악한다.

아기는 일반적으로는 앉고, 기고, 일어서는 순서로 운동능력이 발달한다. 0~3개월에는 엄마 아빠의 얼굴을 알아보고 목소리를 알아듣는다. 이 시기에 옹알이를 하면서 엄마와 대화를 할 수 있게 되고, 안아주고 흔들어주는 것을 좋아한다. 고개를 더 잘 가누고, 몸을 구르는 등 전반적으로 신체 조정 능력이 향상된다.

4~6개월에는 두 손으로 물체를 잡을 수 있고, 물체의 질감을 탐구한다. 이 시기에는 뭐든지 입에 가져가려고 하므로 아기 주변의 물건들을 깨끗이 관리해야 한다. 뒤집기와 앉기를 배우고, 독립적인 움직임이 더 많아지는 시기이기도 하다.

7~9개월에는 옹알이로 엄마 아빠의 말을 따라 하려고 한다. 뒤집기가 능숙해지고 서서히 기어 다니기 시작한다. 9개월 무렵에는 붙잡고 일어서기를 배우면서 더 독립적으로 움직인다. 10~12개월에는 언어능력이 생겨 엄마, 아빠, 맘마 등의 단어를 발음하고 인형놀이를 즐긴다. 이 무렵에는 도움을 받아 일어서다가 차츰 혼자 일어서고, 빠르면 몇 걸음 걸을 수도 있다.

발달 정도나 신체구조는 아기마다 다 다르므로 다른 아기들보다 좀 늦다고 불안해할 필요는 없다.

이번 장에서는 신생아의 성장과 발달상의 특징, 아기 발달을 돕는 놀이와 운동에 대해 배웠다.
꼭 기억해야 할 것은 무엇인지 한 번 더 체크해보자.

아기 마사지로 성장을 돕고 유대감을 좋게 한다

갓난아기는 엄마와의 스킨십을 무척 좋아한다. 이 시기에 아기에게 마사지를 많이 해주는 것이 좋다. 목욕 후 팔
다리, 목과 등, 척추 등을 문질러주면 아기 성장발달에도 도움이 되고 면역력도 좋아진다. 마사지를 통한 스킨십
은 엄마와 아기 사이의 유대감을 더욱 좋게 한다. 이런 유대감 쌓이면 아기는 엄마를 알아가고 더욱 신뢰하게 되
며 엄마는 아기를 다루는 데에 자신감이 높아진다.

감각 발달을 돕는 놀이를 함께한다

아기는 감각기관이 발달하면서 놀이의 즐거움을 알게 된다. 놀이는 아기를 즐겁게 해줄 뿐만 아니라 잠도 잘 자
게 하고 성격 형성에도 영향을 미치며 성장발달에도 도움을 준다. 아기는 놀이를 통해 신체적·정신적으로 성장
하고 감각이 발달된다. 아기 발달 단계에 따른 장난감을 준비해주고, 엄마 아빠가 시간을 내서 아기와의 놀이를
함께 하도록 한다.

시기별 적절한 운동으로 신체발달을 돕는다

아기는 자라면서 고개를 가누고, 뒤집기를 하고, 기어오르고, 걸음을 뗀다. 이때 다치지 않도록 주의하면서 적절
한 운동으로 도와주는 것이 필요하다. 운동은 아기의 근육을 강화하고, 신체 조정능력과 제어능력을 높여준다.
손으로 잡기, 만세 부르기, 고개 들기, 복부 운동, 팔과 목 근육 강화, 무릎과 허벅지 운동, 똑바로 서기 등 아기의
신체기능 발달에 도움을 주는 운동을 적극적으로 유도한다.

아기의 영양

엄마의 뱃속에서 탯줄을 통해 영양을 공급받던 아기는 출생 후 모유 또는 분유를 통해 영양 섭취를 하게 된다. 모유수유는 건강에도 좋고 여러 가지 장점이 많다. 그럼에도 불구하고 어쩔 수 없이 분유수유를 해야 하는 경우라면 모유의 장점을 대체할 수 있는 수유법을 연구하고 분유 타기와 수유기구 관리법을 익혀둔다. 모유나 분유만으로는 영양 섭취가 부족해지는 4~6개월 이후부터는 천천히 단계적으로 이유식을 시작한다.

얼마나 알고 있을까?

엄마의 의지와 노력으로
모유수유에 성공할 수 있을까?

01 신생아가 보내는 초기의 수유 신호가 아닌 것은?

① 잠을 자지 않는다.

② 눈을 뜨고 탐색을 한다.

③ 손을 입으로 가져가 문지른다.

④ 입과 혀를 움직이면서 입맛을 다신다.

02 다음 중 모유수유의 여건이 안 되는 경우는?

① 제왕절개로 출산을 한 경우

② 엄마가 의사의 진단 없이 약을 먹은 경우

③ 아기를 조산으로 분만한 경우

④ 출생 시의 체중이 2.5kg이 안 되는 경우

03 모유수유의 방법 중 잘못된 것은?

① 모유수유를 할 때 한 번에 양쪽 젖을 각각 15분씩, 총 30분 동안 먹인다.

② 낮에 깨지 않고 잠만 자는 아기는 꼭 깨워서 먹이도록 한다.

③ 유두에 상처가 있을 때는 다 나을 때까지 수유를 중단한다.

④ 젖을 완전히 비우면 항상 충분한 젖 양을 유지할 수 있다.

04 다음 중 모유수유의 장점이 아닌 것은?

① 아기에게 필요한 면역 성분이 풍부하다.

② 배란과 생리가 빨라져 임신을 빨리할 수 있다.

③ 탄소 발생을 줄여 지구 환경을 보호한다.

④ 출산 후 자궁 수축을 촉진시킨다.

05 젖 양이 모자랄 때 젖 양을 늘리기 위한 좋은 방법은?

① 우족탕을 먹는다.

② 미역국을 많이 먹는다.

③ 수유 후 유축기로 유방을 충분히 짜낸다.

④ 분유로 보충한다.

06 모유수유에 성공할 가능성이 높은 조건은?

① 모유가 모자랄 때는 공백 없이 바로 분유를 먹인다.

② 산후조리할 때 아기와 한 방에서 지낸다.

③ 출산하고 나서 1시간 이후부터 모유를 먹인다.

④ 아기가 배고파할 때마다 모유수유를 한다.

07 모유수유 시 엄마의 영양 관리법 중 맞지 않는 것은?

① 평소보다 500kcal 정도 더 섭취한다.

② 부족해지기 쉬운 영양은 영양제로 보충한다.

③ 칼슘, 아연, 엽산 등을 섭취한다.

④ 젖이 안 나오면 식사의 양을 늘려야 한다.

08 모유수유 할 때의 순서를 바르게 나열해보시오.

① 젖을 물린다.

② 실컷 먹은 뒤 젖에서 떼어낸다.

③ 혀와 턱이 잘 밀착됐는지 확인한다.

④ 남은 젖은 짜낸다.

⑤ 젖냄새를 맡게 한다.

09 워킹맘의 모유수유 요령으로 적절하지 않은 것은?
① 산후휴가가 끝나갈 무렵 서서히 젖떼기를 시도한다
② 직장에서 유축기로 비축해 냉장 보관했다가 먹인다.
③ 근무 중에는 냉장 보관한 젖을 미지근하게 데워 먹인다.
④ 퇴근 후 집에 오자마자 젖을 먹인다.

10 분유수유 할 때의 순서를 바르게 나열해보시오.
① 젖병 입구가 우유로 가득 차게 젖병을 45도 기울인다.
② 젖병 꼭지를 입에 넣어 물게 한다.
③ 아기의 볼을 어루만져 입을 열게 한다.
④ 엄마의 새끼손가락을 입 옆으로 밀어넣는다.

11 분유수유 설명 중 잘못된 것은?
① 가장 적당한 우유의 온도는 36~37℃이다.
② 분유수유를 할 때 아기와 밀착해서 수유를 한다.
③ 분유수유는 모유수유보다 수유 간격이 길다.
④ 먹다 남은 분유는 다시 데워 먹여도 된다.

12 젖병 관리 방법 중 옳지 않은 것은?
① 젖병에서 젖꼭지 틀은 빼서 따로 세척한다.
② 유분이 남아 있지 않도록 세제를 묻혀 닦는다.
③ 젖병과 젖꼭지 모두 뜨거운 물에 팔팔 끓인다.
④ 다 먹은 젖병은 물로 헹구어 젖병 소독기에 소독한다.

13 이유식을 하기에 적당한 시기는?
① 아기가 젖을 잘 안 먹으려고 할 때
② 엄마의 젖이 모자랄 때
③ 모유만으로 필요한 영양을 섭취하기 어려울 때
④ 아기가 보이는 것마다 입에 집어넣으려고 할 때

14 아기의 바른 식습관 형성을 위해 바람직하지 않은 것은?
① 다양한 재료를 다양한 조리법으로 만들어준다.
② 적응 기간인 이유식 초기에는 간을 약하게 한다.
③ 맛과 촉감을 직접 경험하게 한다.
④ 일정한 시간에 정해진 곳에서 먹인다.

15 아기의 성장을 돕는 필수 영양소에 대한 설명이다. 바르게 연결해보자.
① 뼈와 이를 튼튼하게 한다.
② 과일과 채소에 풍부하다.
③ 성장과 신체 재생에 필수적이다.
④ 가장 대표적인 에너지원이다.

㉠ 칼슘
㉡ 탄수화물
㉢ 비타민과 미네랄
㉣ 단백질

엄마도 아기도 건강한 모유수유

모든 엄마가 사랑하는 아기를 위해 완전한 모유수유를 꿈꾸지만, 여러 가지 이유로 포기하는 경우도 흔하다. 모유수유의 성공은 엄마의 의지와 노력, 그리고 아기의 훈련 여하에 달려 있다. 소중한 내 아기에게 엄마의 젖을 먹여야 하는 이유와 모유수유의 성공 조건, 실패 요인, 올바른 수유 자세 등 모유수유에 성공할 수 있는 방법을 알아보자.

모유는 아기가 태어나서 6개월 동안 성장하는 데 필요한 모든 영양소를 고루 함유하고 있다. 강력한 면역체계를 갖추도록 돕는 항체도 있어 신생아의 건강에는 절대적으로 유익하다. 모유는 아기가 요구할 때 바로 수유가 가능하고 적당한 온도를 유지하고 있어 편리하다. 뿐만 아니라 모유수유는 아기와 엄마 상호간에 사랑과 친밀감을 길러준다.

모유수유를 하는 엄마는 젖병수유를 하는 엄마보다 더 빨리 예전 몸매를 되찾는다. 모유의 생산을 활성화시키는 호르몬이 자궁 수축에도 관여하기 때문이다. 이 호르몬은 산모의 늘어난 복부가 출산 전의 크기로 줄어드는 것을 촉진시킨다.

모유수유를 해야 하는 이유

아기에게 좋다

태교도 중요하지만 모유수유는 그 이상으로 중요하다. 모유 속에는 각종 면역 성분이 풍부해 모유를 먹는 아기는 폐렴, 중이염, 감기, 장염 등의 잔병치레가 적고 아토피성 피부염도 잘 생기지 않는다. 또한 모유에는 오메가 3 성분이 많아 아기의 두뇌를 발달시키기 때문에 모유수유만으로도 아이의 IQ가 좋아진다.

분유를 먹는 아기는 비만이 되기 쉽다. 젖병의 인공 젖꼭지는 젖이 잘 나오기 때문에 아이가 과식하기 쉽고 엄마 역시 젖병에 남은 분유를 끝까지 다 먹이고 싶어서 억지로 먹이는 일이 많다. 분유를 먹은 아이는 모유를 먹은 아이보다 소아비만이나 소아당뇨를 일으킬 가능성이 높다.

분유에는 모유에 비해 단백질이 많다. 아기의 위는 우리가 생각하는 것보다 아주 작다. 실제로 갓 태어난 아기의 위는 구슬 크기만하고, 시간이 점점 지남에 따라 탁구공만해진다. 처음 병원에서 먹이는

잘못 알고 있는 상식
출산 후 모유수유를 위해 미역국을 꼭 먹어야 한다.

분유 20mL는 갓 태어난 신생아에게는 굉장히 많은 양이다. 특히 신생아는 신장과 간이 미숙한 상태이므로 단백질이 많이 들어 있는 분유는 부담스럽다.

엄마에게 좋다

모유수유는 자궁 수축을 촉진시켜 산후 회복을 돕는다. 수유를 지속하면 임신 가능성이 줄어드는데, 배란과 생리의 시작이 자연히 늦어져 자연 피임이 되는 것이다. 첫 출산 후 피임을 제대로 하지 못해서 원치 않는 임신이 되는 경우가 많이 있는데, 모유수유를 하면 임신이 늦어진다.

모유수유는 엄마의 질병도 예방한다. 생후 20개월까지 모유를 먹이면 유방암 발생 위험을 50% 낮출 수 있다는 연구 결과가 있다. 24개월까지 모유를 먹이면 유방암의 발생률은 더 낮아진다. 어떤 연구에선 모유수유를 한 달만 하더라도 유방암 발생률이 줄어든다는 결과를 발표하기도 했다.

지구 환경을 보호한다

모유수유는 지구 환경에도 좋은 영향을 미친다. 분유를 생산하려면 소를 키우기 위해 숲의 나무를 베고 목장을 만들어야 한다. 게다가 소의 방귀에서 나오는 메탄가스는 지구온난화의 주 원인이기도 하다. 분유는 생산한 뒤에도 많은 비용이 든다. 분유 타는 물을 데우는 데 쓰이는 연료, 분유통을 만드는 비용, 분유통을 처리하는 비용, 젖병과 젖꼭지를 생산하는 비용, 분유 이송에 드는 물류비 등

TIP

모유수유를 하면 가슴이 처진다?

흔히 모유수유를 하면 가슴이 처진다고 생각해 처음부터 분유를 먹이는 엄마들이 있다. 하지만 가슴이 처지는 것은 임신으로 인해서 커진 가슴이 출산 후 다시 원래대로 줄어들어서이지 모유수유 때문은 아니다.

이 그것이다. 모유수유를 한다면 이런 엄청난 비용을 줄일 수 있어 지구 환경을 보호할 수 있다.

실패하지 않으려면 이것만은 꼭!

흔히 모유수유에 실패하는 첫 번째 원인은 산전, 산후 모유수유 교육이 부족하기 때문이다. 교육을 받았다 하더라도 시간도 부족하고 내용 면에서 깊이가 모자란다. 유방 통증이나 상처를 유발하는 잘못된 수유 방법도 큰 문제다. 잠버릇, 이유식, 버릇 들이기 등을 모유수유 탓으로 돌리는 것도 실패의 원인이 된다.

무엇보다 가장 큰 원인은 조금만 젖이 나오지 않으면 바로 분유를 먹이는 등 모유 대신 분유로 대체하는 일을 너무나 쉽게 한다는 점이다.

젖 양은 늘릴 수 있다

젖의 양이 부족해서 모유수유에 실패하는 경우는 극히 드물다. 처음에는 젖이 적게 나오더라도 노력하기에 따라 양을 충분히 늘릴 수 있다. 젖 양을 늘리는 기본 방법은 유방을 자주, 완전히 비우는 것이다. 또 모유수유를 더 자주 하고, 모유수유 후에 젖을 한 번 유축하는 것이 좋다.

잘못 알고 있는 상식
젖 양이 부족하면 보양식을 먹어야 한다.

꿀꺽

TIP

한쪽 젖을 충분히 먹인다

젖을 먹일 때는 한쪽 젖을 충분히 먹인다. 전유(일명 물젖)에는 지방 함량이 적다. 유방이 비워질수록 지방 함량이 많고 뿌얀 사골국물 같은 후유(일명 영양젖)가 나오게 된다. 아기에게 후유를 많이 먹이려면 충분히 먹여 유방을 비워두어야 한다. 모유 자체가 모유 생성을 조절하기 때문에 빈 유방은 빠른 속도로 다시 차게 된다.

주위 사람들이 모유수유에 방해가 되는 수도 있다. 친정엄마는 딸이 고생할까봐 분유를 먹이라고 하고, 시어머니는 손자가 배고픈데 모유가 나오지 않으면 성질 나빠질까봐 분유를 먹이라고 한다. 그러다 보면 젖 양이 줄고 결국 젖이 말라서 나오지 않게 된다.

젖이 적게 나온다고 우족탕이나 보양식을 먹을 필요는 없다. 엄마가 먹는 음식과 물의 양은 젖 양과 무관하다.

인내심을 갖고 꾸준히 물린다

젖 양이 적은 또 다른 이유는 모유수유 시간이 충분하지 않기 때문이다. 인내심을 갖고 꾸준히 젖을 물리면 아기에게 필요한 젖은 충분히 나온다.

처음 한 달가량은 모유수유가 쉽지 않다. 아기는 보채지, 젖은 안 나오지, 젖을 짜내느라 손목은 아프지, 그만 포기하고 싶은 생각이 굴뚝같을 것이다. 하지만 얼마 안 가 엄마도 아기도 오히려 모유수유가 한결 편하게 느껴질 것이다. 엄마의 유두가 너무 작거나 너무 크거나 해도 아이가 젖을 무는 데 힘이 들 수 있다. 그러나 대부분 엄마의 유두는 아기가 잘 물 수 있게 되어 있고, 처음에 다소 힘들어해도 곧 적응이 된다.

모유수유에 성공하려면

신생아의 수유 신호를 알아차려서 아기가 먹고 싶어할 때 즉시 먹인다. 울면 먹이라는 말이 있는데, 이는 아기의 수유 신호에 늦게 대처하는 것이다. 아이가 울 때 젖을 주면 양을 적게 먹고, 자주 깨며, 만족스럽게 먹지 못한다.

아기가 배고파하는 신호를 알아차린다

- 입을 벌렸다가 다문다.
- 입술을 핥는다.
- 손을 빨거나 입에 넣는다.
- 유두나 손가락을 대면 입을 벌리거나 그쪽으로 향한다.
- 엄마가 아닌 다른 사람이라도 누군가 안으면 젖 가슴을 찾는다.
- 팔다리를 계속 움직인다. 부시럭거린다. 자주 설친다.

수유 시간을 지킨다

한 쪽에 15분씩, 합쳐서 30분간 수유한다

신생아의 모유수유는 한쪽 유방에 15분씩 총 30분 정도로 해서 하루에 8~12회 하는 것이 원칙이다. 이보다 적게 수유를 하면 젖 양이 늘지 않을 수 있다. 젖을 먹다가 금세 잠드는 아기는

제왕절개 후 모유수유하는 법

제왕절개를 한 산모들 중에는 자연분만에 실패했으니 모유수유도 실패할 것이라고 생각하는 사람들이 많다. 하지만 제왕절개를 했다고 모유수유를 하지 못한다는 법은 없다. 다만 수술 후 회복 시간이 필요하기 때문에 모유수유 시간이 늦어지는 경우는 있다. 일반적으로 수술 후 정신이 또렷하고 아기를 안을 수 있다면 그때부터 모유수유가 가능하다. 척추마취를 하면 전신마취를 하는 경우보다 빨리 아기를 안아보고 수유할 수 있다.

• 모유수유를 빨리 시작한다

제왕절개를 한 경우라도 모유수유에 성공하고 싶다면 되도록 빨리 모유수유를 시작하는 것이 좋다. 모유수유를 하면 아기와 친밀감이 생길 뿐 아니라 옥시토신이 분비되어 자궁 수축에 도움이 된다. 모유를 먹이는 동안 산모가 통증을 잊어 편안해진다는 장점도 있다. 모유수유는 수술 당일부터 가능하다. 제왕절개 후에는 유방 울혈이 생기기 쉬우므로 조기에 자주 모유수유를 하는 것이 좋다.

• 수술 후 먹는 약은 아기에게 영향을 주지 않는다

제왕절개를 한 산모들은 수술 후 먹는 약의 성분이 모유수유에 영향을 미치지 않을까 걱정을 한다. 약 때문에 모유의 양이 줄지는 않을까, 약 성분이 모유에 들어가 아기에게 나쁜 영향을 미치지는 않을까 하는 것이다.

일반적으로 수술 후 사용하는 진통제나 항생제는 큰 문제가 되지 않는다. 모유로 아주 조금 흘러갈 수 있지만 출산 후 나오는 초유의 양도 적기 때문에 아기가 먹는 양은 극히 적다고 볼 수 있다. 나중에 모유가 많이 나올 때쯤에는 약을 먹지 않게 되므로 걱정할 필요 없다.

• 제왕절개 한 산모의 모유수유 자세

제왕절개를 한 산모가 모유수유를 할 때는 수술부위에 아기가 닿지 않도록 하는 것이 중요하다.

누운 자세 : 옆으로 누운 자세에서 등에 베개를 놓아 최대한 편한 자세를 유지한 뒤 아기를 엄마와 마주보게 옆으로 눕혀 수유한다.

풋볼 자세 : 제왕절개 직후에 하면 편하다. 풋볼을 팔에 끼듯이 아기를 팔에 끼면 상처 부위에 아기가 닿지 않는다. 먼저 베개 한두 개를 옆구리에 놓아 엄마의 팔과 아기를 받친다. 다음에 풋볼을 끼듯 엄마의 손으로는 아기의 머리와 목을, 팔로는 아기의 몸을 받쳐 엄마의 옆구리 쪽으로 오게 하면 수유가 가능하다. 퇴원 후 집에서는 낮은 팔걸이가 있는 의자를 이용해도 된다. 풋볼 자세에서 자유로운 나머지 한 손으로 젖을 아기의 입에 가져다 주면 훨씬 쉽게 수유할 수 있다.

귓불을 만져서 깨워가면서 먹인다. 옛날 어른들은 아기가 젖을 먹을 때 귀를 만져주면서 쪼글쪼글한 귀를 펴야 한다고 말했는데, 그것이 바로 잠든 아기를 자꾸 깨워서 젖을 먹이는 요령이었을 것이다.

2~3시간마다 먹인다

낮에 잠만 자는 아기는 깨워서 먹이도록 한다. 깨울 때는 기저귀를 갈아주고 몸을 살살 주무르며 마사지해주는 것이 좋다. 그래도 깨지 않으면 안고 입에 젖을 살짝 짜서 적셔주면 입을 벌리고 젖을 빨게 된다.

잘못 알고 있는 상식
제왕절개를 한 산모는 수술 후 회복되고 나서부터 모유수유를 한다.

아기가 달라고 할 때마다 준다.

아기가 배고파 운다면 정해진 다음 수유 시간까지 기다릴 필요는 없다. 모유는 분유보다 소화가 잘돼 1시간~1시간 30분 간격으로 수유하는 경우도 있다. 아기가 원할 때마다, 원하는 시간만큼 충분히 젖을 물리는 것이 좋다.

수유 자세를 다양하게 취한다

다양한 수유 자세는 유관을 골고루 비워주고, 젖이 잘 돌게 하며, 유방 트러블도 예방한다. 자세를 잡을 때에는 몸을 너무 뒤로 기대지 말고 아기의 머리와 목을 지지하면서 귀, 어깨, 엉덩이가 일직선이 되도록 안는다. 그러면 아기의 코와 턱이 유방에 닿고 뺨이 불룩해진다.

- 일반적으로 안고 먹이는 요람식 자세
- 옆으로 끼고 먹이는 풋볼 자세
- 누워서 먹이는 누운 자세

젖을 바르게 물린다

- 아기의 입술이 완전히 젖혀져 K자 모양이 되도록 젖을 깊이 물린다.
- 유륜까지 물린다. 유두가 아닌 유륜을 물고 빨게 하는 것으로, 젖꼭지가 작거나 함몰유두인 산모도 모유수유가 가능하다.
- 짜서 먹이면 모유수유의 장점을 잃게 되므로 직접 먹인다.

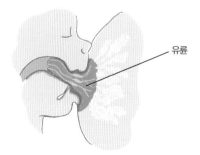
유륜

아기의 입 모양이 K자가 되도록 젖을 깊이 물린다.

TIP

유방 기저부 마사지

유방을 가슴에서 떨어뜨려 겨드랑이 밑에서부터 유방으로 혈액이 잘 유입되도록 한다. 젖은 혈액으로 만들어지기 때문에 유방에도 혈액순환이 원활해야 젖이 잘 돈다. 간단한 방법으로, 유방을 덜렁덜렁 흔들어도 된다.

유두 혼동을 막는다

젖병의 젖꼭지와 엄마의 유두는 모양, 냄새, 느낌, 젖을 빠는 기전이 서로 다르다. 유두혼동은 95%의 아기에게 생후 3~4주 이전에 일어난다. 아기의 빨기 본능은 생후 1시간까지가 최고이며, 그 시간이 지나면 빨기를 잊어버린다고 한다. 그 후부터는 훈련과 연습이 필요하다.

해결 방법은 다음과 같다.
- 생후 1개월 안에는 젖병수유를 금지한다.
- 젖병 대신 숟가락, 컵으로 수유를 보충한다.

아기를 진정시키는 방법을 알아둔다

아기에게 젖을 물릴 때나 수유 신호를 놓쳐 아기가 많이 울 때, 또는 유두혼동으로 젖을 잘 물리려고 하지 않고 보챌 때 무조건 젖을 물리려고 하지 않는다. 당황하지 말고 아기 귀에 대고 '쉬' 소리를 내어 아기를 진정시킨 후 다시 시도한다. 이 소리는 아기가 자궁 속에서 듣던 소리와 비슷하다고 한다. 헤어드라이어나 청소기 소리도 비슷한 소리라고 하니 헤어드라이어를 멀찌감치 켜놓고 아기가 진정되면 젖을 다시 물린다.

유방 관리를 잘 한다

유두에 상처가 생기면 의사의 처방에 따라 연고를 사서 아기가 젖을 먹지 않을 때 발라놓았다가 아기가 젖을 먹을 때 깨끗이 닦고 먹인다.

하지만 평소에는 유두나 유륜을 닦지 말고 그냥 먹인다. 유륜에서 나오는 기름은 양수와 같은 것으로 아기의 후각을 자극하고 정화 작용을 하기 때문에 아기에게 꼭 필요하다. 젖을 먹일 때 닦지 말고 평소 샤워를 자주 하는 것이 좋다.

'아기에게 친근한 병원'을 선택한다

출산 후 산모들은 자연분만이면 2~3일, 제왕절개라면 5~6일 정도 병원에 입원해 있다. 모유수유에는 이 시기가 정말로 중요하다. 이 짧은 기간에 모유수유가 잘 되지 않는다면 모유수유에 실패할 가능성이 높기 때문이다.

유니세프에서는 모유수유를 권장하기 위해서 모유수유를 가장 잘할 수 있는 병원을 선정해 '아기에게 친근한 병원'이라는 타이틀을 준다. 현재 우리나라는 40개 정도의 병원이 '아기에게 친근한 병원'이라는 타이틀을 갖고 있다. 이 타이틀이 없는 병원이라도 출산 후 모자동실이 가능한 병원인지 확인해보자. 출산 후 30분 내로 모유를 먹이는 것이 모유수유에 성공하는 지름길이다. 모유수유를 하기로 마음먹었다면 처음에 병원을 선택할 때 모유수유 강좌가 개설되어 있는지 확인해보는 것도 중요하다. 그런 병원일수록 모유수유에 적극적일 가능성이 많다.

아이와 한 방에서 지낸다

많은 산모들이 출산 자체보다 아기 키우기가 더 힘들다고 말한다. 특히 모유수유를 가장 힘들어 한다. 아기가 자궁 밖으로 나와 엄마 젖을 물면 젖이 나올 것 같은데, 도무지 나오지 않아 애를 먹인다. 완전 모유수유란 생후 6개월간 분유와 물, 이유식을 전혀 먹이지 않고 모유만 먹이는 것을 말한다. 그러나 현실적으로 대부분의 산모는 젖 양이 적어 유축기로 젖을 짠 뒤 젖병에 넣어서 먹이고, 그러다 결국 모자라 분유와 함께 먹이는 혼합 수유를 하게 된다.

모자동실의 경우 모유수유 성공률은 90%이다

혼합 수유를 하게 되는 원인은 첫 단추를 잘못 끼워서이다. 출산 후 아기와 산모가 24시간 내내 함께 있는 모자동실을 선택하면 모유수유 성공률이 90%에 이른다.

반면 아기를 신생아실에 맡겨놓고 연락이 올 때마다 가서 모유수유를 하는 경우는 성공률이 50%도 안 된다. 모유수유에 성공하려면 산후 모자동실을 선택하는 것이 좋다. 24시간 아기와 함께 있는 것이 힘들면 아침에 아기를 데려오고 다시 밤 10시경에 신생아실에 맡기는 방법도 있다.

모자동실에서는 불필요한 분유수유를 피할 수 있다. 또 아기가 배고파 하는 모습을 자연스럽게 살피고, 모유수유를 자주 할 수 있다.

병원 중에는 모자동실이 되는 병원과 되지 않는 병원이 있다. 모유수유에 성공하고 싶다면 자신이 출산한 병원이 모자동실이 되는지 반드시 확인해야 한다. 모자동실이 되는 병원은 모유수유 전문가가 상주하면서 모유수유를 도와주는 경우가 많다.

젖이 모자라다고 성급하게 분유를 먹이면 안 된다

모유수유에 성공하려면 초기에 아기가 보채더

잘못 알고 있는 상식
모자동실은 산후 빠른 회복에 안 좋다.

라도 절대로 분유를 먹이지 말아야 한다. 젖병을 빠는 데는 엄마 젖을 빠는 힘의 1/30밖에 들지 않아, 아기가 한번 젖병을 빨게 되면 엄마 젖을 빨려고 하지 않는다(유두혼동).

처음 모유수유를 할 때는 한쪽 유방에 15분씩, 양쪽을 합쳐서 30분간 8~12회 이상 먹여야 충분한 젖이 나온다. 그런데 아기를 신생아실에 데려다 놓으면 이 정도로 충분하게 수유할 수가 없다. 산모들이 젖이 부족하다고 하는 것도 결국 젖을 충분히 물리지 않고 아기가 보채니까 성급히 분유를 젖병에 물리기 때문이다. 그러다 보면 결국 모유의 양은 점점 줄어들고, 엄마는 계속 젖을 짜서 젖병에 넣어 먹일 수밖에 없다.

산후 며칠만 잘 넘기면 모유수유에 성공할 수 있다

요즘 산모들은 과거보다 영양 상태도 좋고 전문기관에서 산후조리도 잘 하는데 왜 모유수유 성공률이 50%가 채 안 되는 것일까?

엄마들이 늘 하는 얘기가 젖 양이 적다, 아기가 젖을 빨지 않으려 한다는 것인데 정말 그런가?

모유수유에 실패한 산모들은 회음부 봉합 부위가 아프고 산후조리도 해야 되기 때문에 수유하기가 힘들다고 말한다. 하지만 모유수유로 인해 산후조리가 불가능한 것은 아니다. 모유수유 자세를 잘 잡으면 산후관절통이 생기지 않는다. 출산 후 하루이틀만 더 고생하면 퇴원 후 집에서 모유수유를 잘 할 수 있다. 오히려 산후조리 기간 동안 편하게만 쉬면 집에 돌아가서 모유수유하기가 더 힘들고, 소중한 아기에게 모유를 못 먹이게 될 수도 있다.

모유수유 엄마의 영양

칼로리보다는 영양소를 챙겨서 먹는다

임신 중 체중 증가는 12kg 정도이다. 이 중 태아와 양수, 임신 중 증가한 혈액량, 커진 유방과 자궁 등이 9kg 정도 차지한다. 나머지 3kg 정도는 산후 모유수유를 위한 에너지 비축분이다. 예전에 잘 못 먹던 시절, 임신부의 영양이 부족해서 출산 후 젖이 안 나올 것에 대비해 미리 미리 모유수유 준비를 임신 중에 해놓는 것이다.

출산 후 모유수유를 할 경우 이론적으로는 보통사람보다 500kcal를 더 섭취해야 한다. 밥 한 그릇(300kcal)과 미역국 한 그릇(95kcal), 달걀 한 개(80kcal), 귤 반 개(25kcal) 정도에 해당하는 열량이다. 하지만 임신 중 불어난 체중을 빼려면 임신 전처럼 먹어야 한다.

요즘 산모들은 출산 후 대부분 산후조리원에 들어간다. 활동량은 적은데 산후조리원에서 하루 5끼씩 잘 먹고 움직이지 않으면

❌ **잘못 알고 있는 상식**
산모의 영양이 부족하면 물젖이 된다.

임신으로 불어난 체중이 제자리로 돌아가기가 어렵다. 모유수유를 한다고 굳이 많이 먹으려는 생각을 버리고 그냥 임신 전처럼 먹되 배가 고프면 약간의 간식만 챙겨 먹으면 된다. 적은 열량으로 부족해지기 쉬운 영양은 영양제로 보충한다. 모유 먹일 때 부족해지기 쉬운 영양 성분으로는 칼슘, 아연, 비타민 B6, 엽산 등이 있다.

간혹 산모 중에는 출산 후에 잘 못 먹어서 젖이 물젖(젖이 영양가가 부족한 것)이 되지는 않을까 걱정한다. 전혀 그렇지 않다. 아기에게 줄 젖은 엄마 몸에서 지방이 분해되어 만들어지는 것이므로 보통의 영양 상태라면 농도에 영향을 미치지 않고, 오히려 엄마는 살이 빠지는 효과를 볼 수 있다. 젖이 잘 안 나와도 영양이 부족해서 그런 줄 알고 많이 먹으려고 하는데, 젖이 안 나오는 것은 요령이 부족해서이지 엄마의 영양이 부족해서가 아니다.

엄마가 먹는 음식이 아기에게 영향을 미친다

엄마가 먹는 음식은 종류에 따라 다르기는 하지만 보통 두 시간 정도 후에 모유로 분비된다. 그렇기 때문에 모유수유를 하는 엄마라면 자기가 먹는 음식에 특히 신경 써야 한다. 엄마가 먹은 음식이 아기에게 그대로 영향을 미칠 수 있기 때문이다.

커피에는 60~140mg의 카페인이 들어 있으므로 최대한 절제하는 것이 좋다. 정 마시고 싶다면 하루에 한두 잔, 수유 직후에 마시도록 한다. 커피를 마시고 나서는 2시간 정도 지난 뒤에 수유를 해야 한다. 카페인을 과다 섭취하면 아이가 보채거나 잠을 잘 자지 못하는 등 카페인 과민 증상을 보인다.

모유수유 방법

모유는 아기가 원할 때 바로 먹일 수 있고 적당한 온도를 유지하고 있어 편리하다. 처음에는 자

모유수유 방법

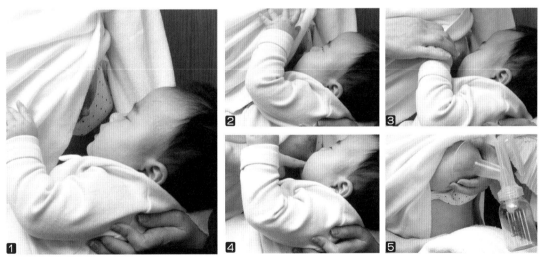

① 젖냄새를 맡게 한다 ② 젖을 물린다 ③ 혀와 턱이 잘 밀착됐는지 확인한다
④ 실컷 먹은 뒤 젖에서 떼어낸다 ⑤ 남은 젖은 짜낸다

모유수유 자세

요람식 자세

풋볼 자세

누운 자세

세가 익숙지 않아 모유수유에 불편함이 있더라도 차츰 적응이 되면 모유수유보다 편리한 것이 없다. 모유수유를 할 때 자세를 이리저리 바꾸면 한쪽 유방이 심하게 아픈 증세를 예방할 수 있다.

모유수유 순서

1. 젖냄새를 맡게 한다 아기를 부드럽게 안고 아기의 입을 엄마의 유두에 가깝게 해 젖냄새를 맡게 한다.

2. 젖을 물린다 아기의 입이 유륜의 대부분을 감싸도록 밀착시켜 물린다.

3. 혀와 턱이 잘 밀착됐는지 확인한다 아기의 혀가 입천장 쪽으로 유두를 누르는지 확인한다. 아기가 혀와 턱을 사용해 젖을 빨면 된다.

4. 실컷 먹은 뒤 젖에서 떼어낸다 젖을 실컷 먹게 한 뒤 젖이 더 이상 나오지 않으면 새끼손가락을 아기의 입 옆으로 슬며시 넣어 빠는 것을 멈추게 한다. 젖이 모자란 것 같으면 다른 쪽 젖을 물린다.

5. 남은 젖은 짜낸다 아기가 젖을 다 먹었는데도 젖이 남아 있는 것 같다면 짜내야 한다. 젖이 남아 있으면 새롭게 생기는 젖의 양이 줄어 모유의 양이 줄기 때문이다. 뿐만 아니라 남은 젖이 고여 유선염에 걸릴 수도 있다.

모유수유 자세

모유수유를 할 때는 엄마가 낮은 의자에 똑바로 앉거나 가구에 등을 기대고 앉는 경우가 많다. 경우에 따라서는 침대에 누워 먹이는 것이 더 편리할 때가 있다. 아기가 한 가지 자세에만 집착하지 않도록 수유 초기부터 여러 자세를 취해본다. 자세를 이리저리 바꾸면 한쪽 유방만 지나치게 아픈 증세를 예방할 수 있다.

요람식 자세 앉아서 아기를 안고 먹이는 일반적인 자세. 엄마의 가슴과 평행이 되게 아기를 안고 머리와 허리를 받쳐준다.

풋볼 자세 제왕절개를 해서 아기 안기가 힘들 때 편한 자세. 한쪽 팔 밑에 아기를 끼우고 아기의 다리는 엄마의 등 뒤에 고정한다. 다른 손으로는 아기의 머리를 받친다.

옆으로 눕기 출산 후 회복이 덜 된 산모가 쉬면서 먹일 수 있는 자세. 새벽에 자면서 먹여도 좋다. 엄마가 옆으로 누워 수유하는 젖과 같은 쪽의 팔에 아기의 등을 기대게 해 눕혀 먹인다.

워킹맘의 모유수유

직장에 다니는 엄마들은 출산휴가 기간이 끝나가면 모유수유를 계속해야 할지 말지 고민에 빠진다. 모유수유가 좋은 것은 알지만 직장에 나가 있는 동안 계속하기가 쉽지 않기 때문이다. 처음 수유를 할 때부터 직장에 복귀했을 때를 예상해 장기적인 수유계획을 세우도록 한다.

최소 6개월은 완전 모유수유를 한다

산후조리 기간 동안 모유수유를 하다가 직장에 복귀하는 워킹맘들은 모유수유를 계속해야 할지 중단할지 고민하게 된다. 하지만 직장 때문에 모유수유를 중단하는 일은 없어야 한다. 적어도 6개월간은 완전 모유수유를 할 것을 권장한다.

가족과 동료에게 알리고 도움을 요청한다

출근한 후에도 모유를 먹이려면 가족이나 직장 상사, 동료들에게 이 사실을 알려야 한다. 아기를 낳기 전부터 직장 상사나 동료들에게 모유수유를 할 것임을 알리고 미리 도움을 요청하는 것이 현명하다. 무엇보다 아기의 모유수유를 위해 우선순위에 두어야 할 일은 부부가 함께 상의하는 것이다.

출근 전, 퇴근 후 젖을 물린다

엄마가 집에 있을 때는 직접 젖을 물려 충분히 모유를 먹이고, 직장에 출근해서 젖이 불을 때 유축기로 짜서 비축해두었다가 다음 날 출근 후 먹이는 방법을 고려한다. 아침에 일어나자마자 아기에게 젖을 먹이고 출근 직전에 한 번 더 먹인다. 퇴근 후 집에 오자마자 젖을 먹이거나 아기와 놀아준다. 흔히 출근하기 시작하면 젖을 직접 물리지 않고 보충 수유를 하는 경우가 많은데 이럴 경우 모유가 줄어들 수 있기 때문에 좋은 방법이 아니다.

유축기를 구입해 젖을 비축한다

직장에서 유축을 할 경우 유축할 수 있는 장소와 냉장 보관할 장소가 필요하다. 유축은 3~4시간마다

유축기 사용하는 법

수동식 유축기 | 유축기 중앙에 유두가 위치하도록 한 뒤 힘껏 눌러서 압축판과 가슴 사이에 공기가 들뜨지 않은 상태로 만든 뒤 손잡이를 눌러 젖을 짠다.

전동식 유축기 | 강도를 중간에 맞춰놓고 유두와 유축기 구멍이 일직선이 되도록 고정한 뒤 시작 버튼을 누른다.

해야 하고, 한 번에 양쪽 유방의 젖을 충분히 다 짜야 한다. 요즘은 전동 유축기를 많이 사용하는데, 구매를 하거나 빌려도 된다.

유축 시간은 어떻게 할애할 것인지 업무에 방해가 되지 않도록 시간 계획을 세우고 상사와 동료에게 자리를 비우는 이유를 미리 알리는 것이 좋다. 그래야 마음 편하게 유축할 수 있다.

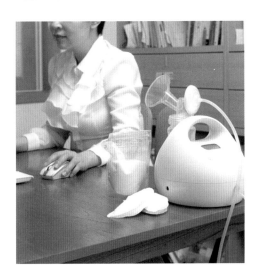

Part 2

아기와 친밀해지는 분유수유

분유수유를 할 경우 최대한 엄마와 아기가 친밀감을 느낄 수 있게 하는 것이 좋다. 아기가 엄마와
눈을 맞추면서 젖을 먹으면 정서적으로 안정된다. 수유 간격은 아기의 식욕에 따라 조절하되, 분유는
모유보다 소화가 더디다는 점을 감안해 간격을 조절한다.

아기를 만족시키는 분유수유

분유수유가 모유수유보다 친밀감이 떨어지는
것은 아닐까 우려하는 엄마도 있지만 분유수유
를 할 때 살을 맞대고 눈을 맞추면서 먹이면 아기
는 충분히 만족한다. 분유를 먹일 때 엄마가 상의
를 적게 입으면 아기가 엄마 냄새를 맡고 피부의
감촉을 느낄 수 있어 좋다. 보통 신생아는 2시간
마다 먹이고 생후 1개월 아기는 3시간, 생후 2~3
개월은 4시간마다 먹인다.

우유 온도는 어떻게 해야 할까?

우유의 온도는 차갑지만 않으면 된다. 사실 아
기는 우유가 조금 덜 따뜻해도 크게 신경 쓰지
않는다. 그런데 만약 우유가 조금 뜨겁게 느껴진
다면 온도를 확인해야 한다. 손목에 우유를 몇
방울 떨어뜨려 보면 된다. 가장 적당한 우유의 온
도는 36~37℃다.

분유수유 방법
1. 아기의 볼 어루만지기

아기의 볼을 어루만졌을 때 입을 열고 엄마에

분유수유 방법

  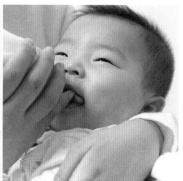

① 아기의 볼을 어루만진다　②젖병꼭지를 물게 한다.　③ 젖병을 뺀다.

젖병 소독하기

① 젖병을 세척한다

② 젖꼭지와 젖꼭지 틀을 세척한다

③ 끓는 물에 팔팔 끓인다

④ 젖병소독기에 보관한다

게 고개를 돌린다면 젖병을 빨 준비가 된 것이다.

2. 젖병꼭지 물게 하기

젖병꼭지를 아기의 입에 넣은 후 젖병을 45도 정도로 기울게 한다. 젖병 입구가 우유로 가득 차 있어야 한다. 아기의 입안에서 꼭지가 겉돌지 않게 하고 아기가 우유를 먹어 줄어들 때에도 우유가 꼭지에 가득 차도록 각도를 조절한다.

3. 젖병 빼기

젖병을 빼기 전에 엄마의 새끼손가락을 아기 입옆으로 밀어 넣어 빠는 것을 멈추게 한 후 살짝 뺀다.

젖병 소독하기

분유수유를 할 때는 위생에 특별히 주의해야 한다. 분유나 젖병에 세균이 번식하기 쉽기 때문에 조심하지 않으면 아기에게 탈이 날 수도 있기 때문이다. 젖병, 젖꼭지, 젖꼭지 틀, 젖병 뚜껑 등은 항상 청결하게 관리한다. 젖병은 사용하고 나면 전용세제로 깨끗이 씻어 헹군 후 팔팔 끓인 물에 소독해 말린다.

신생아는 2시간마다 우유를 먹기 때문에 젖병이 8개 이상 필요하다. 아기가 자라면 먹는 양이 늘어 하루에 사용하는 젖병의 개수가 줄어들지만 그래도 모든 용품은 계속 소독하며 관리해야 한다.

젖병 소독하는 방법

1 젖병을 세척한다

따뜻한 물에 전용세제를 풀어 젖병과 젖꼭지 틀을 담근다. 젖병용 솔을 이용해 우유가 굳어서 들러붙기 쉬운 젖병 입구와 젖꼭지 틀을 꼼꼼히 닦는다.

잘못 알고 있는 상식
젖병을 매번 소독할 필요는없다.

① 젖병에 끓인 물을 붓는다

② 분유를 계량해서 넣는다

③ 분유를 물에 넣고 섞는다

2 젖꼭지와 젖꼭지 틀을 세척한다

젖꼭지 틀에서 젖꼭지를 분리한 다음 젖꼭지 표면을 먼저 닦고, 젖꼭지 안쪽도 솔로 깨끗이 닦는다. 젖꼭지를 완전히 뒤집어 젖꼭지가 반대로 튀어나오게 해서 우유찌꺼기를 완전히 제거한다. 세척 후 비눗기가 남아 있지 않도록 찬물로 여러 번 헹군다.

3 끓는 물에 팔팔 끓인다

젖병 소독용 냄비에 젖병이 잠기도록 물을 충분히 붓고 젖병과 젖꼭지, 젖꼭지 틀, 젖병 뚜껑을 담가 100℃ 이상에서 5분간 팔팔 끓인 다음 꺼내서 식힌다. 고무젖꼭지는 늘어나기 쉬우므로 2~3분만 끓인 뒤 꺼낸다.

4 젖병소독기에 보관한다

요즘은 젖병소독기가 많이 나와 있다. 젖병소독기를 고를 때는 살균력이 좋고 건조와 환기가 잘 되는 제품으로 선택하는 것이 좋다.

분유 타기

분유는 아기에게 필요한 모든 종류의 비타민과 미네랄이 들어 있는 완전식품이다. 액상 분유도 있지만 엄마들은 주로 가루 분유를 많이 먹인다. 분유를 살 때는 유통기한을 반드시 확인해야 하고, 분유통이 찌그러지지 않았는지도 잘 살핀다.

분유를 타기 전에는 손을 깨끗이 씻어야 하고 모든 도구를 청결하게 관리해야 한다. 분유를 탈 때는 아기의 개월 수에 맞는 권장량에 따라야 한다. 분유가 너무 진하면 아기에게 탈수현상이 일어날 수 있고 너무 연하면 영양이 충분히 공급되지 않을 수 있다. 먹다 남은 우유는 30분이 지나면 바로 버려야 한다. 세균이 번식할 수 있기 때문이다. 참고로 분유 스푼은 대용량, 소용량이 있으니 반드시 확인 후 사용한다.

분유 타는 방법

1. 젖병에 끓인 물을 붓는다

정수기 물이나 생수를 끓여서 체온 정도의 온

  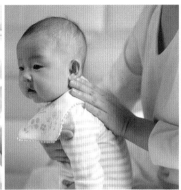

① 어깨 위에 안고 트림시키기   ② 무릎 위에 엎드리게 해 트림시키기   ③ 똑바로 앉혀서 트림시키기

도로 식힌다. 젖병에 권장량의 물을 붓는다.

2. 분유를 계량해서 넣는다

분유통에 있는 스푼으로 분유를 뜬다. 분유가 넘친 만큼 깎아내 분유가 평평한 상태가 되게 만든 다음 젖병에 넣는다.

3. 분유를 물에 넣고 섞는다

젖꼭지의 틀을 잡아 젖꼭지를 끼워 잠근다. 뚜껑을 씌운 다음 분유가 완전히 녹도록 좌우로 젖병을 세게 흔든다.

트림시키기

수유를 할 때 아기는 공기도 삼키게 된다. 삼킨 공기는 뱃속에서 공기방울을 만들어 아기의 배가 빵빵해지게 하거나 복부 팽만감을 느끼게 한다. 이런 증상을 예방하기 위해 우유를 먹인 다음에는 트림을 잘 시켜줘야 한다.

트림을 할 때 아기는 우유를 약간 토하기도 한다. 아기는 식도 끝과 위의 입구가 아주 가깝기 때문이다. 하지만 아기가 토하는 것은 크게 걱정하지 않아도 되는 정상적인 현상이다.

트림시키는 방법

어깨 위에 안고 트림시키기

아기를 들어 올려 아기의 머리를 엄마의 어깨 위로 올리고 엄마의 뒤쪽을 보게 한다. 한 손으로 엉덩이를 받치면서 다른 손으로 아기의 등을 부드럽게 문지른다.

무릎 위에 엎드리게 하고 트림시키기

아기의 배가 엄마의 무릎에 오도록 엎드리게 하고 엄마의 팔로 아기의 가슴을 받친다. 머리는 숙이지 않게 한다. 다른 손으로는 아기의 등을 부드럽게 문지른다.

똑바로 앉혀서 트림시키기

아기를 엄마의 무릎에 똑바로 앉히고 한 손으로 머리를 받친다. 다른 손으로는 아기의 어깨뼈를 부드럽게 문지른다.

 잘못 알고 있는 상식
모유수유 하는 아기는 트림을 안 시켜도 된다.

아기 이유식과 영양 관리

아기가 4~6개월이 지나면 서서히 이유식을 시작하게 된다. 이유식은 젖 떼는 시기의 아기 식사로, 일반식에 적응하기 전 단계의 음식이다. 아기의 평생 식습관과 건강을 좌우한다는 점에서 아기 이유식은 매우 중요하다. 이유식 준비부터 영양 구성, 먹이기 요령까지 이유식에 관해 궁금한 것들을 알아본다.

한 번에 한 가지씩 천천히 시작한다

아기가 태어나서 4~6개월이 지나면 더 이상 모유나 분유만으로는 필요한 영양을 모두 섭취하기 어렵다. 이유식은 부족한 영양을 보충하고 어른 음식에 적응하기 위해 먹기 시작하는 음식이다. 이유식을 먹는다는 것은 아기의 발육에 있어서 한 단계 커다란 발전을 이루는 것이다.

엄마는 아기의 건강을 생각해 좋은 재료를 다양하고도 안전하게 먹일 수 있도록 신경 써야 한다. 이유식 초기에는 3~4일에 한 두 가지 정도의 음식만 맛

보게 한다. 처음에는 한 번에 한 가지 음식만 줘가며 천천히 진행하는 것이 중요하다. 아기가 좋아하면 새로운 음식을 더 줘보기도 하고 다른 음식을 서로 섞어보기도 한다. 아기가 확실히 싫어하는 음식은 강제로 먹이지 말고 1~2주 정도 기다렸다가 다시 시도해본다.

숟가락과 그릇은 사용하기 전에 소독하고, 턱받이를 해줘서 아기의 옷을 보호한다. 숟가락으로 음식을 받아먹는 기술에 능숙해지기까지는 몇 주가 걸릴 수 있다.

아기의 발달과 보조를 맞춰서 진행한다

아기가 먹을 음식의 질감은 아기의 발달과 보조를 맞춰야 한다. 처음에는 물과 거의 같은 농도인 퓌레로 시작한다. 채소나 과일을 부드럽게 갈아 퓌레를 만들어서 두 숟가락 정도 먹인다. 이 시기, 채소나 과일은 새로운 맛을 경험하게 하기 위한 별식이다. 이유식을 시작했더라도 아기에게 필요한 대부분의 영양소는 여전히 우유를 통해 얻기 때문이다.

이유식 중기 단계에 들어가면 음식을 조금씩

되게 만든다. 이때부터는 식재료를 으깨거나, 다지거나, 잘게 썰어서 줘도 된다. 아기가 이유식에 잘 적응하면서 이유식의 양이 점점 늘어나면 우유로부터 얻는 영양분도 점차 줄어들게 된다.

이유식을 할 때 포인트는 여러 가지 음식을 다양하게 시도하되 천천히 먹이는 것이다. 한꺼번에 여러 음식을 섞어 주는 것은 미각이 발달되지 않은 아기에게 혼란만 가져온다. 한 가지 음식을 며칠 시도해봐서 거부 반응이 없는지 확인한 뒤 새로운 음식을 시도한다.

인스턴트 식품이나 식품첨가물이 들어간 음식, 맛과 양념이 강한 음식은 피하고 제철의 신선한 재료를 이용해서 이유식을 만들어준다.

똑바로 앉은 자세에서 숟가락으로 먹인다

이유식은 누워서 먹이지 말고 엄마의 무릎 위에 똑바른 자세로 앉혀서 먹인다. 생후 6개월이 지나 머리와 등을 가눈다면 유아용 의자에 앉혀서 먹이는 것이 좋다.

손잡이가 길고 탄탄해서 잘 부러지지 않는 이유식 숟가락으로 퓌레를 조금 떠서 아기의 입안으로 넣는다. 숟가락을 너무 깊숙이 넣으면 사레 들릴 수 있으므로 조심한다. 아기 입에 숟가락을 넣어주면 아기는 음식을 빨아먹는다. 아기가 숟가락에서 받아먹는 것에 익숙해지기 전까지는 음식이 입에서 도로 나올 수도 있다.

아기의 식습관을 결정하는 이유식 원칙

성장 단계에 맞게 먹인다

이유식은 2~3개월 단위로 체계적인 계획을 세워 진행한다. 초기에서 중기, 중기에서 후기로 넘어가면서 단계적으로 이유식의 굳기와 알갱이 크기를 늘려가고 재료의 범위도 넓혀간다. 이유식을 먹이는 횟수도 단계적으로 늘린다. 앞의 '발육 상태에 따른 이유식 진행표'를 참고하면 도움이 된다.

다양한 재료를 다양한 조리법으로 만들어준다

다양한 재료를 가지고 다양한 조리법으로 만들어주면 골고루 먹는 습관이 길러져 편식도 안 하고 몸도 건강해진다. 같은 재료라도 조리법에 따라 맛과 질감이 달라지기 때문에 아기에게는 새로운 경험이 된다.

맛과 촉감을 직접 경험하게 한다

아기들은 손가락을 사용해서 음식의 맛과 감촉까지 파악한다. 손과 눈의 동작을 일치시키는 능력도 이때 길러진다. 손가락으로 먹는 것이 좀 지저분해 보이더라도 아기는 소중한 것을 배우는 중이라는 것을 잊지 말자.

재료 자체가 지닌 맛을 살린다

이유식은 간을 하지 않는 것이 원칙이다. 초기와 중기에는 절대 간하지 말고, 후기부터 천연 조미료를 만들어 조금씩 넣는다. 재료 자체가 지닌 맛을 살리고 식품의 배합으로 맛을 내는 것이 아기의 미각 발달에도 도움이 된다.

인내심을 갖고 서두르지 않는다

이유식을 먹이는 일이 쉬운 일은 아니다. 잘 안

잘못 알고 있는 상식
초기의 묽은 이유식은 젖병에 담아 먹인다.

발육 상태에 따른 이유식 진행표

	초기 (4~6개월)	중기 (7~9개월)
발육 상태	치아 0~2개 남아 평균 체중 7~7.9kg 평균 신장 63.9~67.6cm 여아 평균 체중 6.4~7.3kg 평균 신장 62.1~65.7cm	치아 2~4개 남아 평균 체중 8.3~8.9kg 평균 신장 69.2~72cm 여아 평균 체중 7.6~8.2kg 평균 신장 67.3~70.1cm
이유식 형태	알갱이가 없는 미음 (10배죽) 	묽은 죽 (6배죽)
이유식 횟수	1~2회 (모유 · 분유 4~5회)	2~3회 (모유 · 분유 3~4회)
모유 또는 분유 횟수와 양	하루 4~6회 / 4~6시간 간격 / 1회 160~200mL/ 하루 총 800~1000mL	하루 3~5회 / 5~6시간 간격 / 1회 160~240mL/ 하루 총 700~800mL
특징	쌀미음으로 이유식을 시작한다. 아기가 쌀미음에 적응하면 채소를 한 가지씩 넣어 먹이고, 6개월 후에는 고기도 먹인다. 생후 4~5개월에는 하루 한 번, 6개월부터는 하루 두 번 이유식을 먹이면 된다.	초기 이유식보다 알갱이가 조금 보이는 묽은 죽으로, 5대 영양소가 골고루 들어가도록 만든다. 9개월 정도부터는 두부나 푸딩 정도의 굳기로 만든다. 손으로 집어 먹으려는 행동이 보이면 삶은 고구마, 바나나 등을 작게 썰어줘 혼자 집어 먹을 수 있게 한다.

	후기 (10~12개월)	완료기 (13~15개월)
발육 상태	치아 5~8개 남아 평균 체중 9.2~9.6kg 평균 신장 73.3~75.7cm 여아 평균 체중 8.5~8.9kg 평균 신장 71.5~74cm	치아 8~10개 남아 평균 체중 9.9~10.3kg 평균 신장 76.9~79.1cm 여아 평균 체중 9.2~9.6kg 평균 신장 75.2~77.5cm
이유식 형태	진밥에 가까운 죽 (3배죽) 	진밥
이유식 횟수	이유식 3회 (간식 1회, 모유 · 분유 2~3회)	이유식 3회 (간식 2회, 모유 · 분유 2~3회)
모유 또는 분유 횟수와 양	하루 2~3회 / 아침, 점심, 저녁 / 1회 200~240mL/ 하루 총 600~800mL	하루 2회 / 아침, 저녁 / 1회 200~240mL/ 하루 총 400~600mL
특징	밥알이 보이는 상태의 죽. 식습관이 형성되는 시기이기 때문에 하루 세 번, 제자리에 앉아서 먹을 수 있도록 하고, 점점 혼자 먹는 연습을 시킨다. 아직은 이유식에 간을 하지 않기 때문에 어른 음식에 관심을 보이더라도 절대 주지 않는다.	엄마, 아빠와 같은 식탁에서 함께 먹는다. 다양한 재료를 작고 부드럽게 조리해서 한 입에 먹을 수 있게 만든다. 구이, 볶음 등 조리법에 변화를 주고, 이유식 외에 영양이 풍부한 간식도 준비한다.

먹기도 하고, 먹어도 조금밖에 먹지 않아 남은 음식을 버리기도 일쑤다. 이유식 과정은 아기마다 개인차가 크다. 조금 늦게 시작할 수도 있고, 조금 덜 먹을 수도 있으니 걱정할 필요 없다. 인내심을 갖고 기다렸다가 다시 먹여보는 식으로 꾸준히 시도하면 결국 먹게 된다.

기분 좋은 상태에서 먹인다

이유식을 먹이기 전에 아기의 기분을 좋게 해주는 것도 중요하다. 기저귀가 젖어있지는 않은지 확인하고 산뜻한 기분을 만들어준다. 엄마가 웃는 얼굴로 맛있게 먹는 시늉을 해가며 즐거운 분위기를 만들어주면 아기도 기분 좋게 잘 먹을 수 있다.

일정한 시간에 정해진 곳에서 먹인다

아기는 이유식을 통해 식습관도 배우게 된다. 이유식 초기에는 엄마가 아기를 무릎에 앉혀놓고 정해진 장소에서 시간 맞춰 먹인다. 아기가 돌아다니기 시작하는 이유식 중기에는 유아 의자를

읽어 보세요!

과일은 언제부터 먹이면 좋을까?

과일별로 아기가 먹을 수 있는 시기가 다르다. 과일에는 섬유질이 풍부해 너무 일찍 먹일 경우 아직 완전하지 않은 아기의 장에 무리를 줄 수 있다. 4개월부터 사과, 배, 바나나를 먹일 수 있고 차츰 수박, 멜론 등 물이 많은 과일을 먹이는 것이 가능해진다. 산도가 높은 포도, 귤, 오렌지, 파인애플 등은 10개월이 지나서 먹이는 것이 좋다. 처음 과일을 먹일 때 과즙망을 이용하면 덩어리가 목에 걸리는 일 없이 안전하게 먹을 수 있다.

준비해 한자리에 앉아서 식사할 수 있도록 가르친다.

이 시기에 바른 식습관이 형성되도록 도와준다

엄마가 주는 음식을 받아먹기만 하던 아기는 어느 순간 자기가 직접 손을 뻗어 먹으려고 한다. 음식을 손에 쥐고 이제 막 자라나는 이빨로 뜯어 먹거나, 손가락으로 그릇에서 음식을 집어 입에 가져가기도 한다. 음식을 흘리고 옷에 묻혀 지저분해지더라도 발달의 한 과정이므로 바른 식습관이 형성되도록 도와줘야 한다. 아기는 손과 눈의 동작을 일치시키는 능력이 향상되면서 점점 익숙해지고, 플라스틱 빨대컵으로 음료를 마실 수도 있게 된다.

이 시기에는 무엇보다 식사를 즐겁게 하는 것이 중요하다. 식사시간이 재미있다면 아기는 먹는 것을 즐기고 음식에 대해 긍정적인 태도를 갖게 된다. 아기가 스스로 먹는 것에 성공하면 자신감이 생길 뿐 아니라 다른 가족들과 함께 식사를 할 수 있어 아기의 사회성이 발달된다.

잘못 알고 있는 상식
비타민 섭취를 위해 과일을 일찍 먹일수록 좋다.

아기의 성장을 돕는 필수 음식 4가지

탄수화물 음식

훌륭한 에너지원이며, 탄수화물 음식을 통해 비타민, 미네랄, 섬유질을 섭취할 수 있다. 하지만 섬유질이 많은 음식을 아기에게 너무 자주 또는 많이 주지는 않는다. 소화하기가 힘들어 아기의 소화계를 자극할 수 있기 때문이다. 쌀밥, 고구마, 감자, 빵, 무설탕 시리얼, 파스타와 면류가 있다. 이들 음식을 번갈아 하루에 2~3가지 먹인다.

단백질 음식

단백질은 성장과 신체 재생에 필수적이다. 다양한 단백질 음식으로 필수 아미노산을 충분히 공급해주도록 한다. 생선(가시를 발라내고 살만 준비한다), 두부, 쇠고기, 돼지고기, 닭고기, 완숙 달걀, 아기용 치즈, 콩류, 요구르트가 있다. 이들 음식을 하루에 2~3가지 먹인다.

우유

우유는 단백질과 비타민, 미네랄이 풍부하고 특히 뼈와 이를 튼튼하게 하는 칼슘이 많다. 생후 6개월부터 우유를 음식에 사용해도 되지만, 12개월이 되기 전까지는 생우유를 주지 않는다. 저지방이나 무지방 우유는 아기에게 필요한 영양소가 부족할 수 있으므로 권장하지 않는다. 가능하면 두 살부터 먹이는 것이 좋다.

과일과 채소

비타민과 미네랄, 섬유질이 풍부한 과일과 채소는 아기의 식단에 꼭 필요한 이상적인 첫 음식이다. 다양한 종류의 신선한 농산물로 이유식을 시작하도록 한다. 사과, 딸기, 바나나, 당근, 망고, 브로콜리, 살구, 껍질콩, 복숭아와 천도복숭아, 완두콩, 멜론, 피망 등이 있다. 이중 하루에 2~3가지 이상 먹인다.

TIP

아기 스스로 먹을 수 있게 돕는 음식과 도구

핑거 푸드

밥풀과자, 무염 크래커, 당근 스틱 데친 것, 큐브 치즈, 사과나 바나나 슬라이스, 작은 빵조각 등 손에 잡기 쉬운 것을 준다. 견과류나 씨앗이 있는 과일, 딱딱한 껍질이 있는 과일, 너무 작은 음식 조각은 아기의 목에 걸릴 수 있으므로 피한다.

빨대 컵

깨지지 않는 소재로, 바닥에 무게가 실려 잘 쓰러지지 않는 컵이 좋다. 뚜껑에 젖꼭지가 달려있거나 빨대, 또는 빨대 모양의 뚜껑이 탈부착식으로 붙어 있는 것, 양쪽으로 손잡이가 달려있는 것이 이유식용으로 적합하다. 우선 물이나 옅은 농도의 생과일주스를 컵에 담아 시작해본다.

아기용 숟가락

아기는 엄마가 들고 있던 숟가락을 뺏어서 자기가 먹으려고 하고, 숟가락 대신 손으로 먹으려고 하기도 한다. 이때는 아기에게 자기의 숟가락을 갖게 해준다. 아기가 갖고 노는 빈 숟가락 대신 음식을 올려놓은 숟가락을 아기 손에 쥐어 줘본다. 으깬 감자나 밥, 시리얼처럼 숟가락으로 뜨기 쉬운 음식으로 연습하면 좋다.

꼭 기억하세요
아기의 **영양 요약편**

모유수유에 성공하기 위해 노력한다

대부분의 임신부가 출산보다 모유수유가 힘들다고 하지만 몇 가지 원칙만 알고 노력하면 누구나 성공할 수 있다.

- 임신 중 모유수유 공부를 한다. → 출산 후가 아닌 임신 중에 모유수유에 대해 공부한다. 출산교실에서 열심히 강의를 듣고 전문서적을 읽자. 모유수유는 본능이 아니라 학습이다.
- 모자동실을 선택한다. → 산후조리 기간 동안 모자동실에 있는 경우 모유수유 성공률은 90%에 달한다. 자신의 산후조리를 위해 아이를 신생아실에만 맡겨 두면 모유수유에 실패할 가능성이 크다.
- 모유수유를 포기하지 않는다. → 처음에는 모유 양도 적고 잘 나오지 않는다. 그렇다고 포기하고 분유를 먹이면 점점 줄어들어 결국 모유수유에 실패하게 된다.
- 젖 양을 늘리는 방법을 알아 둔다. → 젖을 자주, 완전하게 비우면 모유가 다시 채워진다. 수유 시간은 한쪽 유방 당 15분씩 총 30분, 1일 8~12회 수유한다. 수유 후 전동식 유축기로 양쪽 젖을 다 짜낸다.

직장여성의 경우 장기적인 수유계획을 세운다

직장에 다니는 엄마들은 출산휴가 기간이 끝나면 모유수유를 계속하기가 쉽지 않다. 하지만 직장 때문에 모유수유를 중단하는 일이 없이 적어도 6개월간은 완전 모유수유를 하도록 한다. 처음 수유를 할 때부터 직장에 복귀했을 때를 예상해 장기적인 수유계획을 세우도록 한다. 출근한 후에도 모유를 먹이려면 직장 상사나 동료들에게 모유수유를 할 것임을 알리고 미리 도움을 요청하는 것이 현명하다.

엄마가 집에 있을 때는 직접 젖을 물려 충분히 모유를 먹이고, 직장에 출근해서 젖이 불을 때 유축기로 짜서 냉장 보관해두었다가 다음 날 출근 후 집에서 먹일 수 있게 하는 방법을 고려한다. 아침에 일어나자마자 아기에게 젖을 먹이고 출근 직전에 한 번 더 먹인다. 퇴근 후 집에 오자마자 젖을 먹이거나 아기와 놀아준다.

분유수유를 할 때는 친밀감을 느낄 수 있게 한다

분유수유를 할 때 살을 맞대고 눈을 맞추면서 먹여서 엄마와 아기가 최대한 친밀감을 느낄 수 있게 한다. 보통 신생아는 2시간마다 먹이고 생후 1개월 아기는 3시간, 생후 2~3개월은 4시간마다 먹인다. 분유의 양은 아기의 개월 수에 맞는 권장량에 따라야 한다. 분유의 농도가 너무 진하면 아기에게 탈수현상이 일어날 수 있고 너무 옅으면 영양이 충분히 공급되지 않을 수 있다.

이번 장에서는 모유수유와 분유수유, 아기 이유식과 영양 관리법에 대해 배웠다.
꼭 기억해야 할 것은 무엇인지 한 번 더 체크해보자

분유수유를 할 때는 위생관리에 특히 신경 쓴다. 분유를 타기 전에는 손을 깨끗이 씻고 모든 도구를 청결하게 관리한다. 우유는 세균이 번식하기 쉬우므로 먹다 남은 우유는 30분이 지나면 바로 버려야 한다.

수유 후 트림을 시켜준다

모유수유를 하든 분유수유를 하든 아기는 젖을 먹으며 공기도 함께 삼킨다. 삼킨 공기는 뱃속에서 공기방울을 만들어 아기의 배가 빵빵해지게 하거나 복부 팽만감을 느끼게 한다. 이런 증상을 예방하기 위해 우유를 먹인 다음에는 트림을 잘 시켜줘야 한다.

아기는 식도 끝과 위의 입구가 아주 가깝기 때문에 트림을 하다가 우유를 약간 토하기도 한다. 하지만 아기가 일시적으로 토하는 것은 크게 걱정하지 않아도 된다.

4~6개월이 지나면서 서서히 이유식을 시작한다

이유식은 부족한 영양을 보충하고 어른 음식에 적응하기 위해 먹기 시작하는 음식이다. 이유식 초기에는 3~4일에 한두 가지 정도의 음식만 맛보게 한다. 처음에는 한 번에 한 가지 음식만 주다가, 아기가 좋아하면 새로운 음식을 더 줘보고 다른 음식을 서로 섞어보기도 한다.

이유식 초기에는 물과 거의 같은 농도인 퓌레로 시작한다. 채소나 과일을 부드럽게 갈아 퓌레를 만들어서 두 숟가락 정도 먹인다. 이유식 중기에 들어가면 음식을 조금씩 되게 만든다. 식재료를 으깨거나, 다지거나, 잘게 썰어서 줘도 된다.

이유식을 할 때 포인트는 여러 가지 음식을 다양하게 시도하되 천천히 먹이는 것이다. 한꺼번에 여러 음식을 섞어주는 것은 미각이 발달되지 않은 아기에게 혼란만 가져온다. 한 가지 음식을 며칠 시도해봐서 거부 반응이 없는지 확인한 뒤 새로운 음식을 시도한다.

인스턴트 식품이나 식품첨가물이 들어간 음식, 맛과 양념이 강한 음식은 피하고 제철의 신선한 재료를 이용해서 이유식을 만들어준다.

0~12개월
아기 돌보기

이제 막 부모가 된 초보 엄마 아빠는 아기 다루는 것이 서툴고 조심스럽기만 하다. 아기 안아주기와 업어주기 같은 기본적인 것에서부터, 기저귀 갈아주고 목욕시키고 잠재우는 등의 일상적인 육아까지 0~12개월 아기 돌보기의 모든 과정을 배워보자. 익숙해지면 아기와 함께하는 시간이 행복한 시간이 될 것이다. 아기를 돌보는 기술은 타고나는 것이 아니라 사랑과 노력으로 얻어지는 것이란 점을 잊지 말자.

얼마나 알고 있을까?

어떻게 하면 편안하고 쾌적하게
잘 돌봐줄 수 있을까?

01 아기를 안는 방법에 대한 설명으로 적합하지 않은 것은?

① 갓난아기일수록 엄마의 몸에 밀착해서 안지 않는다.

② 목을 가누기 시작하면 엄마를 등지게 해서 세워 안아도 된다.

③ 아기를 어깨에 걸치고 엉덩이와 등을 받쳐서 안는다.

④ 아기를 들어 올릴 때는 목도 함께 받쳐야 한다.

02 아기 업기에 대한 설명으로 맞는 것은?

① 아기띠에 먼저 아기를 태운 후 엄마 몸에 장착한다.

② 신생아는 아기띠 대신 포대기를 사용해 뒤로 업는다.

③ 포대기로 싸서 업을 경우 옷을 한 겹 얇게 입힌다.

④ 아기 슬링은 허리에 힘이 생기는 6개월 이후부터 사용한다.

03 기저귀에 대한 설명이 틀린 것은?

① 일회용 기저귀는 아기의 허벅지 둘레에 맞는 것을 사용한다.

② 피부 발진이 생겼을 때는 천기저귀를 사용한다.

③ 천기저귀는 찬물로 세탁해도 된다.

④ 신생아는 하루에 기저귀를 보통 20회 이상 간다.

04 기저귀 갈아줄 때의 요령으로 맞지 않는 것은?

① 남자아기는 성기를 아래로 향하게 하고 기저귀를 채운다.

② 기저귀의 앞면으로 엉덩이의 배설물을 닦는다.

③ 아기의 양 발목을 잡고 엉덩이 아래에 기저귀를 펼쳐놓는다.

④ 넉넉한 크기의 기저귀를 허리 위까지 헐렁하게 채운다.

05 아기의 머리를 감길 때 올바른 방법이 아닌 것은?

① 신생아는 거즈를 물에 적셔 닦아주기만 해도 된다.

② 목욕을 마친 후 마지막에 머리를 감긴다.

③ 목을 가누기 전까지는 등과 목을 잘 받쳐줘야 한다.

④ 샴푸를 사용하지 않고 머리를 감겨도 된다.

06 신생아 목욕에 관한 설명중 맞는 것을 모두 고르시오

① 신생아는 매일 목욕해야 한다.

② 목욕물 온도는 36℃가 적당하다.

③ 젖을 먹인 직후 목욕하면 된다.

④ 신생아 목욕은 10분 이내로 마치는 것이 좋다.

07 목욕 후 관리법 중 잘못된 것은?

① 목욕시키고 난 후 손발톱을 깎아준다.

② 발톱은 일자로 자르는 것이 좋다.

③ 손톱은 연하기 때문에 줄로 다듬어도 된다.

④ 목욕 후 보습제를 바르면 피부가 숨 쉬는 것을 방해한다.

08 아기 옷에 대한 설명 중 틀리는 것은?

① 옷은 체온 조절을 돕고 피부를 보호한다.

② 신생아는 배냇저고리를 입는다.

③ 몸을 가눌 수 있으면 올인원 보디슈트를 입힌다.

④ 갓 태어난 아기에게는 긴팔 옷을 입힌다.

09 보디슈트 입히는 방법을 순서대로 정리하시오.

① 아기 팔을 소매에 끼운다.

② 발을 끼우고 다리도 끼운다.

③ 옷을 여미고 단추를 채운다.

④ 전체적으로 매만져준다.

10 아기의 이에 대한 설명으로 틀린 것은?

① 어릴 때 난 이는 7세 무렵부터 빠지기 시작한다.

② 이는 아랫니부터 나기 시작한다.

③ 송곳니보다 앞쪽 어금니가 먼저 난다.

④ 맨 마지막에 안쪽 어금니가 난다.

11 아기의 구강 관리 방법 중 올바르지 못한 것은?

① 이가 나기 전에는 칫솔에 물만 묻혀 잇몸을 닦아준다.

② 이가 나기 시작하면 매일매일 이와 잇몸을 관리해준다.

③ 아래 앞니가 났을 때는 면봉을 치약을 묻혀 닦아줘도 된다.

④ 위 앞니 포함 6개가 났을 때부터는 칫솔과 치약으로 닦아준다.

12 아기의 울음에 대한 설명을 서로 연결해보시오.

① 배가 고플 때

② 아플 때

③ 기저귀가 축축할 때

④ 안아달라고 투정 부릴 때

㉠ 투정을 부리듯이 칭얼거리며 운다.

㉡ 숨을 크게 쉬었다 멈췄다 하며 일정한 패턴으로 운다.

㉢ 크고 날카로우며 숨이 넘어갈 듯이 자지러지게 운다.

㉣ 아프거나 배고픈 것도 아닌데 이유 없이 운다.

13 아기가 울 때 대처법으로 올바르지 못한 것은?

① 아기가 울면 왜 우는지 원인을 찾아 대처한다.

② 아기가 울 때 즉시 반응하면 버릇이 나빠진다.

③ 이유 없이 칭얼거릴 때는 고무젖꼭지를 물려본다.

④ 잠을 쉽게 못 이루어 울 때는 아기를 안고 살살 흔들어준다.

14 아기의 잠에 대한 설명 중 맞지 않는 것은?

① 아기의 수면시간에는 개인차가 크다.

② 갓 태어난 아기는 하루의 70% 이상을 잠으로 보낸다.

③ 갓난아기일수록 깊은 잠을 잔다.

④ 생후 3개월 전후로 밤과 낮의 구별이 생긴다.

15 엄마와 아기의 애착 형성에 대한 설명 중 틀린 것은?

① 말귀를 알아들을 때부터 아기와 대화를 시작한다.

② 아기에게 말을 걸 때는 얼굴을 보면서 눈을 맞춘다.

③ 엄마가 먼저 말을 해서 따라 하게 유도한다.

④ 상황에 따라 대화하듯 말을 건다.

정답 1.① 2.③ 3.③ 4.④ 5.② 6.②④ 7.④ 8.③ 9.②-①-③-④ 10.③ 11.① 12.①-㉡,②-㉢,③-㉠,④-㉣ 13.②
14.③ 15.①

아기 안기와 업기

아기가 태어나면 들어 올리거나 안아야 할 상황이 많이 생긴다. 하지만 초보 엄마는 아기가 다칠까봐 겁이 나기 때문에 안는 것도 어렵게 느낀다. 아기를 다룰 때는 부드럽게 대해 아기가 놀라지 않도록 하는 것이 기본. 목 받치기부터 들어 올리는 요령, 아기를 안고 있을 때의 자세 등 기본을 알아 두면 안정적으로 아기를 다룰 수 있다.

첫아기를 돌보는 엄마 아빠는 아기를 안거나 업는 사소한 동작도 어설프기만 하다. 아기를 들거나 안는 동작이 경직되면 근육통이 생기고 육아가 힘들어진다. 아기 들어올리기와 안기, 업기 등 기본적인 아기 다루기 요령을 익혀보자.

똑바로 누운 아기 들기

1. 목과 엉덩이를 받쳐준다 몸을 아기에게 밀착한 후 한 손은 목 뒤로, 다른 한 손은 엉덩이 밑으로 끼운다. 아기의 체중을 손에 실어 서서히 들어 올리면 된다. 아기가 잠에서 깬다면 조용히

말을 걸어 안심시킨다.

2. 조심스럽게 들어 올린다 몸을 기울인 상태로 아기의 머리가 안정적으로 받쳐졌는지 확인한다. 부드럽게 들어 올리면 되는데 아기의 머리를 몸보다 조금 높게 올린다. 아기가 잠에서 깨면 말을 건네며 눈을 맞추는 것이 좋다.

3. 팔꿈치 안쪽으로 밀착시킨다 아기를 가슴 쪽으로 당기면서 엉덩이를 받치던 손을 올려 등을 받친다. 다른 쪽 팔로는 아기의 몸을 감싼다. 아기의 머리는 팔꿈치 안쪽으로 밀착시킨다.

똑바로 누운 아기 들기

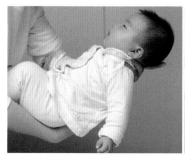  

① 목과 엉덩이를 받쳐준다　　② 조심스럽게 들어올린다　　③ 팔꿈치 안쪽으로 밀착시킨다

TIP

아기 내려놓기

아기를 내려놓을 때는 반대로 하면 된다. 아기를 엄마의 몸으로부터 부드럽고 조심스럽게 떼어낸다. 이때 한 손은 아기의 머리와 목을, 다른 한 손은 엉덩이를 받쳐준다.

아기 안기

갓 태어난 아기는 팔다리를 엄마의 몸에 밀착하고 안겨 있을 때 편안함을 느낀다. 아기는 대부분 스킨십을 좋아하기 때문에 아기를 안을 때 엄마의 사랑과 안정감을 충분히 전달해주는 것이 좋다. 아기가 목을 가누기 전에는 항상 목을 부드럽게 받쳐주어야 한다는 점을 잊지 말자.

갓난아기 안는 방법

위를 바라보게 안기 아기의 등이 팔꿈치의 안쪽에 오도록 하고 다른 손으로는 엉덩이를 감싼다. 한 손보다는 양손으로 안아야 아기를 안정적으로 받칠 수 있다.

어깨에 대고 안기 아기의 엉덩이를 한 손으로 받치고, 다른 손으로는 등과 목을 받치며 아기의 머리를 어깨에 기대게 한다.

앞을 보게 안기 아기가 목을 가누기 시작하면 엄마를 등지게 한 상태로 안아도 된다. 한 손으로는 아기의 엉덩이를 받치고, 다른 손은 아기의 팔 밑에 넣어 가슴을 감싸 안는다.

아래를 바라보게 안기 아기의 머리를 팔꿈치 안쪽에 위치시켜 받쳐주고 가슴은 팔뚝으로 받친다.

갓난아기 안는 방법

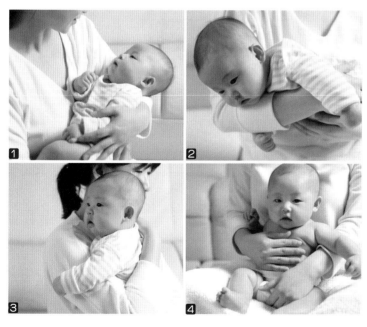

① 위를 바라보게 안기
② 아래를 바라보게 안기
③ 어깨에 대고 안기
④ 앞을 보게 세워 안기

다른 손은 다리 사이에 두어 아기의 배가 엄마의 손에 얹히도록 한다.

아기 업기

부모와 아기의 유대를 중시하는 '애착 육아'의 한 방법이 아이를 업어주는 것이다. 특히 포대기로 아기를 업으면 아기가 아늑함을 느끼고 엄마와 더욱 친밀한 유대감이 형성된다. 엄마도 포대기를 이용하면 다양한 자세로 아기를 안거나 업을 수 있어 일상적인 활동을 편하게 할 수 있다.

아기가 조금 크면 허리에 부담을 덜기 위해 아기띠를 사용한다. 아기띠는 아기가 앞이나 엄마를 볼 수 있도록 만들어져 있다. 포대기나 아기띠로 아기를 업을 때는 호흡과 체온 등을 주기적으로 살피며 주의를 기울여야 한다. 요즘에는 아기띠의 종류도 다양하게 나와 있으므로 아기의 개월 수와 활용도에 따라 선택한다.

다양한 아기띠 사용하기

아기띠의 종류

포대기 사각의 천 양쪽에 끈이 달린 가장 기본적인 형태의 아기띠. 아기를 엄마의 등에 밀착시켜 아기의 정서에도 좋고, 엄마는 일상적인 활동을 할 수 있어 편리하다. 펼쳐 놓으면 아기 덮개 대용으로 쓸 수 있어 활용도가 높다. 보온성이 좋은 누비, 통기성이 좋은 망사 등 다양한 소재의 포대기가 나와 있다. 목을 가눌 수 있을 때부터 사용할 수 있다.

슬링 아기띠 탄력 있는 천 소재로 만들어져 갓 태어난 신생아 시기부터 사용할 수 있다. 신생아는 특히 허리를 세우면 바로 허리로 무리가 가기 때문에 눕힌 상태로 안아줘야 하는데 슬링은 최적의 자세를 만들어준다. 5개월 전후까지 사용하기에 좋다.

힙시트 아기를 앉힐 수 있는 단단한 엉덩이 받침대가 있는 힙색형 아기띠. 엉덩이를 걸칠 수 있는

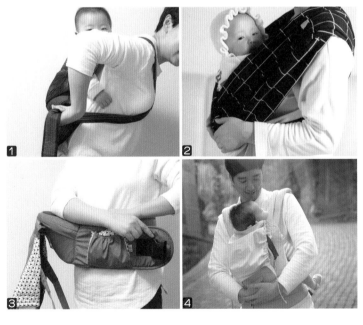

① 포대기
② 슬링 아기띠
③ 힙시트
④ 캐리어형 아기띠

시트 덕분에 무게 분산이 잘 된다. 요즘은 힙시트에 아기를 고정시킬 수 있는 캐리어를 부착한 힙시트형 캐리어가 인기다. 힙시트는 생후 5개월 이후 호기심이 왕성해지는 시기에 엄마와 같은 시선으로 세상을 바라볼 수 있어 좋다. 하지만 반드시 한 손으로는 아기를 잡고 있어야 하므로 잠깐 안아줄 때만 사용하고, 외출을 할 때는 힙시트형 캐리어를 사용하는 것이 안전하다.

캐리어형 아기띠 엄마와 아기와 밀착되고 보호자의 양손이 자유롭기 때문에 여러모로 편리하다. 외출할 때나 트레킹 등 가벼운 스포츠 활동을 할 때 유용하다. 안정감이 있어 아기를 재울 때도 편리하다. 3개월부터 36개월까지 두루 쓸 수 있다는 것도 장점이다. 최근에 나온 캐리어형 아기띠는 아기가 앞이나 옆, 뒤까지 볼 수 있게 되어있다.

아기띠 사용법

1. 허리에 아기띠를 두르고 아기를 앉힌다.
2. 아기를 띠 안으로 넣어 고정시키고 엄마의 어깨에 걸친다.
3. 끈과 버클을 조절하며 아기가 앉기 쉬운 상태로 맨다.
4. 엉덩이를 살짝 들어 균형이 잘 맞는지 확인하

TIP

아기띠 안전하게 사용하기

아기띠를 사용할 때는 안전에 주의해야 한다. 아기를 태우기 전에 엄마 몸에 먼저 착용하고, 안전하게 조여졌는지 확인한다. 마찬가지로 아기띠를 벗기 전에는 먼저 아기를 안전한 곳으로 옮겨 놓아야 한다.

주의사항

- 갓난아기의 경우 패드가 덧대어졌거나 두껍고 넓은 아기띠를 하면 열이 오르기 쉽다. 아기가 땀을 흘리고 있지 않은지, 불편해하지 않는지 체크해야 한다.
- 아기띠에 태우고 있을 때는 절대로 아기에게 주의를 게을리 해선 안 된다.
- 아기띠를 한 채 운전을 하지 않는다.
- 앞이나 옆으로 몸을 구부릴 땐 아기의 목을 항상 보호한다.

고 끈의 길이도 적당하게 조절한다.

슬링 아기띠 두르는 법

1. 아기띠의 한쪽 끈을 한쪽 어깨에 두른다.
2. 반대쪽 끈을 X자 모양으로 어깨에 둘러준다.
3. 아기를 부드럽게 들어 엄마의 가슴에서 X자로 교차시킨 주머니 안에 넣는다.
4. 아기의 자세가 편안하고 안전한지 확인한 뒤 아기의 등을 감싸준다. 발을 양쪽으로 잘 빼줘야 한다.

슬링 아기띠 두르는 법

기저귀 갈기

갓 태어난 아기가 하루에 소변을 보는 시간은 20회 이상. 당연히 엄마는 아기의 기저귀를 가는 데에 많은 시간을 보내게 된다. 기저귀를 갈 때는 새 기저귀, 물티슈, 크림을 준비해놓는다. 높은 곳에서 기저귀를 갈 때는 아기가 굴러 떨어지지 않도록 각별히 조심해야 한다.

일회용 기저귀 갈기

요즘은 대부분 일회용 기저귀를 사용한다. 휴대도 간편하고 세탁할 필요도 없어서 편리하지만 기저귀 쓰레기를 생각하면 환경에 미치는 영향이 걱정스럽다. 가격도 비싸기 때문에 부담스럽다면 천기저귀와 병행해 사용하는 것도 좋다. 기저귀는 아기의 허벅지 둘레에 맞는 것으로 사용한다. 허리 부분은 아기의 배와 기저귀 사이에 손가락 하나가 들어갈 정도면 된다.

일회용 기저귀 채우는 방법
1. 기저귀를 펴서 엉덩이 밑에 깐다

아기를 눕힌 후 한 손으로 아기의 양 발목을 잡아 다리를 들어 올린다. 아기의 엉덩이 아래에 기저귀를 펼쳐놓는다.

2. 기저귀 앞면을 올린다

아기의 발목을 살짝 내려놓고 기저귀의 앞면을 배 위로 끌어올린다. 남자아기는 허리띠 쪽으로 오줌이 솟구치지 않도록 성기를 아래로 향하게 한다.

3. 옆면을 채운다

기저귀의 양쪽 옆면에 있는 끈끈이의 보호 비닐을 벗기고 접착 부분을 붙인다. 기저귀가 배꼽을 덮지 않도록 앞면을 살짝 접은 후 전체적으로 매만져 편안하게 채워졌는지 확인한다.

일회용 기저귀 벗기는 방법
1. 기저귀의 한쪽 끈끈이를 먼저 뜯고, 다른 쪽도 뜯는다. 기저귀의 앞면은 아기의 다리 사이로 내린다.
2. 기저귀의 앞면은 깨끗하기 때문에 앞면으로

 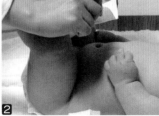 

① 기저귀를 펴서 엉덩이 밑에 깐다   ② 기저귀 앞면을 올린다   ③ 기저귀 옆면을 채운다

잘못 알고 있는 상식
신생아는 감각이 덜 발달돼 기저귀를 자주 갈아주지 않아도 된다.

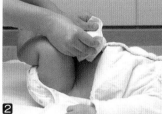
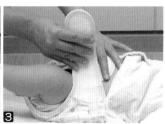

① 기저귀 커버에 기저귀를 올린다   ② 기저귀를 채운다   ③ 기저귀 커버를 채운다

아기의 엉덩이에 있는 배설물을 닦는다. 아기의 다리를 살짝 들고 부드럽게 닦아준다.
3. 기저귀를 돌돌 말면서 아기의 엉덩이에서 뺀다. 양쪽 끈끈이를 좌우로 붙여 쓰레기통에 버린다.

천기저귀 갈기

아기의 기저귀 발진을 예방하고 환경을 보호하기 위해 천기저귀를 사용하는 엄마도 있다. 천기저귀는 일회용 기저귀보다 공기 순환이 원활해 아기의 피부를 덜 자극한다. 단, 천기저귀는 순면이기 때문에 방수가 안 된다. 따라서 커버를 같이 입혀야 한다.

요즘에는 아기용품 판매점에서 다양한 종류의 천기저귀를 판매하고 있다. 똑딱단추나 벨크로를 사용해 쉽게 채우고 벗길 수 있게 만들어졌으므로 아기의 발육 상태에 따라 골라 구입하면 된다.

천기저귀 채우는 방법

1. 기저귀 커버에 기저귀를 올린다

바닥에 기저귀 커버를 깔고 그 위에 기저귀를 올려놓는다.

2. 기저귀를 채운다

깔아 놓은 기저귀에 위에 아이를 눕히고 양 발목을 잡아 다리를 살짝 올린다. 기저귀 앞면을 덮은 후 옆면을 차례로 포개 채운다.

3. 기저귀 커버를 채운다

기저귀 위로 커버를 채운 후 아기에게 편안하게 착용됐는지 확인한다.

천기저귀를 벗길 때는 일회용 기저귀를 벗길 때와 동일하게 하면 된다. 우선 커버를 벗기고 기저귀를 푼 후 아기의 다리를 올려 기저귀로 배설물을 닦는다. 기저귀의 옆면을 모아 접은 후 빼서 배설물을 제거한 후 말아 두었다가 세탁한다.

천기저귀 세탁하기

기저귀에는 세균이 남기 쉽다. 60℃ 이상의 따뜻한 물에 세탁하고 냄비에 10분 이상 삶아 소독을 해야 한다. 이렇게 철저하게 관리하지 않으면 암모니아 찌꺼기와 세균이 기저귀에 남아 아기가 발진을 일으킬 수도 있다. 삶은 기저귀는 여러 번 헹궈 비눗기가 완전히 제거되게 한다.

아기의 대변이 묻은 기저귀는 애벌빨래를 한다. 배설물을 최대한 변기에 털어넣고 물에 헹군 후 물기를 꽉 짠다. 이렇게 모인 기저귀가 적당히 쌓이면 세탁기에 넣어 세탁을 한다. 세탁 시 세제를 너무 많이 넣으면 아기의 피부에 자극적일 수 있다. 일반 세탁을 할 때보다 절반 정도만 넣으면 된다. 세탁이 다 된 기저귀는 해가 잘 드는 곳에 널어 일광소독을 하는 것이 좋다. 겨울에는 실내에 널어도 된다.

목욕시키기

목욕은 아기를 청결하게 할 뿐 아니라 신진대사를 촉진해 성장을 돕는다. 자칫 아기가 감기에 걸리거나 지칠 수 있기 때문에 목욕은 10분 이내로 마치는 것이 좋다. 옷을 입히거나 벗길 때도 재빨리 해야 한다. 우선 실내 온도를 높여 공기를 따뜻하게 하고 빨리 벗기고 입힐 수 있게 준비를 해놓는다. 아기의 옷은 부드러운 면 소재로 준비한다.

목욕 준비하기

목욕을 시키기 전에 방의 온도를 올려놓고, 목욕을 할 때나 목욕 후 아기의 체온이 떨어지지 않도록 목욕물과 헹굼물, 수건, 옷, 기저귀 등을 미리 준비한다. 목욕을 시키다가 필요한 물건을 찾겠다고 아기를 혼자 두고 찾아서는 절대 안 된다. 목욕물은 뜨겁지 않은 정도로 따뜻하게 준비하면 되는데 찬물을 먼저 받은 후 뜨거운 물로 온도를 조절하면 편하다.

목욕물 온도 확인하기

물의 온도는 팔꿈치로 잰다. 팔꿈치를 담갔을 때 적당하게 따뜻하면 된다. 팔꿈치 대신 온도계를 사용해도 되는데 이때 온도는 36℃ 정도가 적당하다.

머리 감기기

갓 태어난 아기는 머리가 젖으면 무척 싫어한다. 머리를 감길 때 아기가 너무 싫어하면 굳이 강제로 하지 않는 것이 좋다. 처음에는 아기의 머리를 부드러운 천으로 닦아주고 2주 정도 후에 다시 머리를 감겨본다. 아기의 머리카락이 자라기 전까지는 샴푸를 사용하지 않고 머리를 감겨도 된다.

아기 머리 감기는 방법

1. 얼굴부터 씻긴다

머리를 감기기 전 얼굴을 살살 씻어준다. 갓난아기의 경우 끓였다 식힌 물로 탈지면을 적셔 눈과 입 주변을 닦아준다. 생후 4개월의 아기라면 온수로 씻겨도 된다.

2. 목욕물로 머리를 적신다

물의 온도를 확인하고 아기를 팔에 안는다. 아기가 팔에서 떨어지지 않도록 고정하고 다른 쪽 손으로는 물을 묻혀 아기의 머리를 적신다. 필요하다면 아기용 샴푸를 사용하고 깨끗이 헹궈준다.

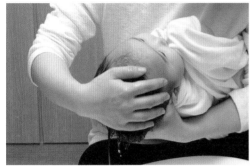

② 목욕물로 머리를 적신다

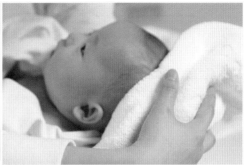

③ 타월로 머리를 말린다

3. 타월로 머리를 말린다

　아기의 머리를 타월로 문지르지 말고 부드럽게 두드려준다. 부드러운 타월로 톡톡 두드리면 된다.

목욕시키기

　갓난아기는 토하거나 배설물이 묻는 경우가 아니라면 많이 더러워지지 않기 때문에 매일 목욕을 시키지 않아도 된다. 이틀에 한 번 정도가 적당하다.

　아기가 목을 가누기 전까지는 목욕을 시킬 때 항상 아기의 등과 어깨를 잘 받쳐줘야 한다. 또한 아기가 목욕을 좋아할 수 있도록 씻기면서 부드럽게 말을 걸어준다. 목욕시간 역시 아기에게는 소중한 순간이기 때문에 즐거운 분위기에서 하는 것이 좋다. 씻길 때는 깨끗한 부위에서 시작해 가장 마지막에는 지저분한 부위를 씻겨야 한다. 감

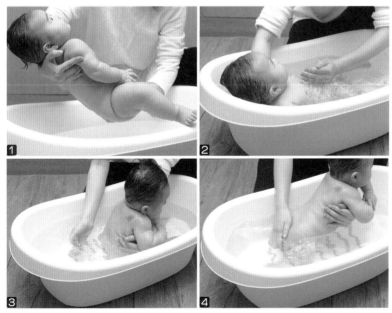

목욕시키는 방법

① 아기를 물에 담근다
② 몸통을 씻는다
③ 등과 목을 닦는다
④ 엉덩이를 씻는다

염의 위험을 줄일 수 있기 때문이다.

목욕시키는 방법

1. 아기를 물에 담근다

아기의 옷과 기저귀를 벗기고 한 손으로는 아기의 엉덩이를 다른 손으로는 어깨와 엉덩이를 받친다. 아기를 놓치지 않도록 조심하면서 엉덩이를 물에 담근다.

2. 몸통을 씻는다

아기의 어깨와 등 부분은 계속 받치고 가슴과 배 부분에 살살 물을 끼얹는다. 얼굴에 물이 튀기지 않게 조심한다. 엄마의 시선은 아기를 보면서 말을 걸어 아기가 즐겁게 느끼도록 한다.

3. 등과 목을 닦는다

아기를 앉히고 가슴과 겨드랑이 쪽을 엄마의 손으로 받친다. 등과 목에 물을 끼얹어 씻긴다.

TIP

포경수술 한 남자아기 관리하기

포경수술을 했다면 상처가 아물 때까지 목욕은 피하고, 하루 이틀간은 기저귀를 갈 때마다 새로 드레싱을 해준다. 드레싱을 할 때는 거즈에 바셀린을 발라 피부에 들러붙지 않게 한다. 성기에 피가 계속해서 나거나, 붓거나, 열이 나거나, 고름이 찬 물집이 있다면 곧바로 의사에게 상담을 받는다.

4. 엉덩이를 씻는다

아기의 가슴을 계속 받치며 몸을 앞으로 기울인다. 아기의 다리로 자세를 지탱하게 한 후 엉덩이를 씻긴다.

목욕 후 손발톱을 정리해준다

갓난아기의 손발톱은 늘 살펴보고 다듬어줘야 한다. 그래야 아기가 자기 얼굴이나 엄마를 할퀴는 것을 막을 수 있다. 아기가 어느 정도 자랄 때까지는 아기 전용 손톱깎이를 사용하는 것이 좋다.

아기의 손발톱을 관리하기 위한 가장 좋은 때는 목욕을 시키고 난 후다. 목욕 후 말랑말랑해진 상태에서 아기의 손톱과 발톱을 정리해준다. 아기가 손발톱 자르는 것을 싫어하면 잠들었을 때 잘라준다. 손톱깎이로 자를 때는 똑바로 잘라내고 끝을 고르게 정리한다. 아기의 손발톱은 연하기 때문에 손톱깎이로 깎는 대신 줄로 다듬어줘도 된다.

손발톱 관리법

1. 아기를 엄마 무릎에 앉힌다

아기가 등을 대고 엄마 무릎에 앉게 한 뒤 엄마가 뒤에서 안전하게 잡아준다.

아기의 손톱을 깎아준다

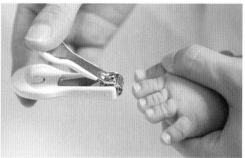

발톱을 일자로 자른다

2. 아기의 손톱을 깎아준다

한 손으로 아기의 손을 잡고 다른 한 손으로는 손톱을 깎아준다

3. 발톱을 일자로 자른다

살을 파고드는 것을 막기 위해 발톱은 일자로 자른다.

물기 말리기

아기를 목욕시키면 곧바로 타월로 감싸고 물기를 닦아준다. 타월을 문지르지 말고 부드럽게 두드려주면 된다. 목욕을 마친 아기에게는 말을 걸거나 노래를 부르며 반응을 살펴보는 것이 좋다.

TIP

손싸개로 감싸기

아기의 손발톱은 매우 날카로워서 자신을 할퀼 수도 있다. 피부건조증이 있는 아기라면 더욱 손톱으로 피부를 자극하지 않도록 한다. 예방을 위해 아기의 손을 면 소재의 부드러운 손싸개로 감싸준다.

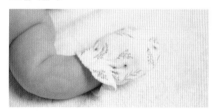

목욕 후 스킨십은 아기에게 안정감을 주기 때문이다.

Doctor's Guide

아기의 피부는 아주 예민해서 특별히 조심해야 한다. 목욕 후에는 잘 건조시키고 보습제로 피부를 보호한다. 아기의 목욕용품이나 피부관리 제품을 구입할 때는 아기 전용 제품을 선택한다. 향이나 인공색소가 첨가된 것, 합성 화학 약품이 들어간 것은 피부의 균형을 깨뜨릴 수 있으므로 피한다.

보습 관리를 제대로 하지 않아 피부가 건조해지면 피부에 발생하는 만성 알레르기 염증성 질환인 아토피 피부염이 발생하기도 한다. 이를 예방하기 위해서는 꾸준히 보습제를 발라주고 피부를 촉촉하게 유지하는 것이 좋다.

보습제를 고를 때는 성분을 꼼꼼히 따져서 보존제·방부제의 원료인 파라벤이나 화학물질, 인공색소가 들어있지 않은 것을 고른다.

아기 옷 입히기

옷은 체온 조절을 돕고 외부의 자극으로부터 아기를 보호하는 기능이 있다. 계절에 따라, 아기의 개월 수에 따라 옷이 달라지지만 보통 아기는 엄마보다 한 겹 정도 더 입히는 것이 좋다. 아기 옷의 소재는 부드러운 면이나 울 같은 천연섬유가 좋고, 새로 산 옷은 먼저 중성세제로 세탁한 후 입히도록 한다.

아기의 체온 조절을 돕고 피부를 보호하는 속옷

아기는 생후 몇 달간은 신체 온도를 스스로 조절할 수 있는 능력이 제대로 작동하지 못해 몸이 쉽게 더워지기도 하고 쉽게 추워지기도 한다. 이럴 때 갓난아기의 체온 조절을 돕고 피부를 보호하는 역할을 하는 것이 속옷이다. 속옷은 다양한 형태가 있는데 대표적인 것이 배냇저고리와 내의다

갓난아기를 씻기는 것도 힘들지만 옷을 갈아 입히는 것 역시 쉽지 않다. 옷을 입히고 벗기는 것조차 어려운 신생아에게 쉽고 간편하게 입힐 수 있는 옷이 바로 배냇저고리다. 아기가 차츰 자라면 배냇저고리 대신 올인원으로 된 보디슈트를 입히고, 다리에 힘이 생기고 몸을 가눌 수 있게 되면 상하 분리된 내의를 입힌다. 내의는 보통 3개월 무렵부터 입힌다.

신생아에게 적합한 배냇저고리

배냇저고리는 간단히 여미거나 풀 수 있게 끈이 달린 저고리 형태의 옷이다. 바지 없이 긴 가운만으로 되어있어 움직임이 많지 않은 신생아에게 입히기에 적합하다. 팔만 끼워서 저고리처럼 여며 입히면 되기 때문에 입히고 벗기기에 편리하다.

태어나자마자 제일 처음 입는 옷인 만큼 배냇저고리는 아기 피부에 자극이 없어야 한다. 부드러운 면 소재로 편안하며 삶아도 탈색이 안 되는 흰색을 고른다. 세탁할 때는 자극이 없는 천연세제나 중성세제를 사용한다.

내의 입히는 방법

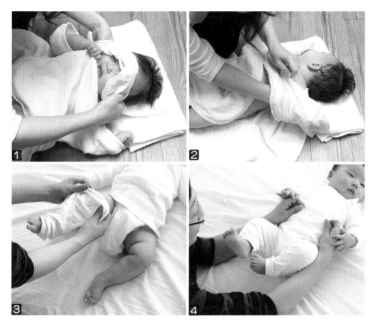

① 내의를 아기의 머리 위로
　끼워넣는다
② 아기 팔을 소매에 끼운다
③ 바지에 다리를 끼운다
④ 바지를 올린다

상하 분리된 내의 입히기

앞트임이 없는 윗옷은 얼굴에 걸리적거릴 수 있으므로 입히고 벗길 때 요령이 필요하다. 대체로 목둘레가 큰 것이 입히고 벗기기에 편하다. 아기의 머리가 몸에 비해 크기 때문에 목 부분이 헐렁하면 얼굴에 걸리적거리지 않고 입힐 수 있다. 옷을 입힐 때는 목과 엉덩이를 잘 받쳐 아기가 편하게 느끼도록 한다. 특히 바지를 입힐 때 허리를 번쩍 들어서 꺾이게 해서는 안 된다. 조심스럽게 들어 올려 입혀야 한다.

내의 입히는 방법

1. 내의를 아기의 머리 위로 끼워넣는다

양손으로 옷의 목 부분을 크게 벌려 아기의 머리에 살며시 끼운다. 목을 잘 받치고 옷을 천천히 내린다.

2. 아기 팔을 소매에 끼운다

소매를 넓게 벌리고 아기의 팔을 잡아 소매 속으로 부드럽게 넣는다. 다른 쪽 팔도 같은 방식으로 한다.

3. 옷을 정리해준다

아기의 등 부분이 배기지 않게 손으로 등을 쓸어내리면서 옷을 내려 정리한다.

4. 바지에 다리를 끼운다

바지를 뒤집어 팔에 끼우고 아기의 발을 잡는다. 바지를 살살 올리면서 다시 뒤집어 옷을 입힌다.

5. 바지를 올린다

바지를 허리 부분까지 올린 후 고무줄을 매만져 잘 입혀졌는지 확인한다. 엉덩이와 다리 부분도 살이 조인 곳이 없는지 매만져준다.

보디슈트(우주복) 입히기

생후 2~3개월 정도 되면 아기의 움직임이 활발해져서 뒤척이다가 배가 드러나거나 발차기를 하면서 다리가 드러나기도 한다. 활동성이 많아지는 이 시기에는 배냇저고리에서 상하 내의로 바꿔줘야 한다.

내의는 상하의가 따로 되어있어 몸을 완벽하게 커버하지만 입히고 벗기기가 쉽지 않다. 이를 보완할 수 있는 것이 올인원으로 된 보디슈트다. 보디슈트는 입히고 벗기기가 쉽고, 온몸을 둘러싸기 때문에 아기 몸을 보호하기에 좋다. 겨울용 보디슈트는 발까지 붙어있는 것이 있어서 양말을 따로 신길 필요가 없다.

무엇보다 보디슈트는 갈아입히기가 아주 편리하다. 벗길 때도 단계적으로 벗길 수 있어 아기에게도 편안하다. 갑자기 옷을 완전히 벗겨서 아기를 놀라게 하는 일이 없기 때문이다. 기저귀만 갈아줄 때는 윗부분은 그대로 입힌 채 다리 부분만 열면 된다. 옷 전체를 갈아입힐 때는 엉덩이부터 깨끗이 처리한 다음, 새 옷을 엉덩이에 반쯤 입히고 나서

더러워진 옷의 윗부분을 벗기면 된다.

보디슈트 입히는 방법

1. 발과 다리를 끼운다

보디슈트를 펼치고 옷 모양에 맞게 아기를 눕힌다. 아기의 발을 잡아 발 부분을 신기고 다리도 반듯하게 입힌다. 다른 쪽도 같은 방식으로 한다.

2. 아기 팔을 소매에 끼운다

아기의 손목을 잡고 소매에 부드럽게 끼운다. 아기의 손톱이나 손가락이 옷에 걸리지 않도록 조심한다. 소매가 길면 접어서 아기의 손이 밖으로 나오도록 해준다.

3. 옷을 여미고 단추를 채운다

보디슈트의 좌우를 여미면서 균형을 잡은 후 다리 쪽부터 단추를 채운다. 양쪽 단추가 잘못 채워지지 않도록 주의한다. 단추를 다 채운 다음에는 어깨와 엉덩이, 다리 부분이 불편하지 않은지 매만진다.

보디슈트 입히는 방법

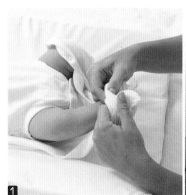  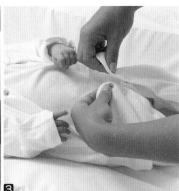

① 발과 다리를 끼운다　② 아기 팔을 소매에 끼운다　③ 옷을 여미고 단추를 채운다

아기 옷 준비하기

아기 옷을 준비할 때는 기본적인 옷 외에 계절에 따라 한두 가지 추가하고, 개월 수를 예상해 구입한다. 아기가 보다 쾌적하고 안전하게 지낼 수 있는 옷 구입 요령을 알아보자.

아기 옷 준비할 때 신경 써야 할 것들

출산을 앞두고 기본적인 아기 옷을 준비하는데, 옷이나 아기용품은 출산 기념으로 선물받는 경우가 많으므로 부족한 듯하게 준비해도 좋다. 아기가 태어난 계절에 따라 구입을 늦춰도 되는 것들도 있고, 나중에 필요한 것을 추가로 구입해도 된다. 아기 옷을 구입할 때는 개월 수에 맞게 선택한다. 갓 태어난 아기는 배냇저고리가 필요하고, 3개월 정도 되면 엉덩이에 트임이 있는 우주복이 좋다. 아기가 점점 자라면서 다리에 힘이 생기면 상하의가 따로 된 내의를 입힌다.

아기의 옷을 준비할 때 가장 신경 써야 할 것은 소재다. 통풍과 땀 흡수가 잘 되는 부드러운 면 소재의 옷을 선택하고, 단추나 박음질이 몸에 배기지 않도록 디자인된 옷을 고른다.

기본으로 준비하는 신생아 옷

배냇저고리

쉽게 여미거나 풀 수 있게 된 끈 달린 저고리 형태의 옷. 아기가 태어나자마자 입는 옷이다. 보통 2~3개월까지 입힌다.

보디슈트(우주복)

상하의가 붙어서 올인원이라고도 하며 흔히 우주복이라고 불린다. 3개월 정도 되어 아기의 움직임이 활발해질 무렵부터 보디슈트를 입히면 좋다. 밑에 똑딱단추가 있어 기저귀 채우고 벗기기에 편리하다. 팬티형과 바지형이 있다.

상하 내의

아기가 백일 무렵이 되어 다리에 힘이 생기고 몸을 가눌 수 있게 되면 상하로 된 내의를 입힌다.

방한복

머리부터 발끝까지 올인원 스타일로 되어있어 보온 효과가 크다. 겨울철 외출할 때 입힌다.

손싸개

갓난아기 때는 손톱으로 자기 얼굴을 할퀼 수도 있으므로 손싸개로 손을 싸놓는 편이 안전하다.

양말

발을 보호하고 보온 효과를 위해 실내에서도 양말을 신긴다. 신생아기 이후에는 아기가 갑갑해하면 벗겨도 된다.

아기의 구강 관리

이가 나오기 시작하는 6개월 무렵부터는 이와 잇몸을 관리해줘야 한다. 이가 나기 전이라도 가제 수건에 물을 묻혀 잇몸을 닦아준다. 이가 서너 개 나기 시작하면 아기용 칫솔을 사용해 이를 닦아준다. 아기 때부터 이 닦는 습관을 들이고 치아를 건강하게 관리하도록 한다.

이가 나기 시작하면 이와 잇몸을 관리해준다

이가 나기 시작하면 매일매일 이와 잇몸을 관리해줘야 한다. 보통 아침에 닦아주고 자기 전에 또 닦아준다. 젖니가 한두 개 정도 났다면 가제 수건으로 닦아주고 세 개 이상 나면 아기용 칫솔을 사용하기 시작한다. 이가 나기 시작할 때 부터 플라크와 세균, 산을 잘 제거해줘야 충치를 예방할 수 있다.

영유아기의 아이는 혼자서 제대로 양치질을 하지 못한다. 이때까지는 엄마가 세심히 관리해줘야 한다. 아기는 엄마를 따라 하는 것을 좋아하기 때문에, 아기가 갖고

놀 수 있는 칫솔을 따로 주고 양치를 하는 동안 엄마를 지켜보며 놀게 한다.

치아 발달 과정에 따른 치아 관리 요령

이가 나기 전 (0~6개월)

가제 수건에 물을 축여서 닦아준다

깨끗한 가제 수건에 물을 축여 잇몸을 빙 둘러가면서 닦아준다. 잇몸 안쪽을 닦고 바깥쪽을 닦는다.

아래 앞니가 났을 때 (6~9개월)

가제 수건에 아기용 치약을 묻혀서 닦아준다

가제 수건에 아기용 치약을 아주 조금 묻혀 이와 잇몸을 부드럽게 닦아준다. 면봉을 사용해서 닦아줘도 된다.

위 앞니 포함 6개가 났을 때 (8~12개월)

부드러운 아기 칫솔로 닦아준다

아기를 무릎에 앉히고 아기의 등을 엄마의 몸에 기대게 한다. 부드러운 모로 된 칫솔에 치약을 조금 묻혀 아기의 이와 잇몸을 조심스럽게 닦는다. 부드럽게 위아래로 움직이면 플라크를 제거할 수 있다. 입 안쪽을 닦을 때는 캑캑거릴 수 있으므로 주의한다.

이가 날 때는 치아 발육기가 도움 된다

아기는 6개월 정도 되면 자기 손은 물론이고 눈에 보이는 것은 무엇이든 입으로 가져가려고 한다. 이가 나려고 욱신거리거나 잇몸이 간지러워 물건들을 잇몸으로 씹으려 하기도 한다. 이럴 때는 치아 발육기를 준비해 씹게 한다. 이가 나면서 잇몸에 열이 나는 경우도 있으므로 냉장고에 차갑게 두었다가 주면 잇몸 운동도 되고 열을 내리는 효과도 있다.

단 음식과 음료수, 단단한 음식은 제한한다

아기를 재울 때 우유나 주스가 든 젖병을 빨면서 잠들게 해서는 절대 안 된다. 우유나 주스의 당분은 충치를 유발하기 때문이다. 평소 단 음료 대신 과일과 채소를 많이 주도록 한다. 12개월 이전부터 컵 사용을 연습하고, 12개월이 지나면 젖

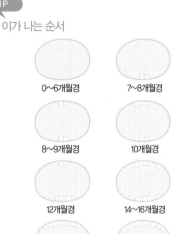

TIP
이가 나는 순서

0~6개월경

7~8개월경

8~9개월경

10개월경

12개월경

14~16개월경

16~20개월경

20~30개월경

병 사용을 중단한다.

단단한 음식도 아기의 이를 상하게 할 수 있으니 주의한다. 무엇이든 입에 가져가려는 아기는 단단하고 날카로운 장난감을 씹다가 이와 잇몸을 다칠 수도 있다. 부드러우면서도 적당히 단단한 물체만 씹을 수 있게 한다. 칼슘이 많은 우유, 치즈, 두부, 아몬드나 인산이 많은 고기, 생선, 달걀은 치아 건강에 도움이 된다.

평소 아기의 치아 상태를 자주 확인하고 흰색이나 노란색, 갈색의 점이 보이면 치아우식증의 염려가 있으니 치과의사에게 데려간다.

젖니가 날 때 치아 발육기가 도움 된다

Doctor's Guide

젖니가 날 때 잇몸이 간질거리고 아파서 고통스러워하는 아기들이 있다. 잇몸의 증상뿐 아니라 다른 여러 증상이 나타나기도 하는데, 침을 흘리고 잠을 잘 못 자기도 하며 심한 경우 열이 나기도 한다. 단순히 이가 나는 것 때문에 이런 증상을 보이는 것은 아니지만 이 무렵 많은 아기들에게 흔히 나타나는 증상이다.

아기는 보통 생후 6~9개월 사이에 처음으로 이가 나오기 시작해서 첫돌 전까지 2~4개의 젖니가 생긴다. 세 살쯤 되면 젖니 20개가 모두 난다. 이가 날 때 위와 같이 가벼운 증상을 보인다면 치아 발육기가 도움이 될 수 있다. 아기가 너무 힘들어하면 의사에게 보여 아기용 해열 진통제나 국소진통제를 처방받는다.

잘못 알고 있는 상식
우유가 든 젖병은 빨면서 잠들어도 괜찮다.

아기가 보내는 신호, 울음 이해하기

아직 말을 못하는 갓난아기는 다른 의사표현수단이 없는 만큼 조금만 불편해도 울곤 한다. 아기들은 말이 곧 울음인 셈이다. 그러나 초보 엄마는 아기가 울면 당황한 나머지 서둘러서 달래려다 오히려 아기를 더 울리기도 한다. 아기의 울음을 이해하면 신생아 돌보기가 한결 수월하다.

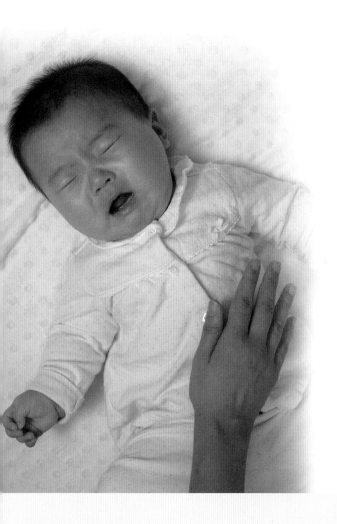

갓난아기는 울음으로 의사를 표현한다

갓난아기는 하루 종일 잠만 자고 시도 때도 없이 울음을 터뜨린다. 배가 고프거나, 졸리거나, 아프거나, 기저귀가 젖거나 하는 등 조금만 불편해도 울곤 한다. 아직 말을 못하는 아기는 유일한 의사 표현 수단이 울음이기 때문이다.

아기가 울면 엄마는 아기가 왜 우는지 빨리 이해하고 대처해야 한다. 아기를 키워본 경험이 있는 엄마라면 우는 이유를 금방 알 수 있지만, 초보 엄마는 당황해서 서둘러 달래려다 오히려 아기를 더 울리는 경우도 많다. 배가 고파 우는 줄 알고 무조건 젖을 먹이려다 오히려 토하게 하는 수도 있다.

아기의 울음에는 반드시 이유가 있다. 차분히 아기를 살펴보면 원인을 찾을 수 있다. 아기가 울면 기저귀가 젖은 것은 아닌지 살펴보고, 괜찮다면 수유시간이 아닌지 확인한다. 배도 부르고 다 괜찮은데도 아기가 계속 운다면 혹시 어디가 아픈 것은 아닌지 주의해서 보도록 한다.

울 때는 충분히 안정시켜준다

어디가 아프거나 배가 고픈 게 아닌데도 계속 운다면 엄마가 같이 놀아주기를 바라는 것이다. 이때는 하던 일이 있더라도 잠시 멈추고 아기를 안아주거나, 흔들침대에 뉘어놓고 흔들어주거나 하면서 반응을 보이는 것이 좋다.

아기가 울 때마다 자주 안아주고 달래주면 아기가 버릇이 나빠진다고 하는 사람도 있는데, 이것은 잘못된 생각이다. 우는 아기를 자주 안아준다고 버릇이 나빠지는 것은 아니다. 오히려 아기가 우는 데도 엄마가 전혀 무관심하면 아기는 계

TIP

분리불안, 이렇게 대처하세요

아기가 엄마 얼굴을 알아보기 시작하면서 엄마가 없어졌을 때 불안을 느끼는 아기가 있다. 이것을 '분리불안'이라고 한다. 이런 감정 상태는 보통 생후 8~10개월일 때 나타난다. 엄마가 단 5분이라도 시야에서 사라지면 아기는 울음을 터뜨린다. 한밤중에 깨서 엄마를 찾기도 한다.

아기가 불안해하면서 운다면 곧바로 달려가 달래주도록 한다. 아기가 낯을 가린다면 천천히 가까워지도록 하고, 새로운 장소나 환경에도 천천히 적응시킨다. 아기가 스스로 안정을 찾을 수 있게 곰돌이 인형 같은 이행 대상을 안겨주는 것도 좋다.

아기의 울음 이렇게 달라요

배가 고플 때 | 갓난아기일수록 배고픔을 참지 못해서 우는 경우가 많다. 배가 고파서 울 때는 숨을 크게 쉬었다가 잠깐 멈췄다가 하면서 일정한 패턴으로 운다. 이럴 때는 아기에게 얼른 젖을 먹이거나 분유를 타주면 울음을 그친다. 엄마가 꼭 안아주고 젖을 먹이면 불안해진 심리상태도 안정이 된다.

졸릴 때 | 졸린데 잠을 이룰 수가 없을 때 아기는 칭얼거리며 화난 듯이 운다. 엄마에게 재워달라고 신호를 보내는 것이다. 이럴 때는 아기를 안고 조금씩 흔들어주면 좋다. 자장가를 불러주거나 조용한 음악을 틀어주는 것도 좋다. 아기를 눕힌 채 등을 쓸어주거나 토닥거리면 기분 좋게 잠이 든다.

아플 때 | 아프거나 크게 놀랐을 때는 다른 울음과 쉽게 구별된다. 울음소리가 크고 날카로우며 숨이 넘어갈 듯 자지러지게 운다. 이때는 다정하게 안고 진정시켜주는 것이 좋다. 좀 놀랐을 뿐이라고 그냥 둬서는 안 된다. 30분 이상 발작적으로 계속 운다면 어딘가 아픈 것이므로 병원에 데리고 가는 것이 좋다.

화가 날 때 | 배가 고파서 우는 울음을 방치했을 때 아기는 짜증을 낸다. 이때 아기의 울음소리는 크고 신경질적이다. 화가 나서 우는 아기는 달래기가 무척 힘들다. 오랫동안 안아주거나 안정시켜줘야 겨우 울음이 진정된다. 왜 화가 났는지 세심히 살펴보고, 만약 배가 고파서 화가 났다면 다정하게 안고 달래주면서 젖을 먹인다.

기저귀가 축축할 때 | 아기는 배변을 해서 기저귀가 축축하거나 불편할 때도 운다. 이때는 칭얼거리듯 우는 것이 특징이다. 기저귀가 더러워져서 우는 아기에게는 얼른 새 기저귀로 갈아준다. 수유시간이 다 되었다면 기저귀를 갈아준 뒤 젖을 먹인다. 아기는 금세 기분이 좋아져서 방긋거린다.

안아달라고 울 때 | 어디가 아프거나 배가 고픈 것도 아니고 기저귀도 방금 갈아줬는데 아기가 이유 없이 우는 경우가 있다. 이것은 엄마에게 안아달라고 하는 의사 표시다. 이럴 때 엄마가 다정하게 안고 잘 얼러주면 울음을 뚝 그치곤 한다. 아기에게 말을 걸며 스킨십을 해주면 아기는 언제 그랬냐는 듯 좋아한다.

잘못 알고 있는 상식
아기가 이유 없이 울 때는 잠깐 시간을 갖고 달려간다.

속 울기만 하는 신경질적인 성격이 될 수가 있다. 아기들은 자기의 울음에 엄마가 반응을 보여주기를 원한다.

아기가 울면 엄마는 잘 달래주고 우는 원인을 해결해줘서 안정된 상태로 만들어주는 게 가장 좋은 방법이다. 초보 엄마라도 조금만 살펴보면 아기가 왜 우는지 알 수 있으므로 아기가 울 때마다 쩔쩔 매고 당황할 필요가 없다.

이유 없이 칭얼대는 아기를 진정시키는 방법

배가 고픈 것도 아니고, 어디가 아프거나 기저귀가 젖었거나 졸린 것도 아닌데 이유 없이 우는 아기가 있다. 이럴 때는 고무젖꼭지를 물리는 것도 좋은 방법이다. 칭얼대는 아기들은 뭔가를 빨면서 안정을 찾을 수 있기 때문이다. 장난감이나 모빌 같은 것으로 주의를 분산시켜 울음을 멈추게 할 수도 있다.

특별한 원인 없이 우는 경우 배앓이를 의심해볼 수도 있다. 배앓이는 생후 4개월 이전의 신생아가 밤이나 새벽 시간대에 별다른 이유 없이 발작적으로 울고 보채는 증상이다. 소화가 안 되거나 배

에 가스가 차서 아프기 때문일 수 있으므로 젖병을 물릴 때 공기가 들어가지 않도록 신경 쓴다. 아기가 배앓이를 할 때는 부드럽게 배를 주무르며 마사지해주는 것이 좋다. 배앓이의 지속 시간이 길어지고 강도도 세진다면 의사에게 보이도록 한다.

잠투정이 너무 심해요

아기를 어깨에 올려놓고 리듬 있게 토닥이면서 흔들어준다. 이렇게 하면 흥분을 잘하는 아기라도 쉽게 진정된다. 아기를 흔들 침대나 요람에 앉혀두고 살살 흔들어주는 것도 좋다. 또는 엄마나 아빠가 팔에 아기를 안고 흔들의자에 앉아서 부드럽게 흔들어주면 아기가 잠투정 없이 잘 잔다.

엄마 목소리를 들려줘서 아기를 달래는 방법도 있다. 아기는 엄마 목소리 듣는 걸 정말 좋아한

다. 콧소리나 말소리, 노랫소리도 좋다. 잔잔하고 부드러운 선율의 음악을 틀어줘도 좋고, 선풍기나 가전제품의 윙윙 소리처럼 낮고 단조로운 소리도 아기가 부드럽게 잠드는 데 도움이 된다.

고무젖꼭지가 없으면 울어요

아기들은 무의식적으로 빨기를 좋아한다. 무엇이든 입에 가져가 빨기부터 하며, 빨 물건이 없으면 자신의 손을 빨기도 한다. 이때 손을 빠는 것보다는 고무젖꼭지를 빨게 하는 것이 손가락 피부 보호를 위해서 좋다.

젖을 빨면서 잠이 드는 버릇이 있는 아기에게는 고무젖꼭지를 물려주고 잠이 들면 살짝 빼준다. 너무 오래 고무젖꼭지를 빨게 하면 구강 구조에 변형이 올 수 있으므로 필요할 때만 빨게 한다. 아기들의 빨기 습관은 시간이 지나면서 차츰 사라지는데, 생후 4개월이 지나면서 긴장하거나 지루할 때 더 손가락을 빠는 아기도 있다. 이럴 때는 딸랑이나 치발기를 손에 쥐어줘서 관심을 옮겨가게 하는 것이 좋다.

옷 입는 걸 너무 싫어해요

옷을 입히려고 하면 우는 아기가 있다. 아기가 옷 입기를 싫어하는 이유는 옷 자체를 거부한다기보다는 불편함을 싫어하는 것이다. 불편함을 최소화하기 위해 아기의 옷은 최대한 쾌적하고 편한 것을 선택한다. 천이 부드럽고 고무줄 조임이 약하며 넉넉하고 편안한 것이 좋다.

아기에게 옷을 입히고 벗기기가 힘들다면 즐거운 놀이처럼 하는 것도 방법이다. 옷을 벗긴 상태에서 충분히 터치를 해줘서 아기를 즐겁게 한다. 아기의 양손을 잡고 번갈아가며 쭉 폈다가 다시 구부려주고 팔을 돌려주며 허벅지 등을 꾹꾹 눌러주는 등 마사지를 해준 뒤 옷을 입히면 아기도 흡족함을 느끼게 된다.

머리 감을 때마다 울어요

아기들은 대부분 머리 감는 것을 싫어한다. 머리만 감으려고 하면 자지러지게 우는 아기도 있다. 아기들이 머리 감을 때 우는 이유는 머리가 허공에 뜬 불안정한 자세가 불편하고 불안하기 때문이다. 머리를 감길 때는 아기가 안정감을 느낄 수 있도록 한 손으로 아기의 머리를 받치고 아기의 얼굴에 물이 튀지 않도록 조심하면서 감긴다. 아기를 들어 올린 채로 머리 감기는 게 힘들다면 엄마가 목욕 의자에 앉아서 허벅지에 아기를 편안하게 앉힌 다음 아기를 반쯤 일으킨 자세로 감기는 방법도 있다. 이렇게 하면 아기가 불편해하지 않고 엄마도 편하게 머리를 감길 수 있다.

아기의 수면 이해하기

태어난 지 얼마 안 되는 신생아는 거의 하루종일 깜빡깜빡 잠만 잔다. 배가 고파 큰소리로 울거나 열심히 젖을 먹고 있을 때 외에는 대부분 잠을 자는 것이다. 그러다가도 밤중에는 오래 자지 못하고 여러 번 깨서 엄마를 힘들게 한다. 하지만 생후 3개월 무렵이 되면 어느 정도 수면 리듬이 생겨서 아기 돌보기가 그렇게 어렵지만은 않다.

갓난아기일수록 짧고 얕은 잠을 잔다

신생아기에는 젖을 먹을 때와 울며 보챌 때를 제외하고는 거의 하루 종일 잠만 잔다고 해도 과언이 아니다. 특히 태어나서 첫 주에는 젖 먹는 시간 외에는 오로지 잠만 자는 것처럼 보인다. 잠자는 시간은 길지만 수면 주기는 40~60분으로 짧은 편이다.

신생아기의 잠은 50~70%가 '렘수면'이라는 얕은 잠이며, 깊은 잠과 얕은 잠을 반복해서 잔다. 어른의 잠은 25% 정도가 렘수면 상태인데 비하면

아기의 수면은 훨씬 불안정한 셈이다. 렘수면 상태에서는 몸은 자고 있지만 뇌는 깨어 있는 상태이기 때문에 가벼운 외부 자극에도 쉽게 깨어 울곤 한다. 아기가 자면서 웃거나 가볍게 움직일 때가 바로 렘수면 상태다.

아기를 돌보는 엄마가 가장 힘들어하는 것 중의 하나가 바로 아기의 불규칙한 수면습관이다. 갓난아기일수록 수유 간격이 짧기 때문에 밤중에 배가 고파 깨는 일이 흔하기 때문이다. 아기가 쑥쑥 자라면서 수면 시간도 줄고, 렘수면이 차지하는 비중도 낮아지게 되며, 점차 수면 리듬이 생기게 된다.

쑥쑥 자라면서 수면 리듬이 생긴다

생후 1개월까지 신생아의 평균 수면시간은 하루 16~20시간 정도 된다. 갓 태어나서 밤낮 구별 없이 하루의 70% 이상을 잠으로 보내던 아기는 1개월이 지날 무렵부터 수면시간이 조금씩 줄어든다. 그동안에는 기저귀가 젖었다거나 배가 고플 때만 깨어나던 아기가 이때부터는 몇 번씩 눈을 뜨고 한번 깨면 30분 이상 깨어 있는 경우가 많다. 수유간격도 길어져서 엄마가 아기 젖을 주

잘못 알고 있는 상식
신생아일수록 깊고 긴 잠을 잔다.

기 위해 밤중에 일어나야 하는 횟수가 조금 줄어든다.

생후 3개월을 전후해서 밤에는 푹 자고 낮에는 깨어 있는 시간이 길어져서 밤과 낮의 구별이 생긴다. 이때부터는 잠들기 전에 젖을 충분히 먹이면 아침까지 잠에서 깨지 않아 밤중수유의 번거로움이 사라진다. 간혹 이 시기에 수면습관이 잘못 들어 밤낮이 바뀌는 경우가 있다. 이럴 때는 낮 동안에 아기를 놀게 하고 낮잠을 조금만 재운다. 밤에 잠자기 전에 목욕을 시키고 조용한 환경을 만들어주는 것도 좋다.

다른 아기에 비해 잠이 너무 없거나 너무 많이 잔다고 걱정할 필요도 없다. 어른과 마찬가지로 아기의 수면시간 역시 개인차가 크다. 아기가 잠이 적거나 많더라도 잘 먹고, 잘 놀고, 잘 큰다면 수면시간을 억지로 늘리거나 줄이려고 할 필요가 없다.

아기가 푹 잘 자게 하려면

아기는 엄마의 품을 가장 좋아한다. 아기가 엄마의 심장소리를 들을 수 있도록 아기의 머리를 왼쪽으로 향하게 편하게 안아 조용히 흔들어주면 쉽게 잠든다. 아기가 뱃속에 있을 때 자주 듣던 조용한 음악이나 자장가를 들려주는 것도 효과적이다. 너무 오래 안아주거나 요람을 이용해 흔들어주는 것은 습관이 될 수 있으니 주의한다.

아기가 잘 때는 엄마도 쉬도록 한다. 특히 출산 후 몸이 완전히 회복되지 않았을 때는 아기가 낮잠을 자는 동안 함께 자두는 것이 좋다. 더욱이 아기가 잘 때 집안일을 하느라 엄마가 아기 옆에 없으면 아기가 자다 깨서 불안해한다. 아기가 잘 때는 함께 쉬거나 옆에서 할 수 있는 일을 하는 게 좋은 방법이다.

신생아의 경우에는 재우는 자세에 특히 주의해야 한다. 아직 고개를 가누지 못하는 아기를 엎어 재우면 베개나 요 등에 입과 코가 막혀 호흡곤란이 생길 수가 있다. 반대로, 젖을 먹이고 난 뒤 곧바로 똑바로 뉘어 재우면 아기가 갑자기 구토를 하거나 젖을 넘길 때 기도가 막혀 질식할 위험이 있으므로 주의해야 한다.

편안한 수면을 위한 환경 만들어주기

아기가 잠을 잘 자게 하려면 쾌적한 환경을 만들어주는 것이 중요하다. 아기가 기분 좋게 잠잘 수 있도록 실내온도는 22~23℃를 유지하고 습도는 50% 정도가 되게 한다. 환한 빛이나 시끄러운 소리 등의 외부자극은 아기의 수면을 방해하므로 되도록 어둡고 조용한 환경을 만들어준다. 너무 조용해도 조그마한 자극에 잠이 쉽게 깰 수 있다. 이럴 때는 잔잔한 음악을 틀어주는 것이 좋다.

잠잘 때는 자장가를 불러주거나 토닥거려주면 아기가 편안하게 잠들 수 있다. 아기가 잘 때 집안일을 꼭 해야 한다면 아기가 자는 방에 금방이라도 엄마가 달려올 수 있도록 방문을 조금 열어두어 인기척을 느끼게 하는 것도 방법이다.

잘못 알고 있는 상식
아기가 밤잠을 못 자면 낮잠을 충분히 자게 한다.

쾌적한 환경 만들어주기

아기가 건강하게 자라기 위해서는 환경이 중요하다. 쾌적한 수면이 유지되도록 아기침대와 침구 등을 잘 갖춰서 아기가 편히 지낼 수 있게 해준다. 아기는 어른과 달리 체온 조절이 미숙하므로 급격한 온도 변화가 없도록 하고 아기방의 온도 조절에 신경 써서 쾌적한 환경을 만들어준다.

아기가 편히 지낼 수 있는 환경이 중요하다

아기의 방은 아기가 편히 지낼 수 있게 되어있어야 한다. 자고, 먹고, 배설하고, 옷을 갈아입는 것까지 한 곳에서 이루어지기 때문에 청결이 무엇보다 중요하다. 따로 준비된 아기만의 방이든 엄마 아빠와 함께 생활하는 곳이든 아기가 편히 지낼 수 있는 공간으로 만들어준다.

온도와 습도를 알맞게 조절하고 환기도 신경 쓴다

갓난아기는 스스로 환경에 적응할 수 있는 힘이 약하므로 아기가

지내기 좋게 쾌적한 환경을 만들어줘야 한다. 아기에게 쾌적한 환경을 만들어준다는 것은 잠을 잘 잘 수 있게 해주는 것이다. 그러기 위해서는 아기방 온도와 습도 조절을 잘하고, 환기도 잘 시켜야 하며, 빛 조절을 알맞게 해주고 시끄럽지 않게 잠자리 정리를 해주어야 한다.

어른들과 달리 더위나 추위를 참는 것은 아기들에게는 더 어렵다. 체온 조절이 미숙할 뿐 아니라 한 겹 더 입거나 벗는 일도 마음대로 할 수 없기 때문이다. 건조하거나 습해도, 급격한 온도의 변화가 있어도 아기는 불편하다. 온도 조절을 잘해서 쾌적한 환경을 만들어주도록 하자.

> **TIP**
>
> 아기 잠자리 마련할 때 주의할 점
>
> 아기침대를 둘 때는 될 수 있는 대로 방문 쪽은 피한다. 방문 쪽은 온도 변화가 크고 문을 여닫으면서 진동이 생길 수 있기 때문이다. 냉난방기의 바람이 직접 닿는 곳이나 기기 바로 옆, 창문 옆은 온도 차가 심하므로 피해야 한다.
>
> 텔레비전 옆이나 오디오 스피커 근처 역시 안좋다. 텔레비전이나 음악 소리가 시끄러우면 아기들을 불안해한다. 깜짝깜짝 놀라기도 하고 잠을 잘 이루지 못한다.

아기의 체온은 옷과 이불로 조절한다

아기방이라고 특별히 온도가 높아야 하는 것은 아니다. 땀을 흘릴 정도로 더운 것은 오히려 해롭다. 어른이 느끼기에 활동에 지장이 없을 정도로 따뜻하면 된다. 나머지는 옷으로 조절해준다. 봄 가을에는 적당한 두께의 옷을 입힌다. 여름에는 짧은 속옷이나 여름용 얇은 옷 한 장으로 충분하다. 냉방을 해서 실내 온도를 23~24℃로 조절해 두었다면 타월이불을 한 장 덮어주면 된다.

아기가 더워하는지 추워하는지 그때마다 체온을 잴 수는 없으므로 등에 손을 넣어봐서 땀을 흘리고 있거나 축축한 정도라면 옷을 한 장 벗긴다. 다리나 몸을 만져봐서 차가우면 옷을 한 장 더 입히거나 이불을 덮어준다.

청결하고 쾌적한 환경 만들기

요즘은 미세먼지와 황사, 공기 오염 등으로 공기청정기가 아기 키우는 집에서는 필수품이 되어버렸다. 하지만 공기청정기만으로 청결하고 쾌적한 환경을 만들 수는 없다. 하루에 한 번 청소기로 먼지를 제거하고 걸레 또는 물휴지로 구석구석 닦아줘야 한다. 청소할 때는 아기를 다른 방에 안전하게 뉘어놓고 청소를 마친 뒤 환기를 잘 시켜 놓고 다시 아기를 옮긴다.

아기의 호흡기 건강을 위해서 먼지가 많이 나는 물건은 치워버린다. 털이 날리는 인형이나 두툼한 카펫은 먼지가 많이 날 뿐 아니라 깨끗이 털어내기도 힘들다. 이런 물건은 아기 곁에 두지 말고 치우거나 창고에 보관해둔다. 매일 사용해야 하는 아기 이불은 사용하지 않을 때는 개어 두고, 매트리스나 요는 햇볕이나 건조기에 자주 소독한다.

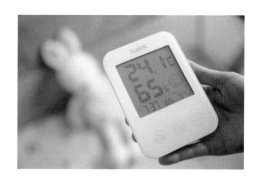

촉촉한 습도 맞추기

습한 장마철이나 난방으로 건조한 겨울에는 온도 못지않게 습도를 맞춰주는 것도 중요하다. 습도가 맞지 않으면 아기의 피부질환을 유발할 수 있다. 실내 습도는 50% 정도가 적절하다. 가습기는 겨울철 실내 습도를 조절해서 쾌적한 실내환경을 조성하고 호흡기 질환을 예방해주는 필수 가전이다. 가습기를 사용할 때는 청결하게 관리하는 것이 필수적이다. 물통과 수증기 분출구 등에 세균이 번식하기 쉬우므로 자주 세척해서 위생적으로 관리한다. 가열식 가습기는 고온의 수증기가 분출되어 안전사고의 우려가 있으니 아기 손이 닿지 않는 곳에 두는 것이 좋다.

미세먼지로부터 우리 아기 지키기

집 안에만 있는 아기라도 미세먼지로부터 안전하지 않다. 외출에서 돌아온 다른 가족들로부터 미세먼지를 접하기 쉽고, 애완동물이나 카펫에서 털이나 먼지가 날릴 수도 있다. 아기가 있는 집이라면 외출 후 손 씻기와 옷 털기 등을 실천해야 한다. 미세먼지에는 중금속 성분이 들어있어 바닥에 잘 가라앉는다. 공기청정기가 있더라도 바닥의 물걸레질을 자주 해주고, 선인장이나 산세베리아 등 공기정화 식물을 두어 자연정화가 되도록 한다.

잘못 알고 있는 상식
아기 방의 환기는 공기청정기만 있으면 된다.

아기와의 사랑, 교감 나누기

엄마와 아기의 모든 접촉과 교류는 엄마와 아기 사이의 유대감을 강화시켜준다. 대표적인 것이 대화와 스킨십이다. 아기는 제대로 이해하지는 못해도 엄마 아빠의 말을 알아듣고 반응한다. 대화와 접촉은 엄마와 아기 사이의 친밀감을 높여주고 아기의 언어와 정서 발달에도 좋은 영향을 미친다.

스킨십으로 교류하면서 유대감을 느낀다

갓난아기는 다른 어떤 놀이보다 엄마와 친밀해질 수 있는 접촉과 활동을 더 좋아한다. 아기와의 스킨십은 가장 주요한 소통의 수단이므로, 아기에게 쓰다듬기와 마사지를 많이 해주는 것이 좋다. 엄마와 아기는 스킨십을 통해 감각적인 교류를 하면서 행복감을 느끼게 된다.

출생 직후 산후조리를 하는 동안, 아기를 벗긴 상태로 엄마의 피부에 닿게 안아서 아기가 엄마의 느낌과 냄새에 익숙해지게 한다. 집에 돌아와서도 조용하고 달래는 목소리로 말을 건네며 스킨십을 계속하는 것이 좋다. 아기는 자라면서 엄

마가 내는 소리와 표정을 따라 하게 되고, 이러한 유대감 형성을 통해 아기와 엄마가 더욱 친밀해지며 애착이 형성된다.

아기와 적극적으로 대화를 나눈다

아기의 성장 발달 과정에서 언어는 신체 발달 만큼이나 중요하다. 아직 말을 하지 못하는 아기라도 옹알거리는 소리를 통해 자신의 의사나 감정을 표현한다. 입으로 내는 소리뿐만 아니라 귀로 듣는 소리에도 민감하게 반응하며 안정을 찾거나 반대로 불안감을 느끼기도 한다. 신생아는 엄마의 목소리나 특정한 소리, 음악 소리를 알아차리고 그에 반응한다. 태어나기 전에 들었던 노래를 다시 듣게 되면 아기는 편안한 상태가 되어 금세 잠이 든다.

울던 아기가 엄마의 목소리에 울음을 그친다거나 엄마의 소리에 팔다리로 반응을 보인다면 의사소통의 기초적인 단계에 접어든 것이다. 이럴 때 엄마가 아기에게 소리 자극을 주며 말을 걸면 아기의 성장 발달에 도움이 된다. 일방적인 혼잣말이라고 생각해 쑥스러워하지 말고 적극적으로 아

아기와 책으로 교감하는 법

아기에게 규칙적으로 책을 읽어주면 아기는 안정감을 느끼고 언어에 친숙해지며 감각이 자극되어 발달이 촉진된다. 아기에게 책을 읽어주는 시간은 부모와 아기가 사랑을 나누는 소중한 시간이기도 하다. 아기와 함께 책을 읽음으로써 엄마 아빠는 아기와 연결되어있다는 것을 피부로 느끼게 된다.

기에게 말을 거는 습관을 들이도록 하자.

미소 띤 얼굴로 아기 눈을 보며 말을 건다

아기는 엄마의 반면 거울과 같다. 엄마가 어르고 말을 걸면 방글방글 웃고 무서운 얼굴을 하면 금세 울어버린다. 이런 것도 엄마와 아기가 교감하는 방법이다. 아기에게 말을 걸 때는 무표정한 얼굴보다는 미소 띤 얼굴로 아기의 눈을 보면서 말을 거는 것이 중요하다.

아기에게 말을 가르친다는 생각을 버리고 친밀감을 표현한다는 생각으로 말 걸기를 시작한다. 아기는 엄마 아빠의 부드러운 목소리만 들어도 기분이 좋고 함께 있는 것만으로도 안심이 된다. 생후 1년은 엄마의 목소리를 통해 친밀감과 애정을 느끼게 되는 시기이기도 하다.

아기와 대화하는 법

1 자연스럽게 말을 건다

말귀를 알아듣지 못하는 아기에게 말을 거는 것이 혼잣말하는 것 같아서 어색하겠지만 하다 보면 점점 익숙해진다. 억지로 말을 만들어서 하려고 하지 말고 자연스럽게 이야기를 건넨다. 사랑스러운 아기를 보고 있으면 자신도 모르게 어르고 말을 걸게 될 것이다.

2 아기의 눈을 보면서 말을 건다

아기에게 말을 걸 때는 아기의 얼굴을 보면서 눈을 맞추는 것이 중요하다. 아무리 말을 많이 해도 눈을 보면서 말하지 않으면 효과는 줄어든다. 목욕할 때나 기저귀를 갈 때도 중간중간 아기의 눈을 봐가며 대화를 나눈다.

3 미소 띤 얼굴로 말을 건다

아기에게 말을 걸 때는 미소 띤 얼굴로 말을 걸도록 한다. 감정 표현을 못 하는 아기라도 눈치는 있어서 엄마가 즐거운지 화가 났는지 알아차린다. 엄마가 무표정한 얼굴로 아기를 대하면 아기도 밝지가 않다. 아기에게 말을 걸 때는 항상 웃는 얼굴로 대하는 것이 중요하다.

4 상황에 따라 화제를 꺼낸다

기저귀를 갈면서 "엄마가 기저귀 갈아줄게", "어때, 기분 좋지?" 하는 식으로 지금 일어나고 있는 일을 이야기한다. 목욕할 때도 물을 끼얹어주며 "쪼르륵" 의성어를 내거나 "물이 따뜻하지?" 하면서 대화한다. 아기의 모습을 보면서 "엄마 보고 웃고 있네" 하는 식으로 말을 걸어도 좋다.

5 말을 따라 하게 유도한다

아기는 3개월쯤 되면 옹알이를 시작한다. 말문이 터지기 시작할 때 엄마가 적극적으로 말을 거는 것이 좋다. "엄마", "맘마", "뽀뽀" 같은 쉬운 단어를 발음하면서 아기에게 따라 하게 해본다. 아기가 옹알거리며 말을 하면 엄마가 그 소리를 흉내 내보는 것도 좋다. 이렇게 엄마와 아기가 말을 주고받으며 대화를 하도록 한다.

잘못 알고 있는 상식
아기는 스스로 말을 하기 전까지는 말귀를 알아듣지 못한다.

꼭 기억하세요
0~12개월 아기 돌보기 요약편

아기 다루기의 기본 테크닉을 익힌다

아기가 태어나면 들어 올리거나 안아야 할 상황이 많이 생긴다. 하지만 초보 엄마는 아기가 다칠까 봐 겁이 나기 때문에 안는 것도 어렵게 느낀다. 아기를 다룰 때는 부드럽게 대해 아기가 놀라지 않도록 하는 것이 기본이다. 목 받치기부터 들어 올리는 요령, 아기를 안고 있을 때의 자세 등 기본을 알아 두면 안정적으로 아기를 다룰 수 있다. 상황에 따라 위를 바라보게 안거나, 어깨에 걸쳐서 안기, 앞을 향하게 안기, 아래를 바라보게 안기 등 다양한 안기 동작을 배워본다.

기저귀 발진이 생기지 않도록 관리해준다

갓 태어난 아기는 하루에 20회 이상 소변을 보다가 자라면서 점차 횟수가 줄어든다. 아기가 어릴수록 아기의 기저귀를 가는 데 많은 시간을 보내게 된다. 기저귀를 채우고 벗기는 방법, 배설물이 묻은 기저귀 처리하는 방법, 기저귀를 갈고 난 후 아기 피부 관리하기 등의 요령을 익혀둔다. 젖은 기저귀를 벗기고 나서 베이비파우더를 발라 아기 피부를 보송보송하게 해주면 좋다.

기저귀를 가는 방법은 다음과 같다.

아기를 눕힌 후 한 손으로 아기의 양 발목을 잡아 다리를 들어 올린다. → 아기의 엉덩이 아래에 기저귀를 펼쳐놓는다. → 아기의 발목을 살짝 내려놓고 기저귀의 앞면을 배 위로 끌어올린 다음 양쪽 옆면의 끈끈이 보호 비닐을 벗기고 접착 부분을 붙인다. → 전체적으로 매만져 편안하게 채워졌는지 확인한다.

목욕시키기, 머리 감기기를 능숙하게 익힌다

목욕은 아기를 청결하게 할 뿐 아니라 신진대사를 촉진해 성장을 돕는 효과가 있다. 목욕 전에 실내온도를 24~26℃로 맞추고, 목욕할 때나 목욕 후 아기의 체온이 떨어지지 않도록 목욕물과 헹굼물, 수건, 옷, 기저귀 등을 미리 준비한다. 목욕물의 온도는 팔꿈치를 담가보아 따뜻할 정도인 36℃ 정도가 적당하다. 자칫 아기가 감기에 걸리거나 지칠 수 있기 때문에 목욕은 10분 이내로 마치는 것이 좋다. 옷을 입히거나 벗길 때도 재빨리 해야 한다.

이번 장에서는 아기 다루기와 목욕시키기, 잠재우기, 구강 관리하기 등 아기 돌보기 요령에 대해 배웠다. 꼭 기억해야 할 것은 무엇인지 한 번 더 체크해보자.

목욕을 좋아하는 아기라도 머리 감는 것은 대부분 싫어한다. 머리를 감길 때는 아기가 안정감을 느낄 수 있는 자세를 연구하고, 눈에 물이나 세제가 묻지 않도록 조심스럽게 다루도록 한다. 아기가 목욕하는 시간을 즐길 수 있게 해주는 것이 무엇보다 중요하다. 목욕 후 아기의 손발톱이 말랑말랑해진 상태에서 손발톱을 정리해준다.

이가 나기 시작하면 이와 잇몸을 관리해준다

이가 나기 시작하면 이와 잇몸을 매일 관리해준다. 보통 아침에 닦아주고 자기 전에 또 닦아준다. 젖니가 한두 개 정도 났다면 가제 수건으로 닦아주고 세 개 이상 나면 아기용 칫솔을 사용하기 시작한다. 이가 나기 시작할 때 부터 플라크와 세균, 산을 잘 제거해줘야 충치를 예방할 수 있다.

아기의 울음과 잠을 이해하면 아기 돌보기가 수월하다

갓난아기는 울거나 열심히 젖을 먹고 있을 때 외에는 대부분 잠을 잔다. 갓난아기는 조금만 불편해도 울곤 해서 초보 엄마를 당황하게 하는데, 아기의 울음을 이해하면 아기 돌보기가 한결 쉽다. 아기가 울 때는 차분히 아기를 살펴서 원인을 찾는다. 먼저 기저귀가 젖은 것은 아닌지 살피고, 그다음으로 수유시간이 아닌지 확인한다. 배도 부르고 다 괜찮은데도 아기가 계속 운다면 혹시 어디가 아픈 것은 아닌지 주의해서 본다.

밤중에 오래 자지 못하고 여러 번 깨서 엄마를 힘들게 하는 아기도 있는데, 생후 3개월 무렵이 되면 어느 정도 수면 리듬이 생겨서 아기 돌보기가 좀 더 수월해진다.

아기의
건강과 질병

갓난아기는 신체기능이 미숙하고 저항력이 약하므로 조심해서 보살펴야 한다. 유행성 감기와
피부염, 결막염 등이 아기가 잘 걸리는 질병들이다. 이런 질병의 원인과 증세, 치료법 등을 알고
있으면 조기발견에 도움이 되며 예방하는 지혜도 얻을 수 있다. 아기가 아프거나 걱정되는 증상
이 나타날 때 어떻게 돌봐야 할지, 응급상황에는 어떻게 대처해야 할지 알아 두었다가 신속하고
도 적절히 대처하는 것이 중요하다.

얼마나 알고 있을까?

아기가 아플 때
어떻게 돌봐줘야 할까?

01 아기의 병을 알리는 신호가 아닌 것은?
① 열이 있다.
② 설사를 한다.
③ 이유식을 뱉어낸다.
④ 콧물이 난다.

02 다음 아기의 상태 중 병원에 즉시 가야 할 경우가 아
닌 것은?
① 하루 이상 고열이 계속된다.
② 몸이 축 늘어져 있다.
③ 기침과 가래가 나온다.
④ 변이 묽어졌다.

03 아기의 증상에 대처로 올바르지 못한 것은?
① 재채기와 콧물이 난 때는 몸을 따뜻하게 해준다.
② 2~3일 동안 변을 보지 못하면 병원에 간다.
③ 변비가 있을 때는 관장을 해서 배변을 유도한다.
④ 젖을 토하면 옆으로 눕히고 등을 살살 문질러준다.

04 아기의 병에 대한 설명으로 맞지 않는 것은?
① 신생아 초기의 황달은 질병의 전조증상일 가능성
이 높다.
② 탯줄은 생후 1주일 정도 지나면 저절로 떨어진다.
③ 신생아는 열감기에 걸리면 토하는 경우가 많다.
④ 수유기구를 청결하게 관리하지 못하면 아구창에
걸리기도 한다.

05 아토피성 피부염의 설명 중 사실과 다른 것은?
① 나이에 따라 특정 부위에 증상이 나타난다.
② 대표적인 증상은 피부 발진과 가려움증이다.
③ 의사의 처방에 따라 스테로이드 연고를 사용할
수 있다.
④ 아토피성 피부염은 후천적인 경향이 많다.

06 땀띠를 예방·관리하는 올바른 방법이 아닌 것은?
① 땀띠를 예방하기 위해 땀을 잘 흡수할 수 있는 순
면 소재의 옷을 입힌다.
② 땀띠를 안 나게 하려면 피부가 늘 보송보송해야
한다.
③ 땀띠가 나면 베이비파우더를 발라 말려준다.
④ 땀을 흘리면 물로 샤워 후 보습제를 발라준다.

07 아기의 체온을 재는 방법으로 적절하지 않은 것은?
① 귀 체온계를 귓속에 넣고 잰다.
② 수은 온도계를 아기 입에 넣고 잰다.
③ 비접촉식 체온계를 5cm 거리 이내에서 측정한다.
④ 접촉식 디지털 체온계를 항문에 넣어 측정한다.

08 아기에게 약을 먹이는 방법 중 옳지 않은 것은?
① 가루약은 시럽에 개어 먹인다.
② 약을 먹고 토했을 때는 다시 먹이지 않는다.
③ 갓난아기는 젖꼭지 투약기로 먹인다.
③ 약의 양이 많으면 2~3회에 나누어 먹인다.

09 아기가 감기에 걸렸을 때 대처 방법으로 적당하지 않은 것은?

① 코가 막히면 면봉에 물을 묻혀 닦아준다.

② 몸을 따뜻하게 유지하고 수분 보충을 해준다.

③ 열이 오르지 않았는지 체온계로 자주 체크한다.

④ 코딱지가 생기면 귀이개로 살살 떼어준다.

10 사고가 났을 때 응급처치법으로 올바르지 않은 것은?

① 이물질을 삼켰다면 불빛을 비추고 빼낸다.

② 피가 날 때는 상처 부위를 깨끗한 거즈를 대고 압박한다.

③ 침대에 떨어졌을 경우 머리뿐 아니라 전신을 살펴봐야 한다.

④ 뜨거운 것에 데었다면 열을 식힌 후 피부과에 데려간다.

11 기도가 막혔을 때 실시하는 하임리히 요법을 순서대로 배열하시오.

① 아기 머리 쪽을 몸보다 낮아지게 기울인다.

② 엄마의 팔을 아기 가랑이 사이로 넣어 턱과 목을 받친다.

③ 엄마의 두 다리로 아기를 안고 있는 팔을 받친다.

④ 아기의 등을 이물질이 나올 때까지 살살 두드린다.

12 예방접종 받을 때 지켜야 할 주의사항 중 가장 올바른 것은?

① 예방접종일 전에 맞추면 효과가 더 좋다.

② 가벼운 열감기가 있다면 해열제를 먹이고 접종받는다.

③ 접종을 마치고 나면 따뜻한 물로 목욕을 한다.

④ 접종 후 열이 나면 미온수로 아기 몸을 닦아준다.

13 출생 직후 바로 받아야 하는 예방접종은?

① BCG

② B형 간염

③ 풍진

④ 소아마비

14 예방접종에 대한 설명 중 맞지 않는 것은?

① DTaP는 디프테리아, 파상풍, 백일해 혼합백신으로 총 5회 접종한다.

② IPV 소아마비는 폴리오 예방 백신으로 생후 2, 4, 6개월과 만 4~6세에 4회 접종한다.

③ 인플루엔자는 생후 6개월부터 매년 접종한다.

④ 일본뇌염은 유행 시 생후 6개월부터 조기 접종하며, 12~15개월, 4~6세에 추가 접종한다.

15 예방접종 후 아기에게 흔히 나타나는 증상이 아닌 것은?

① 접종 부위가 붉게 부어오르거나 가려워한다.

② 접종 후 하루 이틀간은 열이 37.5~38.5℃ 정도 오른다.

③ 몸이 축 처지는 등의 나른한 증상이 나타난다.

④ 접종 후 먹은 것을 토하거나 변비가 나타난다.

정답 1.③ 2.④ 3.③ 4.① 5.④ 6.③ 7.② 8.② 9.④ 10.① 11.②-③-①-④ 12.④ 13.② 14.④ 15.④

병을 알리는 아기의 신호

아기는 작은 자극에도 상태가 안 좋아지는 경우가 있다. 아기가 열이 나거나 토하거나 설사를 하는 등 평소와 다른 증상은 병을 알리는 신호이기도 하므로 조심해야 한다. 잘 먹고 잘 놀던 아기가 갑자기 걱정스러운 증상을 보인다면 어떻게 하면 좋은지 증세별로 알아본다.

병을 암시하는 증상을 잘 살핀다

아기가 먹은 것을 토하거나 설사를 하거나 갑자기 열이 나면 어딘가 병이 난 것인지 걱정스럽다. 경우에 따라서는 아기의 체질 때문이거나 단순한 증상일 수도 있다. 하지만 평소와 다른 증상은 대체로 병이 났음을 알리는 신호이기도 하므로 조심해야 한다. 갓난아기들은 갑작스럽게 아파질 수 있기 때문에 병을 암시하는 증상들을 알아두는 것이 중요하다.

아기의 건강 상태를 체크하려면 우선 아기의 기분이 좋은지 나쁜지부터 살펴야 한다. 엄마는 늘 잘 먹고 잘 노는지, 아니면 왠지 기운이 없고 아파 보이는지 등 아기의 상태를 잘 살펴보고 그에 따른 적절한 조치를 취해야 한다.

보채면서 기운이 없다든지 평소보다 잘 먹지 않는다든지 열이 나고 변에 이상이 있다면 어딘가 좋지 않다는 신호이므로 의사에게 보이는 것이 필요하다. 평소와 다른 증세를 보일 때 어떻게 하면 좋은지 증세별로 알아본다.

갓난아기에게 흔한 증상, 이럴 때는 이렇게

열이 있다

아기의 체온은 어른과 마찬가지로 37℃가 정상이지만 일시적으로 37.5℃까지는 올라가는 경우가 있다. 만약 37.5℃인 상태가 지속된다면 의사의 진찰을 받는 것이 필요하다.

콧물이 나고 코가 막힌다

아기는 면역기능이 약하고 코나 목의 점막은 섬세해서 아침저녁으로 차가운 바람을 쐬거나 공기가 건조하면 콧물이 나거나 코가 막히고 재채기를 한다. 콧물이 나고 재채기를 하다가도 낮에 기온이 따뜻해지면 대체로 증세가 가라앉고 별다른 이상이 없으면 일시적으로 코나 목의 점막이 자극을 받아 생긴 증세이므로 걱정하지 않아도 된다.

감기 초기라 해도 열도 없고 재채기와 콧물만 나는 정도의 코감기라면 몸을 따뜻하게 해주고 상태를 살펴본다. 하지만 콧물이 1주일 이상 멈추지 않거나 누런색의 콧물이 날 때, 코가 막혀 입을 벌리고 숨을 쉬며 괴로워할 때, 열이 있고 생기가 없이 축 늘어져 있다면 병원에 데려간다.

설사를 한다

아기의 변 상태는 아기의 건강 상태를 잘 드러낸다. 아기의 대변은 대체로 묽고 횟수도 잦은 편이지만 아기마다 조금씩 다르다. 특히 모유를 먹는 아기는 변이 묽은 것이 보통이므로 아기의 변이 묽지만 별다른 증세가 없다면 안심해도 된다.

만약 3~6개월이 지나서도 변이 어느 정도 굳어지지 않고 계속해서 설사를 한다면 장의 상태가 나쁘거나 수분 흡수가 좋지 않을 수도 있다. 감기에 걸렸을 때도 흔히 설사를 하는데, 이때는 끓여서 미지근하게 식힌 물을 많이 먹인다. 설사에 혈액이나 고름이 섞여 있을 때는 빨리 의사의 진찰을 받는다.

변비가 있다

아기가 변을 보는 횟수는 아기에 따라 다르며 먹는 횟수만큼 변을 보기도 한다. 그러나 젖을 잘 먹지 않아 변이 나오기 힘든 경우도 있다. 체중 증가를 살펴보고 체중이 늘지 않는다면 젖을 바꿔보거나 분유를 추가해서 먹여본다.

3~4개월 무렵이면 2~3일에 한 번씩 변을 보는 아기도 꽤 있으므로 아기가 기분이 좋은 상태면 걱정하지 않아도 된다. 아기가 변비가 되었다고 해서 마음대로 변비약이나 관장을 하는 것은 위험하다. 아기가 변비라면 과즙을 먹여 장을 자극해본다. 8개월 정도가 되면 요구르트도 괜찮다.

젖을 토한다

아기는 위의 입구인 유문이 잘 조여지지 않기 때문에 젖을 잘 토한다. 젖을 먹은 뒤 트림을 하지 않았거나 트림을 하다가도 토하는 수가 있다. 젖을 먹으면서 공기를 함께 마셔 기포가 위

를 자극하기 때문이다. 아기들은 하루 2~3회가량 토하는 것이 보통이며 젖을 먹은 지 한참 지나 하얀 덩어리처럼 응고된 젖을 토하는 경우도 있다.

토해도 생기가 있고 잘 놀며 체중도 순조롭게 늘고 있다면 일시적으로 나타나는 생리적 구토이므로 걱정하지 않아도 된다. 이런 습관성 구토는 3개월이 지날 무렵에는 자연히 가라앉는다.

토하려고 하거나 토할 때는 숨이 막히지 않도록 옆으로 눕힌다. 이때 등을 두드리지 말고 가볍게 문질러주는 것이 좋다. 그러나 젖을 먹을 때마다 토하거나 안색이 나쁘고 기운이 없거나 심하게 울 때는 의사의 진찰을 받도록 한다.

잘못 알고 있는 상식
아기 변이 묽으면 건강이 안 좋다는 신호다.

신생아기에 흔한 병

아기는 아직 모든 기능이 미숙하고 저항력이 약해 병에 쉽게 걸린다. 여름철이나 겨울철의 감기, 아토피성 피부염처럼 아기가 잘 걸리는 질병도 있다. 따라서 이런 질병의 원인과 증세, 치료법 등을 미리 알아두면 조기발견에 도움이 되며 예방하는 지혜도 얻을 수 있다. 특히 아기는 말로 표현하지 못하므로 엄마의 주의 깊은 관찰이 필요하다.

신생아 황달

신생아는 간의 기능이 미숙해 일시적인 황달이 나타나기 쉽다. 이것을 생리적 황달이라고 한다. 신생아 황달은 대부분의 신생아에게 나타나는 증상이며, 1~2주 정도 지나 간 기능이 완전해지면 자연스럽게 없어지므로 크게 걱정하지 않아도 된다. 모유를 먹인 아기는 황달이 10일 이상 오래가고 좀 더 심한 경우가 있다. 이럴 때는 모유수유를 잠시 중단한다. 모유황달의 경우 모유가 나빠서 생기는 것이 아니므로 다시 모유를 먹여야 한다.

그러나 황달이 생후 24시간 이내에 나타나거나 10일 이후에도 지속되며 황달의 수치가 15mg/dl 이상인 경우 병적인 황달이 의심되기도 한다. 아기의 손바닥이나 발바닥까지 노래지면 소아과 진료를 받고 원인과 정도에 따라 치료를 해야 한다. 심한 황달을 치료하지 않으면 뇌의 손상을 일으켜 뇌성마비가 될 수도 있으므로 바로 소아과 전문의의 진료를 받는 게 좋다.

배꼽 염증

아기의 탯줄은 생후 1주일 정도 지나면 자연히 말라 떨어진다. 탯줄이 떨어진 뒤에도 배꼽이 완전히 막히는 데는 적어도 10~20일 정도가 걸린다. 이때 잘못하면 염증이 생길 수 있으므로 관리를 잘 해줘야 한다. 배꼽 염증을 예방하기 위해서는 아기를 목욕시키고 난 후 소독약으로 배꼽을 잘 소독하고 말려준다. 배꼽이 자연적으로 떨어질 때까지는 거즈로 덮거나 싸지 말고 늘 건조한 상태로 둔다. 배꼽이 떨어진 후에는 진물이나 피가 나기도 하므로 배꼽 속까지 잘 소독해준다. 가벼운 염증에는 항생제 연고를 발라준다.

구토

신생아는 위 기능이 발달되지 않아 우유나 젖을 잘 토한다. 과식을 하거나, 젖을 먹을 때 공기를 많이 마셨거나, 열감기에 걸렸을 때 토하는 경우가 많다. 아기가 자주 토하면 수유 자세가 바른지, 너무 많이 먹인 것은 아닌지 살펴보고 젖을 먹인 뒤에는 반드시 트림을 시키도록 한다. 토할 때는 아기를 앉히거나 옆으로 뉘어 내용물이 기도로 넘어가지 않게 해준다.

이렇게 주의해도 아기가 계속 토하면 장폐색이나 유문협착증은 아닌지 의사에게 진찰을 받는다. 아기가 열이 있으면서 토하거나, 복부팽만이 나타나거나, 토사물이 녹색 또는 붉은색을 띠면 빨리 병원에 간다.

아구창

갓난아기의 혀나 입천장, 뺨의 안쪽에 하얀 반점이 있고 우유찌꺼기 같은 게 보이면서 젖을 잘 빨지 못하면 아구창인지 의심해본다. 아구창은 수유기구를 청결하게 관리하지 못하면 부패한 우유찌꺼기로 인해 생기기도 하고, 출생 시 산도가 캔디다 곰팡이균에 감염돼 있으면 태어날 때 감염되기도 하며, 때로는 건강한 신생아에서도 생긴다. 심할 때는 의사에게 보이고 적절한 치료를 받게 한다.

신생아 결막염

신생아는 결막염에 걸리는 일이 비교적 흔하다. 미숙아이거나 출생 시 양수에 감염되면 결막염에 걸리기도 한다. 눈에 눈곱이 자주 끼고 눈이 빨갛게 충혈되는 증상을 보이면 결막염이 의심되므로 식염수로 눈을 소독해주거나 점안액을 넣어준다. 아기를 만질 때는 항상 손을 깨끗이 씻어야 2차 감염이 예방된다.

인두결막염

여름부터 가을에 걸쳐 많이 생긴다. 38~40℃의 열이 나면서 목이 빨갛게 붓고 아프며 눈도 충혈되어 새빨갛게 된다. 목이 아파서 젖이나 물을 먹으려 하지 않기 때문에 탈수 증상을 일으켜 몸이 축 늘어지는 경우도 있다. 음식은 조금씩 먹고 싶어 할 때마다 자주 먹이고 수분 섭취에도 신경 쓴다.

서혜부 탈장(헤르니아)

아기는 배와 음낭이 연결되어 있는데, 간혹 배의 장이 음낭 쪽으로 들어가는 경우가 있다. 이것을 서혜부 탈장이라고 한다. 이때 울거나 숨을 들이켜서 힘을 주거나 하면 사타구니가 부어오르고 음낭이 커다랗게 붓는다. 서혜부 탈장은 정상 신생아보다 미숙아에게 많이 발생하며, 여자아이보다 남자아이에게 더 많다.

장이 나온 뒤 원 상태로 되돌아가지 않는 것을 헤르니아 감돈이라고 한다. 튀어나온 장이 사타구니 부분에서 조여지면 장폐색 상태가 되기도 한다. 헤르니아 감돈은 6개월 이내에 발생하는 경우가 많다. 헤르니아 감돈이 발생하면 병원으로 데려가 수술을 한다.

잘못 알고 있는 상식
배꼽이 떨어지기 전까지는 목욕 후 소독을 해주고 거즈로 잘 덮어준다.

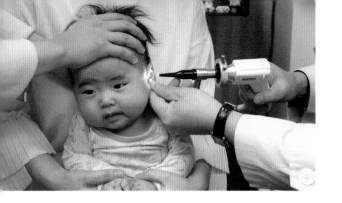

유행성 감기

감기 바이러스에 감염되면 콧물과 열이 나고 기침을 하며 토하거나 설사를 하기도 한다. 감기에 걸리면 아기는 울며 보채거나 축 늘어진다. 아기의 감기는 기관지염이나 폐렴, 중이염 등의 합병증이 일으키는 수가 있으므로 미리미리 주의해야 한다.

우선은 몸을 따뜻하게 해주고 수분 보충도 신경 쓴다. 열성경련을 일으키기 쉬운 아기라면 미리 해열제를 쓰기도 한다. 증상이 심하면 의사에게 진찰을 받는다.

헤르판지나

갑자기 39℃ 정도 되는 고열이 나며 목이 아파 젖이나 물을 넘기지도 못 하고 심하게 운다. 입천장이나 목젖 등에 작은 물집이 생겨 자극을 받으면 아기가 많이 아프기 때문이다. 바이러스에 의한 병이므로 특별한 약은 없고 진통제나 해열제를 처방받아 먹이면 증세가 가라앉는다.

열은 대개 하루 정도 지나면 떨어지고 물집도 5~6일이면 좋아진다. 감기와 마찬가지로 삼키기 쉬운 음식을 먹이고 수분을 충분히 보충시키는 게 좋다.

모세 기관지염

모세 기관지염은 기관지 부위에 염증이 생겨 기관지가 가역적으로 수축되어 좁은 기관지로 인해 공기의 흐름에 막힘 현상이 생기는 것이다.

처음에는 미열을 동반한 콧물을 보이다가 2~3일 경과하면서 기침이 심해지고 숨이 가빠지며, 숨 쉴 때 힘들어하고 호흡곤란이 나타난다. 대부분 2세 이하의 아기에게 많이 발생하며 특히 6개월 이하의 영아들에게 증상이 더 심하게 나타난다. 1세 미만의 아기가 3번 이상 모세기관지염 증상이 나타나면 천식이 의심된다. 모세기관지염은 보통 바이러스 감염에 의한 것으로, 감기를 앓고 있는 사람과의 접촉을 피하고 평소 적절한 온도와 습도를 만들어주는 것이 중요하다.

아토피성 피부염

아토피성 피부염은 태어나자마자 바로 나타나기도 하지만 대부분 생후 3~6개월경부터 나타난다. 보통 가족력이나 유전적 성향이 크고, 나이에 따라 특정 부위에 증상이 나타나는 경우가 많다. 증상은 얼굴에 습진처럼 붉은 발진이 나타나 커지면서 진물이 나거나 딱지 등이 생긴다. 아토피성 피부염이 있는 아기는 가려움증으로 잠을 못 자고 보채거나 자주 운다. 심하면 하얗게 각질이 일어나 비늘 모양의 피부가 되기도 한다.

일시적인 신생아 태열이 아니라 영아기 아토피성 피부염으로 밝혀지면 원인을 찾아서 잘 대처해야 한다. 아기가 가려움증이 너무 심하면 전문의의 처방에 따라 스테로이드 연고를 사용해도 된다.

기저귀성 피부염

아기가 대소변을 싼 기저귀를 계속 차고 있거나 엉덩이에 습기가 많을 경우, 엉덩이 부위에 빨간 발진이나 진물이 생기면서 몹시 가려워한다. 이 같은 기저귀성 피부염을 예방하려면 기저귀가 젖지 않

잘못 알고 있는 상식
땀띠가 나면 베이비파우더를 많이 발라준다.

았는지 자주 만져보고 젖으면 바로 갈아 채워 준다.

기저귀를 갈 때는 엉덩이를 깨끗이 닦아주고 잘 말린 다음 기저귀를 채워서 엉덩이를 늘 보송보송하게 해준다. 기저귀성 피부염이 너무 심하면 의사와 상담해 자극이 없는 연고를 하루 3~4회 발라 준다.

지루성피부염

노란 기름이 낀 진물이 배어나오는 증상으로 얼굴과 머리, 겨드랑이 등에 잘 생긴다. 생후 1~2개월 된 아기에게 많이 나타난다. 평소 청결하게 관리해주는 것이 중요하며, 목욕을 시킬 때 비누로 머리를 잘 감겨주면 어느 정도 완화된다. 노란 딱지는 피지가 산화되어 앉은 것으로 그대로 두면 딱지가 더 쌓일 수 있다. 딱지가 생기면 머리를 감길 때 충분히 불려서 딱지를 떨어지게 하거나 심한 딱지인 경우 베이비오일 등으로 부드럽게 만들어준 다음 브러시로 제거해주는 것이 좋다.

땀띠

방이 너무 덥거나 덥고 습한 여름철에 땀이 제대로 배출되지 못하고 피부 속에 고이거나 땀샘 주위에 염증이 생기는 것을 땀띠라고 한다. 갓난아기는 땀을 잘 흘리는 데 비해 아직 조절 기능이 서툴기 때문에 땀띠가 잘 난다.

처음에는 좁쌀만한 맑은 물집으로 시작되는데, 이것이 터지면 땀샘에 세균이 들어가서 곪게 된다. 곪아서 부었다면 의사의 처방을 받아 항생제 연고를 발라준다. 땀띠가 날 때는 무엇보다 아기 피부를 늘 깨끗이 해주고 잘 닦아 습기가 없도록 말려주는 게 좋다.

땀띠 예방법

Doctor's Guide

아기를 씻기고 나서 물기가 완전히 마르기도 전에 베이비파우더를 바르는 엄마들이 많다. 특히 땀띠가 나면 더덕더덕 발라주는데 그런다고 땀띠가 빨리 낫는 것은 아니다. 오히려 파우더의 미세가루로 인해 땀구멍이 막히거나 파우더의 화학물질이 아기 피부를 자극할 수도 있다. 가장 좋은 것은 청결히 씻기고 통풍이 잘 되게 해주는 것이다. 이와 함께 방의 온도를 조절해줘야 한다. 아무리 깨끗이 자주 씻어도 온도가 높으면 다시 땀이 나기 때문이다.

피부 캔디다증

증상은 기저귀성 피부염과 비슷하지만 원인은 캔디다 곰팡이균에 의한 것이다. 엉덩이 부위에 빨간 좁쌀만한 알맹이가 생겨서 좀처럼 낫지 않을 때는 소아청소년과에 가서 혹시 캔디다증이 아닌지 진찰을 받고 약을 처방받아 치료한다.

피부 캔디다증 역시 피부를 보송보송하게 잘 말려주는 것이 가장 좋다. 기저귀를 갈아줄 때는 바로 채우지 말고 얼마동안 바람을 쐰 후에 채우고 기저귀는 햇볕에 잘 말려 살균되도록 한다. 필요할 경우 진균 크림을 사용한다.

농가진

세균 감염에 의한 전염성 질환으로 흔히 부스럼이라고도 한다. 빨간 발진이 생겼다가 맑은 물집이 몸의 여러 곳에 생기고 이것이 고름이 되어 터져서 마른 딱지로 변한다. 고름이 터지면 감염되기 쉬우므로 재빨리 마른 거즈로 반드시 고름을 닦아준 뒤 소독하고 항생제 연고를 발라준다. 이렇게 연고를 1~2일 정도 발라도 좋아지지 않으면 소아청소년과에 가서 경구 항생제나 항생제 연고를 처방받기도 한다.

아픈 아기 돌보기

아기는 아차 하는 순간에 다치고 갑자기 열이 오르거나 토하기도 한다. 면역력이 약한 아기는 감기나 배탈, 설사, 피부발진 등 크고 작은 병에 걸리기도 쉽다. 아기의 상태를 잘 관찰하면서 병나지 않게 돌봐주고, 아기가 아플 때 적절한 방법으로 대처하는 방법을 알아보자.

처방에 따라 약을 먹이고 편안하게 돌봐준다

잘 먹고 잘 놀던 아기가 평소와 다르게 잘 먹지 않고 토하거나 보채고 칭얼거린다면 어딘가 탈이 난 것일 수 있다.

아기가 병이 난 것인지 의심될 때 가장 기본적으로 확인해야 할 것이 체온이다. 체온을 재봐서 38℃보다 높다면 열을 내리는 조치를 취한다. 계속해서 열이 떨어지지 않고 다른 증상이 함께 나타나면 병원에 데려가 의사에게 보여야 한다.

아기가 계속 토하거나, 설사를 하거나, 열이 난다면 수분이 부족해지기 쉬우니 물을 충분히 마시게 한다. 고열은 매우 위험할 수 있으므로 아기의 체온을 낮추는 데 힘쓴다. 옷을 너무 많이 입고 있지 않은지, 신선한 공기가 방에 충분히 공급되고 있는지도 확인한다.

가제 수건을 미지근한 물에 적셔서 몸을 닦아주면 아기가 좀 더 편안해진다.

아픈 아기 돌보는 방법

체온 재기 _ 귀의 온도를 잰다

아기가 아픈지 의심될 때 가장 기본적으로 확인해야 할 것은 바로 체온이다. 아기의 정상 체온은 37℃ 정도다. 체온은 조금씩 달라질 수 있으므로 한 번 이상 잰다.

아기의 체온을 재는 가장 정확한 방법은 귀 온도계로 재는 것이다. 귀 온도계는 고막과 주변 조직의 온도를 측정하는 것으로 측정이 빠르고 매우 정확하다. 일반적으로 권장되는 방법으로 디지털 체온계를 사용해 겨드랑이의 체온을 재는 방법도 있다. 겨드랑이의 체온을 잴 때는 체온계를 흔든 다음 체온계 끝부분을 겨드랑이 사이에 꽂는다. 아기의 팔을 펴서 옆구리에 붙인 채로 5분 이상 유지한다.

약 먹이기 _ 토하지 않게 잘 먹인다

아기가 처방받은 약은 대부분 시럽으로 맛과 향이 달콤해서 먹기 쉽다. 만약 가루약을 처방

받았다면 반드시 물이나 시럽에 잘 개어 사레들거나 토하지 않게 해야 한다. 약을 먹일 때는 스포이드나 투약기를 이용하는 것이 좋다. 입 안에 한 번에 많은 양을 넣으면 삼키는 양보다 입 밖으로 흘러나오는 양이 더 많을 수 있으니 2~3회에 걸쳐 입안에 흘려 넣어준다.

아기가 약을 먹고 토했을 경우 약 먹은 지 20분 이내라면 다시 한번 먹이고, 20분이 지났다면 먹이지 않아도 된다. 토한 양이 적을 때는 20분 이내라도 그냥 둔다.

젖꼭지 투약기 _ 약을 거부하는 아기에게 사용한다

갓난아기는 입술에 손가락을 갖다 대면 입술을 오물거리면서 자극이 주어지는 쪽으로 입술을 돌린다. 아기의 먹이 찾기 반사작용을 이용해서 입에 젖꼭지 모양의 투약기를 물리면 아기에게 쉽게 먹일 수 있다. 아기를 무릎 위에 앉히거나 눕힌 뒤 팔꿈치 안쪽으로 아기의 머리를 단단히 받치고 젖꼭지 투약기 끝을 아기 입에 넣어 천천히 약을 짜준다.

코막힘 _ 코딱지를 물렁하게 한 뒤 제거해준다

아기는 콧물이 나면 혼자 빼내기 어려워 코가 쉽게 막힌다. 감기에 걸렸을 때나 공기가 건조할 때도 코가 쉽게 막힌다. 코가 막히면 아기는 젖을 먹기도 힘들 뿐 아니라 숨쉬기가 괴로워서 짜증을 낸다.

코막힘 때문에 아기가 불편해하면 따뜻한 물에 가제 수건을 적셔 꼭 짠 다음 아기 코를 적셔주거나 면봉에 물을 묻혀 닦아줘서 코막힘을 풀어준다. 코막힘 증세가 심한 경우 생리식염수 1~2방울을 아기 콧속에 넣은 다음 코딱지가 물렁물렁해졌을 때 가정용 콧물 흡입기로 코딱지를 빨아들인다. 콧물 흡입기를 사용할 때는 콧구멍을 완전히 막지 말고 약간의 여유를 줘서 사용하고, 빨아들이는 압력을 약하게 해서 2~3회에 나눠 흡입한다.

땀띠 · 기저귀 피부염 _ 깨끗이 닦고 물기를 잘 말린다

땀띠가 나면 아기 피부를 늘 깨끗이 해주고 잘 닦아 습기가 없도록 말려준다. 뽀송뽀송하게 하기 위해 베이비파우더를 발라주는 경우가 있지만, 땀띠가 났을 때는 오히려 땀구멍을 막아서 증세를 더 악화시킬 수 있다. 땀띠는 예방이 중요하고 물집이 잡혔다면 땀띠 연고를 발라준다.

아기들은 대소변을 본 채로 기저귀를 계속 차고 있거나 엉덩이가 축축하면 기저귀 피부염이 생기기 쉽다. 이를 예방하려면 기저귀가 젖지 않았는지 자주 만져보고 젖으면 바로 갈아 채우도록 한다. 기저귀를 갈 때 물로 엉덩이를 깨끗이 닦아주고 잘 말린 다음 기저귀를 채워야 보송보송하다. 기저귀 피부염이 심하면 의사의 처방을 받아 치료제 성분이 있는 연고를 발라준다.

> **TIP**
>
> 아기 눈에 안약을 넣을 때
>
> 아기 눈에 안약을 넣을 때 여간 힘든 게 아니다. 아기가 꿈틀거리며 움직이지 않도록 모로 눕혀서 단단히 감싸 안는다. 아기의 눈을 찌르지 않도록 주의하면서, 아래 눈꺼풀을 밑으로 당기고 안구와 눈꺼풀 사이에 스포이드로 안약을 떨어뜨린다. 머리를 잘 잡고 있으려면 다른 사람의 도움이 필요할 수도 있다. 눈 속에 약이 들어가면 이물감으로 불편해서 아기가 울 수도 있다. 울면 약이 다 씻겨 나가므로 울지 않게 잘 달래준다.

 잘못 알고 있는 상식
귀 체온계는 정확성이 떨어진다.

사고가 났을 때 응급처치법

아기가 사고를 당하면 엄마는 당황해서 어쩔 줄 모르고 대처를 잘 못 해 상태를 악화시키는 경우가 있다. 아기가 갑자기 다치더라도 절대 당황하지 말고 침착하게 응급 처치를 하도록 한다. 응급 처치후에도 상태가 나아지지 않으면 빨리 병원에 데려간다.

아기가 이물질을 입에 넣어 숨을 못 쉰다

아기가 목이 막혀 계속 울고 기침을 한다면 입안을 확인하고 등을 두드린다. 등을 두드릴 때는 아기의 상체가 아래를 향하도록 잡고 몸과 턱을 받쳐 두드려준다. 한 손가락만 사용해 아기의 입안을 매우 조심스럽게 확인하고, 확실하게 보이는 이물질이 있다면 제거한다. 이렇게 해도 나오지 않는다면 119에 전화를 하고 숨이 잦아든다면 심폐소생술을 실시한다.

아기가 먹어서는 안 될 약을 먹었다

아기가 위험한 약품을 먹고 구토를 하거나, 어지러워하고, 경련이 있거나 의식이 없으며, 입 주변에 화상이나 변색이 있다면 중독을 의심한다. 즉시 119에 전화를 건다. 아기가 무엇을 먹었는지, 얼마나 심하며, 얼마 전부터 그랬는지 구조원에게 알려주고 구조를 요청한다. 구조대가 오기 전까지 토사물의 샘플을 채취한다.

아기가 다쳐서 피가 난다

피가 날 때는 상처 부위를 압박하고 다친 부분을 심장보다 위로 올린다. 다친 부위 안에 뭔가 있다면 억지로 이물질을 제거하려고 하지 않는다. 필요하다면 옷을 잘라내 다친 부위를 노출시키고 깨끗한 붕대로 누르며 압력을 가한다. 피가 배어나오면 붕대를 갈지 말고 그 위에 또 붕대를 감는다.

아기가 물에 빠졌다

아기가 물에 잠긴 것을 발견했을 때는 즉시 꺼내 머리가 몸보다 낮게 안는다. 이렇게 하면 물이나 토사물이 폐에 들어가는 것을 막을 수 있다. 의식을 잃었으나 아직 숨을 쉬고 있다면 119에 연락을 하는 동안 회복자세를 취하게 한다. 숨을 쉬지 않는다면 필요에 따라 인공호흡과 심폐소생술을 실시해야 한다.

아기가 뜨거운 것에 데었다

화상은 치료를 잘못하면 곪거나 흉터가 남는 만큼 빨리 병원에 가야 한다. 일단 덴 면적이 좁고 조금 빨개져서 얼얼하기만 하면 괜찮지만 어른 손바닥보다 넓으면 집에서 응급처치를 한 뒤 외과나 피부과에 데려간다. 무엇에 데었든 화상을 입으면 먼저 찬물로 상처 부위의 열을 식혀야 한다. 병원에 가는 동안이나 구급차를 기다리는 동안에도 계속 열을 식혀준다.

TIP

하임리히 요법

이물질이나 음식이 목에 걸려 질식상태일 때 실시하는 응급처치법. 아기의 기도가 이물질로 막히면 하임리히 요법으로 빼낼 수 있다. 한 팔을 어깨 안쪽으로 넣어 꼭 붙들고 다른 손바닥으로 양 어깨죽지 가운데를 힘껏 다섯 번 내리친다. 대개 이렇게 하면 목구멍에 걸린 것이 나온다.

1 아기를 엎드리게 한 다음, 아기 다리 사이로 엄마의 팔을 길게 끼워 넣어 아기의 턱과 목을 받친다.
2 엄마의 두 다리로 아기를 받친 팔을 받치고 아기의 머리를 몸보다 낮아지게 한다.
3 다른 한 손으로 아기의 등을 쳐준다. 어깨뼈 사이를 부드러우면서도 강하게 다섯 번 두드린다.
4 이물질이 나오면 두드리는 것을 멈춘다.

예방접종

신생아는 엄마로부터 공급받은 면역 항체를 갖고 태어나지만 생후 6개월이 지나면 거의 없어진다. 면역력이 약해지면 전염병을 비롯한 각종 질병에 걸리기 쉬우므로 적절한 시기에 예방접종을 해줘야 한다. 신생아에게 꼭 필요한 예방접종과 시기, 주의사항 등을 알아본다.

시기에 따라 필요한 예방접종을 받는다

예방접종은 크게 정기접종과 임시접종으로 나뉜다. 백일해, 디프테리아, 폴리오, 풍진, 홍역, 파상풍, 결핵, 간염, 볼거리처럼 아기의 성장에 따라 정기적으로 받는 접종이 정기접종에 속한다. 임시접종은 인플루엔자, 수두, 일본뇌염, 유행성출혈열, 콜레라, 뇌수막염, 폐렴, 장티푸스처럼 병의 유행을 예상하여 받는 접종이다.
예방접종을 받은 후 반드시 육아수첩에 기입받는다. 접종표를 받는 경우 육아수첩에 붙여두고 그 후의 반응 등을 엄마가 적어넣는다.

기간 내, 몸 상태가 좋을 때 접종받는다

예방접종 받을 때 지켜야 할 것
기간 내에 받는다
예방접종은 정해진 시기에 하는 것이 원칙이다. 예방접종의 종류와 시기는 분만 병원에서 퇴원할 때 주는 아기수첩을 참고한다. 아기의 상태가 좋지 않거나 그 밖의 다른 사정으로 제때에 받지 못할 때는 병원이나 보건소 등에 상담한다. 접종 시기가 조금 늦어지거나 접종 간격이 길어져도 백

신의 효과에는 큰 지장이 없으므로 상담 후 바로 조치하도록 한다.

건강 상태가 좋을 때 받는다
예방접종은 건강 상태가 가장 좋을 때 하는 것이 좋다. 부작용이 생기거나 예방접종의 효과가 떨어질 염려가 있기 때문이다. 감기·설사 등의 증상을 보이거나 열이 있을 때는 뒤로 미루는 편이 낫다. 접종하려는 날 집에서 체온을 재서 열이 없는 것을 확인하고 집을 나선다. 약물 알레르기가 있을 경우는 접종 전에 의사에게 미리 알린다.

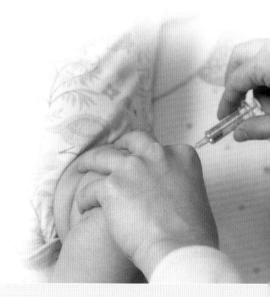

잘못 알고 있는 상식
미열이 있더라도 예방접종은 정해진 날 꼭 받아야 한다.

접종 후 2~3일은 아이의 몸 상태를 주의 깊게 관찰하고, 고열이나 경련 증세가 있을 경우엔 곧바로 의사의 진찰을 받도록 한다. 접종 당일 목욕이나 장거리 여행, 심한 활동은 피하고 잘 쉬게 하는 것이 좋다.

예방접종 후 주의사항을 잘 지키고 부작용이 생기지 않도록 조심한다. 접종 후에는 주사를 맞은 부위가 빨갛게 부어오르거나 가려울 수도 있고 몸이 축 처지는 등의 나른한 증상이 나타나기

소아 예방접종표

질병관리청, 대한의사협회, 예방접종전문의원회 제공
표준예방접종일정표(2024) 참조

대상 전염병		백신종류 및 방법	0개월	1개월	2개월	4개월	6개월	12개월	15개월	18개월	24개월	36개월	만4세	만6세	만11세	만12세	비고
국가 예방 접종	결핵①	BCG(피내용)	1회														생후 59개월까지 지원 (단, 3개월 이상 영유아는 TST 결과 음성인 경우 지원)
	B형간염②	HepB	1차	2차			3차										
	디프테리아 파상풍 백일해	DTaP			1차	2차	3차		추4차				추5차				
		Td / Tdap													추6차		
	폴리오	IPV			1차	2차	3차						추4차				
	b형헤모필루스 인플루엔자	PRP-T / HbOC			1차	2차	3차	추4차									생후 59개월까지 지원 (단, 고위험군 소아는 생후 59개월 이상도 지원)
	폐렴구균	PCV(단백결합)			1차	2차	3차	추4차									생후 59개월까지 지원 (단, 고위험군 소아는 생후 59개월 이상도 지원)
		PPSV(다당질)						고위험군에 한하여 접종									
	홍역 유행성이하선염 풍진	MMR						1차					2차				
	수두	Var						1회									
	A형간염	HepA						1~2차									2012년 1월 1일 출생아부터 지원
	일본뇌염	JE(사백신)						1~3차					추4차		추5차		
		JE(생백신)						1~2차									
	인플루엔자	Flu(사백신)						매년접종									
		Flu(생백신)								매년접종							
	로타바이러스	RV1(로타릭스)			1차	2차											생후 8개월 0일까지 지원 (단, 1차 접종의 경우 생후 14주 6일까지 지원)
		RV5(로타텍)			1차	2차	3차										
	사람인두유종 바이러스	HPV4(가다실) /HPV2(서바릭스)													1~2차		11~12세 여아 지원
기타 예방 접종	결핵	BCG(경피용)	1회														
	수막구균				1차	2차	3차	4차									

'국가 예방접종 지원사업에 포함된 백신 접종비용은 무료, 포함되지 않은 백신 접종비용은 본인 부담임.
'표준 예방 일정에 따라 접종하지 못한 경우(지연접종, 미접종 등) 다음 차수에 대한 예방접종 일정이 다를 수 있으므로 자세한 예방접종일정은 방문할 보건소 및 병의원에 확인하도록 한다.

도 한다. 38℃ 이상 열이 나면 미온수로 아기 몸을 닦아주고 1~2시간 이상 지속되고 아기가 많이 보챌 경우 병원을 방문한다. 2개월 이상인 아기는 해열제를 먹여도 된다.

B형 간염	임산부가 B형 간염 표면항원(HBsAg) 양성인 경우에는 출생 후 12시간 이내 B형 간염 면역글로불린(HBIG) 및 B형 간염 백신을 동시에 접종한다.
DTaP	디프테리아, 파상풍, 백일해 혼합백신으로 총 5회 접종하며, DTaP-IPV (디프테리아, 파상풍, 백일해, 폴리오) 혼합백신으로도 접종 가능하다.
IPV 소아마비	생후 2, 4, 6개월과 만 4~6세에 주사용 백신으로 4회 접종하며, IP, V백신 대신 DTaPIPV(디프테리아, 파상풍, 백일해, 폴리오) 혼합백신으로도 접종 가능하다.
Hib b형 헤모필루스 인플루엔자	생후 2개월~5세 미만 모든 소아를 대상으로 접종, 5세 이상은 b형 헤모필루스 인플루엔자균 감염 위험성이 높은 경우에 접종한다.
폐렴구균	2, 4, 6개월에 3회의 기본 접종과 12~15개월에 1회의 추가 접종이 필요하다.
인플루엔자	6~23개월의 소아와 0~23개월의 소아를 돌보는 모든 사람(동거 중인 사람 포함)에게 매년 접종한다. 또 인플루엔자 감염 위험 요인을 가진 2세 이상의 소아 또는 고위험군과 가까이 접촉하는 사람에게 접종하고, 9세 미만의 소아가 처음으로 접종하는 경우에는 1개월 간격으로 2회 접종 후 매년 1회 접종한다. (단, 접종 첫해 1회만 접종한 경우 그다음 해 1개월 간격으로 2회 접종)
수두	13세 이상에서는 처음으로 접종할 경우 4~8주 간격으로 2회 접종한다.
MMR	홍역 유행 시 생후 6개월부터(홍역 단독 백신 없는 경우 MMR) 조기 접종하며, 12개월 이전에 접종했어도 12~15개월, 4~6세에 접종한다.
일본뇌염	사백신, 생백신 중 한 가지를 선택하여 12~36개월에 접종을 시작한다. 사백신은 4주 간격으로 2회 접종하고 다음 해에 1회 접종하며, 6세와 12세에 추가 접종한다. 생백신은 처음 접종하는 해에 1회만 접종하고, 다음 해에 1회 접종한다.
장티푸스	장티푸스 보균자와 밀접하게 접촉하거나 장티푸스가 유행하는 지역으로 여행하는 경우 등 위험 요인 및 환경 등을 고려하여 제한적으로 접종할 것을 권장한다.
성인용 Td	성인용 파상풍, 디프테리아 백신으로 만 11~12세에 처음 접종하여 10년마다 1번씩 접종한다.
사람인두유종바이러스	11~12세 여아에서 6~12개월 간격으로 2회 접종하고 2가와 4가 백신 간 교차접종은 추천하지 않음.

예방접종 후 주의사항

Doctor's Guide

- 접종 부위가 붉게 부어오르거나 가려울 수 있으며, 접종 후 하루 이틀간은 열이 37.5~38.5℃ 정도 오르기도 한다.
- 38℃ 이상의 열이 1~2시간 이상 지속되고 아이가 많이 보챈다면 병원을 방문한다. 생후 2개월 이상의 아기라면 해열제를 먹여도 된다.
- 접종 당일은 목욕이나 심한 활동, 장거리 여행은 피하고 잘 쉬게 한다.
- 엎드려서 재우지 말고 바로 눕혀 재운다.
- 접종 후 최소 3일간은 특별한 관심을 가지고 관찰한다. 고열이나 경련이 있을 경우 전문의의 진찰을 받는다.

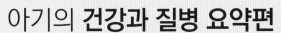

아기의 **건강과 질병 요약편**

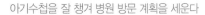

아기수첩을 잘 챙겨 병원 방문 계획을 세운다

아기가 태어나면 출산한 병원이나 가까운 소아과 중에서 믿고 다닐만한 병원을 정해 검진을 받는다. 출산할 때 병원에서 주는 아기수첩을 잘 챙겨두었다가 예방접종 스케줄을 확인한다. 아기가 아파 병원을 방문할 때도 아기수첩을 챙겨 가면 도움이 된다.

예방접종은 정해진 시기에 받는다

아기가 엄마로부터 받은 면역력은 생후 6개월 정도면 거의 없어지므로 면역을 위해 예방접종을 빠뜨리지 않고 잘 받는다. 예방접종의 종류와 시기는 분만 병원에서 퇴원할 때 주는 아기수첩을 참고한다. 아기의 상태가 좋지 않거나 그밖에 다른 사정으로 제 때에 받지 못할 때는 병원이나 보건소 등에 상담한다. 접종 시기가 조금 늦어지거나 접종 간격이 길어져도 백신의 효과에는 큰 지장이 없다는 점을 알아두자.

병을 알리는 신호를 잘 관찰한다

아기가 먹은 것을 토하거나 설사를 하거나 갑자기 열이 나면 병이 난 것은 아닌지 걱정스럽다. 경우에 따라서는 아기의 체질 때문이거나 단순한 증상일 수도 있다. 하지만 평소와 다른 증상은 대체로 병이 났음을 알리는 신호이기도 하므로 조심해야 한다. 갓난아기들은 갑작스럽게 아파질 수 있기 때문에 병을 암시하는 증상들을 알아두는 것이 중요하다.

부모는 아기의 기분이 좋은지 나쁜지 늘 눈여겨봐야 한다. 아기가 잘 먹고 잘 노는지, 아니면 왠지 기운이 없고 아파 보이는지 등 아기의 상태를 잘 살펴보고 그에 따른 적절한 조치를 취한다. 보채면서 기운이 없다든지 평소보다 잘 먹지 않는다든지 열이 나고 변에 이상이 있다면 어딘가 좋지 않다는 신호이므로 의사에게 보이는 것이 필요하다.

이번 장에서는 아기가 잘 걸리는 병의 특징과 아픈 아기 돌보는 방법, 소아 예방접종에 대해 배웠다. 꼭 기억해야 할 것은 무엇인지 한 번 더 체크해보자.

청결하게 씻기고 통풍이 잘되게 해 땀띠를 예방한다

방이 너무 덥거나 덥고 습한 여름철에 땀이 제대로 배출되지 못하면 피부 속에 고여 염증이 생기기도 한다. 이것을 땀띠라고 한다. 갓난아기는 땀을 잘 흘리는 것에 비해 체온조절 기능이 미숙해 땀띠가 잘 난다. 땀띠는 좁쌀만한 맑은 물집으로 시작해 터지면 땀샘에 세균이 들어가서 곪게 된다. 땀띠가 곪았다면 의사의 처방을 받아 항생제 연고를 발라준다.

땀띠는 무엇보다 예방이 중요하다. 가장 좋은 것은 청결히 씻기고 통풍이 잘되게 해주는 것이다. 아기 피부를 늘 깨끗이 해주고 습기가 없도록 잘 말려주는 게 좋다. 땀띠를 예방한다고 아기를 씻긴 후 물기가 마르기도 전에 베이비파우더를 덕지덕지 발라주는 경우가 있는데, 이렇게 하면 오히려 파우더의 미세한 가루가 땀구멍을 막거나 파우더의 화학물질이 아기 피부를 자극할 수도 있다.

처방에 따라 약을 먹이고 편안하게 돌봐준다

잘 먹고 잘 놀던 아기가 평소와 다르게 잘 먹지 않고 토하거나 보채고 칭얼거린다면 어딘가 탈이 난 것일 수 있다. 아기가 병이 난 것인지 의심될 때 가장 기본적으로 확인해야 할 것이 체온이다. 체온을 재봐서 38℃보다 높다면 열을 내리는 조치를 취한다. 계속해서 열이 떨어지지 않고 다른 증상이 함께 나타나면 병원에 데려가 의사에게 보여야 한다.

아기가 계속 토하거나, 설사를 하거나, 열이 난다면 수분이 부족해지기 쉬우니 물을 충분히 마시게 한다. 고열은 매우 위험할 수 있으므로 아기의 체온을 낮추는 데 힘쓴다.

만일의 사태에 대비해 응급처치법을 익혀둔다

아기가 사고를 당하면 엄마는 당황해서 어쩔 줄 모르고 대처를 잘 못 해 상태를 악화시키는 경우가 있다. 아기가 갑자기 다치더라도 절대 당황하지 말고 침착하게 응급처치를 하도록 한다. 응급처치 후에도 상태가 나아지지 않으면 빨리 병원에 데려간다. 음식이나 이물질로 기도가 막혔을 때 응급처치법인 하임리히 요법을 익혀두는 것도 아기 키우는 부모에게는 큰 도움이 된다.

• 요리

대한민국 대표 요리선생님에게 배우는 요리 기본기
한복선의 요리 백과 338

칼 다루기부터 썰기, 계량하기, 재료를 손질·보관하는 요령까지 요리의 기본을 확실히 잡아주고 국·찌개·구이·조림·나물 등 다양한 조리법으로 맛 내는 비법을 알려준다. 매일 반찬부터 별식까지 웬만한 요리는 다 들어있어 매일매일 집에서 맛있는 식사를 즐길 수 있다.

한복선 지음 | 352쪽 | 188×254mm | 22,000원

내 몸이 가벼워지는 시간
샐러드에 반하다

한 끼 샐러드, 도시락 샐러드, 저칼로리 샐러드, 곁들이 샐러드 등 쉽고 맛있는 샐러드 레시피 64가지를 소개한다. 각 샐러드의 전체 칼로리와 드레싱 칼로리를 함께 알려줘 다이어트에도 도움이 된다. 다양한 맛의 45가지 드레싱 정보도 담았다.

장연정 지음 | 184쪽 | 210×256mm | 14,000원

그대로 따라 하면 엄마가 해주시던 바로 그 맛
한복선의 엄마의 밥상

일상 반찬, 찌개와 국, 별미 요리, 한 그릇 요리, 김치 등 웬만한 요리 레시피는 다 들어있어 기본 요리 실력 다지기부터 매일 밥상 차리기까지 이 책 한 권이면 충분하다. 누구나 그대로 따라 하기만 하면 엄마가 해주시던 바로 그 맛을 낼 수 있다.

한복선 지음 | 312쪽 | 188×245mm | 16,800원

오늘부터 샐러드로 가볍고 산뜻하게
오늘의 샐러드

한 끼 식사로 손색없는 샐러드를 더욱 알차게 즐기는 방법을 소개한다. 과일채소, 곡물, 해산물, 육류 샐러드로 구성해 맛과 영양을 다 잡은 맛있는 샐러드를 집에서도 쉽게 먹을 수 있다. 45가지 샐러드에 어울리는 다양한 드레싱을 소개하고, 12가지 기본 드레싱을 꼼꼼히 알려준다.

박선영 지음 | 128쪽 | 150×205mm | 10,000원

맛있는 밥을 간편하게 즐기고 싶다면
뚝딱 한 그릇, 밥

덮밥, 볶음밥, 비빔밥, 솥밥 등 별다른 반찬 없이도 맛있게 먹을 수 있는 한 그릇 밥 76가지를 소개한다. 한식부터 외국 음식까지 메뉴가 풍성해 혼밥으로 별식으로, 도시락으로 다양하게 즐길 수 있다. 레시피가 쉽고, 밥 짓기 등 기본 조리법과 알찬 정보도 가득하다.

장연정 지음 | 216쪽 | 188×245mm | 16,800원

술자리를 빛내주는 센스 만점 레시피
술에는 안주

술맛과 분위기를 최고로 끌어주는 64가지 안주를 술자리 상황별로 소개했다. 누구나 좋아하는 인기 술안주, 부담 없이 즐기기에 좋은 가벼운 안주, 식사를 겸할 수 있는 든든한 안주, 홈파티 분위기를 살려주는 폼나는 안주, 굽기만 하면 되는 초간단 안주 등 5개 파트로 나누었다.

장연정 지음 | 152쪽 | 151×205mm | 13,000원

입맛 없을 때, 간단하고 맛있는 한 끼
뚝딱 한 그릇, 국수

비빔국수, 국물국수, 볶음국수 등 입맛 살리는 국수 63가지를 담았다. 김치비빔국수, 칼국수 등 누구나 좋아하는 우리 국수부터 파스타, 미고렝 등 색다른 외국 국수까지 메뉴가 다양하다. 국수 삶기, 국물 내기 등 기본 조리법과 함께 먹으면 맛있는 밑반찬도 알려준다.

장연정 지음 | 200쪽 | 188×245mm | 16,800원

천연 효모가 살아있는 건강 빵
천연발효빵

맛있고 몸에 좋은 천연발효빵. 홈 베이킹을 넘어 건강한 빵을 찾는 웰빙족을 위해 과일, 채소, 곡물 등으로 만드는 천연발효종 20가지와 천연발효종으로 굽는 건강빵 레시피 62가지를 담았다. 천연발효빵 만드는 과정이 한눈에 들어오도록 구성되었다.

고상진 지음 | 328쪽 | 188×245mm | 19,800원

더 오래, 더 맛있게 홈메이드 저장식 60
피클 장아찌 병조림

맛있고 건강한 홈메이드 저장식을 알려주는 레시피북. 기본 피클, 장아찌부터 아보카도장이나 낙지장 등 요즘 인기 있는 레시피까지 모두 수록했다. 제철 재료 캘린더, 조리 팁까지 꼼꼼하게 알려줘 요리 초보자도 실패 없이 맛있는 저장식을 만들 수 있다.

손성희 지음 | 176쪽 | 188×235mm | 18,000원

정말 쉽고 맛있는 베이킹 레시피 54
나의 첫 베이킹 수업

기본 빵부터 쿠키, 케이크까지 초보자를 위한 베이킹 레시피 54가지. 바삭한 쿠키와 담백한 스콘, 다양한 머핀과 파운드케이크, 폼 나는 케이크와 타르트, 누구나 좋아하는 인기 빵까지 모두 담겨있다. 베이킹을 처음 시작하는 사람에게 안성맞춤이다.

고상진 지음 | 216쪽 | 188×245mm | 16,800원

• 인테리어 | 취미

119가지 실내식물 가이드
실내식물 죽이지 않고 잘 키우는 방법
반려식물로 삼기 적합한 119가지 실내식물의 특징과 환경, 적절한 관리 방법을 알려주는 가이드북. 식물에 대한 정보를 위치, 빛, 물과 영양, 돌보기로 나누어 자세히 설명한다. 식물을 키우며 겪을 수 있는 여러 문제에 대한 해결책도 제시한다.

베로니카 피어리스 지음 | 144쪽 | 150×195mm | 16,000원

화분에 쉽게 키우는 28가지 인기 채소
우리 집 미니 채소밭
화분 둘 곳만 있다면 집에서 간단히 채소를 키울 수 있다. 이 책은 화분 재배 방법을 기초부터 꼼꼼하게 가르쳐준다. 화분 준비부터 키우는 방법, 병충해 대책까지 쉽고 자세하게 설명하고, 수확량을 늘리는 비결에 대해서도 친절하게 알려준다. 그대로 따라 하기만 하면 실패할 걱정이 없다.

후지타 사토시 지음 | 96쪽 | 188×245mm | 13,000원

인플루언서 19인의 집 꾸미기 노하우
셀프인테리어 아이디어 57
베란다와 주방 꾸미기, 공간 활용, 플랜테리어 등 남다른 감각으로 셀프 인테리어의 진수를 보여주는 19인의 집을 소개한다. 집 안 곳곳에 반짝이는 아이디어가 담겨 있고 방법이 쉬워 누구나 직접 할 수 있다. 집을 예쁘고 편하게 꾸미고 싶다면 그들의 노하우를 배워보자.

리스컴 편집부 엮음 | 168쪽 | 188×245mm | 16,000원

우리 집을 넓고 예쁘게
공간 디자인의 기술
집 안을 예쁘고 효율적으로 꾸미는 방법을 인테리어의 핵심인 배치, 수납, 장식으로 나눠 알려준다. 포인트를 콕콕 짚어주고 알기 쉬운 그림을 곁들여 한눈에 이해할 수 있다. 결혼이나 이사를 하는 사람을 위해 집 구하기와 가구 고르기에 대한 정보도 자세히 담았다.

가와카미 유키 지음 | 240쪽 | 170×220mm | 16,800원

착한 성분, 예쁜 디자인
나만의 핸드메이드 천연비누
예쁘고 건강한 천연비누를 만들 수 있도록 돕는 레시피북. 천연비누부터 배스밤, 버블바, 배스 솔트까지 39가지 레시피를 한 권에 담았다. 재료부터 도구, 용어, 팁까지 비누 만드는 데 알아야 할 정보를 친절하게 설명해 그대로 따라 하면 누구나 쉽게 천연비누를 만들 수 있다.

오혜리 지음 | 248쪽 | 190×245mm | 18,000원

• 건강

파킨슨병 전문가가 알려주는 파킨슨병 완벽 가이드북
파킨슨병
파킨슨병 전문가가 알려주는 파킨슨병에 대한 정확한 기초 지식과 진단법을 알려준다. 그림을 활용한 이해하기 쉬운 설명으로 실생활에서 바로 적용할 수 있는 치료법과 약물치료법, 생활 관리법, 가족들이 알아야 할 지침을 제시한다.

사쿠타 마나부 지음 | 조기호 옮김 | 160쪽 | 152×225 | 16,800원

반듯하고 꼿꼿한 몸매를 유지하는 비결
등 한번 쫙 펴고 삽시다
최신 해부학에 근거해 바른 자세를 만들어주는 간단한 체조법과 스트레칭 방법을 소개한다. 누구나 쉽게 따라 할 수 있고 꾸준히 실천할 수 있는 1분 프로그램으로 구성되었다. 의사가 직접 개발해 수많은 환자들을 완치시킨 비법 운동으로, 1주일 만에 개선 효과를 확인할 수 있다.

타카히라 나오노부 지음 | 박예수 감수 | 168쪽 | 152×223mm | 16,800원

아침 5분, 저녁 10분
스트레칭이면 충분하다
몸은 튼튼하게 몸매는 탄력 있게 가꿀 수 있는 스트레칭 동작을 담은 책. 아침 5분, 저녁 10분이라도 꾸준히 스트레칭하면 하루하루가 몰라보게 달라질 것이다. 아침 저녁 동작은 5분을 기본으로 구성하고 좀 더 체계적인 스트레칭 동작을 위해 10분, 20분 과정도 소개했다.

박서희 감수 | 152쪽 | 188×245mm | 13,000원

통증 다스리고 체형 바로잡는
간단 속근육 운동
통증의 원인은 속근육에 있다. 한의사이자 헬스 트레이너가 통증을 근본부터 해결하는 속근육 운동법을 알려준다. 마사지로 풀고, 스트레칭으로 늘이고, 운동으로 힘을 키우는 3단계 운동법으로, 통증 완화는 물론 나이 들어서도 아프지 않고 지낼 수 있는 건강관리법이다.

이용현 지음 | 156쪽 | 182×235mm | 12,000원

라인 살리고, 근력과 유연성 기르는 최고의 전신 운동
필라테스 홈트
필라테스는 자세 교정과 다이어트 효과가 매우 큰 신체 단련 운동이다. 이 책은 전문 스튜디오에 나가지 않고도 집에서 얼마든지 필라테스를 쉽게 배울 수 있는 방법을 알려준다. 난이도에 따라 15분, 30분, 50분 프로그램으로 구성해 누구나 부담 없이 시작할 수 있다.

박서희 지음 | 128쪽 | 215×290mm | 10,000원

유익한 정보와 다양한 이벤트가 있는 리스컴 SNS 채널로 놀러오세요!

블로그
blog.naver.com/leescomm

인스타그램
instagram.com/leescom

유튜브
www.youtube.com/c/leescom

똑똑하고 건강한
첫 임신 출산 육아

지은이 | 김건오
육아편 감수 | 이태호(로즈마리 아동병원장)

일러스트 | 지성숙
사진 | 김해원 김나윤

기획 | 문현정
책임편집·진행 | 나혜진
디자인 | 권원영 한송이

모델 | 김도형 서유림
엄마 모델 | 강예슬 문현정 박정미 이은옥 이재은 이현민
아빠 모델 | 기태형
아기 모델 | 기윤하 김민지 김연서 김예성 김태리 박지호

촬영 협조 | 에프이스토리, 오가닉트리, 아가방, 로즈마리병원

인쇄 | 금강인쇄

개정 5판 인쇄 | 2024년 11월 27일
개정 5판 발행 | 2024년 12월 4일

펴낸이 | 이진희
펴낸 곳 | (주)리스컴

주소 | 서울시 강남구 테헤란로87길 22, 7151호(삼성동, 한국도심공항)
전화번호 | 대표번호 02-540-5192
             편집부 02-544-5194
FAX | 0504-479-4222
등록번호 | 제2-3348

ISBN 979-11-5616-306-0 13590
책값은 뒤표지에 있습니다.